聚乙烯、聚丙烯成型技术问答

周殿明　张丽珍　编著

中国石化出版社

内容提要

本书以问答的方式向读者介绍聚乙烯、聚丙烯树脂及其改性材料的性能与应用,成型制品用设备、模具、工艺及产品质量标准和生产操作注意事项等。结合生产实例,用通俗的语言,系统全面地向读者说明,可操作性强。

本书可供塑料制品加工企业的技术人员和生产操作工学习参考。

图书在版编目(CIP)数据

聚乙烯、聚丙烯成型技术问答 / 周殿明, 张丽珍编著 .
—北京:中国石化出版社,2016. 3
ISBN 978-7-5114-3854-6

Ⅰ.①聚… Ⅱ.①周… ②张… Ⅲ.①聚乙烯-成型-问题解答②聚丙烯-成型-问题解答 Ⅳ.
①TQ325.1-44

中国版本图书馆 CIP 数据核字(2016)第 039917 号

中国石化出版社出版发行

地址:北京市东城区安定门外大街 58 号
邮编:100011 电话:(010)84271850
读者服务部电话:(010)84289974
http://www. sinopec-press. com
E-mail:press@ sinopec. com
北京科信印刷有限公司印刷
全国各地新华书店经销

*

787×1092 毫米 16 开本 23. 5 印张 582 千字
2016 年 4 月第 1 版 2016 年 4 月第 1 次印刷
定价:68. 00 元

前　言

聚乙烯、聚丙烯在多种塑料制品中消费量和制品产量都属第一位。其制品已成为工业、农业、建筑、包装和人们日常生活等各个领域中不可缺少的一种材料。以聚乙烯、聚丙烯树脂为主要原料的塑料制品(管、薄膜、板、片、丝、电缆、工业配件、中空制品及生活日用品等)生产厂,遍布城镇、乡村各地。为了适应塑料制品厂的工程技术人员工作学习的需要,特整理编写《聚乙烯、聚丙烯成型技术问答》一书,供广大读者应用学习参考。

书中内容以问答的方式向读者介绍聚乙烯、聚丙烯树脂及其改性材料的性能与应用,成型制品用设备、模具、工艺及产品质量标准和生产操作注意事项等,力求结合生产实例,用通俗的语言,系统全面地向读者说明。数据多来自于生产一线,可操作性强。适合于塑料制品加工企业中的技术人员和生产操作工学习参考。

书中内容涉及面较宽,因个人水平有限,本书可能存在一些不足之处,敬请读者批评指正。

编　者

目　　录

第 1 篇

合成树脂

第1章 聚乙烯

1.1 什么是聚乙烯？有哪些品种？

聚乙烯(PE)是由乙烯单体聚合而成的。以聚乙烯树脂为基材，添加少量抗氧剂、爽滑剂等塑料助剂后造粒制成的塑料称为聚乙烯塑料。PE是聚乙烯(polyethylene)的缩写代号。

聚乙烯是一个可用多种工艺方法生产，具有多种结构和特性的系列品种。品种多达几百个。目前，应用较多的品种有：低密度聚乙烯(LDPE)、高密度聚乙烯(HDPE)、线型低密度聚乙烯(LLDPE)及一些具有特殊性能的品种，如超高相对分子质量聚乙烯(UHMWPE)、低相对分子质量聚乙烯(LMWPE)、高相对分子质量高密度聚乙烯(HMWHDPE)、极低密度聚乙烯(VLDPE)、交联聚乙烯(VPE)、氯化聚乙烯(CPE)和多种乙烯共聚物等。

1.2 聚乙烯合成方法有几种？各有什么特点？

聚乙烯的合成，按聚合压力的不同，可分为高压聚合法、低压聚合法和中压聚合法。在聚乙烯聚合生产中三种方法都有应用，但采用三种方法聚合的聚乙烯，其结构、密度和性能又各有特点。

高压法聚合的聚乙烯也称高压聚乙烯，是在100~300MPa的高压下，用有机过氧化物为引发剂聚合而成的。其密度在0.910~0.935g/cm^{3}范围内，若按密度分类，称其为低密度聚乙烯。

低压法聚合的聚乙烯也称低压聚乙烯，是用齐格勒催化剂(有机金属)或用金属氧化物为催化剂，在低压条件下聚合而成的。其密度为0.955~0.965g/cm^3，与高压法聚合的聚乙烯相比，低压法聚合的聚乙烯不只是密度值高，其拉伸强度和撕裂强度也都高于高压法聚合的聚乙烯。由于其密度值较高，所以又称其为高密度聚乙烯。

中压法聚合的聚乙烯，采用了改进型的齐格勒催化剂，其聚合温度和压力都高于低压法聚乙烯的聚合条件。中压法聚乙烯的大分子结构为线型，其纯度和很多性能都介于高压法聚乙烯和低压法聚乙烯之间。所以，此法生产的聚乙烯被称为中密度聚乙烯，MDPE是中密度聚乙烯的缩写代号。

1.3 聚乙烯的用途及产品特点有哪些？

聚乙烯树脂在全部树脂中的应用量最大。目前，国内聚乙烯制品的年产量在5Mt左右。用聚乙烯树脂成型塑料制品，主要有薄膜、各种形状的中空容器、管材、编织袋、周转箱、单丝、瓦楞板、电缆料、板材和鞋等。由于聚乙烯制品具有力学性能、电性能良好，化学性能稳定和成型加工性能好等特点，所以其制品广泛地应用在工业、农业、医药卫生和日常生活用品中。

1.4 标准(GB/T 11115—2009)规定的聚乙烯树脂有哪些技术要求？

GB/T 11115—2009标准规定的聚乙烯树脂技术要求见表1-1~表1-7。

表 1-1　吹塑类聚乙烯(PE)树脂的技术要求

序号	项目		单位	PE,BA,48G100			PE,BA,52G150			PE,BA,62D003		
				优等品	一等品	合格品	优等品	一等品	合格品	优等品	一等品	合格品
1	颗粒外观	色粒	个/kg	≤10	≤20	≤40	≤10	≤20	≤40	≤10	≤20	≤40
2	密度（D 法）	标称值	g/cm³	0.948			0.952			0.960		
		偏差		±0.003		±0.004	±0.002		±0.003	±0.002	±0.004	±0.005
3	熔体流动速率 MFR	标称值	g/10min	10			15			0.35		
		偏差		±3.0	±4.0	±5.0	±3.0	±5.0	±6.0	±0.11	±0.13	±0.15
4	拉伸屈服应力		MPa	≥20.0		≥18.0	≥20.0		≥18.0	≥25.0		≥24.0
	拉伸断裂标称应变		%	≥150			≥150			≥350		
5	简支梁缺口冲击强度(23℃)		kJ/m²	≥8			≥8			≥18		
6	环境应力开裂时间		h	由供方提供数据			由供方提供数据			≥25		
试样制备				Q			Q			Q		

注:Q 表示压塑。

表 1-2　挤出管材类聚乙烯(PE)树脂的技术要求

序号	项目		单位	PE,BA,43G100			PE,EA,45G120			PE,EA,49D001		
				优等品	一等品	合格品	优等品	一等品	合格品	优等品	一等品	合格品
1	颗粒外观	色粒	个/kg	≤10	≤20	≤40	≤10	≤20	≤40	≤10	≤20	≤40
2	密度(D 法)	标称值	g/cm³	0.942			0.945			0.949		
		偏差		±0.002		±0.003	±0.002		±0.003	±0.002		±0.003
3	溶体流动速率 MFR	标称值	g/10min	10			12			0.11		
		偏差		±2.0		±2.5	±3.0		±5.0	±0.02		±0.03
4	拉伸屈服应力		MPa	≥16		≥15	≥17		≥16	≥19.0		≥17.0
	拉伸断裂标称应变		%	≥150			≥150			≥350		
5	简支梁缺口冲击强度(23℃)		kJ/m²	≥6.0			≥6.0			≥10		
6	弯曲模量		MPa	由供方提供数据			由供方提供数据			由供方提供数据		
7	氧化诱导时间 OIT(210℃,Al)		min	由供方提供数据			由供方提供数据			由供方提供数据		

续表

序号	项目	单位	PE,BA,43G100			PE,EA,45G120			PE,EA,49D001		
			优等品	一等品	合格品	优等品	一等品	合格品	优等品	一等品	合格品
	试样制备		Q			Q			Q		

序号	项目		单位	PE,EA,50T002			PE,EA,52D001		
				优等品	一等品	合格品	优等品	一等品	合格品
1	颗粒外观	色粒	个/kg	≤10	≤20	≤40	≤10	≤20	≤40
2	密度(D 法)	标称值	g/cm³	0.950			0.952		
		偏差		±0.002		±0.003	±0.003		±0.004
3	熔体流动速率 MFR	标称值	g/10min	0.24			0.14		
		偏差		±0.04		±0.06	±0.04	±0.05	±0.06
4	拉伸屈服应力		MPa	≥20.0		≥18.0	≥22.0	≥20.0	≥18.0
	拉伸断裂标称应变		%	≥350			≥50		
5	简支梁缺口冲击强度(23℃)		kJ/m²	≥12			≥6		
6	弯曲模量		MPa	由供方提供数据			由供方提供数据		
7	氧化诱导时间 OIT(210℃,Al)		min	由供方提供数据			由供方提供数据		
	试样制备			Q			Q		

注:Q 表示压塑。

表 1-3 挤出薄膜类聚乙烯(PE)树脂的技术要求

序号	项目		单位	PE-L,FB,18D010			PE,FAS,18D075			PE-L,FB,20D020		
				优等品	一等品	合格品	优等品	一等品	合格品	优等品	一等品	合格品
1	颗粒外观	色粒	个/kg	≤5	≤10	≤20	≤10	≤20	≤40	≤10	≤20	≤40
		蛇皮和拖尾粒	个/kg	≤20		≤40	≤20		≤40	≤20		≤40
		大粒和小粒	g/kg	≤10			≤10			≤10		
2	密度(D 法)	标称值	g/cm³	0.918			0.919			0.920		
		偏差		±0.003		±0.004	±0.002		±0.003	±0.002		±0.003
3	熔体流动速率 MFR	标称值	g/10min	1.0			7.0			2.0		
		偏差		±0.3		±0.5	±1.3		±1.5	±0.3		±0.5
4	拉伸屈服应力		MPa	—			—			≥7.0		
	拉伸断裂应力		MPa	≥12.0			≥8.0			—		
	拉伸断裂标称应变		%	≥250			≥90			≥200		

续表

序号	项目			单位	PE-L,FB,18D010			PE,FAS,18D075			PE-L,FB,20D020		
					优等品	一等品	合格品	优等品	一等品	合格品	优等品	一等品	合格品
5	鱼眼	方法一	0.8mm	个/1520cm²	≤8			—			≤8		
			0.4mm		≤40			—			≤40		
		方法二	0.3~2.0mm	个/1200cm²	—			≤30			—		
	条纹		≥1.0cm	cm/20m²	—			≤20			—		
6	雾度			%	由供方提供数据			—			由供方提供数据		
	试样制备				Q			M			Q		

序号	项目			单位	PE,F,21D003			PE,FB,21D025			PE,F,21D024		
					优等品	一等品	合格品	优等品	一等品	合格品	优等品	一等品	合格品
1	颗粒外观	色粒		个/kg	≤10	≤20	≤40	≤10	≤20	≤40	≤10	≤20	≤40
		蛇皮和拖尾粒		个/kg	≤20		≤40	≤20		≤40	≤20		≤40
		大粒和小粒		g/kg	≤10			≤10			≤10		
2	密度(D法)	标称值		g/cm³	0.920			0.920			0.920		
		偏差			±0.002		±0.003	±0.002		±0.003	±0.002		±0.003
3	熔体流动速率 MFR	标称值		g/10min	0.30			2.4			2.4		
		偏差			±0.05		±0.1	±0.4		±0.6	±0.4		±0.6
4	拉伸屈服应力			MPa	—			—			—		
	拉伸断裂应力			MPa	≥10.0		≥9.0	≥7.0		≥6.0	≥7.0		≥6.0
	拉伸断裂标称应变			%	≥150			≥150			≥150		
5	鱼眼	方法一	0.8mm	个/1520cm²	—			≤8			≤8		
			0.4mm		—			≤40			≤40		
		方法二	0.3mm~2.0mm	个/1200cm²	—			—			—		
	条纹		≥1.0cm	cm/20m²	—			—			—		
6	雾度			%	—			≤15			≤15		
	试样制备				Q			Q			Q		

续表

序号	项目			单位	PE,FA,50G110		
					优等品	一等品	合格品
1	颗粒外观	色粒		个/kg	≤10	≤20	≤40
		蛇皮和拖尾粒		个/kg	≤20		≤40
		大粒和小粒		g/kg	≤10		
2	密度(D法)	标称值		g/cm^3	0.950		
		偏差			±0.002		±0.003
3	熔体流动速率 MFR	标称值		g/10min	11		
		偏差			±2.0		±4.0
4	拉伸屈服应力			MPa	≥20		≥18
	拉伸断裂应力			MPa	—		
	拉伸断裂标称应变			%	≥150		
5	鱼眼	方法一	0.8mm	个/$1520cm^2$	≤8		
			0.4mm		≤40		
		方法二	0.3~2.0mm	个/$1200cm^2$	—		
	条纹		≥1.0cm	$cm/20m^2$	—		
6	雾度			%	—		
	试样制备				Q		

注:Q 表示压塑,M 表示注塑。

表 1-4　涂层类聚乙烯(PE)树脂技术要求

序号	项目		单位	PE,H,18D075		
				优等品	一等品	合格品
1	颗粒外观	色粒	个/kg	≤10	≤20	≤40
2	密度(D法)	标称值	g/cm^3	0.918		
		偏差		±0.002		±0.003
3	熔体流动速率 MFR	标称值	g/10min	7.0		
		偏差		±0.8		±1.0
4	熔胀比	标称值		1.70		
		偏差		±0.20		±0.30
	试样制备			M		

注:M 表示注塑。

表 1-5　电线电缆绝缘类聚乙烯(PE)树脂的技术要求

序号	项目		单位	PE,JA,23D021			PE,JA,45D007		
				优等品	一等品	合格品	优等品	一等品	合格品
1	颗粒外观	色粒	个/kg	≤10	≤20	≤40	≤10	≤20	≤40
2	密度(D 法)	标称值	g/cm³	0.923			0.945		
		偏差		±0.003		±0.004	±0.003		±0.004
3	熔体流动速率 MFR	标称值	g/10min	2.1			0.7		
		偏差		±0.20		±0.30	±0.20		±0.30
4	拉伸屈服应力		MPa	—			≥15		
	拉伸断裂应力		MPa	≥10			—		
	拉伸断裂标称应变		%	≥80			≥50		
5	相对电容率			由供方提供数据			≤2.40		
试样制备				M			Q		

注:Q 表示压塑,M 表示注塑。

表 1-6　挤出单丝类聚乙烯(PE)树脂的技术要求

序号	项目		单位	PE,JA,50D012		
				优等品	一等品	合格品
1	颗粒外观	色粒	个/kg	≤10	≤20	≤40
2	密度(D 法)	标称值	g/cm³	0.951		
		偏差		±0.002		±0.003
3	熔体流动速率 MFR	标称值	g/10min	1.0		
		偏差		±0.2		±0.3
4	拉伸屈服应力		MPa	≥22.0	≥21.0	≥20.0
	拉伸断裂标称应变		%	≥350		
试样制备				Q		

注:Q 表示压塑。

表 1-7　注塑类聚乙烯(PE)树脂的技术要求

序号	项目		单位	PE,M,18D500			PE,M,18D022		
				优等品	一等品	合格品	优等品	一等品	合格品
1	颗粒外观	色粒	个/kg	≤10	≤20	≤40	≤10	≤20	≤40
2	密度(D 法)	标称值	g/cm³	0.917			0.918		
		偏差		±0.002		±0.003	±0.002		±0.003?
3	熔体流动速率 MFR	标称值	g/10min	50			2.0		
		偏差		±6.0		±7.0	±0.2	±0.3	±0.4

续表

序号	项目	单位	PE,M,18D500			PE,M,18D022		
			优等品	一等品	合格品	优等品	一等品	合格品
4	拉伸屈服应力	MPa	—			—		
	拉伸断裂应力	MPa	≥6.0			≥10.0		≥8.0
	拉伸断裂应变	%	—			—		
	拉伸断裂标称应变	%	≥90			≥80		
5	简支梁缺口冲击强度(23℃)	kJ/m²	≥50			≥50		
	试样制备		M			M		

序号	项目		单位	PE,M,53D060			PE,M,56D180			PE,ML,57D075		
				优等品	一等品	合格品	优等品	一等品	合格品	优等品	一等品	合格品
1	颗粒外观	色粒	个/kg	≤10	≤20	≤40	≤10	≤20	≤40	≤10	≤20	≤40
2	密度(D法)	标称值	g/cm³	0.953			0.956			0.958		
		偏差		±0.002		±0.003	±0.003		±0.004	±0.002		±0.003
3	熔体流动速率 MFR	标称值	g/10min	6.0			18			7.5		
		偏差		±0.5	±1.0	±1.5	±2.0		±3.0	±1.5		±2.5
4	拉伸屈服应力		MPa	≥22.0	≥20.0	≥18.0	≥20.0	≥18.0	≥16.0	≥24.0	≥22.0	≥20.0
	拉伸断裂应力		MPa	—			—			—		
	拉伸断裂应变		%	≥150			—			≥80		
	拉伸断裂标称应变		%	—			≥80			—		
5	简支梁缺口冲击强度(23℃)		kJ/m²	由供方提供数据			≥2.0			≥2.5		
	试样制备			M			M			M		

注:M 表示注塑。

1.5 低密度聚乙烯的性能特点有哪些?

低密度聚乙烯(LDPE)为乳白色蜡质半透明固体颗粒,无毒,无味,密度在 0.910~0.925g/cm³ 范围内。在聚乙烯树脂中,除超低密度聚乙烯树脂外,低密度聚乙烯是最轻的品种。与高密度聚乙烯相比,其结晶度(55%~65%)和软化点(90~100℃)较低;有良好的柔软性、延伸性、透明性、耐寒性和加工性;化学稳定性较好,可耐酸、碱和盐类水溶液;有良好的电绝缘性能和透气性;吸水性低;易燃烧,可产生石蜡气味的气体。不足之处是机械强度低于高密度聚乙烯;透湿性、耐热性、耐氧化性和抗日光老化性能差,在日光或高温作用下易老化分解而变色,性能下降,所以低密度聚乙烯应用时要添加抗氧剂和紫外线吸收剂来改善其不足之处。另外,低密度聚乙烯制品的黏合性和印刷性很差,为了改善这方面的不足,制品表面需经电晕处理或化学腐蚀后方可应用。不同密度聚乙烯的性能参数见表 1-8。

标准 GB/T 11115—2009 规定的 LDPE 树脂性能见附录 A。

表 1-8 不同密度聚乙烯的性能参数

项 目	测试方法 ASTM	低密度	中密度	高密度	
				熔体流动速率/(g/10min)≥0.1	熔体流动速率/(g/10min)<0.1
密度/(g/cm³)	D792	0.910~0.925	0.926~0.940	0.941~0.965	0.945
相对平均分子质量		约 $3×10^5$	约 $2×10^5$	约 $1.25×10^5$	约 $(1.5\sim2.5)×10^6$
折射率		1.51	1.52	1.54	
透气速度(相对值)		1	$1\frac{1}{3}$	$\frac{1}{3}$	
断裂伸长率/%	D638	90~800	50~600	15~100	
邵氏硬度(D)	A785	41~50	50~60	60~70	55(洛氏 R)
冲击强度(缺口)/(J/m)	D256	>853.4	>853.4	80~1067	>1067
拉伸强度/MPa	D638	6.9~15.9	8.3~24.1	21.4~37.9	37.2
拉伸弹性模量/MPa	D638	117.2~241.3	172.3~379.2	413.7~1034	689.5
连续耐热温度/℃		82~100	104~121	121	
热变形温度(0.46MPa)/℃	D648	38~49	49~74	60~82	73
比热容/[J/(kg·K)]		2302.7		2302.7	
结晶熔点/℃		108~126	126~135	126~136	135
脆化温度/℃	D746	-80~-55		-140~-100	<-137
熔体流动速率/(g/10min)	D1238	0.2~3.0	0.1~4.0	0.1~4.0	<0.1
线膨胀系数/($×10^{-5}$/K)		16~18	14~16	11~13	7.2
热导率/[W/(m·K)]		0.35		0.46~0.52	
耐电弧性/s	D495	135~160	200~235		
介电常数					
60~100Hz	D150	2.25~2.35	2.25~2.35	2.30~2.35	2.34
1MHz		2.25~2.35	2.25~2.35	2.30~2.35	2.30
介电损耗角正切	D150				
60~100Hz		$<5×10^{-4}$	$<5×10^{-4}$	$<5×10^{-4}$	$<3×10^{-4}$
1MHz		$<5×10^{-4}$	$<5×10^{-4}$	$<5×10^{-4}$	$<2×10^{-4}$
体积电阻率(RH50%,23℃)/Ω·cm	D257	$>10^{16}$	$>10^{16}$	$>10^{16}$	$>10^{16}$
介电强度/(kV/mm)					
短时	D149	18.4~28.0	20~28	18~20	28.4
步级		16.8~28.0	20~28	17.6~24	27.2

1.6 低密度聚乙烯可成型哪些塑料制品?

① LDPE 薄膜的用途可分为农业用和包装用。农业用薄膜用于育苗和各种大棚;包装薄膜用途广泛,如用于各种机械零件、化工和医药制品、各种服装及生活日用品的包装,各种食品的包装,以及防潮和防氧化真空包装等,另外,还可用做手提袋等。

② 挤出成型的管材和注塑成型的管件主要用于各种液体的输送管路。

③ 挤出覆合薄膜与纸、板、纤维板和铝箔,以及其他多种塑料的复合制品多用于食品和医药的防潮、防氧化包装等。

④ 挤出成型的电缆护套、塑料包覆电线,主要用于通信、电流的输送、动力电缆、信号及高压线路等。

⑤ 挤出的丝用于绳索、渔网,复合薄膜还有防电磁辐射的作用。

⑥ 注塑成型的瓶、桶、盖、盘、玩具等塑料制品是人们日常生活中不可缺少的用品。注塑

工业用配件，既减轻了设备质量，又节省了大量的金属材料。

用低密度聚乙烯挤出成型塑料制品工艺条件参见表1-9。国内部分低密度聚乙烯制品挤出成型用LDPE树脂的牌号、用途及生产厂见表1-10。注塑成型塑料制品LDPE的牌号、用途及生产厂见表1-11。

表1-9 用LDPE树脂挤出成型参考工艺条件

工艺条件	制品						
	管棒	吹塑薄膜	片材	电线包覆层	扁平薄膜	丝	涂层
原料温度/℃	150	165	180	220	245	260	316
螺杆长径比(L/D)	16	20	20	20	24	24	28
螺杆压缩比	3	4	4	4	4	4	4
均化段长度	2D	4 D	4 D	4 D	6 D	6 D	14 D
均化段槽深/mm	3.8	3.2	3.2	2.3	—	1.9	—

注：D为螺杆直径。

表1-10 低密度聚乙烯挤出制品用料生产厂及产品牌号和用途

生产厂家	LDPE牌号	熔体流动速率/(g/10min)	密度/(g/cm^3)	特点和用途
燕山石化[1]	2F0.4A-1	0.4	0.9212	重包装膜
	1150A	50	0.9162	管材、板材
	LD100-AC	2.0	0.9225	农膜、收缩膜、透明膜、医用膜、多层共挤膜、与LLDPE掺混料、吹膜、各种包装膜
	LD113	2.3	0.9205	
	LD150	0.75	0.9225	大棚膜、农膜、收缩膜、重包装膜、动力电缆绝缘硅烷交联、电缆外套、管材、吹塑
	LD165	0.33	0.9220	
	SD330	2.0	0.9220	农膜、收缩膜、衬里、超薄膜、冷冻膜、多层共挤膜、与LLDPE掺混料、医用包装膜、透明膜
	LD104	2.0	0.925	高透明膜、收缩膜、多层共挤膜、动力电缆绝缘硅烷交联
	LD117	1.6	0.93	收缩膜、医用包装膜、多层共挤膜、电缆绝缘硅烷交联
	LD358	0.28	0.925	棚膜、管材、瓶
	LD188	1.9	0.923	农膜、透明膜、冷冻膜、多层共挤膜、管材
广州石化[2]	DEX821、DEX8218	0.7	0.926	地膜、农膜、重包装膜
	DEX8219	1.0	0.926	大棚膜、商品包装膜
	DEX8301	3.0	0.934	吹塑中空小瓶、罐等
	DFDA6080BK-3	0.8	0.920	挤塑滴灌管和管材
	DFDA 7001	3.2	0.917	薄膜级、流延膜、拉伸膜、高级包装膜
	DFDA 7026	3.2	0.917	流延膜、拉伸膜、粘贴膜、商品袋膜
	DFDA 7027	5.8	0.934	流延膜、食品袋、高档包装、编织袋
	DFDA 7029	2.6	0.916	流延膜、冷冻包装膜

续表

生产厂家	LDPE 牌号	熔体流动速率/(g/10min)	密度/(g/cm^3)	特点和用途
广州石化[②]	DFDA 7042	2.0	0.918	内衬和包装膜、掺混料
	DFDA 7051	2.0	0.924	超薄膜用
	DFDA 7081	1.0	0.918	透明膜
	DFDA 7087	1.0	0.918	地膜、购物袋
	DFDC 7050	2.0	0.925	超薄膜、内衬用、服装袋
	DFDC 7085	1.0	0.918	地膜、大棚膜、物品包装
	DFH 2076	0.8	0.920	电缆级、电缆护套料
	DGDA 2401	0.2	0.940	管材、管件
	DHDA 2483BK-3	0.6	0.939	小直径水管等管件
	HS 7001	3.2	0.917	流延膜、拉伸膜、冰袋等
	HS 7026	3.2	0.917	流延膜、拉伸膜、粘贴膜
	HS 7028	1.0	0.918	拉伸膜、干草储存袋、垃圾袋
	HS 7029	2.6	0.916	流延膜、优质拉伸包装膜、冰袋
	HS 7064	0.8	0.925	重包装膜、沸水袋
	HS 7066	0.8	0.925	大包装、重包装、育秧棚膜，内衬膜
	HS 7094	0.8	0.925	垃圾袋、复合、多层膜、内衬膜
	DNDB 7049	4.0	0.934	中空容器、马桶、玩具、户内用罐
	DNDC 7148(2)	5.0	0.934	工业桶、化学品用罐、户外容器
	DNDC 7149	5.0	0.934	抗化学品包装、农用容器
	DNDC 7152	3.5	0.939	中空罐、日用容器
	DNDD 7148(3)	5.0	0.934	中空罐、户外容器
	DNDD 7149	5.0	0.934	食品容器、日用瓶等
	DNDD 7152	3.5	0.939	吹塑中空级、容器、小罐、玩具
扬子石化[③]	HS-7001	3.2	0.918	吹塑薄膜
	DFDA-7047	1.0	0.918	薄膜、内衬、混合料
	DFH-2076	0.76	0.920	挤塑制品和电缆基料
	DFDA-7042	2.0	0.918	内衬、混合料、吹塑薄膜
齐鲁石化[④]	2100TN00	0.3	0.921	重包装、收缩膜、土工膜、大棚膜、电缆料
	2101TN00	0.85	0.921	大棚膜、工业膜
	2102TN00	2.5	0.921	轻包装膜，发泡片材，电线电缆
	2102TN26	2.5	0.921	农膜、地膜、轻包装膜
	2102TN37	2.5	0.921	板材、农膜、包装膜
	2100TU60	0.2~0.4	0.918~0.924	棚膜
茂名石化[⑤]	951-050	2.17	0.919	地膜、包装膜，电缆护套、电缆绝缘料
	510-000	2.1	0.918	介电性能优越，用作电缆绝缘基料
	156-050	2.2	0.921	透明膜
	951-000	2.17	0.918	农地膜、包装膜、电缆护套料、电缆绝缘料

续表

生产厂家	LDPE 牌号	熔体流动速率/(g/10min)	密度/(g/cm^3)	特点和用途
中国台湾省	C7100	7.8	0.918	涂覆制品、电线绝缘用制品，拉伸性好、高黏着性
	C1200	12.0	0.918	挤出涂覆，拉伸强度、黏性、热封性较好
	F211	2.0	0.923	一般用薄膜料、高抗黏性
	F811	8.0	0.923	拉伸强度好、高抗黏性，适合超薄薄膜
	F1107	1.1	0.922	一般包装膜和收缩膜
	F2201	2.0	0.923	一般包装膜
	F6102、F6104	6.0	0.923	超薄薄膜，拉伸强度好
	H0100	0.5	0.922	挤出发泡级、电线绝缘级
	H0105	0.5	0.923	重包装膜、农用膜、建筑用膜、抗黏性好
	H6105	0.5	0.923	重包装膜

① 燕山石化全称：中国石化燕山石油化工股份有限公司。
② 广州石化全称：中国石化广州石油化工分公司。
③ 扬子石化全称：中国石化扬子石油化工分公司。
④ 齐鲁石化全称：中国石化齐鲁石油化工股份有限公司。
⑤ 茂名石化全称：中国石化茂名石油化工公司。

表 1-11　低密度聚乙烯注塑制品用料生产厂及产品牌号

生产厂家	LDPE 牌号	熔体流动速率/(g/10min)	密度/(g/cm^3)	特点和用途
燕山石化	1150A	50	0.9162	管件等注塑制品
	1140A	40	0.9165	人造花、盆景
	LD100	2	0.9225	多种注塑件
	LD600	2	0.9225	多种注塑件
	LD662	2	0.9275	多种注塑件
	LD617	3	0.923	多种注塑件
广州石化	DMDA7144	20	0.924	注塑生活用品
	DMDA8320	20	0.924	注塑大型容器盆、桶等
	DMDA8350	50	0.926	生活用品及瓶盖等
	DNDA1077	100	0.931	用于食品容器、杯、盖等
	DNDA1081	125	0.931	用于各种薄壁容器
	DNDA7147	50	0.926	生活用品等
	DNDB1077	100	0.931	生活用品等

续表

生产厂家	LDPE 牌号	熔体流动速率/(g/10min)	密度/(g/cm^3)	特点和用途
扬子石化	1810H	1.3~1.8	0.919	医药包装等注塑件
	1816H	1.3~1.8	0.919	内衬等注塑件
	2220H	1.8~2.2	0.923	适用注塑电缆料
	1810S	1.7~2.2	0.917	多种注塑件
	2410T	3.3~3.9	0.923	多种注塑件
	3026K	3.4~4.6	0.928	多种注塑件
	3020H	1.7~2.2	0.927	多种注塑件
	DNDA-8350	50	0.926	生活用品等高速注塑件
兰州石化	PE-M-13D022	2	0.917	通用注塑级,无添加剂
	PE-M-18D500	50	0.914	注塑级,高流动,高光泽度,优良的柔软性
上海石化①	Q200/Q280	2/2.8	0.922/0.925	适合小型注塑件
	ZH015	0.15	0.920	均聚物注塑级
	ZH080	0.8	0.917	均聚物注塑级
	ZH120	1.2	0.920	均聚物注塑级
	ZH200	2	0.922	均聚物注塑级
	ZH280	2.8	0.925	均聚物注塑级
	ZH400	4	0.920	均聚物注塑级
	ZH700	7	0.920	均聚物注塑级
	ZH1200	12	0.920	均聚物注塑级
中国台湾省②	M202	26	0.917	注塑小型日用品,流动性好、光泽、韧性、耐开裂性好
	M2100	26	0.924	注塑小型日用品,流动性好、光泽、韧性、耐开裂性好
	M2200	50	0.917	高流动性、易染色,适合各种塑料花
	M5100	50	0.917	高流动性、易染色,适合各种塑料花

① 上海石化全称:中国石化上海石油化工股份有限公司。

② 中国台湾省:是指其亚洲聚合股份有限公司。

1.7 高密度聚乙烯的性能特点有哪些?

高密度聚乙烯(HDPE)为白色粉末或颗粒状产品,无毒,无味,结晶度为80%~90%,软化点为125~135℃,使用温度可达100℃;硬度、拉伸强度和蠕变性优于低密度聚乙烯;耐磨性、电绝缘性、韧性及耐寒性较好,但与低密度聚乙烯相比略差些;化学稳定性好,在室温条件下,不溶于任何有机溶剂,耐酸、碱和各种盐类的腐蚀;薄膜对水蒸气和空气的渗透性小,吸水性低;耐老化性能差,耐环境应力开裂性不如低密度聚乙烯,特别是热氧化作用会使其性能下降,所以树脂中须加入抗氧剂和紫外线吸收剂等来改善这方面的不足。高密度聚乙烯薄膜在受力情况下热变形温度较低,应用时要注意。高密度聚乙烯的性能参数见表1-8。标准GB/T 11115—2009规定的HDPE树脂性能见附录B。

1.8　高密度聚乙烯可成型哪些塑料制品？

高密度聚乙烯树脂可采用注射、挤出、吹塑和旋转成型等方法成型塑料制品。

采用注射成型可成型出各种类型的容器、工业配件、医用品、玩具、壳体、瓶塞和护罩等制品。采用吹塑成型可成型各种中空容器、超薄型薄膜等。采用挤出成型可成型管材、拉伸条带、捆扎带、单丝、电线和电缆护套等。

另外，还可成型建筑用装饰板、百叶窗、合成木材、合成纸、合成膜和成型钙塑制品等。

不同熔体流动速率的 HDPE 较适宜成型的制品见表 1-12。

表 1-12　不同熔体流动速率的 HDPE 较适宜成型的制品

熔体流动速率/(g/10min)	应用范围	熔体流动速率/(g/10min)	应用范围
0.2~1.0	电线、电缆绝缘层	0.3~6.0	薄膜
0.01~0.5	管材	0.5~8.0	注射成型制品
0.2~2.0	板、片、延伸带	3.0~8.0	旋转成型制品
0.5~1.0	单丝	4.0~7.0	涂层
0.2~1.5	吹塑中空制品		

国内部分 HDPE 树脂生产厂牌号、性能及用途见表 1-13 和表 1-14。

表 1-13　HDPE 挤出制品用料生产厂及产品牌号和用途

生产厂家	HDPE 牌号	熔体流动速率/(g/10min)	密度/(g/cm³)	特点和用途
上海石化	YGH031	0.12~0.28	0.952	管材、管件
	YGH041	0.16~0.34	0.952	管材、管件
	YGM091	0.49~0.92	0.946	管材、管件
	GH121	0.8~1.6	0.963	管材、管件
	GH201	1.3~2	0.945	管材、管件
	DH050T	0.3~0.7	0.956	电缆电线护套
	DH170T	1.3~2.1	0.956	电缆电线护套
	DH110T	0.7~1.5	0.956	电缆电线护套
	ML1502	1.5±3.2	0.923	吹塑薄膜
	ML2202	22.0±5.0	0.925	吹塑薄膜
	MH502	5.0±2.0	0.956	吹塑薄膜
	MH1002	10.0±3.5	0.947	吹塑薄膜
	CH252	2.5±0.8	0.955	中空吹塑制品
	CH1402	14.0±3.5	0.957	中空吹塑制品
	CH2202	20.0±4.5	0.959	中空吹塑制品

续表

生产厂家	HDPE 牌号	熔体流动速率/(g/10min)	密度/(g/cm^3)	特点和用途
上海石化	MH602	6.0	0.946	提物袋、垃圾袋、重包装、纸袋衬里
	CH2802	28.0	0.958	吹塑薄壁容器(1~10L),化妆品、食品等容器
	CH702	7.0	0.953	吹塑(10~30L)容器,如化工品、油品、危险品容器
	CH202	2~3	0.953	吹塑(30~220L)容器,如油品、危险品容器
	YGH051T	0.5	0.956	各种压力管、排污管、大直径波纹管
	YGH041T	0.4	0.959	黑色压力管 PE100、水管、PE60 气管、薄壁管
	GH051T	0.5	0.960	黑色非承压管、埋地管、排污管、导线管、灌溉管
	YGM091T	0.85	0.952	黑色压力管、PE880 水管、PE80 气管、大直径管
	DH170T	1.7	0.954	黑色光缆通信、电力电缆护套料
兰州石化	3300F	1.2	0.954	适合用于各种包装的透明薄膜
	5000S	0.8~1.2	0.949~0.953	机械强度高;挤出管材,中空制品和单丝
	5200B	0.35	0.964	用于耐冲击强度高的容器和渔业用浮子等
	5200S	0.35	0.964	挤出机械强度好的单丝、渔网、绳索等
	60550AG	6.0~9.0	0.955~0.959	机械强度好;用于单丝、渔网、绳索、包装带等
	6100M	0.14	0.954	用于进行供水、灌溉及运装化学液体的管材
	6200B	0.4	0.95	吹塑漂白剂、化妆品、洗涤剂瓶
天津石化①	TJDL-9475	0.7	0.954	力学性能、电性能、耐候性能良好;可做电缆绝缘料
	DMDA-6400	0.9	0.961	强度好、卫生、易加工,主要用于饮料、果汁、水瓶及容器
	DGDH-1059	0.9	0.961	力学性能优,具有良好的抗湿氧性,用于食品、重负荷、袋包装膜
齐鲁石化	DGDA6098	8~15	0.946~0.953	挤出 6~7μm 薄膜
	DGDB 2480	8~17	0.942~0.948	挤出管材
	QHB07			挤出工业用品
	DMDY1158	1.4~2.8	0.949~0.956	吹塑 10~100L 容器
	DMD6145	12~21	0.949~0.952	吹塑 10~100L 容器
	DMD6147	7~14	0.945~0.952	吹塑 20~200L 容器
辽阳石化②	PE-GA-50D006	0.36~0.54	0.944~0.953	挤出单丝、渔网丝
	PE-LA-57D006	0.52~0.78	0.951~0.956	单丝、渔网丝
	PE-JA-57T022	1.3~1.9	0.949~0.954	单丝、渔网丝
	L0555P	0.4~0.6	0.950~0.955	氯化聚乙烯专用料
	L2053P	1.8~2.5	0.951~0.955	氯化聚乙烯专用料
	L0555P	0.4~0.6	0.950~0.955	氯化聚乙烯专用料
	L2053P	1.8~2.5	0.951~0.955	氯化聚乙烯专用料

续表

生产厂家	HDPE 牌号	熔体流动速率/(g/10min)	密度/(g/cm^3)	特点和用途
吉林石化③	DGDB2481BK	0.1	0.946	水管、大直径管
	DGDS6097	0.4	0.948	板材
	DGDA6093	0.15	0.951	薄膜
	DGDA6094	1.0	0.95	单丝、编织袋
抚顺石化④	51-35B	0.33	0.941	丁烯共聚;用于生产输气管
	43-44B	0.75	0.935	丁烯共聚;用于生产 MDPE 电缆护套
上海赛科⑤石化	HD5301AA	10.0	0.953	挤出高强度薄膜,制作各种购物袋
	HD5502AA	0.35	0.955	吹塑小于 5L 的食品、油和化学品容器

① 天津石化全称为中国石化天津石油化工公司。
② 辽阳石化全称为中国石油辽阳石化分公司。
③ 吉林石化全称为中国石油吉林石化公司。
④ 抚顺石化全称为中国石油抚顺石油化工公司。
⑤ 上海赛科石化全称为上海赛科石油化工有限责任公司。

表 1-14　HDPE 注塑制品用料生产厂及产品牌号

生产厂家	HDPE 牌号	熔体流动速率/(g/10min)	密度/(g/cm^3)	特点和用途
上海石化	SH021	0.20	0.951	通用级注塑件原料
	SH061	0.60	0.952	
	SH151	1.50	0.952	
	SH280	2.80	0.955	
	SH361	3.60	0.954	
	SH400	4.00	0.955	
	SH600	6.00	0.960	
	SH502	5.00	0.954	
	SH702	7.00	0.956	
	SH800	8.00	0.965	
	BL1100	12.00	0.931	
	SH1400	14.00	0.963	
	SH1502	15.00	0.957	
	SH200	20.00	0.959	
	SH2902	29.00	0.960	
	SH4502	45.00	0.962	
	SH1200	12.00	0.960	注塑箱、桶、软管、玩具、日用品、汽车配件、密封圈等
	SH400	4.00	0.960	颜料桶

续表

生产厂家	HDPE 牌号	熔体流动速率/(g/10min)	密度/(g/cm^3)	特点和用途
上海石化	SH400U	4.00	0.960	颜料桶、盖
	SH800U	8.00	0.964	注塑周转箱、室外用品、料箱等防紫外线件
	SH2000U	20.00	0.958	注塑周转箱、室外用品、料箱等防紫外线件
大庆石化 扬子石化 兰州石化	1300J	14.00	0.965	刚性好、变形小,用于制作日用品和精密小型机械零件
	2100J	6.500	0.985	多种注塑件,尤其适合大型容器和高抗冲汽车零件
	2200J	5.800	0.968	用于各种包装箱、瓶、水果筐、鱼筐等
	2208J	5.800	0.968	多种注塑件,如瓶、水果箱、鱼筐等
	5122A	21.50	0.959	适宜薄壁容器,如一次性民航杯
	519.9AC	9.50	0.961	共聚、性能优良,用于制作日用品、电器零件、工业件、儿童玩具
燕化石化	2200J	5.50	0.964	注塑瓶、箱及一般工业用件
	2100J	6.50	0.953	用于封闭材料
	1600J	18.00	0.956	用于生活日用品
天津石化	DGDA-6094	1.00	0.95	化学稳定性好、耐腐蚀,用于小型中空容器
	DMDA-8007	9.00	0.961	制品的强度、硬度均较好,用于周转箱、容器、盘等
	DMDA-8290	20.00	0.954	用薄壁、形状复杂注塑件,如容器盘等
辽阳石化	PE-ML-57D075	6.00~9.00	0.955~0.960	周转箱
	PE-MA-50D045	3.20~4.80	0.949~0.955	适宜厚壁容器、运输箱
	PE-MA-57D100	25.00~31.00	0.955~0.960	用于形状复杂的制品
	PE-MA-57D045	13.00	0.955~0.960	周转箱
抚顺石化	2709	14.50	0.950	用于桶、盖、家具
	2916	8.50	0.959	用于薄壁容器
上海赛科石化	HD6070AA	8.40	0.960	周转箱、汽车部件、托盘、椅子等

1.9 线型低密度聚乙烯的性能特点有哪些?

线型低密度聚乙烯(LLDPE)是乙烯与少量 α-烯烃(如 1-丁烯、1-己烯、1-辛烯等)在催化剂作用下,在高压或低压条件下聚合而成的共聚物。

线型低密度聚乙烯的外观与普通低密度聚乙烯相似。密度、结晶度和熔点均比高密度聚乙烯低,结晶度为 50%~55%,略高于低密度聚乙烯,但比高密度聚乙烯低很多;熔点比低密度聚乙烯的熔点略高些(一般要高出 10~15℃),但温度范围很小;力学性能优于普通低密度聚乙烯,如撕裂强度、拉伸强度、抗冲击性、耐环境开裂性和耐蠕变性能均比低密度聚乙烯好;电绝缘性能也优于低密度聚乙烯。用线型低密度聚乙烯成型的薄膜,既柔软又耐热,且有较高的撕裂强度和热合强度,但膜的透明度和光泽性较差。不同密度的线型低密度聚乙烯(LLDPE)性能见表1-15。线型低密度聚乙烯(LLDPE)的密度和结晶度与LDPE和HDPE的比较见表1-16。线型低密度聚乙烯(LLDPE)的性能与LDPE和HDPE的比较见表1-17。线型低密度聚乙烯(LLDPE)的加工特性与LDPE和HDPE的比较见表1-18。

表1-15 不同密度的LLDPE性能

项目	LDPEEC-51A	LLDPE				
密度/(g/cm³)	0.924	0.930	0.928	0.925	0.918	0.913
熔体流动速率/(g/10min)	0.25	0.12	0.10	0.33	1.15	—
屈服强度/MPa	9.6	15.5	13.7	11.0	10.9	10.0
拉伸强度/MPa	16.1	—	18.8	10.0	9.8	11.2
弯曲模量/MPa	210	321	270	241	250	227
断裂伸长率/%	—	425	788	—	—	—
体积电阻率/Ω·cm	$>10^{15}$	3.08×10^{16}	—	8.6×10^{16}	2.74×10^{16}	3.18×10^{16}
介电损耗角正切	2.9×10^{-4}	1.66×10^{-4}	—	4.4×10^{-4}	—	2.6×10^{-4}
相对介电常数	2.30	—	—	2.22	2.16	2.21
介电强度/(kV/mm)	—	51.7	—	47.0	57.0	69.0
维卡软化点/℃	97.3	108	108	97.0	99.0	94.0

表1-16 LDPE、LLDPE、HDPE三种树脂密度和结晶度比较

项 目	密度/(g/cm³)	结晶度%
LDPE	0.910~0.940	45~65
LLDPE	0.915~0.935	55~65
HDPE	0.940~0.970	85~95

表1-17 LLDPE与LDPE和HDPE性能比较

性能	与LDPE比较	与HDPE比较	性能	与LDPE比较	与HDPE比较
拉伸强度	高	低	加工性	较困难	较容易
伸长率	高	高	浊度	较差	较好
冲击强度	较好	相近	光泽性	较差	较好
耐环境应力开裂性	较好	相同	透明性	较差	—
耐热性	高15℃	较低	熔体强度	较低	较低
韧性	较高	较低	熔点范围	小	小
挠曲性	较小	相近			

表1-18 LLDPE、LDPE和HDPE加工特性比较

项目	LDPE	LLDPE	HDPE
薄膜吹塑	最容易	一般	最难
注射成型	软质	有刚性,挠曲小	刚性好
管材挤出	软质	耐圆周应力好	刚性好
线缆挤出	挤出速度快	耐热耐环境应力开裂性好	耐热性很好,可交联
中空成型	型坯强度好	型坯强度较差	刚性好
旋转成型	流动性好	流动性最高	难以流动
粉体涂覆	低温软化	需较高温度	适宜条件窄

续表

项目	LDPE	LLDPE	HDPE
挤出被覆 交联发泡	缩颈现象小 性能易控制	缩颈现象大 难以控制	适宜条件窄 性能易控制

线型低密度聚乙烯树脂的质量标准 GB/T 15182 规定见表 1-19。

表 1-19　线型低密度聚乙烯(GB/T 15182—1994)

性能	测试项目		吹塑薄膜											
			LLDPE-FB-18D012			LLDPE-FB-18D022			LLDPE-FB-18D022-1			LLDPE-FB-23D012		
			优级品	一级品	合格品	优级品	一级品	合格品	优级品	一级品	合格品	优级品	一级品	合格品
树脂性能	颗粒外观	污染粒子/(个/kg) ≤	10	20	40	10	20	40	10	20	40	10	20	40
		蛇皮和丝发/(个/kg) ≤	20		40	20		40	20		40	20		40
		大粒和小粒/(g/kg) ≤	10			10			10			10		
	熔体流动速率/(g/10min)	标称值	1.0		1.0	2.0		2.0	2.0		2.0	1.0		1.0
		偏差	±0.2		±0.3	±0.3		±0.5	±0.3		±0.5	±0.2		±0.3
	密度/(g/cm³)	标称值	0.920		0.920	0.920		0.920	0.918		0.918	0.925		0.925
		偏差	±0.002		±0.003	±0.002		±0.003	±0.002		±0.003	±0.002		±0.003
	拉伸屈服强度/MPa ≥		8.3			8.3			8.3			9.2		
	拉伸断裂强度/MPa ≥		17.0			12.0			12.0			12.0		
	断裂伸长度/% ≥		500			500			500			500		
薄膜性能	鱼眼/(个/1520cm²)	0.8mm ≤	2	4	8	2	4	8	2	4	8	2	4	8
		0.4mm ≤	15	25	40	15	25	40	15	25	40	15	25	40
	雾度/%		13	—		14	—		14	—		14	—	
	开口性		易于揭开			易于揭开			易于揭开			易于揭开		
	落镖冲击破损质量/g ≥		80	—		55	—		60	—		70	—	

注:用于薄膜性能检验的吹塑薄膜厚度为 30μm±3μm。

1.10　线型低密度聚乙烯可成型哪些塑料制品?

线型低密度聚乙烯树脂一般多用于注射机注射成型塑料制品,经改性的线型低密度聚乙烯可采用吹塑、注射、滚塑和挤出等方法成型塑料制品。

采用挤出机可挤出成型管材、电线电缆包覆护套,挤出吹塑各种厚度薄膜及成型中空制品等。

采用注射机可注射成型各种工业配件、气密性容器盖、汽车用零部件和工业容器等。

旋转成型法可加工农药和化学品容器及槽车罐等大型容器等。也可采用流延法成型流延膜,用于复合、印刷和建筑用薄膜。

国内部分 LLDPE 树脂生产厂牌号、性能及用途见表 1-20、表 1-21。

表 1-20　线型低密度聚乙烯注塑制品用料生产厂及产品牌号和用途

生产厂家	LLDPE 牌号	熔体流动速率/(g/10min)	密度/(g/cm^3)	特点和用途
天津石化	TJZS-2433	33~40	0.924	可塑性强，流动性好，适合色母粒、桶、玩具、塑料花等
	DGDA-6094	1.0±0.2	0.950	耐腐蚀，化学稳定性好，适合单丝、渔网，滤网、编织袋
	DMDA-8007	8.2±1.5	0.961	强度好、硬度高，适合做周转箱、食品盘、饮料容器
	DMDA-6400	0.9	0.961	强度好、易加工、卫生，适合做吹塑果汁瓶、食品容器、玩具
	THZS-2640	50±5	0.926	适合做色母料载体、注塑桶、玩具、室内容器、塑料花
广州石化	DMDB-8920	20.0	0.954	中空容器、日用品、食品包装
	DNDA-7144	20.0	0.924	玩具、日用品、周转箱
天津化学公司	DMDA-8007	8.0	0.955	耐溶剂性、耐蒸汽渗透性好，适合做周转箱、托盘、食品盘
	DMDA-8920			注塑工业、农业、民用件
	TJZS-2433			色母料载体及其他制品
茂名石化	DMDB-8920	20.0	0.954	注塑形状复杂制件和大型件，与 LDPE 混用适合编织布
	DNDA-7144	20.0	0.924	注塑网篮、器皿、玩具、塑料花，柔韧性很好
	DMDB-8910	10.0	0.954	周转箱、桶、日用品等，与 LDPE 混用，可制编织带
吉林石化	DFDA7149	4.0	0.934	旋转模塑、桶、玩具
	DMDB8940	40.0	0.951	注塑模塑、食品容器、杯座
抚顺石化	2709	14.5	0.950	丁烯共聚，适合桶、盖子
	2916	8.5	0.959	丁烯共聚，薄壁容器
	2908	7.0	0.958	均聚，适合一般注塑制品
独山子石化	BDS24250AA	25.0	0.924	注塑制品、盖
	HD5218EA	18.0	0.952	注塑薄壁制件
	HD5211EA	11.0	0.952	注塑家用器皿
	HD5070EA	7.0	0.958	均聚，注塑制品、家用器皿
	HD6070EA	7.0	0.960	注塑制品、家用器皿

表 1-21　线型低密度聚乙烯挤出制品用料生产厂及产品牌号和用途

生产厂家	LLDPE 牌号	熔体流动速率/(g/10min)	密度/(g/cm^3)	特点和用途
广州石化	DFDA-7042	2.0	0.918	挤出吹塑农膜、地膜、棚膜、轻包装膜、衬里、电缆护套等
	DFDA-7042(粉料)	2.0	0.918	挤出吹塑农膜、地膜、棚膜、轻包装膜、衬里
	DGDA-6094	1.0	0.950	挤出扁丝、渔网丝、绳索
	DFH-2076	0.8	0.920	电缆护套料、电缆绝缘料
	DFDA-7047	1.0	0.918	挤出吹塑农膜、地膜、棚膜、轻包装膜、衬里
	DFDA-7020	3.0	0.934	挤出吹塑农膜、地膜、棚膜、日用膜、流延膜、衬里
	DFDA-7066	0.8	0.925	重包装膜、高强薄膜、衬里、包装袋
	DHDA-6093	0.15	0.952	挤出吹塑高透明膜，用于轻包装膜
	DGDS-6097	0.4	0.948	挤出板、片材，挤出吹塑包装膜

续表

生产厂家	LLDPE 牌号	熔体流动速率/(g/10min)	密度/(g/cm^3)	特点和用途
天津石化	DFDA-7042	2.0±0.3	0.920	成膜良好、高透明、力学性能好，可与 LDPE、HDPE 掺混，挤出小直径管
	DFDA-1820	2.0±0.5	0.920	挤出吹塑农、地膜、棚膜、衬里、农用管
	DFDA-7085	1.0±2.0	0.920	力学性能优良，透明性、耐候性良好，强度高，可与 LDPE、EVA 掺混
	TJDL-9270	0.7±0.1	0.920	力学性能、耐候性、电性能良好，广泛用于电缆绝缘料和电缆改性基料
	DFDA-6080	0.8	0.920	拉伸强度、冲击强度优，耐环境应力开裂性好，挠性好，用于小直径管
	TJDL-9475	0.7±0.1	0.945	性能和用途与 TJDL-9270 相同
	TJHS-7002			适合挤出吹塑制品
	TJHS-7028			适合挤出吹塑制品
	DNDB-7149	4.0	0.934	耐环境应力开裂性好，抗冲击性和刚性优良，适合化学品储罐
中原乙烯[①]	DEDA-7042	2.0	0.920	适合成型薄膜和小直径排水管
	DFDC-7050	2.0	0.920	热变形温度高、成型薄膜抗刺性强，适合小直径排水管、电缆料
	DFDC-7085	1.95	0.920	适合农膜、购物袋膜
	DGDA6091	0.9~1.1	0.950	强度高、耐腐蚀性好、低温条件下柔性好，适合渔网、绳索、滤网
	DGDS6097	0.38~0.42	0.948	强度高、抗外界渗透性强，适合做购物袋、衬里、复合农膜
	DMDA6149	0.01	0.953	机械强度较好，使用温度较高，耐环境应力开裂性好，适合制作运输罐、大型储罐
	DNDD7152	3.0~4.0	0.939	滚塑性能较好、抗冲击性能高、耐环境应力开裂性好，适合做小型玩具、垃圾箱、储罐、掺混料
茂名石化	DFDA-7042	2.0	0.918	高透明度、强度好，用于农膜、棚膜、衬里膜或管材、电缆护套
	DGDA-6094	1.0	0.950	适合渔网丝、编织布，也可作小件中空制品
	DFH-2076	0.8	0.920	适合电缆护套、电缆料，也可加工软管和薄膜
	DFDA-7066	0.8	0.925	适合重包装膜、液体包装膜、热收缩膜及小直径管材
	DFDA-9806	1.8~2.2	0.918	铝塑复合板材专用料，也可成型管材和吹膜
	DGDA-2401	0.18~0.22	0.940	加工性能好，强度高，适合水管、农用管、燃气管或电缆料
	DFDA-9907	2.0	0.918	高档薄膜料、开口性好，可成型轻、重包装膜，与 DFDA-7042 用途相同
	DFH-3460	—	0.934	电缆护套、电缆料，也可成型软管和薄膜
	DMDB-2481	—	—	适合成型大直径管、水管、电缆套管
	DMDA-6231	0.33	0.950	适合成型 4~40L 容器、水桶、油桶

续表

生产厂家	LLDPE 牌号	熔体流动速率/(g/10min)	密度/(g/cm^3)	特点和用途
吉林石化	DFDA7047	1.0	0.918	农膜、衬里
	DFDA7068	1.0	0.918	适合成型薄膜、混合料
	DFDA7059	2.0	0.918	流延膜、共挤料
	DGDS6097	0.4	0.948	板材或薄膜
盘锦乙烯公司②	BD20100BA	1.0	0.92	抗冲击,耐应力开裂性好,用于吹塑制品,也可用于成型管材
	BD24250AA	25	0.926	适合薄壁容器,如盒子及日用品等
	LL0209CA	0.9	0.919	拉伸强度好,耐穿刺能力高,用于缠绕包装膜
	LL0220CA	2.5	0.919	用途同 LL0209CA
	LL0640AA	4.1	0.929	用于成型高透明度、高强度薄膜
独山子石化③	LL0401KJ	1.0	0.926	挤塑、吹塑刚性高薄膜
	LL00220AA	2.0	0.920	挤塑、流延膜、拉伸膜
	BD20100BA	1.0	0.920	挤塑、管材、电线电缆料
	HD2840UA	4.0	0.928	旋转成型、槽、容器
上海赛科石化	LL0220AA	2.0	0.920	丁烯共聚,中等强度包装膜、拉伸膜
	LL0220KJ	2.0	0.921	丁烯共聚、吹塑膜
	LL0209AA	1.0	0.920	丁烯共聚、掺混、重负荷膜、农膜、缠绕膜
	LL0209KJ	1.0	0.921	丁烯共聚、吹塑农膜、内衬
	LL6209AA	0.9	0.920	己烯共聚、重负荷膜、多层膜、高强度包装袋

① 中原乙烯全称:中国石化中原石油化工有限责任公司。

② 盘锦乙烯全称:中国石化中国石油盘锦乙烯有限责任公司。

③ 独山子石化全称:中国石化中国石油新疆独山子石化分公司。

1.11 中密度聚乙烯的性能特点有哪些?

中密度聚乙烯(MDPE)树脂是用低压法由乙烯和α-烯烃共聚生产制得,密度在0.926~0.94g/cm^3范围。

中密度聚乙烯的性能介于高密度聚乙烯和低密度聚乙烯之间。结晶度为70%~75%,其制品有较好的柔性和低温特性;拉伸强度、硬度、耐热性等特性比高密度聚乙烯略差些,但其耐环境应力开裂性和强度的稳定性要好于高密度聚乙烯。

中密度聚乙烯的性能参数见表1-22。中国石化中原石油化工有限责任公司生产的中密度聚乙烯质量指标见表1-8。

表 1-22 中国石化中原石油化工有限责任公司中密度聚乙烯质量指标

指标名称	牌号	
	DNDD-7152	DGDA-2401
密度/(g/cm³)	0.939±0.003	0.940±0.002
熔体流动速率/(g/10min)	3.5±0.5	0.20±0.02
拉伸屈服强度/MPa ≥	13	12
伸长率/% ≥	300	500
脆化温度/℃ ≤	-60	-100
加工方法与用途	旋转成型,具有较好的滚塑性能,抗冲击性高,适合于制作各种中小型玩具、储罐、垃圾箱、储槽,也可用作掺混料	管材料,具有较好的拉伸、耐环境应力开裂性能,加工性好,适合于制作各种公用工程管道

1.12 中密度聚乙烯可成型哪些塑料制品?

中密度聚乙烯树脂可采用挤出、吹塑、注射和旋转方法成型塑料制品。用挤出法成型管材、电线电缆的包覆层,用挤出吹塑法成型薄膜和各种瓶类制品等,用注射及旋转法成型各种包装用容器、储槽、桶、罐等制品。

国内部分中密度聚乙烯树脂生产厂牌号、性能及用途见表1-23、表1-24。

表 1-23 天津联合化学公司中密度聚乙烯质量指标

指标	牌号						
	DFDA-7027	DFDA-7020	DFDA-7094	DNDA-7148	DNDC-7148	DNDC-7150	DNDB-7149
密度/(g/cm³)	0.934	0.934	0.930	0.934	0.934	0.939	0.934
熔体流动速率/(g/10min)	5.8	3.0	0.9	4.0	5.0	3.5	4.0
拉伸屈服强度/MPa ≥	14.5	14	8	14	14	15	14
拉伸断裂强度/MPa ≥	12	16		12	12	13	12
正割模量/MPa ≥	340	360	20	340	340	390	340
脆化温度/℃ ≤				-60	-60	-60	-60
用途	挤塑膜、尿布膜	挤塑膜、尿布膜	垃圾袋、重负荷袋	桶、罐、容器	桶、罐、容器	桶、罐、容器	桶、罐、容器

表 1-24 国内几家厂家中密度聚乙烯质量指标

项目	中国石化广州石化公司	中国石化广州石化公司	吉林炼油厂乙烯分厂	中国石化茂名石化公司	中国石化茂名石化公司
生产牌号	DEX-8301	DNDA-7146	DNDB-7149	DFDA-9806	DFDA-7066
密度/(g/cm³)	0.934±0.003	0.926±0.002	0.934	0.932~0.936	0.925±0.002
熔体流动速率/(g/10min)	3.0±0.6	12.0±2.5	—	2.0±0.4	0.8±0.2
拉伸屈服强度/MPa ≥	12	11	—	12	9
拉伸断裂强度/MPa ≥	14	12	—	—	—
伸长率/% ≥	—	—	—	20	20
正割模量/MPa ≥	360	100	—	—	—

续表

项目	中国石化 广州石化公司	中国石化 广州石化公司	吉林炼油厂 乙烯分厂	中国石化 茂名石化公司	中国石化 茂名石化公司
生产牌号	DEX-8301	DNDA-7146	DNDB-7149	DFDA-9806	DFDA-7066
加工方法与用途	用于制作瓶类容器，如牛奶瓶、果汁瓶、洗发水瓶、洗手液瓶等	可在旋转、注塑、吹塑成型中使用，制作日用品瓶、容器、农药和化学容器、各类桶、筐	旋转模塑，制作室内桶、手提桶	用于制作铝塑复合板	工业薄膜级树脂，强度高，适用于重包装膜、工业衬里、外包装缠绕膜、热收缩膜及管材等

1.13 超高相对分子质量聚乙烯有哪些性能和用途？

超高相对分子质量聚乙烯（UHMWPE）是一种线型结构的热塑性工程塑料，其生产方法和分子结构与高密度聚乙烯基本相同，可采用低压聚合法、淤浆法和气相法合成，相对分子质量是依靠改变催化剂成分比例、添加改性剂和工艺参数的调整来控制。

超高相对分子质量聚乙烯为粉末状，密度为 0.936～0.964g/cm^3，无毒，不易吸水，不易黏附，无表面吸引力；力学性能和化学性能独特，它几乎集中了各种塑料的优点，具有普通聚乙烯和其他工程塑料无法比拟的耐磨性、自润滑性和噪声衰减性；抗冲击、耐低温、抗低温冲击；耐高温蠕变、热稳定性好，熔点为 190～210℃，热变形温度为 85℃（在 0.46 MPa 下），熔体流动速率接近零；耐寒性好，脆化温度低于 140℃；拉伸强度高达 39.2 MPa；耐腐蚀性和耐环境开裂性能很好。

北京助剂二厂生产的 UHMWPE 产品牌号及性能见表 1-25。UHMWPE 与普通 HDPE 的性能比较见表 1-26。

表 1-25 北京助剂二厂 UHMWPE 性能

项目	指标	项目	指标
相对分子质量/$\times 10^4$	180～230；300 以上	介电强度/（kV/mm）	≥35
密度/（g/cm^3）	0.935～0.945	相对介电常数	≤2.35
粉末表观密度/（g/cm^3）	0.33～0.40	介电损耗角正切	≤5×10^{-4}
灰分（质量）/%	≤0.15	摩擦系数（ASTM D1894）	0.07～0.11
水分（质量）/%	≤0.15	吸水率/%	<0.01
拉伸强度/MPa	30～40	磨损率/%	0.62（优于 PA6、PTFE、45 碳钢、不锈钢）
断裂伸长率/%	300～400		
冲击强度（缺口）/（kJ/m^2）	>150	耐化学药品性	在一定温度、浓度范围内，能耐各种腐蚀性介质（酸、碱、盐，但氧化性酸除外）及有机溶剂
熔融温度/℃	137		
维卡软化点/℃	132		
脆化温度/℃	≤-70		
体积电阻率/Ω·cm	≥10^{17}	耐寒性	可在液氦温度（-269℃）使用

表 1-26 UHMWPE 和普通 HDPE 的性能比较

项目	超高相对分子质量聚乙烯	普通高密度聚乙烯
平均相对分子质量	2×10^6	5×10^5
密度/(g/cm^3)	0.939	0.045
熔体流动速率/(g/10min)	0	0.05
熔融温度/℃	130~131	129~130
洛氏硬度(HRC)	38	35
负荷下变形率(50℃,14 MPa,6 h)/%	6.0	9.0
热变形温度(0.45 MPa)/℃	79~83	63~71
维卡软化点/℃	133	122
冲击强度(缺口)/(kJ/m^2)		
23℃	81.6	27.2
-40℃	100	5.4
环境应力开裂(F_{50})/h	>4000	2000

超高相对分子质量聚乙烯,由于其相对分子质量很高,熔体流动速率极低,熔体黏度极大,流动性极差,对热剪切又极为敏感,所以,不宜用一般热塑性塑料成型设备和工艺来成型制品,一般多用热模压法、冷压烧结法成型。近年来,由于对 UHMWPE 进行了改性,达到了不降低相对分子质量而改善熔融性的目的,使熔体的流动性得到改善。另一点是对设备进行改造,采用压缩比小、螺旋槽深度大、双螺杆挤出机的两螺杆同向旋转;在进料处机筒要开槽,采用强制供料方法,以达到原料初入机筒时的顺利输送;挤塑工艺温度控制在 180~200℃范围内,螺杆工作转速控制在 10~15r/min,以防止高剪切速率下的原料降解。现在用这种挤出工艺可生产 UHMWPE 板材、棒材、中空制品和薄膜等。

用注射机注射成型 UHMWPE 制品时,选用的单螺杆注射机的螺杆和成型模具的结构应适当改进,塑化原料的工艺条件也要进行调整,如采用高压下喷射熔料,使其流动有利于充模,保证制品成型尺寸的稳定性好,故注射压力要控制在 12MPa 以上;螺杆塑化原料转速控制在 40~60r/min范围内,转速过高、料温易升高,这样的原料也易降解,使相对分子质量下降,则会影响制品的性能。由于 UHMWPE 具有其他热塑性塑料无法比拟的独特性能,且价格适中,所以,广泛应用在纺织、包装、运输、机械、化工、采矿、石油、农业、建筑、电气、食品、医疗、体育等各领域中。如耐腐蚀的罐衬里、容器、冷却塔体;耐磨的轴、轴套、偏心轮、齿轮、搅拌桨叶、造纸行业中的刮刀片、导流板水翼;耐磨又耐寒的冰上运动器材,如旱冰滑轮、滑雪具衬板、履带式冰雪专用汽车零部件等;电器绝缘用电镀槽、辊子、高频和超高频区间工作的绝缘子、绝缘托架、电缆导管、电缆端子、断路器等。

1.14 氯化聚乙烯有哪些性能和用途?

氯化聚乙烯(CPE 或 PEC)是由聚乙烯经氯气氯化而成,在其分子结构中含有乙烯、氯乙烯、1,2-二氯乙烯的共聚物,一般含氯量在 25%~45%(质量)。

氯化聚乙烯随聚合物相对分子质量、含氯量、分子结构和氯化工艺条件的不同,玻璃化转变温度和熔点可能会比聚乙烯高或低,可呈现硬质塑料到橡胶状的不同性能。氯化聚乙烯是一种具有优良的耐候性、耐寒性、耐燃性、抗冲性、耐油性、耐化学药品性和耐电气性能的材料;具有极性,只能作为低压绝缘材料用;同时还具有耐臭氧、耐热老化和耐磨耗等性能。

氯化聚乙烯可与多种塑料有良好的混合性。如与 PVC 共混生产管材、异型材和板材，可增强制品的冲击强度；与聚乙烯或 ABC 共混，可改善这两种塑料的加工性和耐阻燃性。

不同 CPE 的性能见表 1-27。氯化聚乙烯中含氯量对其性能影响见表 1-28。含氯量较低的 CPE 与 LDPE 薄膜的性能比较见表 1-29。

表 1-27　不同 CPE 的性能

性能	无规 CPE	嵌段 CPE	基体 CPE	性能	无规 CPE	嵌段 CPE	基体 CPE
弯曲温度/℃	-32	太脆	—	断裂伸长率/%	1600	约 1	—
密度/(g/cm^3)	1.23	1.17	0.95	拉伸强度/MPa	0.1	7.28	13.8
软化温度/℃	室温下太软	115	120	苯中溶解性	溶解	不溶	不溶

表 1-28　氯含量对 CPE 性能的影响

氯含量(质量)/%	T_g/℃	性状	氯含量(质量)/%	T_g/℃	性状
0	-70	硬塑料	55	35	刚性
30	-20	橡胶状	60	75	脆性
40	10	软、黏滞状	70	150	脆性
50	20	皮革状			

表 1-29　氯含量低的 CPE 与 LDPE 薄膜的性能比较

项目	低氯量 CPE	LDPE	项目	低氯量 CPE	LDPE
薄膜厚度/μm	50.8	254	断裂伸长率/%	500~650	520~530
拉伸强度/MPa	350~420	230~240	撕裂强度/(N/mm)	67.5~115.8	38.6~57.9

吉林化学工业公司生产的氯化聚乙烯技术指标见表 1-30。

表 1-30　吉林化学工业公司生产的 CPE 性能

项目	指标	项目	指标
外观	无色、半透明无臭	邵氏硬度(D)	65~70
密度/(g/cm^3)	1.14~1.18	耐热性	120℃,72 h
黏度[ML[①](100℃,1+4)]	40~70	脆化温度/℃	-60~-50
拉伸强度/MPa	16(硫化后)	电导率/(S/m)	3×10^{-3}
定伸模量(200%)/MPa	3.8	耐磨性能	好
收缩率/%	1.5	耐环境性能	好

① ML 为门尼黏度(大转子)。

氯化聚乙烯可用注射成型和挤出成型法加工。但是，由于 CPE 中含有大量的氯原子，其成型加工前应在 CPE 中加入一定比例的热稳定剂、抗氧化剂和光稳定剂，以保护其组成及性能的稳定。含氯量低的 CPE 也可用旋转模塑和吹塑成型。

目前，氯化聚乙烯在塑料制品行业中主要是用来做 PVC、HDPE 和 MBS 的改性剂。在聚氯乙烯树脂中掺混一定比例的 CPE 后，可用一般 PVC 加工设备挤出成型管、板、电线绝缘包覆层、异型材、薄膜、收缩薄膜等制品；也可用来涂覆、压缩模塑、层合、黏合等；用作 PVC、PE 的改性剂，可使产品性能得到改善，使 PVC 的弹性、韧性及低温性能都得到改善，脆化温度可降至-40℃；耐候性、耐热性和化学稳定性也优于其他改性剂；作为 PE 的改性剂，可使其制品的印刷性、阻燃性和柔韧性得到改善，使 PE 泡沫塑料的密度增大等。

目前，国内有多家工厂生产氯化聚乙烯，表 1-31 列出山东潍坊亚星化工集团总公司和佛山电化厂生产的 CPE 牌号和产品特点及用途，供应用时选择参考。

表 1-31　CPE 生产厂产品牌号及特点和用途

生产厂家	CPE 牌号	氯含量/%	密度/(g/cm^3)	特点和用途
山东潍坊亚星化工集团总公司	135A	30		耐寒，适合冰箱磁性密封条、低温电缆
	135A-1	35	0.48	适合 PVC 抗冲改性剂、制板、异型材、电缆、密封条
	135B	35	0.58	比 135A 抗拉强度高、硬度低，用途与 135A 相同
	135B-1	35	0.58	比 135B 硬度稍高，其他与 135B 相似
	135B-2	35	0.48	比 135A 硬度稍高，其他与 135A 相似
	137A	37	0.55	比 135A 抗拉强度稍低，硬度稍低，其他与 135A 相似
	140B	40	0.52	比 135 硬度高、拉伸强度稍高，用途相似，还可以与 PVC 共混增韧
	141B	41	0.60	比 140B 硬度稍软，用途与 140B 相似
	135A	35	0.48	适合 PVC 抗冲改性剂、制板，异型材，密封条，电线电缆
	239A	39	0.42	与 PVC 共混，制抗冲、刚性好的制品，如橡胶密封条
	239C	39	0.45	与 PVC 共混制硬制品，如无增塑剂薄膜、鞋底
	240B	40	0.45	抗冲改性剂，适合透明、半透明制品
佛山电化厂	CPE032A			高强度、高韧性、高填充性，软、硬适中，耐寒，为热塑性弹性体，用于非硫化型橡胶制品
	CPE036A、CPE040A			柔软、高弹性、高填充性、高伸长率、耐油、阻燃，做 PVC 改性剂，或与其他橡胶并用用作防水卷材
	CPE036A、CPE040A、CPE032B、CPE040B			塑料改性剂，具有高韧性、高强度、耐候、耐冲击，用于 PVC 型材、板材、管材

1.15　交联聚乙烯的性能特点及用途有哪些？

交联聚乙烯(PEX)是聚乙烯改性的一种方法，工业上常用的交联聚乙烯有辐射交联聚乙烯、过氧化物交联聚乙烯和硅烷交联聚乙烯。聚乙烯(LDPE、HDPE、LLDPE 和 MDPE 均可)通过交联可使其大分子链之间发生部分交联反应而改变其物理力学性能。

交联聚乙烯是一种具有网状结构的热固性塑料，交联聚乙烯制品成型后就无法再模塑成型，此时，还可用机械加工。

交联聚乙烯无毒、无味、不吸水；耐磨性、耐溶剂性、耐应力开裂性、耐候性、防老化性和尺寸稳定性都非常好；低温柔软性、耐热性能好，可在 140℃以下长期使用，软化点可达 200℃；冲击强度、拉伸强度、耐蠕变性和刚性都比 HDPE 好；有很好的电绝缘性、耐低温性、化学稳定性和耐辐照性能；交联聚乙烯成型的膜薄、透明，也有较好的水蒸气透过性；交联聚乙烯经加热、吹胀(拉伸)、冷却定形后，当重新加热到结晶温度以上时，能自然恢复到原来的形状和尺寸。

硅烷交联聚乙烯的性能见表 1-32。辐射交联聚乙烯薄膜的性能见表 1-33。过氧化物交联聚乙烯的性能见表 1-34。

表 1-32　硅烷交联聚乙烯的性能

项目	普通制品用	吸塑用	项目	普通制品用	吸塑用
密度/(g/cm^3)	0.93	0.95	维卡软化点/℃	95	—
凝胶含量/%	80	80	介电常数(1MHz)	2.3	—
拉伸强度/MPa	16	25	体积电阻率/Ω·cm	8×10^{16}	—
断裂伸长率/%	300	330	熔体流动速率/(g/10min)	1.3	0.2
弯曲弹性模量/MPa	260	1000			

表 1-33　辐射交联聚乙烯薄膜性能

性能	交联聚乙烯	低密度聚乙烯	高密度聚乙烯
拉伸强度/MPa	50~100	10~20	20~70
断裂伸长率/%	60~90	50~600	5~400
横向撕裂强度/(N/cm)	39~59	590~1380	60~1180
热封合温度范围/℃	150~250	125~175	140~175
收缩温度范围/℃	75~125	—	—
95℃时的收缩率/%	25~50	—	—

表 1-34　过氧化物交联聚乙烯的性能

性能	交联高密度聚乙烯(无填充剂)	交联低密度聚乙烯(炭黑含量 37.5%)	交联低密度聚乙烯(炭黑含量 70%)
密度/(g/cm^3)	0.956	1.13	1.42
拉伸强度/MPa	22.8	21.4	22.4
断裂伸长率/%	460	290	70
拉伸强度(100℃)/MPa	—	56	77
邵氏硬度(D)	59	58	67
脆折温度/℃	<-65	<-70	-15
冲击强度(缺口)/(J/cm)	12.16	6.72	2.67
环境应力开裂时间/h	—	超过 1000	超过 1000

交联聚乙烯可用挤出法成型制品,也可用注射、模压等方法成型制品。用挤出机可挤出成型耐热管材、软管、热收缩薄膜、套管、电线、电缆包覆层等;用注射机注射成型耐高压、高频的耐热绝缘材料、化工装置中的耐蚀性件、容器及泡沫塑料等。如上海石化生产的三人牌 XLPE、DJ200、DJ210 是挤出机成型交联电缆专用料。

1.16　乙烯-醋酸乙烯共聚物有哪些性能和用途?

乙烯-醋酸乙烯共聚物(EVA 或 E/EVA)也称为乙烯-乙酸乙烯共聚物,它是由乙烯(E)和醋酸乙烯(VA)共聚而制得的。

1.性能特征

EVA 树脂成型的制品柔软性和弹性好,在-50℃环境中仍有较好的可挠性,有很好的透明性和表面光泽性,无毒,化学稳定性良好,有较强的抗老化和耐臭氧性;与其他填料掺混好,着色性和成型加工性好。EVA 的性能与醋酸乙烯的含量、相对分子质量和熔体流动速率(MFR)关系很大。当 MFR 一定时,随着醋酸乙烯含量的增加,其弹性、柔韧性、相容性和透明性等均有所提高,但结晶度下降;若醋酸乙烯含量降低,其性能接近聚乙烯,但其刚性、耐磨性和电绝缘性能提高。若醋酸乙烯含量固定不变,当 MFR 值增加时,则软化点下降,加工性和表面光泽得到改善,但机械强度有些下降;若 MFR 值下降,则相对分子质量增大,抗冲击性能和耐应力开裂性能有所提高。

上海石化塑料厂生产的 EVA 树脂的技术指标见表 1-35。

2.用途

EBA 树脂可采用注射、挤塑、吹塑、压延、滚塑真空热成型、发泡、涂覆、热封和焊接等方法成型制品。薄膜制品有包装薄膜、热收缩薄膜、农用薄膜、食品包装薄膜、层合薄膜等。工业用有家电配件、窗用密封材料、电线绝缘包皮等。日用杂品有玩具、坐垫、容器盖等。汽车配件有避震器、挡泥板及装配配件等。将 EVA 树脂按一定比例掺混到 LDPE、HDPE 中可使其改性。

表 1-35　上海石化公司塑料厂 EVA 树脂技术指标

项目 \ 企业牌号	EVA/4.5/5.5	EVA11/3.5	EVA14/15	EVA15/2	EVA12/0.5
国标牌号①	E/VAc03-F-D006	E/VAc13-F-D045	E/VAc13-E-D200	E/VAc13-G-022	E/VAc13-G-D06
熔体流动速率/(g/10min)	0.5	3.5	15	2.0	0.5
醋酸乙烯含量/%	4.5	11	14	15	12
拉伸强度(纵/横)/MPa	18.17/17.7				
冲击强度/N	3.7				
拉伸强度(片)/MPa		11.8	8.3	8	8
弯曲强度/MPa		58.8			
断裂伸长率/%				600	600
色相				-16	-16

项目 \ 企业牌号	EVA/7.5/1.5	EVA7.5/3.5	EVA7.5/5.5	EVA12.5/3.5	EVA12.5/5.0
国标牌号①	E/VAc08-G-D012	E/VAc08-G-D022	E/VAc08-G-D045	E/VAc13-G-D022	E/VAc13-G-D45
熔体流动速率/(g/10min)	1.5	2.2	4.5	2.2	4.5
醋酸乙烯含量/%	7.5	7.5	7.5	12.5	12.5
拉伸强度(片)/MPa	≥8	≥8	≥8	8	8
弯曲强度/MPa					
断裂伸长率/%	600	600	600	600	60
色相	-16	-16	-16	-20	-20

① 国标牌号命名按 GB/T 1845.1—1999。

第2章 聚丙烯

2.1 什么是聚丙烯？分几种结构类型？

聚丙烯(PP)是由丙烯单体聚合而成。以聚丙烯树脂为基材的塑料为聚丙烯塑料。

聚丙烯树脂是当今五大塑料品种中发展最快的一种。由于其原料来源方便,价格比较便宜,性能优良,用途广泛,所以,对聚丙烯的应用,每年在以10%左右的速度增加。

丙烯聚合时由于使用催化剂的品种不同,则生产出的聚丙烯分子结构也就有所差异。按CH_3排列方式的不同(分为无序排列分布和有序排列分布),聚丙烯形成了三种不同的立体结构,即:等规聚丙烯(IPP)、间规聚丙烯(SPP)和无规聚丙烯(APP)。三种聚丙烯中,目前以等规聚丙烯应用量最大,约占聚丙烯总产量的95%。

2.2 聚丙烯有哪些性能特点？

聚丙烯树脂中的等规聚丙烯是构型规整的高结晶性的(结晶度高达95%)热塑性树脂。在常用的塑料中,它是最轻的品种。人们常说的聚丙烯树脂指的即是等规聚丙烯。这里介绍的也是等规聚丙烯树脂的性能。

① 聚丙烯为乳白色蜡状物,无毒、无味、无嗅,密度为0.90~0.91g/cm^3。

② 聚丙烯的机械强度、刚性和耐应力开裂性均优于高密度聚乙烯;耐磨性好、硬度高、高温冲击性好(但-5℃以下则急剧下降)、耐反复折叠性好。

③ 耐热性能好,热变形温度为114℃,维卡软化点大于140℃,熔点为164~167℃,使用温度在无负荷情况下可达150℃,可在130℃下消毒应用,连续使用温度最高为110~120℃。

④ 化学稳定性能较好,除强氧化性酸(如发烟硫酸、硝酸)对其有腐蚀作用外,与大多数化学药品不发生化学反应;不溶于水,几乎不吸水,在水中24h吸水性仅为0.01%。但相对分子质量低的脂肪烃、芳香烃和氯化烃对它有软化或溶胀作用。

⑤ 电绝缘性能优良,耐电压和耐电弧性好。

⑥ 制品在使用中易受光、热和氧的作用而老化;在大气中12d就老化变脆,室内放置4个月就会变质。制品用料需添加紫外线吸收剂和抗氧剂来提高制品的耐候性。

⑦ 聚丙烯制品的透明性比高密度聚乙烯制品好。

⑧ 制品耐寒性能差,低温冲击强度低,韧性不好,静电度高,染色性、印刷性和黏合性差。应用时可在原料中添加助剂或采用共混、共聚方法来改善这方面的性能。

等规聚丙烯主要性能见表2-1。

表 2-1　等规聚丙烯主要性能

项　目	性能参数	项　目	性能参数
密度/(g/cm³)	0.90~0.91	连续耐热温度/℃	120
吸水性/%	0.02~0.03	脆化温度/℃	-10
成型收缩率/%	1.0~2.5	线膨胀系数/(×10⁻⁵/℃)	6~10
拉伸强度/MPa	30~40	热导率/[W/(m·K)]	8.8×10^{-2}
拉伸模量/GPa	1.1~1.6	比热容/[J/(g·K)]	1.92
伸长率/%	>200	体积电阻率/Ω·cm	$\geqslant10^{16}$
冲击强度(缺口)/(kJ/m²)	2.2~6.4	介电强度/(kV/mm)	32
洛氏硬度(R)	95~105	相对介电常数(10^6Hz)	2.25
熔融温度/℃	165~170	介电损耗角正切(10^6Hz)	0.0005~0.00181
热变形温度(1.82MPa)/℃	56~67	耐电弧性/s	125~185

GB/T-12670—2008 规定的聚丙烯质量见表 2-2。标准中规定的聚丙烯牌号与企业商品牌号对照见表 2-3。

表 2-2　等规聚丙烯的质量标准

项目		注塑类														
		PPH-M-012			PPH-M-022			PPH-M-022-A			PPH-M-045			PPH-M-075		
		优级品	一级品	合格品	优级品	一级品	合格品	优级品	一级品	合格品	优级品	一级品	合格品	优级品	一级品	合格品
清洁度(色粒)/(个/kg)		0~5	6~10	11~20	0~5	6~10	11~20	0~5	6~10	11~20	0~5	6~10	11~20	0~5	6~10	11~20
熔体流动速率/(g/10min)		1.1~1.9		0.9~2.1	2.2~3.8		1.8~4.2	1.9~3.1		1.5~3.5	3.8~6.2		3.7~7.0	5.2~8.8		4.2~9.8
等规指数/% ≥		96.0			96.0			96.0			96.0			96.0		
粉末灰分/% ≤		0.02	0.03	0.05	0.02	0.03	0.05	0.02	0.03	0.05	0.02	0.03	0.05	0.02	0.03	0.05
拉伸屈服强度/MPa ≥		31.0	30.0	28.0	31.0	30.0	28.0	31.0	30.0	28.0	31.5	30.0	28.5	31.5	30.0	28.5
悬臂梁冲击强度/(J/m) ≥	23℃	19			17			17			17			15		
	-20℃															
维卡软化点/℃ ≥		150			150			150			150			150		
洛氏硬度(R) ≥		95			95			95			95			95		
雾度/%																
鱼眼/(个/1520cm²)	0.8mm															
	0.4mm															

项目	注塑类						挤出扁丝类								
	PPH-M-015			PPH-M-012			PPH-T-022			PPH-T-045			PPH-T-045-A		
	优级品	一级品	合格品	优级品	一级品	合格品	优级品	一级品	合格品	优级品	一级品	合格品	优级品	一级品	合格品
清洁度(色粒)/(个/kg)	0~5	6~10	11~20	0~5	6~10	11~20	0~5	6~10	11~20	0~5	6~10	11~20	0~5	6~10	11~20

续表

项目		注塑类						挤出扁丝类								
		PPH-M-015			PPH-M-012			PPH-T-022			PPH-T-045			PPH-T-045-A		
		优级品	一级品	合格品	优级品	一级品	合格品	优级品	一级品	合格品	优级品	一级品	合格品	优级品	一级品	合格品
熔体流动速率/(g/10min)		8.2~14		6.6~15	0.98~2.0		0.82~2.2	1.7~2.9		1.4~3.2	2.6~4.4		4.5~7.5	4.5~7.5		3.6~8.4
等规指数/% ≥		96.0						96.0			96.0			96.0		
粉末灰分/% ≤		0.02	0.03	0.05	0.02	0.03	0.05	0.02	0.03	0.04	0.02	0.03	0.04	0.02	0.03	0.04
拉伸屈服强度/MPa ≥		32.0	31.0	29.0	22.5	21.0	20.0	31.0	30.0	28.0	31.5	30.5	28.5	31.5	30.5	28.5
悬臂梁冲击强度/(J/m) ≥	23℃	15														
	-20℃				30	25	23									
维卡软化点/℃ ≥		150			135											
洛氏硬度(R) ≥		95			75											
雾度/%																
鱼眼/(个/1520cm²)	0.8mm															
	0.4mm															

项目		挤出扁丝类			挤出平膜类			绳索丝类			吹塑薄膜类		
		PPH-TL-045			PPH-F-012			PPH-L-022			PPH-I-015		
		优级品	一级品	合格品	优级品	一级品	合格品	优级品	一级品	合格品	优级品	一级品	合格品
清洁度(色粒)/(个/kg)		0~5	6~10	11~20	0~5	6~10	11~20	0~5	6~10	11~20	0~5	6~10	11~20
熔体流动速率/(g/10min)		2.6~4.4		2.1~4.9	1.1~1.9		0.90~2.1	1.9~3.1		1.5~3.5	7.1~12		5.7~13
等规指数/% ≥		96.0			96.0			96.0			96.0		
粉末灰分/% ≤		0.02	0.03	0.04	0.02	0.03	0.04	0.02	0.03	0.04	0.02	0.03	0.04
拉伸屈服强度/MPa ≥		30.5	29.5	27.5	29.0			30.0	29.0	27.0	30.0		
悬臂梁冲击强度/(J/m) ≥	23℃												
	-20℃												
维卡软化点/℃ ≥					150								
洛氏硬度(R) ≥													
雾度/%											6.0		
鱼眼/(个/1520cm²)	0.8mm							0~8			0~1.0	1.1~3.0	3.1~5.0
	0.4mm							0~40			0~10	11~20	21~30

项目	涂覆类			纺丝类								
	PPH-H-300			PPH-YL-022			PPH-YL-045			PPH-YL-075		
	优级品	一级品	合格品	优级品	一级品	合格品	优级品	一级品	合格品	优级品	一级品	合格品
清洁度(色粒)/(个/kg)	0~5	6~10	11~20	0~5	6~10	11~20	0~5	6~10	11~20	0~5	6~10	11~20

续表

项目		涂覆类			纺丝类								
		PPH-H-300			PPH-YL-022			PPH-YL-045			PPH-YL-075		
		优级品	一级品	合格品	优级品	一级品	合格品	优级品	一级品	合格品	优级品	一级品	合格品
熔体流动速率/(g/10min)		20~30		16~36	1.7~2.9		1.4~3.2	2.6~4.4		2.1~4.9	6.8~11		5.4~13
等规指数/% ≥		96.0			96.0			96.0			96.0		
粉末灰分/% ≤		0.02	0.03	0.04	0.01	0.02	0.03	0.01	0.02	0.03	0.01	0.02	0.03
拉伸屈服强度/MPa ≥		29.0			31.0	30.0	28.0	31.5	30.5	28.5	31.5	30.5	28.5
悬臂梁冲击强度/(J/m) ≥	23℃												
	-20℃												
维卡软化点/℃ ≥													
洛氏硬度(R) ≥													
雾度/%													
鱼眼/(个/1520cm²)	0.8mm				0~3.0	3.1~5.0	5.1~8.0	0~3.0	3.1~5.0	5.1~8.0	0~3.0	3.1~5.0	5.1~8.0
	0.4mm				0~15	16~25	26~40	0~15	16~25	26~40	0~15	16~25	26~40

表 2-3 聚丙烯树脂国标①牌号与企业商品名对照表

类别	序号	国际牌号	企业商品名
注塑类	1	PPH-M-012	1300
	2	PPH-M-022	1400
	3	PPH-M-022-A	S_2
	4	PPH-M-045	1500,4016
	5	PPH-M-075	1600
	6	PPH-M-105	1700
	7	PPH-MP-012	1330
挤出扁丝类	8	PPH-T-022	2401,F401
	9	PPH-T-045	2501,F501,5004
	10	PPH-T-045-A	D_4
	11	PPH-TL-045	50404
挤出平膜类	12	PPH-F-012	2400
绳索丝类	13	PPH-L-022	5203
吹塑薄膜类	14	PPH-I-105	2600
涂覆类	15	PPH-H-300	70126
	16	PPH-YL-022	3402
	17	PPH-YL-045	3502
	18	PPH-YL-075	3602
纺丝类	19	PPH-YL-140	3702,5028S_2
	20	PPH-YL-180	70218
	21	PPH-YL-300	70226
	22	PPH-YL-300-A	70835

① GB/T 12670—2008。

2.3 聚丙烯有哪些用途?

聚丙烯树脂可采用挤出机和注射机进行挤出成型、注射成型塑料制品,也可采用挤出、注射后对型坯进行中空吹塑来成型制品,另外,还可采用熔接、热成型、电镀和发泡及纺丝等方法进行成型加工,必要时还可以进行二次加工。成型的聚丙烯塑料制品有:管材、板材、薄膜、扁丝、纤维,各种瓶类及中空容器和注射成型盒、杯、盘、各种工业配件等。

聚丙烯树脂的成型方法见表2-4。

聚丙烯制品是一种质轻、无毒、价格便宜、性能优良、成型较容易和用途广泛的塑料。不同聚丙烯制品的应用如下。

① 聚丙烯挤出吹塑薄膜,是一种生产设备简单、生产效率较高、价格便宜的制品,在食品包装和纺织品及民用生活杂品包装方面广泛应用。

表2-4 聚丙烯树脂的成型方法

熔体流动速率/(g/10min)	成型方法	制品
0.15~0.4	挤出	管、板、棒、片
1~5		牵伸带
3~6		单丝、扁丝
8~12	挤出-吹塑	薄膜
0.4~1.5		中空容器
1~9	注塑	工业零件、日用品
1~2	双向拉伸	BOPP薄膜
10~20	熔融纺丝	纤维

② 挤出流延成型薄膜,是一种透明度高、阻湿性好、耐热和耐寒性优良、易于热封合的薄膜,主要用于食品、纺织品及文具杂品等物品的包装,性能好于聚乙烯吹塑薄膜。

③ 聚丙烯流延薄膜能与其他种类塑料薄膜,如纸和铝箔等为基材,复合成两层或两层以上的复合膜。用于外层时,聚丙烯膜是一种强度好、尺寸稳定、阻隔性、耐热与耐寒性和可印刷性好的薄膜;用于内层时,是一种热封合性、耐油性和卫生性好的薄膜;用于中间层时,是一种气体阻隔性好、能替代玻璃纸的薄膜。这种复合薄膜可替代马口铁罐和玻璃罐包装食品,用于食品包装时可在130℃温度中蒸煮杀菌。

④ 挤出片后进行拉伸的薄膜,强度高,各种性能优良,广泛在食品包装及各种工业用品包装中应用;另外,还可作为电气绝缘膜,取代纸介质、涤纶和聚碳酸酯电容器,并占领大部分PS电容器市场;双向拉伸薄膜可用于各种纺织品的包装。

⑤ 聚丙烯编织袋柔软、手感好、强度大、耐水、耐磨、抗化学腐蚀、抗虫害及微生物侵蚀、无毒无味、无环境污染,早已替代麻袋,大量用于豆、高粱、玉米和各种谷物的包装及各种建筑材料的包装。

⑥ 注射成型的周转箱,质轻、耐水、外形尺寸稳定,有一定的刚性和强度,在商品周转和销售包装方面广泛应用。

⑦ 注射成型各种工业零件,如轻负荷用小齿轮、轴套、风扇,汽车配件用仪表盘、保险杠和车厢内装饰件等;另外,还有日常生活用品如盒、盆、盘和座椅等。

⑧ 挤出成型管材可用于各种液体的输送管路中。目前,国内生产的均聚聚丙烯(PP-H)管、嵌

段共聚聚丙烯(PP-B)管和无规共聚聚丙烯(PP-R)管,用于饮用水管或其他输液管,安装简单,耐化学腐蚀,符合卫生要求,应用时间长。

国内部分挤出成型塑料制品用和注射成型塑料制品用聚丙烯树脂型号及性能和用途见表2-5、表2-6。

表2-5 聚丙烯挤出制品用料生产厂及产品牌号和用途

生产厂家	PP牌号	熔体流动速率/(g/10min)	密度/(g/cm³)	特点和用途
上海石化	I180E	1.8		透光,强度高,耐磨损,抗冲击性能较好,化学性能稳定,绝缘性很好,耐热,适合做热收缩膜
	F200A	2.0		抗静电,透光性能较高,力学、印刷、耐应力开裂性能良好,耐热性能较好,化学性能稳定,适合双向拉伸薄膜成型
	F320	3.2		透光性能较高,力学性能良好,热封温度较低,F500EP印刷性能良好,适合双向拉伸薄膜
	F500EP	5.0		
	F800E	8.0		透光性能高,化学稳定性,绝缘性优异,热封温度低,封口性和印刷性能好,耐热性较好,适合流延膜
	F850EA	8.5		透光性、抗静电性较高,化学稳定性优异,力学性能、印刷性能、耐应力开裂性能良好,适合各种流延膜
	F805EBA	8.5		有抗粘连性,其他性能与用途和F850EA相同
	Y200L	2.0		抗紫外线能力较高,化学稳定性好,适合编织或绳索用撕裂膜
	Y2600T	26.0		耐磨损,强度高,耐热性较好,化学稳定性良好,适合各种双向拉伸膜
	F280S	28.0		高速双向拉伸膜专用料,机械加工性好,物理性能良好
	F350	1.5		均聚物,适合挤出、拉伸、双向拉伸薄膜
	F280S0	2.6		均聚物,适合超高速挤出、拉伸薄膜
	F800E(DF)	8.0		无规共聚物,适合挤出流延薄膜(电晕处理层)
	FC801	8.0		均聚物,适合挤出流延膜(芯层)
	FC801M	8.0		均聚物,适合挤出流延膜(镀铝层)
齐鲁石化	T30S	2.0~4.0	0.9~0.91	均聚物,适合挤出单丝、拉伸膜、流延膜和吹膜
	T36F	2.0~3.5	0.9~0.91	均聚物,挤出双向拉伸膜专用料
	EPS30R	1.0~2.5	0.9~0.91	无规共聚物,挤出抗冲击片材、中空板材、板条箱
	T36FE			挤出双向拉伸膜,高速双向拉伸膜专用料
天津石化	T38F	3.0~3.8		质量稳定、高透明,适合高速双向拉伸食品膜、工业包装膜、收缩膜、多层膜和胶黏带基材,X37F还可挤出流延、吹塑膜
	X37F	7.5~10.5		
	EP2C37F	6.0		透明,抗静电,易热封,强度高,用于流延或多层共挤复合膜

续表

生产厂家	PP 牌号	熔体流动速率/（g/10min）	密度/（g/cm³）	特点和用途
燕山石化	F1002	2.8	0.905	双向拉伸膜，用于食品、杂品及香烟包装膜
	F3003	2.8	0.90	双向拉伸膜，用于柔性包装
	C1608	7.5	0.905	挤出流延膜，用于面包、奶酪的柔性包装
	S1003	3.2	0.905	挤出扁带、扁丝
	2501	2.5	0.91	编织带
	B8101	0.45	0.90	管材、冰箱部件
	B4902	2.0	0.90	医用输液瓶
	4220	0.30	0.90	冷、热管材，饮料瓶
	4240	0.45	0.90	管材、冰箱部件
	B205	1.0	0.91	医用输液瓶
	B200	0.55	0.91	片材及中空制品
抚顺石化	C30S	5.6		均聚物，单丝料
	D50G	0.3		均聚物，片材料、板材料
	D50S	0.3		均聚物，打包带料
	D60P	0.3		均聚物，压力管材、管件、板材料
	EP1X35F	8.0		无规共聚物，适合流延膜、吹膜，为优质透明膜
	EP2C37F	5.0		挤塑、流延、透明、高强度膜，复合膜及包装容器
	EP2S30B	1.8		无规共聚物，挤塑一般用热收缩膜，或吹塑容器
	EP2S34F	1.8		无规共聚物，适合双向拉伸膜、片材和热收缩膜
独山子石化	PPB-Q-006	0.5～1.1		抗冲性嵌段共聚物，挤塑波纹板、吹塑瓶子
	PPH-E-003	0.18～0.42		均聚物，挤出压力管、注塑管件料
	PPH-E-006	0.5～0.9		均聚物，异型材、管材及一般容器料
	PPH-F-022	1.2～2.4		均聚物，双向拉伸膜、层合板、胶黏带料
	PPH-IS-075	6.0～13.0		均聚物，适合吹塑优质薄膜
	PPH-F-075	5.5～12.5		无规共聚物，流延膜、用于一般包装
	PPH-1-022	1.2～2.4		无规共聚物，挤出吹塑热收缩膜、双向拉伸膜
广州石化	F40l	1.7～3.0		均聚物，挤出、吹塑编织袋、食品包装膜、扁丝、板片材，中空制品、带材
	F40l（粉料）	1.7～3.0		挤出板、片材、扁丝、带材、包装膜、编织袋等
	F50l	3.1～5.0		挤出制品与 F401 相同
	B200	0.5		均聚物，挤出、吹塑中空容器、管材、板材、片材、异型材
	B230	0.5		无规共聚物，挤出、吹塑制品与 B200 相同
	B240	0.5		嵌段共聚物，挤出、吹塑大型容器、管材、板片材、异型材

续表

生产厂家	PP 牌号	熔体流动速率/(g/10min)	密度/(g/cm³)	特点和用途
广州石化	F300R	1.1~1.7		均聚物,挤出流延双向拉伸膜、扁带
	F301	1.4		均聚物,挤出各种重包装编织带、渔网丝、绳索等
	F601	6.5		均聚物,挤出、吹塑重包装膜、用于购物袋、食品袋
	CF401G	1.7~3.1		极易成型,挤出吹塑,医疗仪器、饮料瓶、熟食容器、板、片材
兰州石化	F301	1.5		均聚物,适合做重包装用编织袋、打包带、强度高、加工性好
	F401	2.5		用途与 F301 相同
	F601	6.5		加工性好,可做打包带,捆扎绳
	F600	10.0		均聚物,适合挤出吹塑薄膜,作食品袋、杂品袋
大连石化[①]	PPH-B-006	0.4~0.7		刚性好,适合挤出管、板、吹塑膜、瓶
	PPH-F-012	1.1~1.9		挤出平膜、双向拉伸食品包装袋、服装袋
	PPH-L-022	1.9~3.1		挤出绳索丝
长岭炼化[②]	T30S	2.1~3.9		挤出编织袋、食品、医药包装制品,日常生活和工业用品
	T38F	2.6~3.5		适合生产双向拉伸薄膜,加入助剂可生产流延膜和吹膜
	X37F	8.5~10.5		适合食品包装用优质膜
	X30S	8~12		适合流延膜、涂覆料,也可注塑制品
	D50S	0.3		流延成型片材和包扎带
	D60P	0.3		挤出耐压管、流延片材、注塑管接头
	Q30P	0.7		挤出小直径薄壁管、型材和捆扎带
	S30S	1.8		吹塑瓶
	V30S	16		挤出单丝、撕裂膜

① 大连石化全称:中国石油大连石油化工公司。
② 长岭化工全称:中国石化长岭炼油化工有限责任公司。

表 2-6 聚丙烯注塑制品用料生产厂及产品牌号

生产厂家	PP 牌号	熔体流动速率/(g/10min)	特点和用途
上海石化	M30	0.3	均聚物,适合管件
	M70	0.7	均聚物,适合型材
	M180	1.8	均聚物,适合多种注塑件
	M1600	16.0	均聚物,适合日用品、玩具、包装
	M300	3.0	均聚物,适合多种注塑件
	M700	7.0	均聚物,适合多种注塑件

续表

生产厂家	PP 牌号	熔体流动速率/(g/10min)	特点和用途
上海石化	M1100	11.0	均聚物,适合多种注塑件
	M2600	26.0	均聚物,适合多种注塑件
	M300HS	3.0	均聚物,注塑高光泽、耐热、高刚性容器
	M800HS	8.0	均聚物,注塑高光泽、耐热、高刚性容器
	M500HS	5.0	均聚物,注塑高光泽、耐热、高刚性容器
	M1200HS	12.0	均聚物,注塑高光泽、耐热、高刚性容器
	M1600HS	16.0	均聚物,注塑高光泽、耐热、高刚性容器
	M2600HS	26.0	均聚物,注塑高光泽、耐热、高刚性容器
	M450E	4.5	无规共聚物,注、拉、吹或注塑饮料包装瓶等
	M800E	8.0	无规共聚物,注、拉、吹或注塑饮料包装瓶等
	M1200E	12.0	无规共聚物,适合生活日用品
	M1600E	16.0	无规共聚物,适合注塑形状复杂件及薄壁容器
	M12000E	20.0	无规共聚物,适合注、拉、吹形状复杂件及薄壁容器
	M3000	30.0	无规共聚物,适合大型容器
	M1300R	13.0	嵌段共聚物,强度高,耐磨损,抗冲击,耐应力开裂,化学稳定性好,用于家用电器和汽车零件等
	M2101R	21.0	
	M150U	1.5	嵌段共聚物,适合注塑周转箱、重包装
	M3000R	30.0	嵌段共聚物,适合洗衣机内桶
	M180R	1.8	嵌段共聚物,周转箱,重包装
	M500R	5.0	嵌段共聚物,汽车配件、家具
	M900R	9.0	嵌段共聚物,汽车配件、蓄电池壳
扬子石化	J540	2.8~8.0	注塑级
	J740	15~30.0	注塑级
	F401H	—	粉料,注塑级
	K9935	12~36.0	汽车内饰件、仪表盘、空气导管等
	K8003	2.7~2.8	汽车挤压件
中国石化福建炼油化工有限公司	C30G	6.0	玩具、日用品、密封件
	T30G	3.0	玩具、日用品、机械零件
	T50G	3.0	汽车电器、家用制品部件、工业零部件
	V30G	16.0	玩具、日用品、密封件
	Z11G	25.0	家具、抗 γ 射线注射器
	Z30G	25.0	玩具、日用品、包装
兰州石化	J400	3.0	均聚物,日用品、汽车配件等
	J600	7.0	均聚物,玩具、厨具等

续表

生产厂家	PP 牌号	熔体流动速率/(g/10min)	特点和用途	
天津石化	T30S	3.5	适合注塑周转箱、玩具、家用生活品	
	T30S(粉料)	2.1~4.9	适合注塑周转箱、玩具、家用生活品	
	Z30S	18~22	成型薄壁型制品	
	EPC40R	6~8	熔料流动性好,抗冲击性好,用于汽车蓄电池壳、汽车零件和家庭用品	
	V30S	14~18	熔料流动性好,可注塑玩具、家庭用品、包装盒等	
	H30S	35	注塑薄壁型制品	
抚顺石化	C30G	6.0	均聚物	生活日用品、家具、玩具、薄壁制品
	F30G	10~12		生活日用品、家具、玩具、包装制品
	S60D	1.1~2.4		熔料流动性好,适合洗衣机配件、容器等
	T30G	3		适合薄壁家用品
	T50G	2.9		家庭用品、玩具、工程配件
	V30G	16		包装容器、玩具、日用品
	X30G	8		高速成型日用品、玩具、罩壳、医用品等
	Z11G	22~28		适合注射器、医用品
	EP-C30M	6	嵌段共聚物	有高抗冲性、热稳定性好,适合日用品、罩壳、家具、玩具
	EP-C30R	7		有高抗冲性、热稳定性好,适合日用品、罩壳、家具、玩具
	EP-C40R	7		有高抗冲性、热稳定性好,适合日用品、罩壳、家具、玩具
	EP-F30R	13		适合高抗冲击性薄壁包装品
	EP-H30R	38~50		适合高抗冲击性薄壁包装品
	EP-S30ME	1.0~1.5		适合抗冲击性的一般用途制品
	EP-S30R	1.3~1.8		低温抗冲击性、热稳定性好,适合周转箱、油漆桶等
	EP-S30U	1.3~1.8		低温抗冲击性、热稳定性好,适合重型周转箱、滑轮等
	EP-T30M	3.0~4.0		低温抗冲击性、热稳定性好,用于家具、汽车方向盘、工程配件
	EP-T40M	3.0~4.0		适合抗冲击性的家庭用品
	EP-T60R	3.0~4.0		-10℃下抗冲击性、热稳定性好,用于家电配件、玩具、家庭用品
	EP-X30G	7.0~9.0		适合抗冲击性好的家庭用品
	EP-30U	3.0~4.0		适合抗冲击性好的周转箱、行李箱、玩具、鸡笼等
	EP2X32GA	7.0~10.0	无规共聚物	适合食品包装容器
	H32GA	38.0~46.0		适合高速成型薄壁制品

续表

生产厂家	PP 牌号	熔体流动速率/(g/10min)	特点和用途
盘锦乙烯	J300	1.0~1.8	低流率,用于制造机械零件、汽车零件
	J340	1.3~2.3	高抗冲强度,中流率,用于生产周转箱、工具箱及吸塑制品
	J400	2.2~3.8	中流率,用于汽车零件、日用品
	J402	2.2~3.8	耐候性好,用于室外电气和电子零件
	J440	3.6~6.5	高抗冲强度、中流率,用于面包箱、水果箱、各种容器,洗衣机波轮
	J441	3.5~6.5	高抗冲强度、中流率,用于蓄电池槽
	J600	5.0~9.0	高流率,用于厨房用具、玩具、设备零件
	J640	8.0~12.0	高抗冲强度、高流率,用于洗衣机附件、底座、甩干桶、各种容器
	J740	18.0~32.0	高抗冲强度、非常高流率,用于汽车、电气等设备上的大型复杂零件
	J746B	25.0~32.0	高抗冲强度、非常高流率,用于洗衣机内筒、大容积箱体
	J840	35.0~55.0	高抗冲强度、超高流率,用于汽车、电气设备零件
	J900G	30.0~50.0	超高流率(J900 为透明型)
	P340	0.7~1.3	管件、食品箱

生产厂家	PP 牌号	熔体流动速率/(g/10min)	密度/(g/cm^3)	特点和用途	
燕山石化	K1005	5.5	0.905	均聚物	通用级
	K1008	10.0	0.905		通用级
	K1015	14.0	0.905		通用级
	K1020	20.0	0.905		通用级
	1400	3.0	0.91		汽车零件及家具
	1700	11.0	0.91		篮子、盘子等一般用途
	K7735	40.0	0.905	中抗冲型共聚物	洗衣机桶及部件、汽车零部件等
	1947	28.0	0.91		洗衣机桶及部件、汽车零部件等
	1240	0.7	0.91		饮料瓶周转箱、吹塑制品
	1340	1.5	0.91		啤酒瓶箱、汽车零部件等
	1740	12.0	0.91		抗冲制品、汽车、摩托车配件等
	K8303	2.0	0.90	高抗冲共聚物	汽车零部件、器具
	K8003	2.5	0.90		负重零件、汽车零件
	K9920	20.0	0.90	超高抗冲共聚物	汽车、摩托车配件等
	K9935	35.0	0.90		汽车、摩托车配件等
	K4812	12.0	0.90	无规共聚物	医用注射器、透明制品

续表 2-6

生产厂家	PP 牌号	熔体流动速率/(g/10min)	密度/(g/cm³)	特点和用途	
广州石化	CJS700	8.0~15.0		均聚物	大型容器、电器部件、玩具、日用品、塑料花、周转箱
	CJS700G	8.0~15.0			医疗仪器、药瓶、饮料杯、熟食容器、卫生用品透明容器
	J300	1.4			流动性较低,适合一般用途,主要用于汽车零件
	J400	3.0			中等流动性、良好的加工性,用于日用品及汽车零件
	J600	7.0			流动性及加工性好,用于厨房用具、玩具、日用品及工业零件
	J340	1.8		共聚物	极高抗冲强度,用于工具箱、大型容器、周转箱、吹塑制品
	J440	5.0			水果周转箱、面包箱、各种大型容器
	J740	25.0			极高抗冲强度,用于大型复杂工业零件,汽车、洗衣机件
独山子石化	PPB-M-012	0.9~3.1		嵌段共聚物	抗冲性、热稳定性好,用于各种周转箱、重包装箱、漆桶
	PPB-M-045	2.0~5.0			抗冲型,适合家具、玩具、鞋楦、汽车方向盘
	PPB-M-075	4.2~9.8			抗冲型,适合蓄电池瓶壳、家用器皿、玩具等
	PPB-M-140	8.1~17.9			抗冲型,适合快速成型、薄壁包装品、日用品
	PPB-MP-012	0.82~2.2			抗冲型、热稳定性好,适合重型周转箱、滑轮
	PPB-MP-105	4.8~11.2			聚烯烃合金,适合汽车保险杠、阻流板
	PPB-MP-225	15.0~25.0			流动性好、易成型、尺寸稳定、抗冲击,可用于生产洗衣机内桶

2.4 间规聚丙烯的性能特点及用途有哪些?

间规聚丙烯(SPP)是一种高弹性、热塑性、低结晶度聚合物。它可以从等规聚丙烯(IPP)中分离出来。主要生产工艺是以茂金属化合物为主催化剂和一个路易斯酸作为辅助催化剂所组成的催化体系,用其催化丙烯聚合,得到高纯度的间规聚丙烯(间规度>80%)。

1.性能特征

① 间规聚丙烯比等规聚丙烯密度低,一般为 0.88g/cm³。

② 间规聚丙烯是一种柔性、韧性和透明性均较好的材料,但它的刚度和硬度比较低,仅是等规聚丙烯刚度和硬度值的一半。

③ 间规聚丙烯的熔点随间规度的不同而改变:当间规度为 0.9 时,熔点是 150℃;当间规

度为 0.8 时，熔点是 130℃。

④ 间规聚丙烯的性能特点因其生产时所采用的催化体系不同而有很大差别，较好的间规聚丙烯的间规度高，结晶度高，冲击强度高，透明度高，耐化学品，耐溶剂性好，耐辐射，耐介电击穿高，熔点最高可达 270℃。其独特的性能，可以满足有特殊性能要求的制品应用。

⑤ 间规聚丙烯与等规聚丙烯按一定比例掺混加工成型制品，其加工性和透明性都得到较好的改善。而且它的抗辐射及介电强度比等规聚丙烯也高，绝缘性能比交联聚乙烯优良。

目前，国内还没有间规聚丙烯大批量生产的厂家。表 2-7 是三井东压化学公司的间规聚丙烯注塑片材产品性能指标，可供应用时参考。

表 2-7　三井东压化学公司 SPP 注塑片材性能指标

项目	SPP(均聚物)	SPP/IPP	IPP(均聚物)	IPP(无规共聚物)
树脂构成/%				
SPP	100	80	—	—
IPP	—	20	100	100
粒料熔体流动速率/(g/10min)	4.9	6.1	4.0	1.5
拉伸强度/MPa	16.5	16.8	37	25.5
屈服伸长率/%	394	554	620	500
弯曲强度/MPa	23	22	50	28
弯曲弹性模量/MPa	550	600	1650	750
洛氏硬度(R)	76	80	109	85
维卡软化点/℃	113	112	153	124
热变形温度/℃	76	72	112	81
光泽/%	>100	>100	88	89
透过率/%	>90	>90	82	84
雾度/%	25	25	88	57
视觉透明/%				
LSI	2	5	—	—
NAS	23	8	—	—

2.用途

间规聚丙烯可采用挤出机和注塑机成型片材、流延成型薄膜、管和中空制品。这些制品主要是在医疗方面应用，医用管和医用薄膜需要经常进行辐射消毒，其断裂强度和撕裂强度只是略有变化(断裂拉伸强度略有降低)。如果采用等规聚丙烯薄膜则会强度很快下降而脆化。间规聚丙烯薄膜的高介电强度特性，在高压绝缘材料方面应用很受欢迎。由于间规聚丙烯还可和等规聚丙烯掺混使用，其加工性和成型制品稳定性好，所以，间规聚丙烯制品在汽车、医疗、电子和家用电器方面的应用逐渐被广泛重视。

2.5　无规聚丙烯的性能特点及用途有哪些?

无规聚丙烯是生产等规聚丙烯的副产物，由等规聚丙烯的产品中分离而得到。所以，凡是能生产等规聚丙烯的工厂都能生产无规聚丙烯。

1.性能特性

① 无规聚丙烯在常温下是一种非结晶的、微带黏性的白色蜡状物，相对密度 0.86，这种无定形的黏稠物没有强度，不宜单独作塑料。

② 软化点为 90 ~150℃,脆化温度为-15~-6℃,闪点为 220~230℃,加热到 200℃开始降解,着火点为 300~330℃。

③ 无规聚丙烯能溶于烷烃、芳烃、高碳醇和酯类等有机溶剂,但不溶于水和低相对分子质量的醇和酮。

④ 无规聚丙烯因相对分子质量太小,结构不规整,缺乏内聚力,所以力学性能和热性能差,拉伸强度小于 0.8MPa。

⑤ 有良好的电绝缘性,体积电阻率为 $10^{15}\sim10^{17}\Omega\cdot cm$,介电常数(1MHz)为 3.00。

⑥ 有良好的黏附性,优良的疏水性,耐化学药品,粘接性好,与塑料、橡胶及无机填料有良好的相容性,所以可用改性剂进行改性。

2.用途

无规聚丙烯虽然结构不规整,缺乏内聚力,热性能和力学性能差,但它优良的黏附性、耐化学药品性、电绝缘性及与其他塑料或无机填料的相容性,使它在化工、轻工、医药、塑料、农业、建筑及电子工业等领域已有广泛应用。具体应用如下。

① 制作热熔胶黏剂。无规聚丙烯与多种树脂(聚丙烯、聚乙烯和乙烯-乙酸乙烯共聚物等)配合制成具有多种不同性能胶黏剂或制成压敏性胶黏剂,用于植绒和粘合底布等;与聚烯烃可配制耐水性好的胶黏剂;与高密度聚乙烯可配制成自黏性薄膜。

② 密封材料。无规聚丙烯对填充剂具有较好的亲和性,配制成的填堵剂黏性好,可用作地板缝或冷藏室的缝隙填堵材料。

③ 做增稠剂或添加剂。无规聚丙烯与矿物油有较好的可混性,与油墨混合后可提高油墨黏度,静止存放也不会凝固成冻,所以可用无规聚丙烯作油墨的增稠剂和润滑油的添加剂。

④ 制作涂料。无规聚丙烯与沥青及填料可熬炼制成耐水涂料,用于保护船锚和地下管道。

⑤ 制作乳化剂。用低相对分子质量(6000~9000)的无规聚丙烯与液体石蜡磷酸盐表面活性剂制成乳化剂,用于纸张上胶和农药的乳化剂。

⑥ 制作不同特性的复合胶黏剂。用于纸与纸、塑料薄膜及塑料与金属的粘接。

⑦ 用无规聚丙烯、树脂、矿物油和增塑剂组成的胶黏剂,加入砂、石棉和软木等材料,用于铺设运动场跑道,这种跑道的性能非常好。

⑧ 沥青中掺入无规聚丙烯后,能提高沥青的耐寒性、耐热性和耐冲击性,改善了沥青的性能。

⑨ 无规聚丙烯的其他用途,如可用于电缆的填充剂、颜料的分散剂,与薄荷油或樟脑等可配制成药用软膏等。

2.6 丙烯-乙烯无规共聚物的性能特点及用途有哪些?

丙烯聚合时在釜中加入少量的乙烯单体,在聚合釜中进行共聚,则制得聚合物主链中无规则地分布着丙烯和乙烯链段的共聚物,即为丙烯-乙烯无规共聚物,或称为无规共聚聚丙烯(PP-R)。

由于丙烯-乙烯无规共聚物中有1%~4%(质量)乙烯含量,则分子链中无规则地分布丙烯和乙烯链段,使产品的立体规整度(等规度)遭到破坏,而得到不同结晶度的共聚物,聚丙烯的结晶性随着乙烯含量的增加而逐渐降低,当乙烯含量超过 30%(质量)时,丙烯-乙烯无规共聚物几乎成为无定形聚合物。

1.性能特征

丙烯-乙烯无规共聚物的性能特点是:乙烯含量低时透明度明显提高,随着乙烯含量的提高,其刚度和冲击强度也有所提高,加工时熔融温度范围宽,成型加工性较好。其制品具有韧性、耐寒性、冲击强度高和透明性较好等特点,但其熔点、脆化点、刚性和结晶度较低。丙烯-乙烯无规共聚物性能见表2-8。

表2-8 丙烯-乙烯无规共聚物性能

项目	性能指标	项目	性能指标
熔体流动速率/(g/10min)	4.5	悬臂梁缺口冲击强度/(J/m)	
密度/(g/cm^3)	0.901	室温	74.7
拉伸弹性模量/MPa	1012.3	-16.6℃	23.5
断裂伸长率/%	320	热变形温度/℃	44.4
弯曲弹性模量/MPa	850.6	脆化温度/℃	-15
洛氏硬度(R)	78	维卡软化点/℃	131
		吸水性/%	0.002

目前又开发出新的无规共聚聚丙烯,是在聚丙烯中加入少量的α-烯烃共聚[α-烯烃一般为乙烯,也有丁烯、戊烯和辛烯,含量为1%~4%(质量)]。由于茂金属催化剂的应用,而使丙烯的无规共聚变得可能和更为容易。PP-R性能见表2-9。

表2-9 PP-R性能

项目	性能指标	项目	性能指标
熔体流动速率/(g/10min)	0.17~0.25	冲击强度/(kJ/m^2)	
拉伸屈服强度/MPa	24	10℃	3.8
拉伸断裂强度/MPa	19	-30℃	破坏
断裂伸长率/%	>500	维卡软化点(1000g)/℃	138
弯曲模量/MPa	810	洛氏硬度(R)	72
悬臂梁冲击强度(23℃)/(kJ/m)	0.66		

2.用途

丙烯-乙烯无规共聚物成型方法与一般热塑性塑料成型制品方法一样,可用挤出机、注塑机成型制品,也可用吹塑、热成型、粉末成型及二次加工方法成型。目前,国内用这种原料主要生产薄膜和管材。

丙烯-乙烯无规共聚丙烯(PP-R)成型的管材,生产成型制品比较容易,原料的可回收性好,耐热性也较好,改善了均聚聚丙烯(PP-H)管的低温脆性,可在较高温度下(如60℃)使用,有较好的长期耐水压能力。这种丙烯-乙烯无规共聚丙烯(PP-R)管材多用在建筑工程中的冷热水管,安装方便快捷,采用热熔承插连接,性能可靠,维修方便。

丙烯-乙烯无规共聚物成型的薄膜,可采用流延成型、挤出吹塑成型。薄膜可是普通包装薄膜、热收缩包装薄膜和复合膜。这种薄膜具有透明度高、滑爽性及热封性好、韧性和抗冲击性好等特点,主要用途是用来作各种物品的包装。

2.7 丙烯-乙烯嵌段共聚物的性能特点及用途有哪些?

丙烯-乙烯嵌段共聚物(PP-B)与丙烯-乙烯无规共聚物一样同是丙烯共聚物,但由于共聚方法与工艺条件的不同,使丙烯与乙烯的共聚物分为无规共聚物和嵌段共聚物。

1.性能特征

丙烯-乙烯嵌段共聚物的结晶度高,性能特点与等规聚丙烯相似,主要取决于乙烯含量、共聚物嵌段结构、相对分子质量及分布的变化。PP-B 一般具有较高的刚性和较好的低温韧性。与丙烯-乙烯无规共聚物相比,冲击强度提高较大,脆化温度降低很多。丙烯-乙烯嵌段共聚物中乙烯含量一般在 5%~20%(质量)范围内。当乙烯含量为 2%~3%时,其脆化温度为 -35~-22℃。嵌段共聚物与高密度聚乙烯比较,耐热性高,抗应力开裂性好,表面硬度高,收缩率低,耐蠕变性好。

丙烯-乙烯嵌段共聚物的物理力学性能见表 2-10。嵌段共聚物与无规共聚物的性能比较见表 2-11。燕山石化公司生产的丙烯-乙烯嵌段共聚物性能见表 2-12。

表 2-10　丙烯-乙烯嵌段共聚物的物理力学性能

熔体流动速率/(g/10min)	脆化温度/℃	简支梁冲击强度①/(kJ/m^2)	弯曲强度②/GPa	浊度/%	软化点/℃
0.3	-40~-10	9.8~58.9	0.45~0.51	50~90	140~142
0.5	-40~-10	9.8~58.9	0.47~0.52	50~90	140~142
1.0	-30~-10	9.8~58.9	0.47~0.54	50~90	140~142
4.0	-15~0	4.9~14.7	0.54~0.62	60~95	140~142
8.0	-10~5	4.9~9.8	0.55~0.64	70~95	140~142

① 3mmV 形缺口。

② 弯曲角度 30°。

表 2-11　嵌段共聚物与无规共聚物的性能比较

熔体流动速率/(g/10min)	脆化温度/℃		软化温度/℃	
	嵌段	无规③	嵌段	无规
0.3	-40~-10	-5	140~142	140
0.5	-40~-10	-2		
1.0	-30~-10	0		
4	-15~0	3		
8	-10~5	10		

冲击强度①/(kJ/m^2)		弯曲强度②/MPa		浊度/%	
嵌段	无规	嵌段	无规	嵌段	无规
10~60	6	460~520	480	50~90	40
10~60	5	480~530	510	50~90	42
10~30	4	480~550	550	50~90	45
5~15	3	550~630	600	60~95	55
5~10	3	560~650	640	70~95	65

① 系指简支梁 V 形缺口冲击强度。

②弯曲角度 30°条件下测得。

③ 表中无规共聚物系指乙烯含量为 2%(质量)的结果。

表 2-12　燕山石化公司丙烯-乙烯嵌段共聚物性能

项目	测试方法	牌号		
		1330	1332	1430
熔体流动速率/(g/10min)	ASTM D 1233-65T	1.5~2.5	1.5~2.5	2~3
拉伸强度/MPa	ASTM D 638-64T	23	23	25
断裂伸长率/%	ASTM D 638-64T	200	200	400
弯曲弹性模量/MPa	ASTM D 790-66	850	800	1050
洛氏硬度(R)	ASTM D 785-65T	60	60	70
悬臂梁冲击强度(缺口)/(J/m)	ASTM D 256-56	100	100	50
落锤冲击强度/J	MPC PP-A-305	15.7	15.7	13.7
热变形温度(0.46MPa)/℃	ASTM D 648-56	90	90	100
脆化温度/℃	ASTM D 746-64T	-25	-25	

2.用途

丙烯-乙烯嵌段共聚物成型塑料制品方法与等规聚丙烯成型塑料制品方法相同,可采用挤出机、注塑机成型制品,也可采用吹塑和纺丝等方法进行成型加工,另外,制品还可进行熔接、电镀,必要时还可进行二次加工。成型的塑料制品种类也与等规聚丙烯相同,但由于丙烯-乙烯嵌段共聚物的韧性和低温性能优于均聚聚丙烯,所以,对于那些在低温环境中应用、要求韧性好的聚丙烯制品,应优先考虑选用丙烯-乙烯嵌段共聚物原料加工制品。主要制品有:工业配件、大型容器、运输箱、吹塑瓶等中空容器以及挤塑电缆、管材和板材,也可做薄膜和复合膜及粗纤维等。具体的应用场合可参照等规聚丙烯制品用途。

国内丙烯-乙烯嵌段共聚物生产厂家比较多,如燕山石化、扬子石化、上海石化、齐鲁石化等,一般凡是能生产等规聚丙烯树脂的厂家都能生产嵌段共聚聚丙烯。

2.8　氯化聚丙烯的性能特点及用途有哪些?

氯化聚丙烯(CPP)是等规聚丙烯或无规聚丙烯树脂经氯化改性的一种树脂,聚丙烯的氯化反应式为:

$$(-CH_2-\underset{\displaystyle CH_3}{\underset{|}{CH}}-)_n + Cl_2 \longrightarrow (-CH_2-\underset{\displaystyle CH_3}{\underset{|}{CH}})_n-\overset{\displaystyle Cl}{\overset{|}{\underset{\displaystyle CH_3}{\underset{|}{C}}}}-CH_2-$$

氯化聚丙烯中氯的含量与氯化条件有关,不同的氯含量对氯化聚丙烯树脂的性能有一定的影响。

1.性能特征

① 氯化聚丙烯树脂是白色粉末或粒状物,密度为1.63g/cm^3,无毒,树脂中水分和挥发分小于0.5%。

② 氯化聚丙烯树脂的熔点在100~ 120℃范围内,软化点小于150℃,热分解温度在180~190℃范围内。

③ 化学稳定性好,在10%NaOH和1%HNO_3水溶液(质量分数)中浸泡150h后不溶胀,不溶于醇和脂肪烃,但溶于芳烃、酯类和酮类等溶剂,耐酸性和耐盐水性能好。

④ 氯化聚丙烯制品有一定的硬度,耐磨性、耐光性和耐老化性能好。

⑤ 氯含量高的氯化聚丙烯制品有难燃性，氯含量为20%～40%（质量）的氯化聚丙烯有较好的粘接性。

⑥ 氯化聚丙烯与多数树脂（石油树脂、松脂、酚醛树脂、醇酸树脂、古马隆树脂、马来酸树脂）相容性好。

太原塑料研究所氯化聚丙烯的基本技术指标见表2－13。日本东洋合成公司CPP－Hardlen的基本技术指标见表2－14。

表2-13　太原塑料研究所氯化聚丙烯的基本技术指标

外观①	氯含量（质量）/%	水分（质量）/%	溶解度/%	黏度②（25℃）/Pa・s	热分解温度/℃
白色细粒	20～40	≤1	≥20	0.1～1.0	>90

① 原料是以丙烯为主体的丙烯－乙烯共聚物。

② 黏度为20%CPP甲苯溶液（25℃）的测定值。

表2-14　日本东洋合成公司CPP-Hardlen的基本技术指标

牌号	氯含量（质量）/%	树脂含量（质量）/%	黏度（25℃）/Pa・s	用途
11-L	21	15	3～7	内涂层
13-LB	26	31	30～60	涂料
14-HB	28	30	60～100	胶黏剂
14-LLB	27	30	1～5	PP的油漆胶黏剂
15-L	30	30	15～40	涂料、胶黏剂
15-LLB	30	30	2～5	PP的油墨胶黏剂
17-L	35	50	13～30	胶黏剂、层合基
17-LLB	35	30	2～5	PP的油墨胶黏剂
35-A	35	50	14～20	胶黏剂
100	33	20	0.5～1.5	PP的油墨胶黏剂
101	35	43	100～140	胶黏剂
14-ML	25	30	1～5	PP的油墨胶黏剂
163-LR	15	45	40～60	PP用油漆

2.用途

氯化聚丙烯的应用，主要是用氯化聚丙烯与其他树脂掺混或溶解于溶剂后使用，具体用途如下。

① 用作聚丙烯制品的涂料，可装饰汽车部件和其他制品。

② 作胶黏剂用来粘接聚丙烯、聚乙烯、聚氯乙烯、聚酰胺、聚醚、聚氨酯、铝箔、铜、金、银等材料；也是制双层聚丙烯薄膜、聚丙烯膜与纸、聚丙烯膜与铝箔等复合材料的良好胶黏剂；双向拉伸的聚丙烯膜与纸复合后，可提高产品的耐用性、防水性和色泽亮度，是书籍封面、广告装潢和包装用的好材料。

③ 高氯含量［氯含量65%（质量）］的氯化聚丙烯可做氯化橡胶的代用品及油墨和油漆的胶黏剂和阻燃物的添加剂。

④ 氯含量为24%～40%（质量）的氯化聚丙烯，主要用途是作胶黏剂、聚丙烯薄膜热封的预涂层、聚丙烯用印刷油墨和油漆的载色剂等。

⑤ 氯化聚丙烯用作聚丙烯薄膜的涂层,使涂层后的聚丙烯膜有良好的防潮性和尺寸稳定性,可代替玻璃纸用于包装香烟、磁带和糖果盒等,也可作聚丙烯薄膜压敏胶带的打底层、聚丙烯包装物的防滑剂和纤维素软改性剂等。

2.9 接枝聚丙烯的性能特点及用途有哪些?

接枝聚丙烯也可称为接枝改性聚丙烯。它是把等规聚丙烯或无规聚丙烯悬浮在溶剂中或高温溶解在溶剂中,以有机氧化物为引发剂,与甲基丙烯酸甲酯或苯乙烯、乙酸乙烯等进行接枝共聚而制得。

1.性能特征

接枝聚丙烯的性能随接枝用聚丙烯的种类、接枝链段的种类、长短和数量及接枝聚丙烯的相对分子质量和相对分子质量分布的不同而有所改变。在聚丙烯分子链上接枝弹性链段,可提高聚丙烯的冲击强度和改善低温性能;如果在聚丙烯的分子链上接枝适当的极性基团,则可提高其粘接性能。

接枝聚丙烯的目的,一是为了提高聚丙烯的拉伸强度和冲击强度;二是提高聚丙烯与其他材料的粘接性。以聚丙烯为基材的极性支链接枝共聚物,既能保持原聚丙烯的强度特性、耐药品性和耐候性等特性,又能与聚酰胺、乙烯-乙烯醇共聚物、金属、玻璃、木材和纸张等牢固地粘接。另外,接枝聚丙烯在耐老化、水浸泡、沸水处理和蒸煮处理等方面,也具有耐持久的优良特性。

三井石油化学公司接枝聚丙烯的性能见表2-15。聚丙烯与顺丁烯二酸酐接枝共聚物的粘接性能见表2-16。

表2-15 三井石油化学公司接枝聚丙烯的性能

项目	熔体流动速率/(g/10min)	密度/(g/cm^3)	拉伸强度/MPa	断裂伸长率/%	悬臂梁冲击强度/(J/m)	邵氏硬度(D)	熔融温度/℃	用途
测试方法(ASTM)	D 1238	D 1505	D 638	D 638	D 256	D 2240	D 2117	
QF 305	1.5	0.91	45	>500	40	69	160	PA/PP复合膜(管)用粘接性树脂①
QF 500	3.0	0.91	38	>500	80	66	165	EVOH/PP复合膜(板)用粘接性树脂②
QF 551	5.7	0.89	19	>500	500	58	135	

① PA为聚酰胺。

② EVOH为乙烯-乙烯醇共聚物。

表 2-16 聚丙烯与顺丁烯二酸酐接枝共聚物的粘接性能

粘接材料	剥离强度/(kN/m)	粘接条件
钢板(SS41)	5.88	温度:140℃ 压力:0.392MPa 时间:3min
铝板	9.31	
铜板	7.35	
石板	2.7	
胶合板(竖)	7.84	
胶合板(横)	5.39	
尼龙板	2.45	温度:230℃(尼龙) 180℃(EVA) 压力:0.392MPa 时间:3min
皂化 EVA 板	2.94	

2.用途

接枝聚丙烯树脂可采用挤出机挤塑成型管材、板材和挤出吹塑薄膜及真空成型塑料制品,另外,还可用粉末涂塑和与聚乙烯、聚丙烯树脂掺混使用。具体应用如下。

① 做胶黏剂。可用于聚乙烯、聚丙烯薄膜与尼龙、铝箔、纸、布及其他塑料薄膜的粘接复合,制成有较好气密性的包装材料。

② 挤出成型管、板等制品,代替交联聚乙烯制品使用。

③ 做涂料。用于钢材制品(板、管)和铝板的防护涂装和电线电缆包覆及食用罐的内外涂层等。

④ 做改性剂。改善玻璃纤维增强聚丙烯性能,改善聚乙烯、聚丙烯与尼龙的掺混性和改进尼龙的韧性等。

2.10 玻璃纤维增强聚丙烯有哪些性能特点及用途?

玻璃纤维增强聚丙烯(GFRPP)的生产方法很简单,只要把熔体流动速率为 3~13g/10min 的聚丙烯树脂与玻璃纤维按一定比例[一般玻璃纤维掺混量在 10%~30%(质量)范围内]混合均匀后,经挤出机混炼塑化均匀挤出造粒,即是玻璃纤维增强聚丙烯。

1.性能特征

玻璃纤维增强聚丙烯除了具备原聚丙烯的性能外,还有以下几种性能。

① 力学强度、刚性和硬度均有大幅度提高。

② 热变形温度最高可达 130℃。

③ 拉伸强度和弯曲强度提高接近 2 倍,冲击强度提高 2 倍多。

④ 制品有较好的抗蠕变能力。制品成型后收缩率小,尺寸稳定性好,低温冲击强度较高。

⑤ 吸水性小,有优良的电绝缘性能。

⑥ 减摩性和耐磨性好,有吸振消声作用。

⑦ 与其他种类热塑性塑料比较,玻璃纤维增强聚丙烯的相对密度小,熔料流动性好,价格便宜。

玻璃纤维增强聚丙烯的性能与其制法和掺混玻璃纤维的长度及掺混量有关。制法不同的玻璃纤维增强聚丙烯性能见表 2-17。

表 2-17　制法不同的玻璃纤维增强聚丙烯性能

项目名称	增强方式					
	单螺杆挤出机	连续混合器	双螺杆挤出机(1)	双螺杆挤出机(2)	双螺杆挤出机(3)	双螺杆挤出机(4)
玻璃纤维含量/%	25(3mm短切纤维)	25(3mm短切纤维)	25[纤维束(粗纱)]	25[纤维束(粗纱)]	25[纤维束(粗纱)]	25(3mm短切纤维)
拉伸强度/MPa	42.7	32.9	40.6	34.3	56	56
弯曲弹性模量/GPa	4.8	3.2	4.2	3.85	3.85	3.85
悬臂梁缺口冲击强度/(J/m)	31	15	19.2	23.5	25.65	27.8
热变形温度/℃	128	60	95	84	131	130
供给方式		玻璃纤维于挤出机输送段前供料	强力螺杆供给玻璃纤维	中等程度螺杆供给玻璃纤维	缓和螺杆供给玻璃纤维	

国内生产的玻璃纤维增强聚丙烯性能见表 2-18。

表 2-18　国内生产的玻璃纤维增强聚丙烯性能

项目	特殊型		自熄型
	FRPP $-T_{20}$	FRPP$-T_{30}$	
PP 质量分数/%	79.5	68.4	62~78
玻璃纤维质量分数/%	20.5	31.6	22~27
拉伸强度/MPa	80~95	85~100	55~65
弯曲强度/MPa	100~115	110~130	60~75
冲击强度/(kJ/m)			
缺口	9~11	10~25	7~8
无缺口	25~30	25~32	—
布氏硬度/MPa	166.7~196.1	186.3~215.7	—
马丁耐热度/℃	100~105	100~110	130~145(热变形温度,0.46MPa)
体积电阻率/Ω·cm	$10^{15}\sim10^{16}$	$10^{15}\sim10^{16}$	$(1.5\sim2.4)\times10^{14}$
表面电阻率/Ω	$10^{12}\sim10^{13}$	$10^{12}\sim10^{13}$	$7\times3.6\times10^{14}$
介电损耗角正切(60Hz)	$(3\sim5)\times10^{-3}$	$(3\sim5)\times10^{-3}$	$(1.7\sim3.35)\times10^{-2}$
介电常数(60Hz)	2.5~2.7	2.5~2.7	3.85~3.96
介电强度/(kV/mm)	—	—	7.5~15.8
燃烧等级(UL94 法)	—	—	V-0 至 V-1

2.用途

玻璃纤维增强聚丙烯成型制品,可采用注射、挤出和模塑等方法生产成型塑料制品。目前,在塑料制品厂,以用注射机成型制品应用较多。

由于玻璃纤维增强聚丙烯的某些物理力学性能与工程塑料中的尼龙、聚碳酸酯和聚甲醛等的性能较相似,而且价格又较便宜,所以在汽车、电气和化工等行业的应用在逐渐扩大。

具体应用如下。

① 在汽车制造行业。用注射机注射成型小型汽车的前护板、后车罩、电池箱及风扇罩、尾

灯罩、加热器罩等。

② 在化工行业。做输送各种液体用管道、管件、阀门、泵壳、计量泵、隔膜泵和过滤板等。

③ 在农业机械中。做喷雾器、喷嘴、手扶拖拉机柴油箱、水箱漏斗、柴油机吸尘器盖等。

④ 其他机械中。在动力机械、无线电专用设备零件、水暖器材和教学仪器中均有应用。

国内部分生产厂玻璃纤维增强聚丙烯的技术指标见表 2-19～表 2-21。

表 2-19　上海日之升新技术发展有限公司玻璃纤维增强聚丙烯技术指标

项目	ASTM	德国标准 DIN	中国国家标准 GB	牌号			
				PHH00-G6	PPH11G6	PPR11G4	PPR11MG6
密度/(g/cm^3)	D 792	53479	1033	1.15	1.15	1.05	1.15
拉伸强度/MPa	D 638	53455	1040	45	85	70	60
弯曲强度/MPa	D 790	53452	9341	60	110	90	80
弯曲弹性模量/MPa	D 790	53452	9341	4000	5000	3500	4500
简支梁无缺口冲击强度/(kJ/m^2)	—	53453	1043	15	20	30	25
简支梁缺口冲击强度/(kJ/m^2)	—	53453	1043	3	10	20	10
热变形温度/℃	D 648	53461	1634	158	162	155	160
成型收缩率/%	D 955	—	15585	0.3~0.5	0.3~0.5	0.4~0.7	0.3~0.5
备注				30%普通玻璃纤维增强	30%玻璃纤维增强高强度高耐热	20%玻璃纤维增强，耐冲击	30%玻璃纤维矿物复合增强

表 2-20　中国石化北京化工研究院增强聚丙烯技术指标

指标名称	牌号					
	GB-220	GB-230	GB-120	GB-230	GO-110	GO-210S
玻璃纤维含量/%	20±2	30±2	20±2	30±2	10±1	10±1
色泽	棕黄	棕黄	棕黄	棕黄	白色	白色
拉伸强度/MPa　＞	60	65	65	80	35	35
弯曲强度/MPa　＞	80	90	90	110	55	56
弯曲弹性模量/GPa　＞	2.7	3.0	4.0	4.4		
冲击强度(缺口)/(kJ/m^2)						
室温　＞	15	17	10	12	5	5
-20℃　＞	10	12	6	8	3	3
维卡软化点/℃	160~166	160~166	160~166	161~167	>120	>120
说明	共聚 PP 改性	共聚 PP 改性	均聚 PP 改性	均聚 PP 改性	均聚 PP 为主，含少量乙烯-丙烯共聚物	低泡型鲍尔环专用料

表 2-21　山东道恩化学有限公司玻璃纤维增强聚丙烯技术指标

项目		GRPP-130	GRPP-230	GRPP-330	GRPP-530
玻璃纤维含量/%		30±2	30±2	30±2	30±2
拉伸强度/MPa	≥	75	65	60	75
弯曲强度/MPa	≥	95	95	80	95
弯曲弹性模量/GPa	≥	4.0	4.0	3.4	4.0
简支梁缺口冲击强度/(kJ/m^2)	≥	12	10	20	12
热变形温度/℃	≥	140	140	138	140
维卡软化点/℃	≥	161	—	160	161
体积电阻率/Ω·cm	≥	10^{15}	10^{15}	10^{15}	10^{15}
模塑收缩率/%		0.6~1.0	0.5~0.9	0.6~1.0	0.6~1.0
阻燃性(UL94)		—	V-0	—	—
说明		马来酰亚胺为改性剂，基料为均聚 PP	马来酰亚胺为改性剂,基料为均聚PP,阻燃品级	马来酰亚胺为改性剂，基料为共聚 PP	接枝 PP 为改性剂，基料为均聚 PP

2.11　改性增强聚丙烯有哪些性能特点及用途？

改性增强聚丙烯(MRPP)的制法与玻璃纤维增强聚丙烯的制法相同,不同之处只是在生产玻璃纤维增强聚丙烯过程中要加入一定比例的改性剂和具有特殊性能的添加剂。由于添加剂性能的不同,而使制成的改性增强聚丙烯分为化学改性增强聚丙烯、自熄性增强聚丙烯和阻燃性增强聚丙烯等品种。

1.性能特征

改性增强聚丙烯与普通增强聚丙烯比较,其性能特点如下。

① 力学强度优异,模量高,能在较大负荷下应用。

② 对环境温度适应性强,制品可在-40~150℃温度范围内使用。

③ 化学稳定性好。

④ 有较优异的冲击韧性。

⑤ 自熄性增强聚丙烯除了有优异的自熄性外,还有对制品中的金属嵌件或导线无腐蚀,自熄阻燃性能稳定,对环氧、有机硅等灌封料粘接力强等特点。

⑥ 阻燃性增强聚丙烯是自熄性增强聚丙烯改性后的品种,但其强度和阻燃性都比自熄性增强聚丙烯优异;有很好的耐热性能,在 300℃以下加工时不分解;熔体流动性好,可成型大、中、小型薄壁制品。

⑦ 自熄性增强聚丙烯和阻燃增强聚丙烯的性能与一般工程塑料的性能接近,可作为工程塑料使用。

目前,国内已有上海日之升新技术发展有限公司、山东道恩化学有限公司、中蓝晨光化工研究院和上海杰事杰科技发展有限公司等生产改性增强聚丙烯。中蓝晨光化工研究院生产的改性增强聚丙烯性能见表 2-22。

表 2-22 中蓝晨光化工研究院生产的改性增强聚丙烯性能

指标名称	品种		
	改性增强 PP	自熄性增强 PP	阻燃增强 PP
外观		乳白色粒料	3mm×(4~5)mm 粒料
相对密度		1.3	
拉伸强度/MPa	≥100	35~65	≥55
弯曲强度/MPa	110~120	60~75	75
冲击强度(缺口)/(kJ/m²)	≥14	10~15	≥6
冲击强度(无缺口)/(kJ/m²) ≥	55		12
弯曲弹性模量/MPa	>4100		4000
洛氏硬度	75		54
热变形温度/℃	155	145	145
燃烧性(UL94)		V-0	V-0
表面电阻率/Ω	1.1×10^{14}		7.9×10^{12}
体积电阻率/Ω·cm	8.9×10^{-15}	$(1.5\sim2.4)\times10^{14}$	2.7×10^{16}
介电常数	2.57	3.8~4.0	2.63
介电损耗角正切	2.3×10^{-3}	$(1.8\sim2.4)\times10^{-2}$	4.9×10^{-3}
介电强度/(MV/m)	33	7.5~18.5	32
成型收缩率(ASTMD955)/%		0.23~0.3	

2.用途

可采用注射、挤出和模塑等方法成型改性增强聚丙烯制品。其中,以注塑法成型制品较多。注射成型制品时,如果原料较潮湿,可在80℃热风循环烘箱中干燥处理3~4h,注射工艺温度控制在200~270℃,注射压力为8~10MPa,模具温度为60~80℃(自熄性增强聚丙烯注塑工艺温度为175~190℃,注射压力为6~10MPa,模具温度为25~50℃)。

注射制品用于汽车灯具罩壳、汽车保险杠、风扇、洗衣机配件、泵壳体、叶轮、阀门等阻燃型制品,如电视机行输出中的高、低压线包、保险罩壳、线圈骨架、阻燃导管、各种电气插座等。

2.12 填充聚丙烯有哪些性能特点及用途?

填充聚丙烯就是把聚丙烯树脂与一定比例的填充物(如碳酸钙、滑石粉、石棉、云母和木粉等)和一些必要的添加剂混合,经搅拌混合均匀后用挤出机混炼塑化,然后挤出造粒。此粒料即是填充聚丙烯。

1.性能特征

填充聚丙烯的性能与填充料的含量、性能及其种类、颗粒大小、形状和在聚丙烯树脂中分散的状态、均匀性有关。填充聚丙烯通常具有耐热性好、成型制品的收缩率低、外形尺寸稳定性好、硬度比较高等特点。如果填充料量所占比例比较高,则这种填充聚丙烯的性能(如耐热性、耐寒性、力学性和加工性等)比纯聚丙烯树脂成型制品后的性能好,但其制品的光泽度、韧性和断裂伸长率有明显的降低。

碳酸钙填充聚丙烯与纯聚丙烯树脂的性能比较见表2-23。云母、滑石粉和玻璃纤维填充聚丙烯与纯聚丙烯的性能比较见表2-24。国内北京燕山石油化工公司、中蓝晨光化工研究院和山东道恩化学有限公司生产的填充聚丙烯性能见表2-25~表2-27。

表 2-23 碳酸钙填充聚丙烯钙塑材料与纯聚丙烯树脂的性能比较

项目	钙塑材料	聚丙烯	项目	钙塑材料	聚丙烯
密度/(g/cm^3)	1.35	0.91	冲击强度①/(kJ/m^2)	27	346
吸水性/%	0.06	0.01	布氏硬度/MPa	1.1	0.71
拉伸强度/MPa	22	35.5	热导率/[W/(m·K)]	0.24	0.12
断裂伸长率/%	190	550	线膨胀系数/($\times10^{-5}$/K)	5.5	11
拉伸弹性模量/MPa	2600	1300	热变形温度(0.46MPa)/℃	140	116
弯曲强度/MPa	40	45.1	发热量/(MJ/kg)	18	46
压缩强度/MPa	44.7	36			

① 采用简支梁无缺口 120mm×15mm×10mm 试样。

表 2-24 云母、滑石粉和玻璃纤维填充聚丙烯的性能比较

项目	测定方法	非增强 PP	云母增强 PP①		其他增强 PP	
			200-HK	325-S	滑石粉	玻璃纤维
填充量/%		0	40	40	40	20
密度/(g/cm^3)	ASTM D792	0.90	1.25	1.25	1.22	1.02
拉伸强度/MPa	ASTM D638	33	50	46	34	78
断裂伸长率/%	D638	>200	2	3	4	3
弯曲强度/MPa	D790	45	80	75	55	95
弯曲弹性模量/GPa	D790	1.2	7.6	6.2	4.3	4.3
悬臂梁冲击强度(缺口)/(kJ/m)	D256	0.04	0.02	0.02	0.02	0.07
落球冲击强度/J	JIS K7211	1.96	0.98	1.06	0.98	0.98
洛氏硬度(R)	ASTM D785	90	105	105	95	105
热变形温度/℃	D648					
1.82MPa		58	135	130	92	150
0.46MPa		110	160	160	140	160
线膨胀系数/($\times10^{-5}$/K)	ASTM D696	7	3	4	5	5
介电强度/(kV/mm)	D149	20	45	45	35	30
体积电阻率/Ω·cm	D257	1×10^{17}	5×10^{15}	6×10^{16}	1×10^{16}	1×10^{17}
相对介电常数(1MHz)	D150	2.3	2.4	2.4	2.5	2.2
介电损耗角正切(1MHz)	D150	2×10^{-4}	3×10^{-3}	3×10^{-3}	3×10^{-3}	4×10^{-4}

① 200-HK、325-S 是 Marietta Resaurces 国际有限公司"Suzorite"云母的两个品种。

表 2-25 北京燕山石化公司填充聚丙烯技术指标

指标名称	滑石粉填充聚丙烯		碳酸钙填充聚丙烯	
	PP-60/TC/20	PP-60/TC/40	PP-TCH-CC20	PP-TCH-CC40
密度/(g/cm³)	1.07~1.10	1.25~1.30	1.02~1.09	1.20~1.30
滑石粉含量(质量)/%	20~24	40~44		
碳酸钙含量(质量)/%			20~24	40~44
冲击强度(6.35mm 缺口)/(J/m)				
拉伸屈服强度/MPa	25	20		
弯曲弹性模量(6.35mm)/MPa	28	24	24.5	19.6
弯曲弹性模量(3.18mm)/MPa	2070	2415		
洛氏硬度(R)			2238	2410
热变形温度(0.46MPa)/℃		90	94	94
热变形温度(1.82MPa)/℃	127	132	121	121
维卡软化点/℃	51	62	71	74
			150	150
用途	医用纯氧联结器,仪表手柄	蓄电池器件,风扇罩	复印机零部件	玩具、汽车护板

表 2-26 中蓝晨光化工研究院填充聚丙烯技术指标

指标名称		自熄性填充聚丙烯	滑石粉填充聚丙烯
外观		乳白色	—
滑石粉含量(质量)/%		—	40
拉伸强度/MPa		27	35~38
弯曲强度/MPa		50	60~70
冲击强度(缺口)/(kJ/m²)	≥	5	—
冲击强度(无缺口)/(kJ/m²)		23	33~52
伸长率/%		30	—
球压痕硬度/MPa		—	80~102
热变形温度/℃		210	—
耐寒性(-40℃,24h)		—	无裂纹
耐热老化(150℃粉化时间)/h	>	—	840
燃烧性(UL94)		V-0	—
表面电阻率/Ω	≥	1×10^{12}	—
体积电阻率/Ω·cm	≥	2×10^{15}	—
介电强度/(MV/m)		26	—
介电损耗角正切(60Hz)		$(2\sim3)\times10^{-2}$	—
介电常数		3~4	—

表 2-27　山东道恩化学有限公司填充聚丙烯技术指标

指标名称		滑石粉填充聚丙烯	碳酸钙填充聚丙烯	碳酸钡填充聚丙烯
填料含量/%		35	35	—
熔体流动速率/(g/10min)	≥	6	2	12~16
拉伸强度/MPa	≥	28	25	30
断裂伸长率/%	≥	40	90	150
弯曲强度/MPa	≥	45	40	28
弯曲弹性模量/GPa	≥	2.2	2.4	1.2
简支梁缺口冲击强度/(kJ/m^2)	≥	4.5	6	6.5
热变形温度/℃	≥	130	100	125
模塑收缩率/%		1.0~1.2	1.1~1.3	1.1~1.3
用途		用于汽车内饰件等	用于板框压滤机风机外罩等	用于家用电器外壳如电饭煲、豆浆机等

2.用途

填充聚丙烯可采用注射、吹塑和发泡等方法成型制品。填充聚丙烯的注射制品可用于机械、汽车、仪表和家用电器中的零部件。如碳酸钙填充聚丙烯注射制品,可做汽车护板、复印机部件、微波炉零件、集成电路 1-C 托板和玩具等。滑石粉填充聚丙烯可注射成型泵体、泵盖、支座、轴承盖、仪器手柄、风扇等设备零件。云母填充聚丙烯能注射成型汽车用零件及空调器和风扇叶片等。石棉填充(石棉占 40%)聚丙烯可注射成型汽车结构部件、洗衣机零件和引擎上的叶片,在 140℃高温环境下有较好的刚性,结构外形尺寸稳定,耐用性很好。

2.13　阻燃聚丙烯有哪些性能特点及用途?

阻燃聚丙烯的配制方法比较简单:把聚丙烯粉料与一定比例的防老剂、处理剂、阻燃剂和辅助阻燃剂等掺混在一起,搅拌混合均匀后经挤出机混炼塑化、挤出造粒,即是阻燃聚丙烯产品。

阻燃聚丙烯的性能与产品用料配方中的阻燃剂种类、用料量大小及配方中材料的组成有关。阻燃聚丙烯有优异的耐燃性,可达到 UL94 V-0 级;热老化性好,在 150℃环境下使用,寿命超过 700h;加工性与聚丙烯树脂相似,熔体流动性较好,可成型大型薄壁制品;力学强度与聚丙烯制品的力学强度接近。

中国石化北京化工研究院、中蓝晨光化工研究院和山东道恩化学有限公司阻燃聚丙烯性能参数见表 2-28~表 2-30。

表 2-28　中国石化北京化工研究院阻燃聚丙烯性能参数

指标名称	测试方法	耐热刚性 FPM-130	冲击韧性 IFPM-130
色泽	目测	乳白	乳白
密度/(g/cm^3)	本院法	1.31	1.31
熔体流动速度/(g/10min)	GB/T 3682—2000	3.5~6.5	2~3
拉伸屈服强度/MPa	GB/T 1040—2006	30	24
拉伸强度/MPa	GB/T 1040—2006	27	20
断裂伸长率/%	GB/T 1040—2006	60	40
弯曲强度/MPa	GB/T 9341—2008	50	36
弯曲弹性模量/GPa	本院法	2.7	2.08
简支梁冲击强度/(kJ/m^2)			
缺口	GB/T 1043.1—2008	6.0	6.5
无缺口	GB/T 1043.1—2008	20	35
维卡软化点/℃	GB/T 1633—2000	155	155
燃烧性(δ=10mm)	UL94	V-0	V-0
氧指数	ASTM D2863	27	25
介电强度/(MV/m)	ASTM D257	30	30

注:表内数据为室温下的测定值。

表 2-29　中蓝晨光化工研究院阻燃聚丙烯性能参数

指标名称	指标	指标名称	指标
外观	白色或黑色粒料	耐老化性(150℃/h)	>700
拉伸强度/MPa	25	燃烧性(UL94)	V-0
相对伸长率/%	70	表面电阻率/Ω	1.7×10^{13}
弯曲强度/MPa	40	体积电阻率/Ω·cm	3.2×10^{16}
缺口冲击强度/(kJ/m^2)	6	介电常数	2.69
无缺口冲击强度/(kJ/m^2)	25	介电损耗角正切	1.8×10^{-3}
热变形温度/℃	105	介电强度/(MV/m)	2.62

表 2-30　山东道恩化学有限公司阻燃聚丙烯性能参数

指标名称		测试方法	阻燃聚丙烯	阻燃瓷白聚丙烯
熔体流动速率/(g/10min)		GB/T 3682—2000	3.5~6.5	13~20
拉伸强度/MPa	≥	GB/T 1040—2006	27	24
断裂伸长率/%	≥	GB/T 1040—2006	20	150
弯曲强度/MPa	≥	GB/T 9341	35	30
弯曲弹性模量/GPa	≥	GB/T 9341	2.7	1.3
简支梁缺口冲击强度/(kJ/m^2)	≥	GB/T 1043.1—2008	3.0	7
热变形温度(0.46MPa)/℃	≥	GB/T 1643.2—2004	1.30	85
阻燃性		UL94	V-0	V-0
模塑收缩率/%		GB/T 17037.4	0.8~0.9	1.1~1.2

阻燃聚丙烯可采用注射、挤出和中空成型等方法成型塑料制品。利用阻燃聚丙烯的良好高频绝缘性,受温度、潮湿度影响小的电气性能及高等级的阻燃性能(耐燃性为 V-0 级),注射成型制品,可用在电视机中的显像管插座罩、行输出变压器、高压包、线圈骨架、底座、保险罩、

配线器等;在运输、建筑和纺织行业中要求阻燃性较好的材料和设备零件,如汽车零部件、铁路车辆用材料、建筑材料、船舶及军工设施等都有应用;阻燃聚丙烯还可用作煤矿和油田用管路和日常生活用品地毯、家具等。

2.14 无卤低烟聚丙烯有哪些性能特点及用途?

把聚丙烯树脂与已用处理剂处理的氢氧化镁、润滑剂、抗氧剂及一些辅助剂,按一定比例计量后掺混在一起。混合均匀后用挤出机混炼塑化,然后挤出造粒,即是无卤低烟聚丙烯。

无卤低烟聚丙烯制品有较好的力学性能,阻燃性能达到 FV-0 级。这种材料主要用于电线电缆、电子电气行业制造各种内部零件,及电子元件焊接中的保护装备和装饰夹板等。

广东盛恒昌化学工业有限公司无卤低烟聚丙烯性能参数见表 2-31。

表 2-31 广东盛恒昌化学工业有限公司无卤低烟聚丙烯性能参数

项目	指标	项目	指标
相对密度	1.5	简支梁无缺口冲击强度/(kJ/m^2)	18
拉伸强度/MPa	30	燃烧性(UL94)	V-0
弯曲强度/MPa	50	烟密度(SDR)	8.5
弯曲模量/MPa	4700	热变形温度/℃	128
简支梁缺口冲击强度/(kJ/m^2)	4.0		

2.15 导电性聚丙烯有哪些性能及用途?

导电性聚丙烯是用 55%~85%的聚丙烯粉料与 10%~40%的导电炭黑(V-Z 型)及适量的 CF 抗氧剂、润滑剂、增塑剂等辅助料掺混,在经混合机混合均匀后投入到开炼机上混炼,塑化混炼均匀后拉成片卷取,然后再用切粒机切粒,制成导电性聚丙烯粒料。

导电性聚丙烯的加工性和力学性能较好,又有良好的导电性和电磁屏蔽效应,电导率可达 1S/cm,屏蔽效应高于 30dB。另外,还具有正温度系数效应、非线性等特点。

导电性聚丙烯主要是采用模压法(温度 200℃左右,压力 10MPa 左右)成型轻小导体、电磁屏蔽壳体和墙板,还可用做高压电缆半导体层,抗静电材料,温度、电压、自控材料,面状发热体、压敏元件、连接器等。

2.16 电磁屏蔽聚丙烯有哪些性能及用途?

电磁屏蔽聚丙烯制品是把聚丙烯树脂与填料按一定比例混合均匀,然后放入板状模型内,料中间加一层铜网,经过高温、高压后制成中间有铜网层的板体。平时存放在通风干燥处,防止日晒雨淋,远离火源。

电磁屏蔽聚丙烯制品是一种白色、有光泽的平整板材,密度为 1.51g/cm^3,吸水性 0.6%,布氏硬度 294MPa,拉伸强度 52.2MPa,弯曲强度 77.9MPa,冲击强度 62kJ/m^2,耐热性较好(马丁耐热度 148℃),导电性良好(平行层向电阻为 $6\times10^{-2}\Omega$),电磁屏蔽效果可达 68dB(10MHz),力学强度也较好。

电磁屏蔽聚丙烯制品可用机械加工方法制成需要电磁屏蔽的大型电子设备壳体、大型电磁屏蔽室的墙面板,特别适合用做既要求屏蔽功能,又要求表面绝缘的电子设备的外壳。

2.17 磁性聚丙烯有哪些性能及用途?

磁性聚丙烯的生产方法是,将干燥过的锶铁氧体($SrO \cdot 6Fe_2O_3$,粒径 1~2μm)和钛酸酯偶联剂按一定比例捏合,然后再按一定的比例加入到聚丙烯树脂中,再适量地加一些辅助剂,混合均匀后用混炼机(挤出机或开炼机均可)混炼塑化,成片后切粒,即制成磁性聚丙烯原料。

磁性聚丙烯可采用模压或注射、挤出法成型薄形磁体、异形磁铁、辐射状多极磁体、微型电机、电磁开关等制品。

磁性聚丙烯制品有较好的力学强度和磁性能,密度 $3.6g/cm^3$。其定向磁性聚丙烯的布氏硬度 1.2×10^2 MPa,冲击强度 $1.5kJ/m^2$,剩磁(Br)0.21T,矫顽力(H)127324A/m,最大磁能积[$(BH)_{max}$]7957.747T · A/m。

2.18 特殊要求的 PE、PP 制品用料怎样组合?

通常聚乙烯、聚丙烯制品成型用原料,多选用某种制品专用料,不需加任何辅助料即可投产成型制品。由于这两种树脂的塑化熔体流动性好,无论是挤出成型,还是注射成型都比较容易,生产时只要把工艺条件(温度、压力、速度等)控制合理,即可顺利生产。为了防止树脂在生产成型过程中易氧化降解,树脂在出厂前已经加入抗氧剂。所以,没有特殊使用要求的制品,生产时不需在树脂中添加任何助剂。对于制品工作环境有特殊要求时应注意下列几种助剂的加入。

① 用于经常受阳光(紫外线)照射的工作环境中的 PE 与 PP 制品。为延长使用时间、防止过快地降解老化,生产前树脂中应加入少量紫外线吸收剂。常用紫外线吸收剂是 2-羟基-4-正辛氧基二苯甲酮(UV531),加入量为 0.1%~1.0%(质量)。

② 用于输送易燃、易爆化工用物品的 PP 或 PE 管。生产前树脂中应加入抗静电剂导电炭黑或 SN、HZ14 等;成品 PE、PP 管的体积电阻应小于 $10^9 \Omega \cdot cm$,才能消除因静电引燃、引爆的隐患。

③ 易燃 PE、PP 制品。如果制品在特殊环境应用时,树脂生产前还需加入阻燃剂,以保证使用安全。常用阻燃剂有三氧化二锑(锑白)与等量氯的质量分数大于 70%的氯化石蜡并用。

第3章 原料的配混

3.1 原料的配混是指什么?

原料的配混工作是塑料制品生产成型工作中的第一道工序。原料的配混是把树脂作为主要原料,和其他一些辅助材料(制品成型用料配方中的材料)按配方要求计量后掺混在一起,在高速混合机中搅拌混合均匀,然后再按原料成型制品的条件,直接投入到挤出机内挤出成型制品,或者是先把混合料挤出混炼造粒后,再投入到挤出机中挤出成型制品。

3.2 原料配混前应做哪些准备工作?

原料配混前应做的工作就是要检查原料的质量是否符合成型制品的质量要求,具体工作内容如下:

① 检查生产所用原料树脂牌号是否与工艺要求相符合。

② 检查原料的熔体流动速率值是否在工艺要求范围内。

③ 检查原料是否潮湿,如果原料中含水量超出工艺要求指标,应进行干燥处理。常用的几种塑料成型制品允许含水量及干燥处理条件见表3-1。

表3-1 常用的几种塑料成型制品允许含水量及干燥处理条件

原料名称	允许含水量/%	热风循环条件		备注
		温度/℃	时间/h	
聚乙烯(PE)	<0.05	70~80	1~2	一般不必干燥处理
聚丙烯(PP)	<0.05	80~100	1~1.5	一般不必干燥处理
聚苯乙烯(PS)	<0.1	70~80	1.5~2	一般不必干燥处理
丙烯腈-丁二烯-苯乙烯共聚物(ABS)	<0.2	80~90	2~4	干燥处理
聚氯乙烯(PVC)	<0.3	90~100	1~1.5	不需干燥处理
聚酰胺(PA)	<0.05	90~105	15~20	必须干燥处理
聚甲醛(POM)	<0.25	75~80	3~5	一般不必干燥
聚碳酸酯(PC)	<0.02	120~130	6~8	必须干燥处理
聚砜(PSU)	<0.05	120~140	4~6	必须干燥处理
聚甲基丙烯酸甲酯(PMMA)	<0.1	70~80	5	不需干燥
聚对苯二甲酸乙二醇酯(PET)	<0.02	130	5	必须干燥处理

④ 检查原料的颗粒大小是否均匀、原料是否洁净,不允许有杂质混入。

3.3 原料干燥设备有什么用途?怎样工作?

原料干燥机的功能主要是清除原料中的水分。干燥原料用设备的类型有多种。图3-1所示是专为挤出机生产配套用的料斗式干燥机。该设备已有专业标准,表3-2所示为料斗式干燥机的基本参数(JB/T 6494—2002)。应用时,可根据挤出机生产用料量大小,在表中选取相匹配的规格。

表 3-2　料斗式干燥机的基本参数

<table>
<tr><th rowspan="2">装料量/kg</th><th rowspan="2">容积/L</th><th rowspan="2">干燥能力/(kg/h)</th><th rowspan="2">电热功率/kW</th><th colspan="3">风机</th></tr>
<tr><th>风量/(m³/min)</th><th>风压/Pa</th><th>额定功率/kW</th></tr>
<tr><td>10</td><td>16</td><td>4</td><td>1.5</td><td>1.6</td><td rowspan="5">370</td><td rowspan="5">0.06</td></tr>
<tr><td>12</td><td>20</td><td>5</td><td rowspan="2">1.6</td><td rowspan="4">2.2</td></tr>
<tr><td>15</td><td>25</td><td>6</td></tr>
<tr><td>20</td><td>32</td><td>8</td><td>2.1</td></tr>
<tr><td>25</td><td>40</td><td>10</td><td>2.7</td></tr>
<tr><td>40</td><td>(63)</td><td>16</td><td>3.6</td><td>3.0</td><td rowspan="4">630</td><td>0.12</td></tr>
<tr><td>50</td><td>80</td><td>20</td><td>3.9</td><td>3.5</td><td>0.18</td></tr>
<tr><td>75</td><td>125</td><td>30</td><td>4.8</td><td rowspan="2">4.0</td><td rowspan="2">0.25</td></tr>
<tr><td>100</td><td>160</td><td>40</td><td rowspan="2">5.4</td></tr>
<tr><td>120</td><td>(200)</td><td>48</td><td>7.5</td><td>780</td><td>0.37</td></tr>
<tr><td>150</td><td>250</td><td>60</td><td>9.0</td><td rowspan="3">10.0</td><td rowspan="7">1200</td><td rowspan="3">0.55</td></tr>
<tr><td>200</td><td>315</td><td>80</td><td>12.6</td></tr>
<tr><td>250</td><td>400</td><td>100</td><td>15.0</td></tr>
<tr><td>300</td><td>500</td><td>120</td><td>18.0</td><td>15.0</td><td>0.75</td></tr>
<tr><td>500</td><td>800</td><td>200</td><td>24.0</td><td rowspan="3">20.0</td><td rowspan="3">1.1</td></tr>
<tr><td>800</td><td>1250</td><td>320</td><td>32</td></tr>
<tr><td>1000</td><td>1565</td><td>400</td><td>40</td></tr>
</table>

注:尽可能不采用括号内的规格。

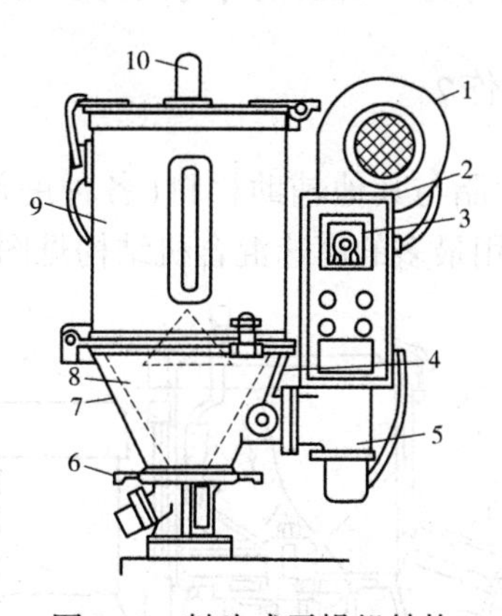

图 3-1　料斗式干燥机结构

1—风机;2—电控箱;3—温度控制器;4—热电偶;5—电热器;6—放料闸板;
7—集尘器;8—网状分离器;9—干燥室;10—排气管

料斗式干燥机的工作方法是:开动风机,风机把经过电阻加热的空气由料斗下部送入干燥室,热风在干燥室内由下往上吹,当热风从原料中通过时,就把原料中的水分加热蒸发带出,而潮湿的热气流由干燥室顶部排出。热风连续地进出,达到干燥原料的目的。挤出成型塑料制品用料为聚乙烯、聚丙烯、聚苯乙烯和 ABS 时,可用 70~80℃热风对原料进行干燥。

上海文皓塑料机械厂产热风干燥机的基本参数见表3-3。

表3-3　上海文皓塑料机械厂产的热风干燥机的基本参数

型号	桶径/mm	高度/mm	装料量/kg	电热/kW	风机功率/W
WH-12E	300	800	12	2.1	90
WH-25E	390	980	25	2.7	90
WH-50E	480	1150	50	3.9	200
WH-100E	600	1400	100	6	250
WH-200E	770	1670	200	10	400
WH-400E	950	2140	400	20	400
WH-600	1060	2150	600	30	400

3.4　塑料制品用原料怎样配混？

塑料制品成型用原料的配混工作操作顺序如下：

① 主要原料树脂和辅助材料按配方要求配比分别计量。

② 原料的混合可用卧式混合机，也可用高速混合机，投料前把混合机的混合室清理干净，然后加热升温。

③ 混合机升温达到工艺要求温度后加料，顺序是：先把主要原料树脂和增塑剂倒入混合室内，混合1~2min，然后再加入稳定剂、色浆及其他辅助材料，在高速混合机中搅拌混合，把掺混料混合均匀。

混合原料具体工艺条件（以PVC薄膜用料为例）是：蒸汽加热工作压力为0.2MPa，用GRH-500型高速混合机时，一次加热量为160kg，混合时间为5~10min，出料温度约110℃。

3.5　高速混合机怎样工作？

塑料制品成型用原料中的树脂与其他辅助材料（各种助剂、色料和填充料）配混，主要设备是高速混合机。目前，国内应用最多的高速混合机结构见图3-2。

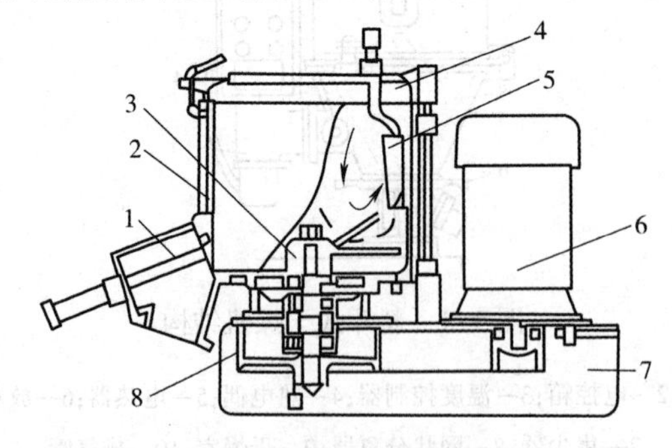

图3-2　高速混合机结构

1—排料装置；2—混合室；3—搅拌桨；4—盖；5—折流板；6—电动机；7—机座；8—V带轮

高速混合机混合原料的工作原理是：高速混合机的混合室外壁空腔先通入蒸汽（也有用电阻加热）加热升温，然后把按配方计量的各种原料加入混合室内，当混合室内的搅拌桨高速旋转时，搅拌桨附近的原料由于受桨叶面的摩擦力和叶片端面的推力作用而随搅拌桨旋转；在高速旋转离心力的作用下,这些料又被抛向混合室内壁,成为连续碰壁的原料,在后来料的推力下,碰壁料沿混合室的内壁上升到一定高度时,原料的重力又使它落回到混合室的中心部位,然后再被旋转的桨叶抛出,重复原来的运动;由于混合室内还设有一个折流板,它能破坏原料旋转流比较规则的运动方式,搅乱了物料的运动方向;再由于几种料流的混合运动,使原料间产生摩擦、碰撞和推挤,使这些原料间产生一定的摩擦热;另外,有时原料的配混还需要有混合室外的供热,使混合料升温,由于这些条件的综合作用,使混合室内的各种掺混材料得到均匀的混合。

国内部分高速混合机生产厂及产品的基本参数见表3-4~表3-6。

表3-4　阜新红旗塑料机械厂产混合机的基本参数

产品型号	主要技术参数					
高速加热混合机	总容积/L	一次投料量/kg≤	产量/(kg/h)≥	搅拌桨转速/(r/min)	混合时间/min	总功率/kW
GRH-10	10	3	18	3000	8	3
GRH-50	50	15	90	750/1700	8	7/11
GRH-100	100	30	180	650/1500	8	14/22
GRH-200	200	65	325	475/1300	10	30/42
GRH-300	300	100	500	350/800	10	47/67
GRH-500	500	160	800	350/700	10	83/110
GRH-800	800	260	1040	350/700	12	110/160
GRH-1000	1000	325	1300	300/600	12	140/190
冷却混合机	总容积/L	一次投料量/kg	产量/(kg/h)	搅拌桨转速/(r/min)	混合时间/s	总功率/kW
LH-350	350	65	325	130	10	7.5
LH-500B	500	100	500	130	10	11
LH-1000B	1000	160	800	130	10	18.5
WLH-1000(卧式)	1000	100	500	50	12	7.5
WLH-1500(卧式)	1500	160	800	50	12	11

高速分散机	总容积/L	有效容积/L	主轴转速/(r/min)	加热形式	总功率/kW
GFJ-200	200	120~140	475/860	水	30/42
GFJ-300	300	180~210	475/950	水	40/55

表3-5　大连橡胶塑料机械厂产混合机基本参数

塑料热炼混合机	总容积/L	产量/(kg/h)	搅拌桨转速/(r/min)	电动机功率/kW
SHR-100×740×1470	100	180	747/1300	14/22
SHR-200×650×1470	200	325	350/1300	30/42
SHR-300×550×1100	300	500	550/1100	47/67
SHR-500×535×800	500	800	535/800	55/72

续表

塑料热炼混合机	总容积/L	产量/(kg/h)	搅拌桨转速/(r/min)	电动机功率/kW
SHR-800×500×1000	800	1040	500/1000	110/160

塑料冷却混合机	总容积/L	一次投料量/kg≤	产量/(kg/h)>	搅拌桨转速/(r/min)	电动机功率/kW
SHL-350×100	350	55	275	100	3
SHL-500×70	500	80	400	70	5.5
SHL-1000×50	1000	100	500	50	7.5
SHL-1500×60	1500	100	800	60	11
SHL-2000×50	2000	260	1040	50	11

表 3-6 部分国产混合机生产厂及产品基本参数

型号	公称容积/L	产量/(kg/h)	桨叶转速/(r/min)	加热方式	排料方式	总功率/kW	外形尺寸(长×宽×高)/mm	机重/kg	备注
SHR-100×740×1470	100	180	747/1470	自摩擦	手动/自动	14/22	1656×630×1050	750	可电加热①
SHR-200×650×1300	200	325	650/1300	自摩擦/蒸汽或油加热	手动/自动	30/42	2600×1000×1600	1644	可蒸汽加热①
SHR 300×550×1100	300	500	550/1100		手动/自动	47/67	2780×1100×1525	2100	
SHR-500×535×800	500	800	535/800		手动/自动	55/67	2770×1020×2050	1900	
SHR-800×500×1000	800	1040	500/1000		手动/自动	110/160	2350×2400×2350	3500	
GHR-100L	100	100~300	827	自摩擦	手动	11	1700×620×1200	700	②
GHR-200L	200	200~650	750			22	2170×845×1585	1400	
SHR-5A	5	—	1400	自摩擦	手动	1.1	620×300×730	—	③
SHR-10A	10	—	2000			3	1200×300×830	—	
SHR-25A	25	—	1440			5.5	1200×350×850	—	
SHR-50A	50	—	750/1500	电、蒸汽	汽动	7/11/3	2100×700×1100	—	
SHR-1000A	1000	—	325/650	自摩擦	汽动	100/160/28	3460×1140×2900	—	

续表

型号	公称容积/L	产量/(kg/h)	桨叶转速/(r/min)	加热方式	排料方式	总功率/kW	外形尺寸(长×宽×高)/mm	机重/kg	备注
GH-200DY	200	—	475/950	—	—	30/42	2000×900×1480	1800	④
GH-300D	300	—	475/950	不加热	—	40/55	2000×900×1480	1850	
GH-500DY	500	—	335/670	电加热	—	47/67	2610×1137×1735	3000	
LH-500	500	—	125	水冷	—	11	2515×1200×1800	2100	
LH-1000	1000	—	90	—	—	15	2630×2060×3350	3000	
LH-1600	1600	—	88	—	—	15	3827×1380×2850	3500	
GH-200DY/LH500	200/500	—	475/950/125	电加热水冷	—	30/42/11	3260×2400×2850	5000	热、冷混合机组④
GLH-500/1600	500/1600	—	335/670/88		—	47/67/15	3692×3195×3216	6500	
GLH 300/500	300/500	—	650/1300/125		—	45/55/11	3260×2400×2850	5000	
GLH-500/1000	500/1000	—	335/670/90		—	47/67/15	2630×4010×3350	6000	
SRLW-100/400	—	100~200	—	电加热	—	14/22/7.5	3000×3100×2200	—	卧式热混合机③
SRLW-200/800	—	320~350	—		—	30/42/11	3200×3500×2450	—	
SRLW-300/1000	—	350~400	—		—	40/55/15	3730×2740×2830	—	
SRLW-500/1600	—	700~800	—		—	55/75/18	4320×3180×3145	—	
SRLW-800/2500	—	1000~1500	—		—	83/110/37	4690×3510×3500	—	
SRLW-1000/3500	—	1500~1800	—		—	90/150/37	5135×3850×3770	—	

续表

型号	公称容积/L	产量/(kg/h)	桨叶转速/(r/min)	加热方式	排料方式	总功率/kW	外形尺寸(长×宽×高)/mm	机重/kg	备注
LHS-50	140	50	85	—	—	2.2	—	—	原料着色混合机⑤
LHS-100	280	100	85	—	—	4	—	—	
SH-140×85	140	50	—	—	—	2.2	850×650×1200	250	粒料着色混合机⑥
SH-280×85	280	100	85	—	—	4	1050×820×1350	350	

① 大连冰山橡塑股份有限公司生产。
② 青岛东豪塑料机械有限公司生产。
③ 张家港市轻工机械有限公司生产。
④ 北京英特塑料机械总厂生产。
⑤ 苏州轻工机电塑料机械厂生产。
⑥ 张家港二轻机械有限公司生产。

3.6 配混料怎样制粒?

经混合机搅拌混合均匀的掺混料,需要经过混炼塑化后切成粒状料。根据混合料中掺混料的不同,混合料的生产造粒可采用以下两种工艺流程。

① 高速混合机混合均匀料→冷混料降温至45℃以下→挤出机(单螺杆或双螺杆挤出机)把混合料混炼塑化→挤出切粒。

② 高速混合机混合均匀料→密炼机混炼塑化→开炼机混炼塑化→第二台开炼机把原料塑化均匀切片→引出片冷却→收卷,然后用切粒机切成粒状料。

聚氯乙烯树脂中掺混料的造粒,可选用其中任一工艺流程。对于聚烯烃料,如树脂与碳酸钙或滑石粉掺混料造粒,应选用第一种工艺流程;如树脂与乙丙橡胶(添加量为10%~15%)共混的掺混料造粒,就应选择第二种工艺流程。

配混料制粒生产主要用设备有挤出造粒机、密炼机、开炼机和切粒机。

3.7 挤出切粒机怎样工作?

塑料挤出切粒机机组中的挤出机和普通通用挤出机结构几乎完全相同,不同之处只是在普通挤出机的机筒前多了一套挤出的塑料条切粒装置和粒料的冷却、干燥处理装置。风冷热切挤出造粒机机组结构见图3-3。

风冷热切挤出造粒机的工作方法是:先把各种料按生产粒料用原料配方计量配混,加入高速混合机中搅拌混合均匀后,投入挤出造粒机的机筒内,经塑化熔融成黏流态,从机筒前的多孔板挤出呈条状,然后被旋转的刀片切成长度均匀一致的粒料,由风压管路输出,经冷却、过筛后装袋。

挤出成型条状料模具及切粒装置结构见图3-4。它是挤出切粒设备辅机中的主要装置。

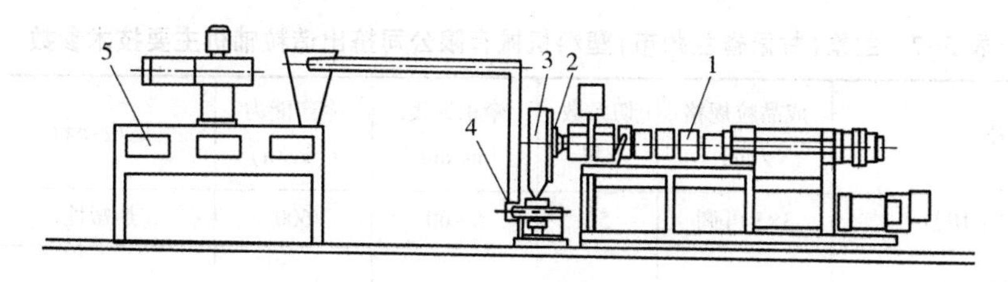

图 3-3　风冷热切挤出造粒机机组结构

1—挤出机；2—切粒前成型条状料模具；3—切粒装置；4—粒料风送系统；5—粒料冷却过筛装置

切粒辅机按其工作方式和作用的不同，可分为热切与冷切两部分，而热切又可分为干切、水环切和水下切等方式，它们的具体工作方法与应用特点如下。

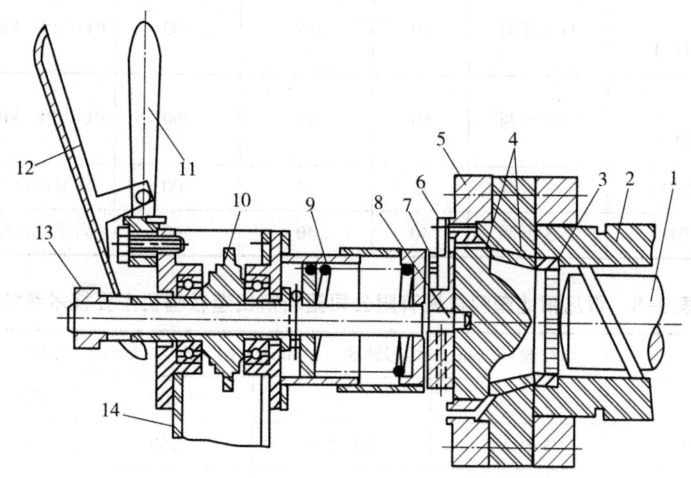

图 3-4　挤出成型条状料模具及切粒装置结构

1—螺杆；2—机筒；3—多孔板；4—分流锥；5—条状料成型模板；6—切刀片；7—刀架；8—传动轴；9—弹簧；10—传动链轮；11—手柄；12—离合器；13—轴套；14—机架

（1）干切　干切粒生产方法是指挤出机中挤出条状料后，立即被旋转的刀片切成长度均匀的粒状，然后由风机通过管道把粒料送至冷却、过筛装置。这种切粒方式适合于聚氯乙烯料的混炼切粒。

（2）水环切　水环切粒生产方法是指挤出机挤出条状料后，立即被旋转的刀片切粒，并抛向附在切粒罩内壁高速旋转的水环，然后水流把粒料带到水分离器脱水，干燥后再送至料降温装置处冷却降温，即为成品。此生产方法适合于聚烯烃料的混炼切粒。

（3）水下切　水下切粒生产方法是指挤出机挤出条状料后，立即进入水中冷却降温，然后切成粒料，再由循环水把粒料送至离心干燥机中脱水、干燥。此种切粒方式比较适合双螺杆挤出机混炼原料切粒，用于较大批量生产。

（4）冷切粒　冷切粒是指经挤出机混炼塑化后的料，从机筒前的成型模具中成型片状料，先落入水槽中冷却降温后卷取，然后再用专用切粒机切粒。这种挤出切粒生产方式适合于聚乙烯、聚丙烯、ABS、聚对苯二甲酸乙二醇酯的原料混炼切粒。

国内部分塑料挤出造粒机组生产厂及产品主要技术参数见表 3-7～表 3-13。

表 3-7 兰泰(甘肃省兰州市)塑料机械有限公司挤出造粒辅机主要技术参数

型号	成品粒规格/mm	切条数/根	牵引速度/(m/min)	生产能力/(kg/h)	适应塑料	电动机功率/kW
TQ-600A(拉条切粒机)	3×3 可调	50	6~60	600	热塑性	7.5
TQ-400-A/B(拉条切粒机)	3×3 可调	40	3.6~36	400	热塑性	5.5
XQ-300(拉条切粒机)	3×3 可调	30	3.6~36	300	热塑性	4
XQ-150(拉条切粒机)	3×3 可调	15	3.6~36	150	热塑性	2.2
FLQ-100(风冷模面热切粒)	3×3 可调	40	15	100	PVC、PE、ABS、TPR	0.75
FLQ-200(风冷模面热切粒)	3×3 可调	60	15	200	PVC、PE、ABS、TPR	0.75
SHQ-300(水环热切粒)	3×3 可调	25	25	300	高流动速率塑料	0.75
SNQ-500(水环热切粒)	3×3 可调	40	40	500	高流动速率塑料	1.5

表 3-8 青岛精达塑料机械有限公司塑料挤出造粒辅机主要技术参数

型号	切粒规格/mm	切刀转速/(r/min)	生产能力/(kg/h)	冷却方式	总功率/kW
SJL-F200	—	—	200	风冷	7.35
SJLZ-60/125-250	3.2×3.5	40~200	250	风冷	55
SJLZ-90-100	3.2×3.5	40~200	100	风冷	49.5
SJLZ-6513-60	3×3	40~200	60	风冷	47.37
SJLZ-120-190	3×3	40~200	180	风冷	106.75

表 3-9 大连橡胶塑料机械厂塑料挤出造粒辅机主要技术参数

型号	机头孔径/mm	切刀转速/(r/min)	粒子箱冷却能力/(kg/h)	外形尺寸(长×宽×高)/mm	总功率/kW
SJS-FL110(双螺杆)	3	100~1000	1000	6190×6430×3940	13.1
SJ-FL120	—	114~1140	250	4750×3000×3030	7.4

型号	模孔直径/mm×数量/个	冷却水槽容积	切粒机最大生产能力/(kg/h)	切刀外径/mm	粒子规格(直径×长度)/mm	外形尺寸(长×宽×高)/mm	总功率/kW
SJSL-F92(双螺杆)	4×52	720	2000	200	(2.3~3)×3	12805×1890×1720	—
SJL-F180(单、双螺杆交联 PE)	2.1×469	—	550~600	—	—	10034×5860×5280	68

表 3-10　上海轻工机械股份有限公司上海挤出机械厂挤出造粒机机组技术参数

型号	切刀数/把	造粒尺寸/mm	生产能力/(kg/h)	转速/(r/min)	总功率/kW
SJBZ-ZL-65-F0.3A	3	3×3	50~140	2.96~695	49.55
SJZ-ZL-65B-JF0.3A	3	3×3	6.7~80	2.96~695	38.8
SJZ-ZL-45C-F0.3B	12	3×3	6~60	80~800	32.5

表 3-11　山东塑料橡胶机械总厂双螺杆挤出造粒机机组技术参数

平行双螺杆造粒机机组	型号	螺杆直径/mm	切刀转速/(r/min)	切刀数/把	造粒规格/mm	生产能力/(kg/h)	总功率/kW
	SJSP-80×21	80	1000	3	3×3	250	—

锥形双螺杆粉料造粒机机组	型号	螺杆小端直径/mm	螺杆转速/(r/min)	切刀数/把	造粒规格/mm	总功率/kW
	SJL-55	55	3~30	3	3×3	42.6

表 3-12　东方塑料机械厂(河北省沧州市)双螺杆挤出造粒机机组技术参数

型号	螺杆直径/mm	长径比	螺杆转速/(r/min)	生产能力/(kg/h)	外形尺寸(长×宽×高)/mm	总功率/kW
SHL-60(造粒)	60	(22~26):1	30~300	80~180	—	53
SHL-60Ⅱ(色母粒造粒)	60	(22~36):1	30~300	80~250	—	65
SHL-100(均化造粒)	100	(28~32):1	30~300	800	8000×1300×1200	286

表 3-13　大连塑料机械厂塑料挤出造粒机型号与基本参数

型号	SZL55/120×13	SZL65/120×13	SZL75/140×18
螺杆直径/mm	55/120	65/120	75/140
长径比(L/D)	13:1	13:1	18:1
螺杆转速/(r/min)	13.5~135	15~150	13.2~132
最大产量/(kg/h)	35	60	100
主电动机功率/kW	15	18.5	30
设备总功率/kW	27.35	32.75	47.47
中心高/mm	970	1000	1000
外形尺寸(长×宽×高)/mm	3000×2900×2300	3500×4000×2550	4040×5030×2770
质量/kg	1600	2100	2600

① 此设备适合于 LDPE、HDPE、LLDPE、PVC、ABS、EVA 和 PP 树脂成型的薄膜粉料、粉碎物及废丝等制品回收造粒。
② 螺杆用 38CrMoAlA 合金钢制造、精加工时经渗氮处理。
③ 双工位换网,用风冷却粒料和输送。

3.8 开炼机怎样工作？

开炼机是开放式炼塑机的简称，在塑料制品厂，人们又都习惯称它为两辊机。开炼机是塑料制品生产厂应用比较早的一种混炼塑料设备。在压延机生产线上，开炼机在压延机前，在高速混合机后，作用是把混合均匀的原料进行混炼、塑化，为压延机成型塑料薄膜提供混炼塑化较均匀的熔融料。生产粒料或电缆料时，开炼机把高速混合机混合均匀的粉料混炼塑化成熔融态，最后压塑成带状片，经冷却降温后卷取，然后由专用切粒机切成均匀粒。

开炼机的结构比较简单，其结构组成见图 3-5。从图中可以看到：开炼机中的主要零件是两根辊筒，平行排列，固定在机架的水平轴承框内，两端轴颈由轴承支承。辊筒右侧（图示方向）是带动辊筒旋转的传动系统。输汽管路为向辊筒内输入蒸汽进行加热升温。调距装置是为辊筒炼塑不同塑料时经常改变两根辊筒间的工作面间隙而设置。紧急停车装置是开炼机工作出现异常事故时，为保证人身和设备安全而设置的；当设备出现故障时拉动设备上方的操作杆，旋转的辊筒即可紧急停车。

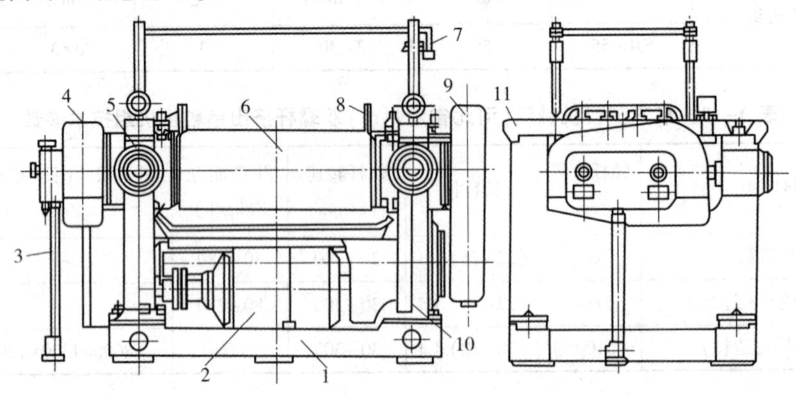

图 3-5 开炼机的结构组成

1—机座；2—电动机；3—输汽管；4—速比齿轮；5—调距装置；6—辊筒；7—紧急停车装置；8—挡料板；9—齿轮罩；10—机架；11—横梁

开炼机的规格型号是用其设备上的辊筒直径大小和辊筒工作面长度表示（单位为 mm）。开炼机中炼胶机、压片机和热炼机的系列与基本参数（GB/T 13577—2006）见表 3-14，开炼机中破胶机和精炼机的系列与基本参数（GB/T 13577—2006）见表 3-15。

表 3-14 开炼机中炼胶机、压片机和热炼机的系列与基本参数（GB/T 13577—2006）

辊筒尺寸（前辊直径×后辊直径×棍面宽度）/mm	前后辊筒速比	前辊筒线速度/（m/min）≥	主电动机功率/kW ≤	一次性投料/kg	用途
160×160×320	1：（1.20~1.35）	8	7.5	2~4	橡胶的塑炼、混炼、热炼、压片塑料的混炼
250×250×620	1：（1.00~1.30）	13	22	10~15	橡胶的塑炼、混炼、热炼、压片塑料的塑炼、混炼
300×300×700		14	30	15~20	橡胶的塑炼、混炼、热炼、压片塑料的塑炼、混炼

续表3-14

辊筒尺寸(前辊直径×后辊直径×棍面宽度)/mm	前后辊筒速比	前辊筒线速度/(m/min)≥	主电动机功率/kW ≤	一次性投料/kg	用途
360×360×900	1∶(1.00~1.30)	15	37	15~20	塑料的塑炼、混炼、压片
				20~25	橡胶的塑炼、混炼、热炼、压片
400×400×1000		17	55	18~25	塑料的塑炼、混炼、压片
				25~35	橡胶的塑炼、混炼、热炼、压片
450×450×1200		22	75	25~35	塑料的塑炼、混炼、压片
				30~50	橡胶的塑炼、混炼、热炼、压片
550×550×1500 (560×510×1530)	1∶(1.04~1.30)	24	132	50~60	橡胶的塑炼、混炼 橡胶、塑料供密炼机压片
				35~50	塑料的塑炼、混炼
			160	50~60	橡胶的热炼(供料)
610×610×2000 (610×610×1830)		26	160	90~120	橡胶、塑料的塑炼、混炼、热炼及压片
660×660×2130		28	280	75~95	塑料的塑炼
				140~160	橡胶、塑料供密炼机压片
		22		70~120	橡胶的热炼
710×710×2200 (710×710×2540)		26	350	190~220	橡胶的塑炼、混炼、热炼及压片

表 3-15 开炼机中破胶机和精炼机的系列与基本参数(GB/T 13577—2006)

辊筒尺寸(前辊直径×后辊直径×棍面宽度)/mm	前后辊筒速比	主电动机功率/kW ≤	前辊筒线速度/(m/min)≥	生产能力/(kg/日)	用途
400×400×600	1∶(1.20~3.00)	55	18	400	废旧橡胶、生胶的破碎或粉碎
450×450×620	1∶(2.50~3.50)	45	10	300	废旧橡胶、生胶的破碎
560×510×800	1∶(1.20~3.00)	95	24	2000	废旧橡胶的破碎
	1∶(1.25~1.35)	75		2000	生胶的破碎
560×560×800	1∶(1.50~1.80)	110	24	300	再生胶的精炼
610×480×800	1∶(1.50~3.20)	75	20	150	废旧橡胶的粉碎
			23	300	再生胶的精炼

上海橡胶机械厂和大连橡胶塑料机械厂的开炼机型号及技术参数见表3-16和表3-17。

表 3-16 上海橡胶机械厂的开炼机型号及技术参数

型号	辊筒直径/mm	辊筒工作长度/mm	前后辊速比	最大辊距/mm	一次加料量/kg	外形尺寸(长×宽×高)/mm	总功率/kW
SK-160A	160	320	1∶1.35	4.5	1~2	1120×920×1295	5.5
SK-160B	160	320	1∶1.35	4.5	1~2	1120×920×1295	9.7
SK-400A	400	1000	1∶1.2727	10	18	4600×1950×2340	40.25
SK-400B	400	1000	1∶1.2727	10	18	4350×1830×1880	66.65
SK-450B	450	1200	1∶1.20	10	25~50	4550×1830×1743	55
SK-550	550	1500	1∶1.20	15	56	6200×2150×2050	111.5

表 3-17　大连橡胶塑料机械厂的开炼机型号及技术参数

型号	辊筒工作幅宽/mm	辊筒工作长度/mm	前辊线速度/(m/min)	前后辊速比	一次加料量/kg	外形尺寸(长×宽×高)/mm	总功率/kW
SK-400	400	1000	18.46	1 : 1.27	18	4300×1280×1910	45
SK-450	450	1200	24	1 : 1.27	30~50	5300×2150×1860	55
SK-550E	550	1500	27.5	1 : 1.28	35	5240×2400×2050	75
SK-550E_1	550	1500	27.5	1 : 1.28	35	5560×2400×2045	75
SK-550F	550	1500	36	1 : 1.167	35	5740×2400×2050	110
SK-550F_1	550	1500	38.15	1 : 1.95	35	5780×2473×2130	75
SK-660	660	2130	28.4	1 : 1.24	85~100	7505×3290×2620	155
SK-660A_1	660	2130	32	1 : 1.22	85~100	6410×2550×2670	110
SK-660A_2	660	2130	39	1.22 : 1	85~100	6700×2680×2210	110
SK-660A_3	660	2130	32	1 : 1.22	85~100	6375×2560×2099	110
SK-660W	660	2130	8~32	1 : 1.22	85~100	6720×2550×2670	132
SK-660W_1	660	2130	8~32	1 : 1.22	85~100	8790×2550×2670	132
SK-660A_4	660	2130	39	1.22 : 1	85~100	6470×2550×2030	110

3.9　密炼机有哪些结构特点？怎样工作？

密炼机与开炼机的功能作用相同，也是塑料的混炼塑化设备。密炼机是在开炼机的基础上改进变化的结果。密炼机是一种封闭式混炼设备。它工作时克服了开炼机那种粉尘飞扬、混炼塑化时间长、需要操作工用手工操作、劳动强度大的缺点。由于密炼机混炼原料时是用一种结构比较特殊的混炼转子，被混炼的原料是在一个密闭、具有一定的温度环境中，所以，与开炼机相比，用密炼机混炼塑化塑料有混炼塑化时间短、工作效率高、多种原料掺混后混合均匀、塑化质量好等优点。在用原料混炼塑化造粒生产工艺中，密炼机布置在高速混合机后，在开炼机前。造粒生产时，高速混合机把混合均匀的粉料直接投入到密炼机混合密炼室内，进行粉料的第一次混炼，然后把原料转送到开炼机，进一步把原料混炼成熔融态，以方便熔融料切成带状片，经冷却降温卷取。粒料成型生产工艺中有了密炼机，而使原料的混炼塑化时间缩短，提高了生产效率；同时，也改进了原料塑化造粒的质量，减少了操作工的体力消耗。

密炼机的结构组成见图 3-6。从图中可以看到：两根能够相对旋转运动的转子装在密炼室内；上部有能开闭的翻板门，由汽缸活塞控制其动作；上部还有能上下滑动的上顶栓，生产时能对混合料施加一定的压力。密炼室壁腔和上下顶栓腔均可通入蒸汽和冷却水，进行加热和冷却。密炼室的底部排料口由液压油缸动作控制，能对下顶栓进行开关和锁紧。按工艺条件要求由温度控制装置对其自动控温。转子的两端与安装在密炼室两侧轴承座转动配合，配合转动部位加密封装置，防止粉料泄漏。密炼机开始工作时，前道工序混合机排出的混合均匀粉料直接由上部加料斗进入密炼室；在密炼室内混炼工作完成后，由底部的缺料口排出。

密炼机的规格是用密炼机中密炼室的总容积(L)和转子的转速(r/min)表示。在数字前加代号 SM：S 代表塑料，M 代表密炼机。密炼机的基本参数见表 3-18。部分国产密炼机生产厂及产品基本参数见表 3-19~表 3-21。

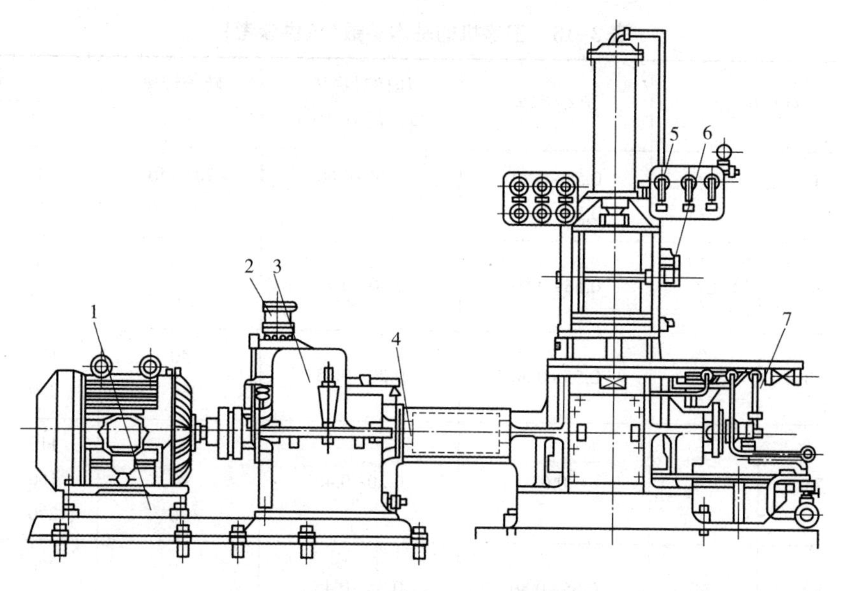

图 3-6a　密炼机的结构组成(示意图一)

1—电动机;2—密封润滑系统;3—减速箱;4—联轴器;5—操作盘;6—加料操作系统;7—加热输汽管路

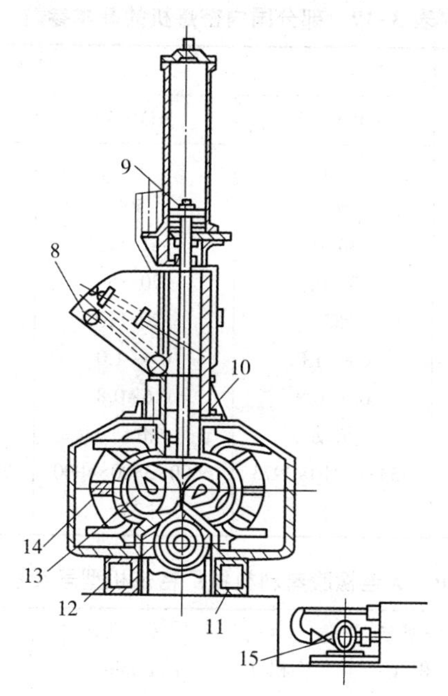

图 3-6b　密炼机的结构组成(示意图二)

8—进料装置;9—汽缸;10—上顶栓;11—底座;12—下顶栓;13—转子;14—密炼室;15—齿轮泵

表 3-18 密炼机的基本参数(仅供参考)

规格	总容积/L		填充系数	压砣对物料单位压力/MPa	转子转速/(r/min)	功率/kW	
						二棱	四棱
1 1.5	1 1.45	0.93 1.35	0.55~0.80 0.55~0.80	0.40~0.60 0.40~0.60	20~150 20~150	11 30	15 37
30	30	27	0.55~0.80	0.20~0.45	40 80	75 150	100 200
50	50	46	0.55~0.80	0.20~0.45	40 80	132 250	160 315
75	75	—	0.6	0.20~0.40	35 40 70	110 160 220	— — —
80	80	74	0.55~0.80	0.35~0.45	40 60	220 315	280 400

表 3-19 部分国内密炼机的基本参数

项目	型号			
	MLX-25	SHM-50	SM-50/35×70	SM-50/48
总容积/L	46	75	75	75
工作容积/L	25	50	50	50
前转子转速/(r/min)	30.31	61/31	30.5/60.9	48.2
后转子转速/(r/min)	35.16	70/35	35/70	40.7
电动机功率/kW	55	220/110	220/110	160
蒸汽压力/MPa	0.8~1.0	0.4~1.0	0.8~1.0	0.8~1.0
气体压力/MPa	0.6~0.8	0.6~0.8	0.6~0.8	0.6~0.8
卸料形式	滑动	滑动	滑动	滑动
外形尺寸(长×宽×高)/mm	3535×1210×2973	6600×3800×4000	6500×3500×4000	8000×3000×4800
质量/kg	7.5	23	18	17

表 3-20 大连橡胶塑料机械厂密炼机型号及技术参数

型号		密炼室总容积/L	工作容积/L	后转子转速/(r/min)	转子速比	蒸汽消耗量/(m^3/h)	总功率/kW
X(S)M-50×40		50	30	40	1 : 1.72	200	95
X(S)M-80×40		80	60	40	1 : 1.15	300	210
X(S)M-110×40		110	82.5	40	1 : 1.15	720	240
X(S)M-110×(6~60)		110	82.5	6~60	1 : 1.15	720	450
SM-75/40E		75	50	40	1 : 1.15	300	155
SM-75/35/70E		75	50	35/70	1 : 1.15	300	110/220
塑料加压式捏炼机	SN-55×30	125	55	30/24.5	140	0.5~0.8	77.2
	SN-75×30	175	75	30/24.5	140	0.4~0.8	114
	SN-110×30	250	110	30/24.5	140	0.4~0.8	189

表 3-21　上海橡胶塑料机械厂密炼机型号及技术参数

型号	密炼室总容积/L	密炼室工作容积/L	转子速比	生产效率/(min/次)	总功率/kW
X(S)-50/42	50	30	1∶1.19	10	82.5
X(S)-80/42	77~86	50~55	1∶1.16	6	217.5

型号		密炼室总容积/L	密炼室工作容积/L	密炼室翻转角度/(°)	转子速比	生产效率/(min/次)	总功率/kW
塑料加压式捏炼机	X(S)N-75/30	75	50	140	1∶1.16	10	93
	X(S)N-55/32	55	3.5	110~140	1∶1.21	10	56.5

3.10　切粒机有什么用途？怎样工作？

切粒机是一种能够把一定宽度和厚度的片材切成粒料的专用设备，主要用在电缆料和配混料的切粒工序中。厚片用切粒机的结构示意图见图 3-7。

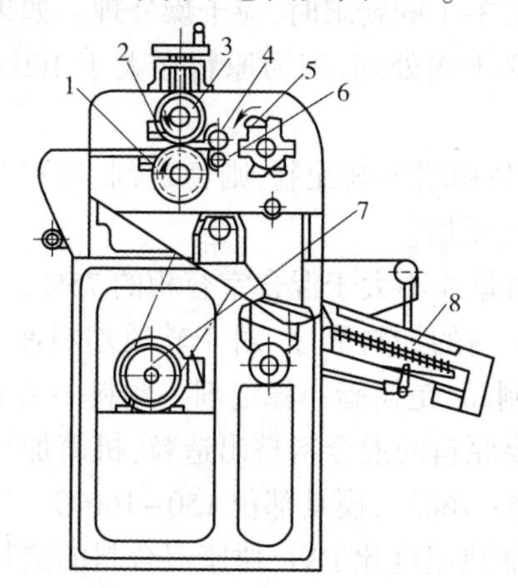

图 3-7　厚片用切粒机的结构示意图

1—下梳板；2—上梳板；3—切条用圆辊刀；4—压辊；5—旋转切刀；6—固定底刀；7—电动机；8—筛斗

切粒机开始切粒工作时，已经切成固定宽度的厚片，从切粒机的两圆辊刀间的间隙进入（图示方向的左侧进入两圆辊刀间），先被圆辊刀切成纵向连续不断的条形，然后由压辊夹紧条状料，牵引送入高速旋转切刀处，切成有固定长度的粒料。切好的粒料落入筛斗内，把未切断的长条和连体粒筛除。

塑料切粒机（SCQ-200B）的基本参数见表 3-22。

表 3-22　塑料切粒机（SCQ-200B）的基本参数

项目	指标	项目	指标
切粒片最大宽度/mm	200	切条速度/(m/min)	18
切片厚度/mm	1~3	粒料尺寸/mm	4×4
切条宽度/mm	4	切刀转速/(r/min)	1137

续表

项目	指标	项目	指标
圆盘刀转速/(r/min)	50	外形尺寸(长×宽×高)/mm	690×910×1685
主电动机功率/kW	15		
刀片材料	9SiCrW18Cr4V	质量/kg	1270

3.11 原料配混制粒工艺有哪些重点要求?

原料配混制粒的工艺要点如下:

① 原料的计量要准确,对于树脂的计量误差不应大于2%,而用量比较少的助剂计量误差不应大于0.5%。

② 为了得到较均匀的混合料,要求配方中的各种材料的密度和细度要接近一致,措施是:稳定剂、色料等助剂在配混前要配成浆料,经研磨机研磨、细化颗粒后再应用,必要时还应用80目筛网过滤。

③ 原料中的含水量超过表3-1的要求时,应干燥处理。如果混合料要用开炼机预塑化混炼时,含水分较大的原料可不必干燥处理,因为原料在大于100℃的开炼机上塑炼,树脂中的水分会自然挥发掉。

④ 如果稳定剂、颜料的浆料用增塑剂配制,则稳定剂、颜料与增塑剂的配比可按1∶(1~2)掺混后搅拌均匀,在研磨机上研磨。

⑤ 原料在混合机中的加料量应不大于混合室容积的75%,搅拌时间一般不超过10min。

⑥ 注意向混合机的混合室内的加料顺序:对于软质塑料制品,是树脂→增塑剂→稳定剂→浆料→颜料;对于硬质塑料制品,是树脂→稳定剂→颜料→填充料→润滑剂。

⑦ 以聚氯乙烯树脂为主要原料的混合料挤出造粒,机筒加热温度是:加料段110~130℃,塑化段130~150℃,均化段145~160℃,模具部位150~160℃。以聚烯烃树脂为主要原料的混合料挤出造粒,挤出机机筒的加热温度比PVC树脂混合料的造粒塑化温度略低一些。

3.12 配混制粒料质量要求有哪些?

配混切粒料的质量要求没有具体的规定。为了保证粒料成型塑料制品的质量,对配混粒料的质量提出以下几点要求:

① 配混料切粒后的形状可以是直径为3~4mm、长度为2~4mm的圆柱形或体积相当的方形颗粒。

② 切粒料的颗粒形状一致、均匀、表面光滑、色泽一致、无明显杂质,不允许有3颗及以上连体粒。

③ 粒料含水量应不大于0.5%,必要时要在70~80℃温度的烘箱中干燥处理4h。

3.13 有特殊要求的聚乙烯、聚丙烯制品用料怎样组合?

通常聚乙烯、聚丙烯制品成型用原料,多选用某种制品专用料,不需加任何辅助料即可投产成型制品。由于这两种树脂的塑化熔体流动性好,无论是挤出成型,还是注射成型都比较容易,生产时只要把工艺条件(温度、压力、速度等)控制合理,即可顺利生产。为了防止树脂在生产成型过程中易氧化降解，树脂在出厂前已经加入抗氧剂。所以，没有特殊使用要求的制品，生产时不需在树脂中添加任何助剂。对于制品工作环境有特殊要求时应注意下列几种助剂的加入。

① 用于经常受阳光（紫外线）照射的工作环境中的 PE 与 PP 制品。为延长使用时间、防止过快的降解老化，生产前树脂中应加入少量紫外线吸收剂。常用紫外线吸收剂是 2-羟基-4-正辛氧基二苯甲酮（UV531），加入量为 0.1%～1.0%（质量分数）。

② 用于输送易燃、易爆化工用物品的 PP 或 PE 管，生产前树脂中应加入抗静电剂导电炭黑或 SN、HZ14 等；成品 PE、PP 管的体积电阻应小于 $10^9\Omega \cdot cm$，才能消除因静电引燃、引爆的隐患。

③ 易燃 PE、PP 制品。如果制品在特殊环境应用时，树脂生产前还需加入阻燃剂，以保证使用安全。常用阻燃剂用三氧化二锑（锑白）与等量氯的质量分数大于 70%的氯化石蜡并用。

3.14 聚乙烯、聚丙烯制品用料怎样配混造粒？

聚乙烯、聚丙烯制品用料配混造粒的生产工艺方案有两种，即：

① 聚乙烯、聚丙烯树脂中如需加入碳酸钙或滑石粉等辅助料时，则投产前需把主原料和辅助料按配方要求计量后掺混在一起，用高速混合机搅拌混合均匀，用挤出机塑化造粒。

② 如果辅助料中需加入乙丙橡胶（添加量为 10%～15%）与树脂共混，这时应选用把混合均匀料经密炼机、开炼机混炼成片的生产方式，然后用专用切粒机切粒。

聚乙烯防雾薄膜用原料挤出吹塑前的造粒工艺如下：

① 用料配方：低密度聚乙烯（LDPE、MFR＝2g/10min）100 份，聚乙烯醇（PVA1750）1 份，防雾剂 F-A、F-B、F-C、F-D（天津助剂厂产）各 0.05 份。

② 把各种料计量后，用高速混合机混合均匀。

③ 选用双螺杆挤出机混炼塑化后，挤出造粒。挤出机的机筒温度从进料端开始逐渐升高，分别为 250℃、260℃、270℃、280℃；模具温度为 275℃；熔体料温为 265℃。

3.15 母料是指什么？常用母料怎样配制？

母料是一种由特定材料、载体树脂和各种添加剂等基本要素组成的混合料。通过工艺手段，均匀地载附于树脂中而得到的聚集物，是一种高浓度的、呈颗粒状的特定原料（高分子材料）专用浓缩物。目前，母料可分为填充母料、色母料、阻燃母料、抗静电母料、耐磨母料和多功能母料等品种。以下只介绍前两种。

1.填充母料

填充母料是高分子材料专用填充剂。塑料制品生产中用的填充母料多是粉状物，应用时计量、混合，加料容易粉尘飞扬、污染环境，而且混合时也不易分散、搅拌混合均匀，影响制品质量。填充母料是把这些细粉状填充料经过预处理，制成颗粒状的填料浓缩物。树脂中加入填充母料的目的是为了增加容量、降低成本和改性。应用较多的填充母料有：重质碳酸钙、轻质碳酸钙、滑石粉、高岭土和硅灰石等，有些特殊功能的镁、铝氢氧化物、云母、磁粉（铁涂氧体粉末）等也开始有应用。用填充母料的制品有聚氯乙烯人造革、聚氯乙烯鞋底、聚氯乙烯管材、板材、异型材、地板革、地板块、聚乙烯钙塑瓦楞板、聚乙烯钙塑天花板和聚乙烯泡沫片等。

（1）应用例一　碳酸钙填充聚乙烯母料配混料

1)配方:0.038mm(400 目)碳酸钙 80 份(质量份,下同),聚乙烯 20 份,聚乙烯低聚物(大庆石化产)10 份,抗氧剂(天津力生化工厂产)和偶联剂(辽宁锦州化工厂产)酌情适量加入。

2)配混工艺。

①碳酸钙在 120℃烘箱中干燥处理 2h。

②碳酸钙加入偶联剂,在 90~95℃高速混合机内活化处理 1min。

③高速混合机降温低于 80℃后,加入聚乙烯树脂、抗氧剂和聚乙烯低聚物,混合 2min。

④用双螺杆挤出机塑化造粒,机筒温度控制在 130~160℃范围内(从机筒进料段开始至机筒前端,温度逐渐提高),模具温度为 150℃。

(2)应用例二

1)配方:E-$CaCO_3$(0.045mm)85 份(质量份,下同),LDPE(2F2B)15 份;PEW(武汉市塑料二厂产)3.5 份,KR-TTS(异丙基三异硬脂酰基钛酸酯偶联剂)0.5 份,助剂酌情适量加入(液体状)。

2)配混工艺。

①$CaCO_3$在 105~110℃烘箱内干燥处理 12min。

②活化。把 TTS 与助剂混合均匀,以喷雾的方式加入高速搅拌的 $CaCO_3$中,喷完后再搅拌 15min,即成活性钙。

③在两辊开炼机上混炼,加热温度为 140~150℃,把 LDPE 塑化混炼 5min;再加入活性 $CaCO_3$和 PEW,混炼 10min(注意多次翻动料,打散再包 5 次);压成 4mm 厚片状,宽度按切粒机要求切成带状拉出,入水槽冷却后卷曲成捆。

④切粒。在切粒机上切粒。

这种填充母料粒度为 3mm×3mm×4mm,相对密度为 1.5~1.6,水分质量分数≤0.3%,熔体流动速率为 5g/10min。

2.色母料

色母料是由颜料、载体和添加剂三种基本要素组成,是采用工艺手段把超常量的颜料均匀地载附于某种树脂之中而得到的一种粒状聚集体,是一种新型高分子材料专用着色剂。

用色母料加入树脂中成型塑料制品,与传统的干混着色、糊状着色、液状着色、颗粒着色等方法比较,具有使颜料分散均匀、降低生产成本、配色操作简单和减少环境污染等优点。

色母料不能通用,每种塑料需选用专一的色母料。这样,色母料就可分为聚烯烃用色母料、PVC 用色母料、ABS 色母料、尼龙用色母料和热塑性聚酯用色母料等品种。目前,以聚烯烃用色母料的用量最大。

(1)聚烯烃色母料的组成　聚烯烃色母料由颜料、分散剂和载体三部分材料组成。

① 颜料(染料)。分有机颜料和无机颜料。应用较多的有机颜料有酞菁红、耐晒大红 BBN、永固黄 GG、塑料红 6R、偶氮红 2BC、大分子红 BR、酞菁蓝、酞菁绿、永固紫等。应用较多的无机颜料有:镉红、镉黄、氧化铁红、氧化铁黄、钛白、炭黑等。颜料在色母料中的用量为 20%~60%,但要注意:颜料的用量越大,加工越困难。

② 分散剂。分散剂的作用是把颜料分散细微化、稳定化和以一定粒径的颗粒均匀分布在树脂中,并在加工过程中不再凝聚。常用的分散剂有聚乙烯蜡、氧化聚乙烯、硬脂酸盐、白油(液体石蜡)等。分散剂在色母料中的用量为颜料用量的 20%~30%,最高可达 50%。

③ 载体。载体是色母料的基体,能使色母料呈颗粒状。选用载体时应注意:载体应与被着色的树脂相容性好;载体的熔体流动速率应大于被着色树脂的熔体流动速率;着色后的树脂

不影响制品性能。

聚烯烃色母料的载体一般多用熔体流动速率为2~10g/10min的低密度聚乙烯,也可用聚丙烯树脂,但其填充容量和加工性能不如LDPE。载体在色母料中的加入量为30%~50%。

色母料中除了上述三种主要材料外,按其用途和品种的不同,还可加入一些其他助剂,如润滑剂(增加流动性、改善加工性)、偶联剂(配方中用钛白、炭黑类无机颜料时,要先通过偶联剂处理,以增加颜料与树脂的亲和性)、抗氧剂(增加抗氧能力,提高色母料耐热、耐晒性能)、紫外线吸收剂(提高色母料的耐光性能)、光亮剂(方便脱模并提高制品的表面光亮度)、抗静电剂(提高制品洁净度,使制品不易吸尘)、增韧剂(增加制品韧性)、阻燃剂(增加制品的耐燃性)等。

几种聚烯烃色母料配方参考例见表3-23~表3-25。

(2)聚烯烃色母料的配制　色母料的配制生产,目前国内应用较多的是把颜料(着色剂)、分散剂、载体树脂等物料直接在分散设备中润湿和打碎,然后在混炼设备中(高速混合机、捏合机、密炼机)混合搅拌均匀,在挤出机内把混合料塑化熔融后挤出切粒制得。

表3-23　聚烯烃色母料配方参考　质量份

色母料品种	着色剂	分散剂及其他助剂	载体树脂(LDPE)
瓷白	50	10~15	40~35
大红	30	15~20	55~50
天蓝	30	15~20	55~50
荧光鹅黄	30	10~20	60~50
中灰	40	10~15	50~45
咖啡	30	15~20	55~50
大绿	20	5~10	75~70
黑色	30	15~30	55~40

表3-24　聚烯烃白色母料配方参考　质量份

材料名称	配方例1	配方例2
LDPE粒料(MFR为2g/10min)	13	20
LLDPE粉料(MFR为2g/10min)	—	10
EVA	10.8	18.5
钛白粉(R型)	60	40
偶联剂	—	0.3
硬脂酸锌	6.2	4.5
聚乙烯蜡(WE-2)	5.5	4
增溶剂	2.1	1.5
油酸酰胺	2.4	1.2
注	母料中钛白粉的质量分数为60%,薄膜配方中,PE树脂为100份,加母料4~6份	母料中钛白粉的质量分数为40%,生产较厚薄膜配方中,PE树脂为100份,加母料4~6份

表 3-25　聚烯烃黑色母料配方参考　　　　质量份

材料名称	配方例 1	配方例 2
LDPE 粒料(MFR 为 5~7g/10min)	70	15
LLDPE 粉料(MFR 为 2g/10min)	30	20
高色素炭黑	96	30
偶联剂	1	—
分散剂	40	33
润滑剂	1.5	—
其他助剂	1.5	2
注	母料中炭黑的质量分数为 40%	母料中炭黑的质量分数为 30%

生产工艺顺序如下:颜料→干燥→热混合(加入分散剂及其他助剂)→冷混合(加入载体树脂)→挤出机混炼混合料塑化呈熔融态→挤出模具→牵引定型→切粒。

由于颜料中有不同程度的水分,所以要首先将其干燥处理去除水分,然后按配方要求将各种材料分别计量,投入到混合机的混炼室内,在较高的温度条件下进行混炼,目的是把着色剂润湿、细化、稳定;然后把有一定温度的混合料投入到冷混机内,再低温打碎。

工艺操作要点如下:

①用炭黑制作黑色母料时,应选用高色素炭黑,而且要粒径小。常用的炭黑型号有 HCF、HD100、特黑 3、特黑 2 和 H11、H10 等。注意选择与炭黑配合效果好的抗氧剂,不用酚类抗氧剂。

②聚烯烃钛白母料中的钛白(TiO_2)应选用折射率、着色力和耐老化性好及遮盖力较高的金红石型(R 型)工业产品。

③制造 PE 白色母料时,如果用钛白粉,要先将其在高速混合机中细化颗粒搅拌,然后在 80℃温度下加入一定比例的硬脂酸锌,则硬脂酸锌分散包覆在钛白颗粒表面。接着再加入适量的聚乙烯蜡及增溶剂(此时料温约为 100~110℃),形成较稳定的分散体系后,加入载体 LDPE 树脂,把混合料搅拌混合均匀。混合料中的硬脂酸锌用量为钛白粉用量的 15%~20%。硬脂酸锌、聚乙烯蜡、增溶剂(混合比为 45 : 40 : 15)复合分散剂用量为钛白用量的 20%~25%较适宜。

④色母料投入挤出机混炼塑化温度:加料段 110~120℃、塑化段 150~165℃、均化段 170~180℃,模具温度为 170~180℃。

⑤色母料的质量。目前,色母料的质量尚无国家标准,提供下列几点供参考:母料尺寸为 φ4mm×5mm,为圆柱体,外表光滑、无连粒;母料中的颜料分散均匀(颜料细度为 5~20μm);浓色母料中的颜料质量分数不低于标准色板的 20 倍,浓色母料的熔体流动速率≥2g/10min。

第 2 篇

挤出成型

第4章　挤出机

4.1　挤出机生产成型塑料制品有哪些特点?

①挤出机设备结构简单,造价低,挤出成型生产线投资比较少。

②挤出机成型制品的产量较高。

③挤出机生产操作比较简单,产品质量较容易保证,制品生产成本比较低。

④挤出机生产线占地面积较小,生产环境比较清洁。

⑤挤出机应用范围较广,既可挤出成型塑料制品,又可用于原料的混合、预塑化、造粒和喂料等工作。

⑥挤出机生产的塑料制品长度可按需要无限延长。

4.2　挤出机能挤塑成型哪些塑料制品?

①能连续挤出成型各种不同截面几何形状的塑料制品,如薄膜、片、板、硬管、软管、波纹管、异型材、丝、电缆、包装带、棒、网和复合材料等。

②可周期性重复生产中空制品,如瓶、桶等。

4.3　挤出机怎样挤塑成型塑料制品?

按塑料制品配方要求,把混合均匀的原料经挤出机料斗送入机筒内,随着螺杆的旋转,原料被强制推向机筒前方,由于机筒前面有过滤网、多孔板和成型模具的阻力,再加上螺杆上螺纹容积的逐渐缩小,结果使机筒内的原料受压逐渐加大,同时原料还受机筒外的供热影响,在这种受挤压、剪切、搅拌作用下,再加上原料与机筒和螺纹工作面间的摩擦及原料分子间的摩擦等作用,使原料在机筒内的温度逐渐升高,其物理状态也随之逐渐由玻璃态转变为高弹态,最后成为黏流态,达到完全塑化。由于螺杆一直不停地旋转,把塑化均匀的熔融料等压、等量地从成型模具口挤出,再经冷却定型,即完成挤出成型塑料制品工作。

4.4　挤出机分几种结构类型?作用是什么?

在塑料制品行业中,挤出机的品种比较多。按挤出机中螺杆的数量分,挤出机可分为单螺杆挤出机、双螺杆挤出机和多螺杆挤出机;按照挤出机的功能作用分,挤出机又可以分为普通型单螺杆挤出机、排气型挤出机、发泡型挤出机、喂料型挤出机和混炼型挤出机等。在这些挤出机中,目前,以普通型单螺杆挤出机的使用数量为最多。

挤出机的功能作用,是它能够把粒状或粉状塑料混炼塑化呈熔融态,然后给予一定的压力推出机筒。此料可造粒,可成型塑料制品,也可为塑料制品成型机提供熔融塑化料。

4.5　单螺杆挤出机有哪些结构特点？

单螺杆挤出机是挤出机产品系列中应用最多的通用型挤出机。它的结构特点是：挤出机的挤塑系统由一根螺杆和机筒配合组成。具体结构见图 4-1。

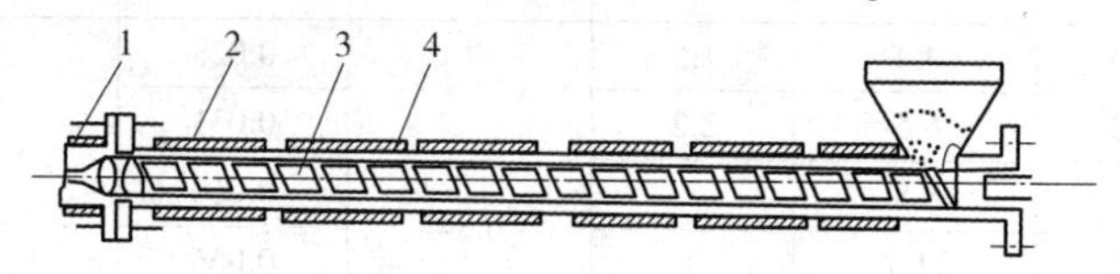

图 4-1　单螺杆挤出机的挤塑系统组成

1—成型模具；2—电阻加热装置；3—螺杆；4—机筒

单螺杆挤出机用途广泛，对于不同的热塑性塑料的挤出，只要更换一下螺杆的结构形式，就可以完成其对不同原料的挤塑成型制品生产工作；设备结构比较简单、造价低，使用操作容易掌握，对设备的维护保养和检修也比较方便。

4.6　单螺杆挤出机有哪些基本参数？

单螺杆挤出机的基本参数（JB/T 8061—2011）见表 4-1～表 4-5。表 4-1 所示为加工低密度聚乙烯（LDPE）挤出机基本参数，表 4-2 所示为加工线型低密度聚乙烯（LLDPE）挤出机基本参数，表 4-3 所示为加工高密度聚乙烯（HDPE）挤出机基本参数，表 4-4 所示为加工聚丙烯（PP）挤出机基本参数，表 4-5 所示为加工聚氯乙烯（HPVC、SPVC）挤出机基本参数。表 4-6～表 4-9 列出国内部分挤出机生产厂单螺杆挤出机的基本参数，可供应用时选择参考。

4.7　挤出机的型号怎样标注？

在 GB/T 12783—2000 中规定了橡胶塑料机械产品型号编制方法，现将标牌上的型号标注说明如下：

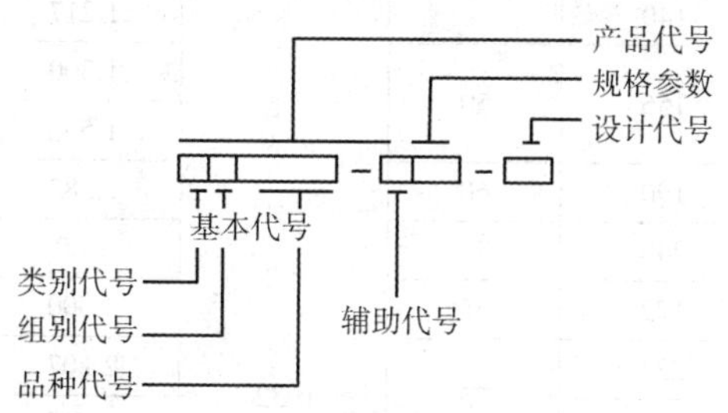

从左向右顺序：第一格是塑料机械，代号为 S；第二格是挤出机，代号为 J；第三格是指挤出机不同的结构形式代号。三个格组合在一起就是：塑料挤出机为 SJ；塑料排气式挤出机为 SJP；塑料发泡挤出机为 SJF；塑料喂料挤出机为 SJW；塑料鞋用挤出机为 SJE；阶式塑料挤出机为 SJJ；双螺杆塑料挤出机为 SJS；锥形双螺杆塑料挤出机为 SJSF；多螺杆塑料挤出机为 SJD。第四格表示辅机，代号为 F；如果是挤出机组，则代号为 E。第五格参数是螺杆直径×长径比（螺杆长径比为 20∶1 时不标注）。第六格是指产品的设计代号，按字母 A、B、C 等顺序排列，第一次设计不标注设计号。

示例：SJ-45×25。表示塑料挤出机、螺杆直径为 45mm，螺杆的长径比为 25∶1。

表 4-1 加工低密度聚乙烯(LDPE)挤出机基本参数

螺杆直径 D /mm	长径比 L/D	螺杆最高转速 D_{max} /(r/min)	最高产量 Q_{max}/(kg/h) MI 2~7	电动机功率 P /kW	名义比功率 P'/[kW/(kg/h)]≤	比流量 q/[(kg/h)/(r/min)] ≥	机筒加热段数(推荐) ≥	机筒加热功率(推荐)/kW ≤	中心高 H/mm
20	20、25	160	4.4	1.5	0.34	0.028	3	3	1000 500 350 300
	28、30	210	6.5	2.2		0.031		4	
25	20、25	147	8.8	3		0.060		3	
	28、30	177	11.7	4		0.066		4	
30	20、25	160	16	5.5		0.100		5	
	28、30	200	22	7.5		0.110		6	
35	20、25	120	16.7	5.5	0.33	0.139		5.5	
	28、30	134	22.7	7.5		0.169		6.5	
40	20、25	120				0.189			
	28、30	150	33	11		0.220		7.5	
45	20、25	130				0.254		8	
	28、30	155	45	15		0.290		9	
50	20、25	132				0.341			1000 500
	28、30	148	56	18.5		0.378		11	
55	20、25	127				0.441		10	
	28、30	136	66.7	22		0.490		13	
60	20、25	116				0.575		12	
	28、30	143	90	30		0.629		15	
65	20、25	120				0.750		14	
	28、30	160	140	45		0.828		18	
70	20、25	120	112	37		0.933	4	17	
	28、30	130	136	45		1.046		21	
80	20、25	115	140		0.32	1.217		19	
	28、30	120	156	50		1.300		23	
90	20、25	100				1.560		25	
	28	120	190	60		1.583	5	30	
	30	150	240	75		1.60		30	
100	20、25	86	172	55		2.000		31	1100 1000 600
	28、30	106	234	75		2.207		38	
120	20、25	90	235			2.610		40	
	28	100	315	100		3.150	6	50	
	30	135	450	132		3.333		50	
150	20、25	65	410	132		6.300		65	
	28、30	75	500	160		6.600	7	80	
200	20、25	50	625	200		12.500		120	
	28、30	60	780	250		13.000	8	140	
220	28	80	1200	520	0.43	15.000	7	125	1200

注:根据需要,螺杆规格可适当增加优选系列:75、110、170 等。其中,名义比功率及比流量按表中数值进行插入法计算。

表 4-2　加工线型低密度聚乙烯(LLDPE)挤出机基本参数

螺杆直径 D /mm	长径比 L/D	螺杆最高转速 D_{max} /(r/min)	最高产量 Q_{max}/(kg/h) MI 2~7	电动机功率 P /kW	名义比功率 P'/[kW/(kg/h)] ≤	比流量 q/[(kg/h)/(r/min)] ≥	机筒加热段数(推荐)≥	机筒加热功率(推荐) /kW ≤	中心高 H/mm
20	20、25	130	3.4	1.5	0.44	0.026	3	4	1000 500 350
	28、30	175	5.0	2.2		0.029		5	
25	20、25	120	6.8	3		0.057		4	
	28、30	140	9.1	4		0.065		5	
30	20、25	125	12.5	5.5		0.100			
	28、30	160	17.0	7.5		0.106		6	
35	20、25	125	17.4		0.43	0.139		5.5	
	28、30	160	25.6	11		0.160		7	
40	20、25	122				0.210		6.5	
	28、30	137	35	15		0.255		8	
45	20、25	113				0.310			
	28、30	135	43	18.5		0.319		10	
50	20、25	103	35	15		0.340		9	1000 500
	28、30	113	43	18.5		0.381		11	
55	20、25	98				0.439		10	
	28、30	104	51	22		0.490		13	
60	20、25	90				0.567		12	
	28、30	110	70	30		0.636		15	
65	20、25	95				0.737		14	
	28、30	115	93	40		0.809		18	
70	20、25	95	86	37		0.905	4	17	
	28、30	105	105	45		1.000		21	
80	20、25	95	107		0.42	1.126		20	
	28、30	100	119	50		1.190		25	
90	20、25	85				1.400			
	28	95	143	60		1.505	5	30	
	30	105	220	75		2.095			
100	20、25	65	130	55		2.000		31	1100 1000 600
	28、30	80	178	75		2.225		38	
120	20、25	65				2.738		40	
	28	77	238	100		3.091	6	50	
	30	100	330	132		3.300			
150	20、25	50	314	132		6.280		65	
	28、30	56	380	160		6.786	7	80	

注:根据需要,螺杆规格可适当增加优选系列:75、110、170 等。其中,名义比功率及比流量按表中数值进行插入法计算。

表 4-3　加工高密度聚乙烯(HDPE)挤出机基本参数

螺杆直径 D/mm	长径比 L/D	螺杆最高转速 D_{max}/(r/min)	最高产量 Q_{max}/(kg/h) MI 0.04~1.2	电动机功率 P/kW	名义比功率 P'/[kW/(kg/h)] ≤	比流量 q/[(kg/h)/(r/min)] ≥	机筒加热段数(推荐) ≥	机筒加热功率(推荐)/kW ≤	中心高 H/mm
20	20、25	115	3.0	1.5	0.49	0.027	3	4	1000 500 350
	28、30	155	4.5	2.2		0.029		5	
25	20、25	105	6.1	3		0.058		4	
	28、30	125	8.2	4		0.065		5	
30	20、25	115	11.2	5.5		0.98			
	28、30	140	15.3	7.5		0.109		6	
35	20、25	110	15.6		0.48	0.142		5.5	
	28、30	145	23.0	11		0.159		7	
40	20、25	110				0.209		6.5	
	28、30	122	31.3	15		0.256		8	
45	20、25	100				0.313			
	28、30	120	38.5	18.5		0.321		10	
50	20、25	90	31.3	15		0.348		9	1000 500
	28、30	100	38.5	18.5		0.385		11	
55	20、25	88				0.438		10	
	28、30	94	46.0	22		0.489		13	
60	20、25	80	46			0.575		12	
	28、30	97	62	30		0.639		15	
65	20、25	85				0.729		14	
	28、30、33	105	84	40		0.800		18	
70	20、25	85	77	37		0.906	4	17	
	28、30	94	94	45		1.000		21	
80	20、25	87	96		0.47	1.103		20	
	28、30	90	106	50		1.178		25	
90	20、25	80				1.325			
	28、30	90	128	60		1.422	5	30	
100	20、25	60	117	55		1.905		31	1100 1000 600
	28、30	75	160	75		2.133	6	38	
120	20、25	64				2.500	5	40	
	28、30、	72	215	100		2.986	6	50	
150	20、25	45	280	132		6.222		65	
	28、30	50	340	160		6.800	7	80	

注:根据需要,螺杆规格可适当增加优选系列:75、110、170 等。其中,名义比功率及比流量按表中数值进行插入法计算。

表 4-4　加工聚丙烯(PP)挤出机基本参数

螺杆直径 D/mm	长径比 L/D	螺杆最高转速 D_{max}/(r/min)	最高产量 Q_{max}/(kg/h) MI 0.4~4	电动机功率 P/kW	名义比功率 P'/[kW/(kg/h)] ≤	比流量 q/[(kg/h)/(r/min)] ≥	机筒加热段数(推荐) ≥	机筒加热功率(推荐)/kW ≤	中心高 H/mm
20	20、25	140	3.6	1.5	0.41	0.026	3	3	1000 500 350
	28、30	190	5.4	2.2		0.028		4	
25	20、25	125	7.3	3		0.058		3	
	28、30	150	9.8	4		0.065		4	
30	20、25	140	13.4	5.5		0.96		5	
	28、30	170	18.3	7.5		0.108		6	
35	20、25	135	18.8		0.40	0.139		5.5	
	28、30	172	27.5	11		0.160		6.5	
40	20、25	145				0.190			
	28、30	170	37.5	15		0.221		7.5	
45	20、25	130				0.288		8	
	28、30	150	46	18.5		0.307		10	
50	20、25	110	37.5	15		0.341		9	1000 500
	28、30	120	46.3	18.5		0.386		11	
55	20、25	105				0.441		10	
	28、30	112	55	22		0.491		13	
60	20、25	95				0.579		12	
	28、30	118	75	30		0.636		15	
65	20、25	100				0.750		14	
	28、30	125	100	40		0.800		18	
70	20、25	100	93	37		0.930	4	17	
	28、30、33	120	125	45		1.046		21	
80	20、25	104	115		0.39	1.106		19	
	28、30	107	128	50		1.196		23	
90	20、25	98				1.306		25	
	28、30、33	120	154	60		1.426	5	30	
100	20、25	70	140	55		2.000		31	1100 1000 600
	28、30	87	192	75		2.207		38	
120	20、25	74				2.595		40	
	28、30	85	255	100		3.000	6	50	
150	20、25	60	320	132		5.633		65	
	28、30	70	320	160		5.857	7	80	

注：根据需要，螺杆规格可适当增加优选系列：75、110、170 等。其中，名义比功率及比流量按表中数值进行插入法计算。

表 4-5　加工聚氯乙烯(HPVC、SPVC)挤出机基本参数

螺杆直径 D/mm	长径比 L/D	螺杆转速 $n_{min}\sim n_{max}$/(r/min)		产量 Q/(kg/h)		电动机功率 P/kW	名义比功率 P'/[kW/(kg/h)] ≤		比流量 q/[(kg/h)/(r/min)] ≥		机筒加热段数(推荐) ≥	机筒加热功率(推荐)/kW ≤	中心高 H/mm
		HPVC	SPVC	HPVC	SPVC		HPVC	SPVC	HPVC	SPVC			
20	20 22 25	20~60	20~120	0.8~2	1.14~2.86	0.8	0.40	0.28	0.040	0.030	3	3	1000 500 350
25	20 22 25	18.5~55.5	18.5~111	1.5~3.7	3.1~5.4	1.5			0.081	0.060		4	
30	20 22 25	18~54	18~108	2.2~5.5	3.2~8	2.2			0.122	0.090		5	
35	20 22 25	17~51	17~102	3.1~7.7	4.4~11	3	0.39	0.27	0.151	0.129		4 / 5	
40	20 22 25	16~48	16~96	4.1~10.2	5.9~14.8	4			0.213	0.185		6	
45	20 22 25	15~45	15~90	5.64~14.1	8.16~20.4	5.5			0.375	0.272		8	
50	20 22 25			7.7~19.2	11.1~27.8	7.5			0.513	0.371		7 / 9	1000 500
55	20 22 25	14~42	14~84	11.3~28.2	16.3~40.7	11			0.807	0.582		8 / 11	
60	20 22 25	13~39	13~78	13.3~33.3	19.2~48	13			1.023	0.738		10 / 13	
65	20 22 25			15.4~38.5	22.2~55.6	15			1.185	0.854		12 / 16	
70	20 22 25	12~36	12~72	19~47.4	27.4~68.5	18.5			1.583	1.142		14 / 18	
80	20 22 25			29~58	34~85	22	0.38	0.26	1.933	1.417		23	
90	20 22 25	11~33	11~66	31.5~63	37~92.3	24			2.291	1.678		24 / 30	
100	20 22 25	10~30	10~60	39.5~70	46~115	30			3.900	2.300	4	28 / 34	1100 1000 600
120	20 22 25	9~27	9~54	72~145	84~210	55			8.000	4.667	5	40 / 45	
150	20 22 25	7~21	7~42	98~197	120~288	75			14.000	8.600	6	60 / 72	
200	20 22 25	5~15	5~30	140~280	180~420	100	0.36	0.24	28.000	18.000	7	100 / 125	

注:根据需要,螺杆规格可适当增加优选系列:75、110、170 等。其中,名义比功率及比流量按表中数值进行插入法计算。

表 4-6　大连冰山橡塑股份有限公司生产的单螺杆挤出机

产品型号	主要技术参数			
	长径比	螺杆转速/(r/min)	生产能力/(kg/h)	总功率/kW
SJ-65×30L SJ-90×30	30∶1 30∶1	LDPE:16~160 LLDPE:12~120 12~120	145 125 200	56.62 88.1
SJ-90×30A	30∶1	LDPE:15~150 LLDPE:10.5~105	280 200	104
SJ-120×30	30∶1	LDPE:13.5~135 LLDPE:10~100	450 330	179.2
SJ-150×25	25∶1	6.5~65	460	195
SJ-180×6	6∶1	6~60	500	36.55
SJ-120×18	18∶1	10~30	70~150	71.4
SJ-30×25	25∶1	19~190	LDPE:25 HDPE:17	12.7
SJ-30×28	28∶1	13~130	LDPE:15 HDPE:13	14.5
SJ-45	20∶1	25~250	LDPE:75 HDPE:60	28
SJ-45×25L	25∶1	11~110	LDPE:40 LLDPE:30	26
SJ-45H	20∶1	15~150	HDPE:45	28
SJ-45C	20∶1	25~250	LDPE:8 LLDPE:50	28
SJ-45×25P	25∶1	17~170	PP:30	32
SJ-45×25R	25∶1	16~160	PP:35	41
SJ-45×25A	25∶1	7~70	28	19
SJ-65×25B	25∶1	10~100	LDPE:100 LLDPE:75 HDPE:65	41
SJ-65A(造粒)	20∶1	8~80	100	24
SJ-65×28	28∶1	4~80	60	32
SJ-65×25A	25∶1	10~90	80	31
SJ-65×30	30∶1	16~160	LDPE:145 LLDPE:125	52
SJ-70×28	28∶1	16~160	LDPE:165 LLDPE:125	52
SJ-50×28	28∶1	20~200	LDPE:80 LLDPE:65 HDPE:55	31

表 4-7 上海轻工机械股份有限公司挤出机械厂生产的单螺杆挤出机

产品型号	主要技术参数			
	长径比	螺杆转速/(r/min)	生产能力/(kg/h)	总功率/kW
SJ-30×25C	25 : 1	13~200	1.5~22	10.9
SJ-45B	20 : 1	10~90	2.5~33	11.3
SJ-45G	20 : 1	10~90	2.5~33	11.3
SJ-45×25F	25 : 1	8~110	4~38	15.8
SJ-65B	20 : 1	10~90	6.7~60	34
SJ-65×25H	25 : 1	8/80,10/100	8~80	36.5
SJ-65×30	30 : 1	15~50	10~100	62.3
SJ-90×30	30 : 1	6~100	20~200	93.2
SJ-150×25	25 : 1	7~42	50~300	141.6
SJSZ-45(锥形)	长 1015mm	4.8~48	80~105	38.12
GE7(锥形)	长 1015mm	2~32	50~150	42.1
SJSZ-65(锥形)	长 1440mm	3.5~34.4	80~250	58.5
SJSZ-80(锥形)	长 1800mm	3.8~38	100~360	103
SJSZ-92(锥形)	长 2500mm	3.5~35	150~750	197

表 4-8 山东塑料橡胶机械总厂生产的单螺杆挤出机

产品型号	主要技术参数			
	长径比	螺杆转速/(r/min)	生产能力/(kg/h)	总功率/kW
SJ-45B	20 : 1	90	22.5	13.3
SJ-45D	20 : 1	130	40	18
SJ-45J	20 : 1	30,50,70	15	4
SJ-65×25	25 : 1	55	70	33.6
SJ-65J	20 : 1	50	30	11.5
SJ-65B	20 : 1	100	70	29.5
EX-65	28 : 1	145	133	52.95
SJ-90E	20 : 1	110	165	60
SJ-90C	30 : 1	120	200	105
SJ-90B	20 : 1	110	160	21.65
SJ-90B1	20 : 1	72	90	40
SJ-90×25	25 : 1		150	99
SJ-90J	20 : 1	55	60	29
SJ-120/25	25 : 1	100	300	142.75
SJ-120/30	30 : 1	100	320	135.3
SJ-150B	20 : 1	42	400	75

续表

产品型号	主要技术参数			
	长径比	螺杆转速/(r/min)	生产能力/(kg/h)	总功率/kW
SJ-150/20	20∶1	65	400	102.75
SJ-150/25	25∶1	65	463	128.3
SJ-150/25C	25∶1	65	463	135.3
SJ-150/30	30∶1	65	463	203.85
SJ-150/30B	30∶1	65	463	203.85
SJ-200	20∶1	30	400	125
SJ-200/25H	25∶1	65	600	284.5
SJ-200/30	30∶1	55	700	319.4

表 4-9　国内部分挤出机生产厂及产品技术参数

型号	螺杆直径 D/mm	长径比 L/D	螺杆转速 /(r/min)	产量 Q/(kg/h)	电动机功率 /kW	机筒加热功率 /kW	加热段数	中心高 /mm	机重 /kg	外形尺寸(长×宽×高) /mm	生产厂
SJ30	30	25、28、30、32	~115	20	—	—	—	—	—	—	南京橡塑机械厂
SJ45	45	25、28、30、32	~115	40	—	—	—	—	—	—	
SJ65	65	25、28、30、32	~100	90	—	—	—	—	—	—	
SJ90	90	25、28、30、32	~100	160	—	—	—	—	—	—	
SJ120	120	25、28、30、32	~90	300	—	—	—	—	—	—	
SJ150	150	25、28、30、32	~60	450	—	—	—	—	—	—	
SJ180	180	25、28、30、32	~60	650	—	—	—	—	—	—	
SJ200	200	25、28、30	~35	900	—	—	—	—	—	—	
SJ220	220	25、28、30	~35	1200	—	—	—	—	—	—	
SJP30	30	30、32、36	~115	20~30	—	—	—	—	—	—	
SJP65	65	30、32、36	~100	80~150	—	—	—	—	—	—	
SJP90	90	30、32、36	~100	150~300	—	—	—	—	—	—	
SJP150	150	30、32、36	~60	350~500	—	—	—	—	—	—	
SJP200	200	30、32、36	~35	800~1200	—	—	—	—	—	—	
SJ30×25	30	25	5~250	25	3.0~11	3.6	3、2	1000	—	1344×500×1552	南京工艺装备厂塑机公司
SJ45×25	45	25	10~155	50	7.5~15	7.2	3、2	1000	—	1741×540×1640	
SJ65×30	65	30	10~130	105	22~30	14.8	4、3	1000	—	2480×1210×1805	

续表

型号	螺杆直径 D/mm	长径比 L/D	螺杆转速 /(r/min)	产量 Q/(kg/h)	电动机功率 /kW	机筒加热功率 /kW	加热段数	中心高 /mm	机重 /kg	外形尺寸(长×宽×高) /mm	生产厂
SJ90×25CⅡ	90	25	10~130	156	45~55	21	4、4	1000	—	3000×920×2455	南京工艺装备厂塑机公司
SJ120×25	120	25	10~100	360	132	42	6、2	1000	—	4121×2220×2065	
SJ150×25B	150	25	7~68	650	185	88	6、3	1000	—	4680×2234×2160	
SJ200×25	200	25	10~60	900	250	150	7、3	1000	—	6516×2920×2625	
SJ35×30C	35	30	12~160	3~25	7.5	8	—	—	—	—	青岛东豪塑料机械有限公司
SJ45×25C	45	25	15~90	10~35	11	9.6	—	—	—	—	
SJ45×28C	45	28	20~100	15~36	15	9.6	—	—	—	—	
SJ45×30C	45	30	20~120	15~42	15	9.6	—	—	—	—	
SJ65×25C	65	25	12~120	12~100	22	12	—	—	—	—	
SJ65×28C	65	28	20~130	20~120	22	14.4	—	—	—	—	
SJ65×30C	65	30	20~140	20~130	22	14.4	—	—	—	—	
SJ90×25C	90	25	20~100	60~160	22	20	—	—	—	—	
SJ90×30C	90	30	20~120	60~200	30	24	—	—	—	—	
SJW-200	200	5.5	~75	800~1200	75	—	—	—	5000	3500×1200×1500	常州橡塑机械厂
SJW-250	250	6	~75	1100~1600	75	—	—	—	6000	4000×1500×1700	

注:SJP 型为排气式单螺杆挤出机,SJW 型为过滤式喂料挤出机。

4.8 单螺杆挤出机的主要参数内容是指什么?

(1)螺杆直径　指螺杆的螺纹外圆直径,用 D 表示,单位为 mm。

(2)螺杆的长径比　指螺杆的螺纹部分长度与螺杆直径的比值,用 L/D 表示。

(3)螺杆的转速范围　指螺杆工作时的最低转速和最高转速值,用 $n_{min}\sim n_{max}$ 表示。

(4)电动机功率　指驱动螺杆转动的电动机的功率,用 P 表示,单位为 kW。

(5)机筒加热功率　指机筒用电阻加热时的电功率,单位为 kW。

(6)机筒加热段数　指机筒加热分几段温度区控制。

(7)挤出机产量　指挤出机在单位时间内的生产能力,用 Q 表示,单位为 kg/h。

(8)名义比功率　指挤出机每小时生产塑料制品的质量所需电动机功率的综合指标,用 P' 表示,即 $P'=P/Q_{max}$,单位为 kW/(kg/h)。

(9)比流量　指螺杆每转动一圈所生产的塑料制品质量。它可体现出挤出机的生产效率,用 $q=q_{实测}/n_{实测}$ 表示,单位为(kg/h)/(r/min)。

(10)中心高指机筒内螺杆中心线距地面的高度,用 H 表示,单位为 mm。

4.9 单螺杆挤出机由哪些主要零部件组成?

单螺杆挤出机的结构组成见图 4-2。它主要由挤出塑化系统、传动系统、供料系统、加热冷却系统和控制系统五大部分组成。

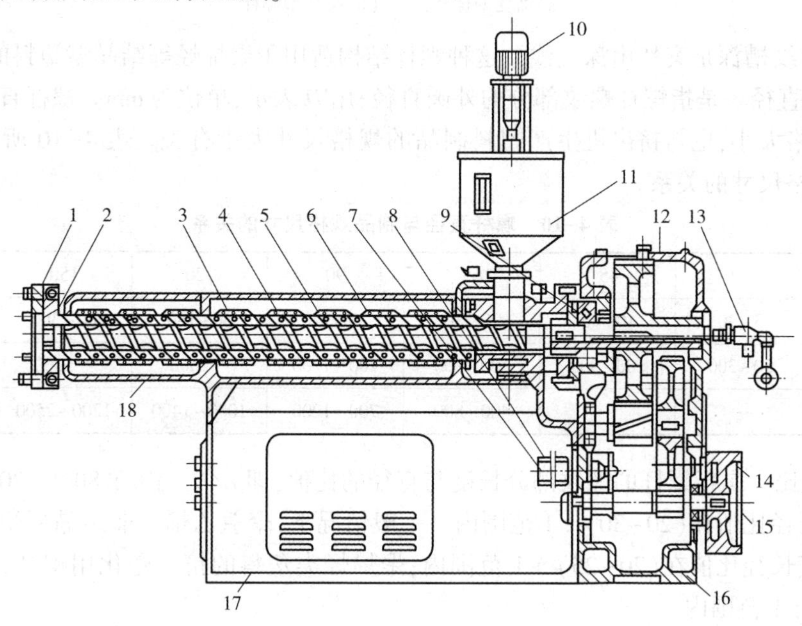

图 4-2 单螺杆挤出机的结构组成

1—连接模具法兰;2—分流板;3—螺杆;4—冷却水管;5—加热器;6—机筒;7—齿轮泵;8、10—电动机;9—滚柱轴承;11—进料斗;12—齿轮减速器;13—旋转接头;14—V 带轮;15—主电动机;16—减速器体;17—机体;18—安全防护罩

4.10 单螺杆挤出机的塑化系统由哪些零部件组成?

挤出机的塑化系统是挤出机设备中的主要部位。它的功能是把原料从这里经挤压、加热,由固态转变为塑化熔融态,然后从机筒前端的分流板(也叫多孔板)等量、等压地均匀挤出,进入成型制品模具。

挤出塑化系统结构及组成零件见图 4-1。

4.11 单螺杆挤出机中的螺杆结构和各部尺寸怎样确定?

① 螺杆的结构。螺杆是挤出机的重要零件,它的直径尺寸代表挤出机的规格;对其结构型式的选择应用是保证塑料树脂塑化质量的主要条件之一。常用螺杆的结构型式有渐变型螺杆和突变型螺杆。常用螺杆的结构型式示意图见图 4-3。

渐变型螺杆的结构特点是螺杆的螺纹部分螺距相等,螺纹槽的深度从加料段向均化段由深逐渐变浅。还有一种渐变型螺杆,加料段和均化段的螺纹槽深度不变,而塑化段的螺纹槽深度由深逐渐变浅。这种螺杆结构适用于聚氯乙烯等非结晶型塑料的挤出塑化。

突变型螺杆的加料段和均化段螺纹槽深度不变,而螺杆的塑化段(也叫压塑段)长度很

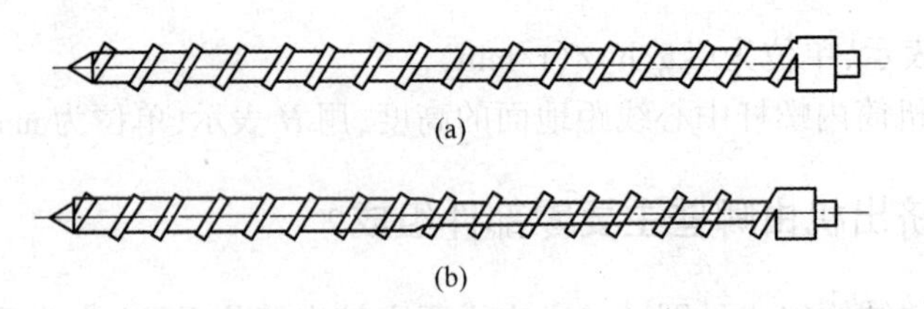

图 4-3　常用螺杆的结构型式示意图

(a)渐变型螺杆；　(b)突变型螺杆

短,这段的螺纹槽深是突然由深变浅。这种螺杆结构适用于聚烯烃等结晶型塑料的挤出成型。

② 螺杆直径。是指螺杆螺纹部分的外圆直径,用 D 表示,单位为 mm。螺杆直径既能表示挤出机的规格大小,也与挤出机生产塑料制品的规格尺寸大小有关。表 4-10 所示为螺杆直径与制品规格尺寸的关系。

表 4-10　螺杆直径与制品规格尺寸的关系　mm

螺杆直径	30	45	65	90	120	150	200
管直径	3~30	10~45	20~80	30~120	50~180	80~300	120~400
吹膜折径	50~300	100~500	400~900	700~1200	≈2000	≈3000	≈4000
板材宽度	—	—	400~800	700~1200	1000~1400	1200~2500	—

③ 长径比。是指螺杆的螺纹部分长度与直径的比值,即 L/D。JB/T 806l—20l1 标准中规定,螺杆的长径比值在(20~30)∶1 范围内。一般情况下,聚氯乙烯等非结晶型塑料的挤出塑化用螺杆,其长径比值在(20~25)∶1 范围内;聚烯烃类塑料的挤出塑化用螺杆,取长径比值在(25~30)∶1 范围内。

挤出塑化原料时,取长径比值的大值时,有利于原料的塑化,可提高螺杆的工作转速,则可提高挤出机的产量;但是,过大的长径比值会使螺杆长度增加,这给螺杆的切削加工和热处理带来较大的难度。

④ 螺纹部分的分段。按螺杆工作转动时的功能作用,把螺纹部分分为加料段 L_1、塑化段 L_2 和均化段 L_3,见图 4-4。

加料段接受料斗供料,随着螺杆的转动,把原料输送给塑化段。

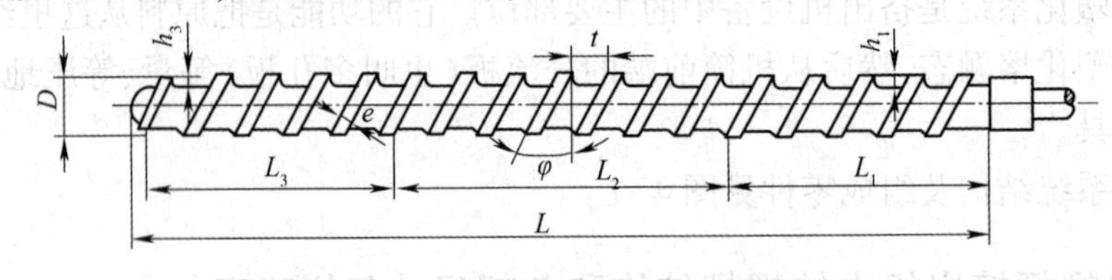

图 4-4　常用螺杆的各部尺寸代号

塑化段的温度逐渐升高,从加料段输送来的原料经挤压、搅拌,逐渐变成熔融态,并随着螺杆的转动被推入均化段。

塑化段也可叫压塑段。均化段把塑化段输送来的熔融料进一步塑化均匀,然后随着螺杆的转动被等量、等压、均匀地推入成型模具内。

⑤ 螺距。两个螺纹间同一位置的距离为此螺杆的螺纹距,用 t 表示,单位为 mm。一般地,取螺距长度等于螺杆直径尺寸。

⑥ 螺纹断面形状。螺纹的断面形状见图 4-5,有矩形和锯齿形两种。螺纹深度在进料段

用 h_1 表示，在均化段用 h_3 表示；棱宽约等于直径的1/10，用 e 表示。

⑦ 螺杆头部形状。指螺杆的螺纹前端结构形状。这里的结构形状对熔融料的停留时间有影响，对于不同原料的挤出应注意选择不同的结构型式。图4-6所示为螺杆的头部形状。螺杆头部呈圆弧形状，用于流动性较好的聚烯烃类和尼龙料的挤出，一般前端要加过滤网和分流板；螺杆头部锥角较小，适合于聚氯乙烯原料的挤出，此种形状可减少熔融料在机筒内的停留时间，从而避免原料的分解。

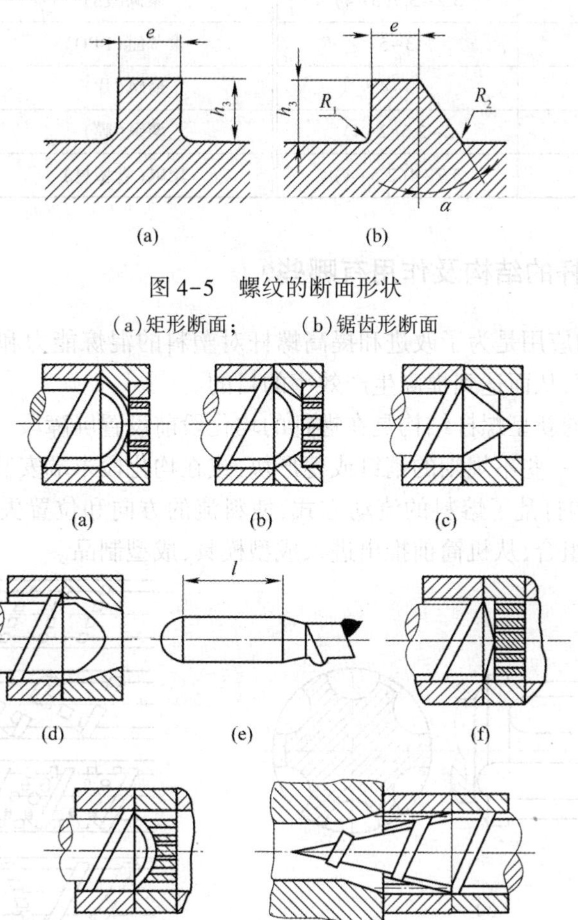

图4-5　螺纹的断面形状

(a)矩形断面；　(b)锯齿形断面

图4-6　螺杆的头部形状

(a)、(b)　应用广泛；(c)、(d)　PVC料应用；(e)　用于PS料；

(f)、(g)　熔融料流动性较好者应用；(h)　用于挤出电缆料

4.12　什么是螺杆的压缩比？怎样选择螺杆的压缩比？

螺杆的压缩比是指螺杆的进料段第一个螺纹槽容积与均化段最后一个螺纹槽容积的比值；在等距渐变型螺杆中，也可理解为进料段第一个螺纹槽深 h_1 与均化段最后一个螺纹槽深 h_3 的比值，即压缩比 $=h_1/h_3$。

螺杆的压缩比值大小，对挤出塑化原料的工艺控制条件有较大的影响。挤出不同树脂时，应根据不同塑料的物理性能来选用螺杆的压缩比。表4-11中列出了不同塑料挤出时常用的

螺杆压缩比值,可供选择螺杆结构时参考。

表 4-11　不同塑料挤出时常用的螺杆压缩比值

名称	压缩比值	名称	压缩比值
硬质聚氯乙烯(粒)	2.5(2~3)	ABS	1.8(1.6~2.5)
硬质聚氯乙烯(粉)	3~4(2~5)	聚甲醛	4(2.8~4)
软质聚氯乙烯(粒)	3.2~3.5(3~4)	聚碳酸酯	2.5~3
软质聚氯乙烯(粉)	3~5	聚苯醚(PPO)	2(2~3.5)
聚乙烯	3~4	聚砜(片)	2.8~3
聚苯乙烯	2~2.5(2~4)	聚砜(膜)	3.7~4
聚丙烯	3.7~4(2.5~4)	聚砜(管型材)	3.3~3.6

4.13　新型螺杆的结构及作用有哪些?

新型螺杆结构的应用是为了改进和提高螺杆对塑料的混炼能力和塑化质量,加快原料的混炼和塑化熔融速度,从而达到提高生产效率的目的。

目前,应用较多的新型螺杆结构是在螺杆的均化段前设置屏障段,见图 4-7。另一种结构是在螺杆的前端设置一些不规则的销钉或菱形块,或在均化段末端安装 DIS 型混炼元件(见图 4-8)。这种螺杆结构打乱了熔料的流动方式,使料流的方向和位置失去原规律性,分成了多股乱流,然后再重新组合,从机筒前推出进入成型模具,成型制品。

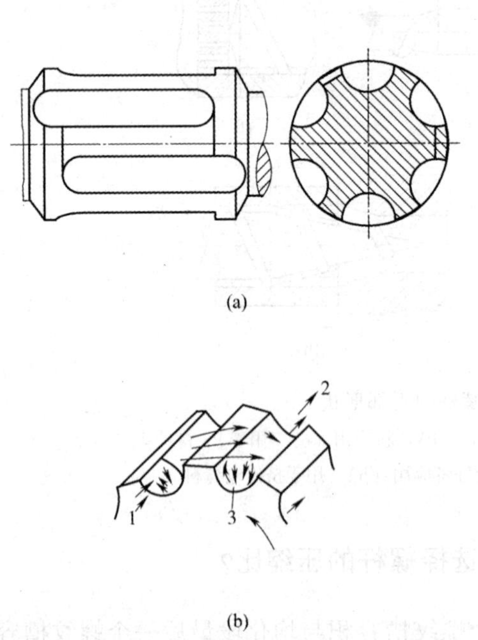

图 4-7　直槽型屏障螺纹头及熔料在槽内的流动方式

(a)直槽型屏障螺纹头;
(b)熔料在槽内的流动方式
1—料入口槽;2—料出口槽;3—环流

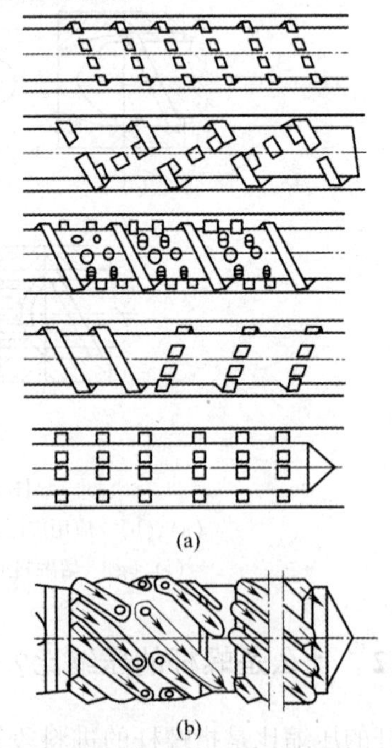

图 4-8　分流型螺杆销钉或菱形块的分布和 DIS 混炼元件结构

(a) 分流型螺杆的销钉或菱形块布置示意图;
(b) DIS 混炼元件

近几年,国内引进了一些挤出 HDPE 和 PP-R 管材生产线,其挤出机采用一种分离型螺杆结构(见图 4-9,也叫 BM 型螺杆)。这种螺杆结构实际上就是在单螺纹螺杆上增加一条辅助螺纹,从而进一步提高了原料的塑化质量,但这种螺杆螺纹的加工有一定的难度。

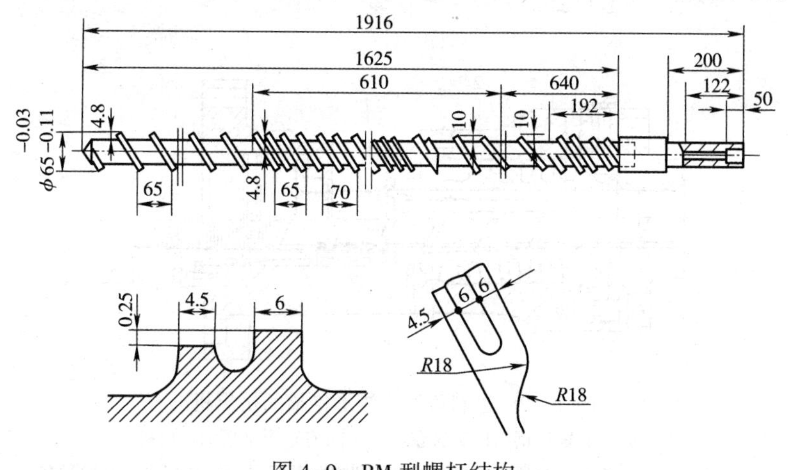

图 4-9　BM 型螺杆结构

4.14　机筒结构分几种类型?

机筒在挤出机的压塑系统中和螺杆一样,是挤出机的重要零件。机筒与螺杆配合工作,机筒包容螺杆,螺杆在机筒内转动。当螺杆旋转推动塑料在机筒内向前移动时,由于机筒外部加热传导热量给筒内塑料,再加上螺杆上螺纹容积逐渐缩小,使螺纹槽内的塑料受到挤压、翻转及剪切等多种力的作用后被均匀混合塑炼,向机筒前部移动的同时,逐渐熔融呈黏流态,完成对塑料的塑化。机筒与螺杆的正常配合工作,保证了挤出机的连续挤塑原料成型生产。

机筒的结构比较简单。图 4-10 所示为整体式机筒结构,在中小型挤出机中多用此种结构。在大型挤出机中,机筒的结构可由几段组成,见图 4-11。由于机筒分几段组成,则每段机筒的长度缩小了,这给机械加工机筒带来了方便。但是,这种由几段组成的机筒,机械加工后的内径尺寸和几段机筒的内孔同心度比较难达到一致。此外,分段机筒用法兰连接,给机筒的加热和冷却设备的布置也会带来些难度,温度控制也不会太均匀。为了节省较贵重的合金钢材,有些大型挤出机的机筒采用内孔加衬套或浇注耐磨合金层的方法,这样的机筒外套体可由普通钢铸造,降低了机筒的制造费用。

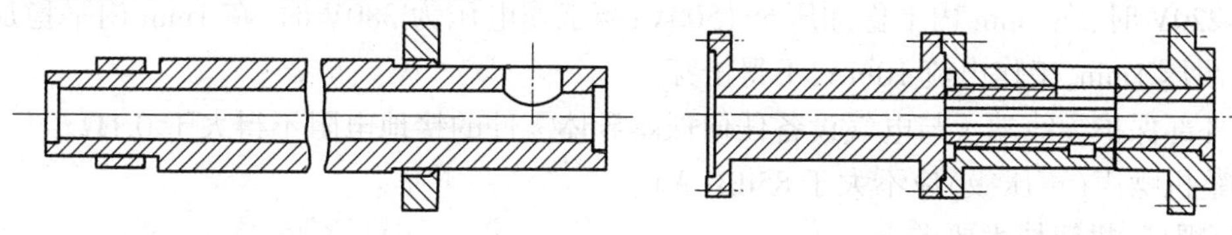

图 4-10　整体式机筒结构　　　　图 4-11　分段式机筒结构

为了提高塑化原料的生产速度和产量,机筒的进料段内孔表面开出与轴线平行的沟槽或装配开有沟槽的衬套,见图 4-12,以增加原料进入机筒内被螺杆旋转推动前移时与机筒内孔表面的摩擦力。

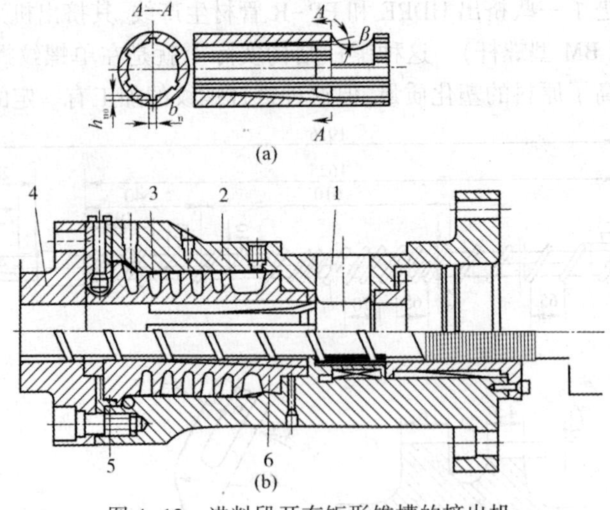

图 4-12　进料段开有矩形锥槽的挤出机

(a)开有矩形槽的机筒衬套；　　(b)有矩形锥槽的挤出机

1—入料口；2—机筒冷却段；3—冷却槽；4—机筒加热段；5—隔热层；6—开槽衬套

4.15　对挤出机及主要零件(标准 JB/T 8061—2011)有哪些技术要求？

标准 JB/T 8061—2011 对挤出机及主要零件(螺杆和机筒)的技术要求规定如下：

(1)整机技术要求

①挤出机结构应便于装配螺杆和拆卸。

②设备中的联轴器、带轮和机筒加热部分等部位应设置防护罩。

③螺杆在设计转速范围内应能平稳无级调速。

④机筒加热系统应在 2h 内(指螺杆直径小于 120mm)或 3h 内(指螺杆直径大于 120mm)把机筒加热至 180℃(导热油加热除外)。

⑤挤出机工作时齿轮传动箱内油温应不超过 45℃，系统油温不超过 65℃。

⑥电气应达到以下安全保护要求：

· 短接的动力电路与保护电路导线(挤出机外壳体)之间的绝缘电阻不得小于 1MΩ。

· 电热圈的冷态绝缘电阻不得小于 1MΩ。

· 电热圈应进行耐压试验：当工作电压为 110V 时，在 1min 内平稳加压至 1000V；当工作电压为 220V 时，在 1min 内平稳加压至 1500V；当工作电压为 380V 时，在 1min 内平稳加压至 2000V，耐压 1min，工作电流 10mA，不得击穿。

· 外部保护导线端子与电气设备任何裸露导体零件的接地电阻不得大于 0.1Ω。

⑦整机噪声(声压级)应不大于 85dB(A)。

(2)螺杆、机筒技术要求

①螺杆的材料、表面处理、形位公差及表面粗糙度的要求应符合 JB/T 8538 规定。

②机筒的材料、内孔表面处理、形位公差及表面粗糙度的要求应符合 JB/T 8538 规定。

③螺杆与机筒的间隙在圆周上应力求均匀，其直径间隙应符合表 4-12 规定。

表 4-12　螺杆与机筒直径间隙

mm

螺杆直径		20	25	30	35	40	45	50	55	60	65	70	80	90	100	120	150	200
直径间隙	最大	+0.18	+0.20	+0.22	+0.24	+0.27	+0.30	+0.30	+0.32	+0.32	+0.35	+0.35	+0.38	+0.40	+0.40	+0.43	+0.46	0.54
	最小	+0.08	+0.09	+0.10	+0.11	+0.13	+0.15	+0.15	+0.16	+0.16	+0.18	+0.18	+0.20	+0.22	+0.22	+0.25	+0.26	+0.29

④水平放置时,单点支撑的螺杆头部允许接触机筒底部,但在加入润滑油后运转时,螺杆与机筒不能有刮伤或卡阻的现象。

⑤冷却系统的管路阀门应密封良好,无渗漏。

⑥润滑系统应密封良好,无渗漏现象。油泵运转应平稳无异常噪声,各润滑点应供油充分。

4.16　分流板的结构与作用是什么?

分流板也叫多孔板,安装在机筒的前端。一般情况下,分流板的前面都要加过滤网。这两个零件在挤塑系统中的作用是:把机筒内旋转运动的塑化熔融料经过分流板后变成直线运动,同时阻止熔融料中的杂质通过;分流板与过滤网对料流的阻力也增加了熔融料流对螺杆的反压力。这样,使螺杆对原料的塑化质量也得到了改进。

分流板的外形结构比较简单,见图 4-13,通常用 45 钢、40Cr 或 2Cr13 合金钢制造。加工时,要注意进料端面不应有料流阻力死角;孔的表面要尽量光滑,以保证料流通畅。

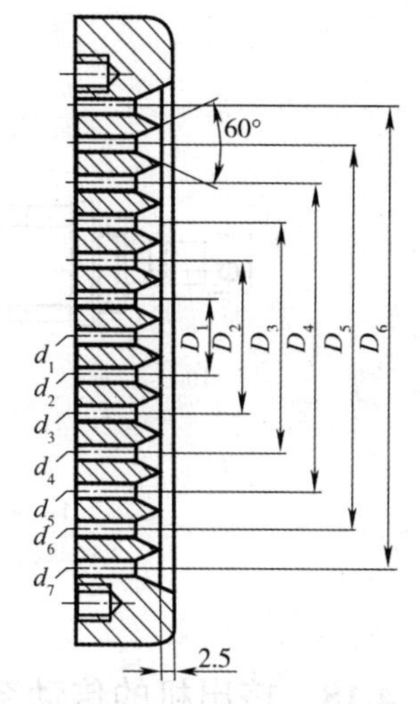

图 4-13　分流板的外形结构

$d_1 \sim d_7$—孔直径;　$D_1 \sim D_6$—孔的中心距

图 4-13 所示的分流板是一种常用型,孔的直径从中心向外圆逐渐加大。其中 $d_7 > d_6 > d_5 > d_4 > d_3 > d_2 > d_1$。另外,还有孔的分布为六边形,见图 4-14(a);进料面呈弧形,见图 4-14(b)。

过滤网的使用层数一般可用 1~5 层,网的目数为 40~120 目(0.45~0.125mm)。将目数不同的网组合使用时,要把目数大的网放在中间,目数小的网靠在分流板上支撑目数大的网,以增加目数大的网的工作强度。

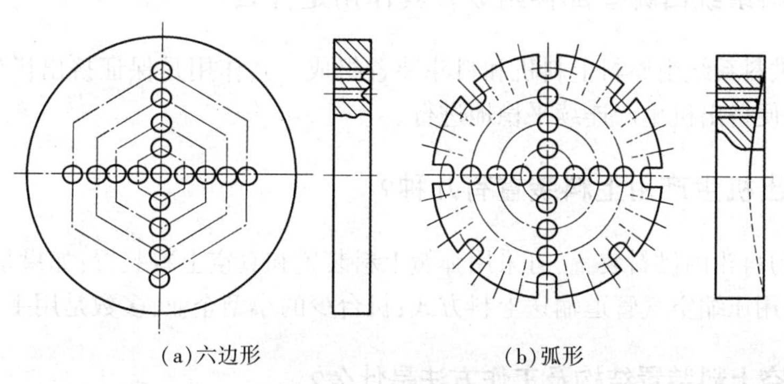

(a)六边形　　(b)弧形

图 4-14　分流板外形

4.17 什么是快速换网装置?

塑料制品挤出成型,一般在螺杆前端的机筒上都设有多孔板和过滤网。生产时,可按制品成型的需要更换不同目数的过滤网(有些制品成型也可不加多孔板和过滤网)。设置快速换网装置,可使挤出生产在不停车的情况下,快速把旧过滤网从机筒内取出,换上新过滤网。闸板型快速换网装置见图 4-15。需要换网时,由液压缸带动滑动平板,快速推动滑动平板移动,完成新旧网位置的更换工作。这时,会从滑动平板的间隙中挤出一些熔料,并在间隙中冷却凝固,形成 0.1mm 左右厚的一层薄片,起到密封作用。

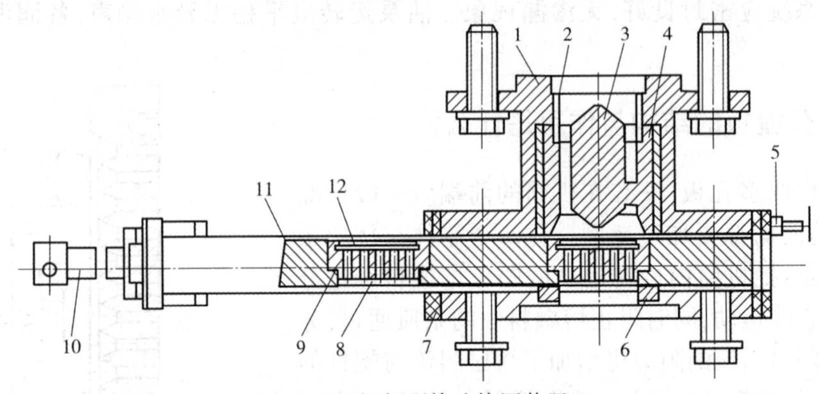

图 4-15 闸板型快速换网装置

1—换网机构壳体;2—密封环;3—分流锥;4—分流锥支架
5—热电偶;6—限位板;7—电阻加热;8—多孔板;9—支承环
10—滑动拉杆;11—滑动平板;12—过滤网

4.18 挤出机的传动系统由哪些零部件组成?有什么作用?

塑料挤出机的传动系统主要由电动机、V 带传动、齿轮减速器等零部件组成。电动机一般多采用直流电动机,整流子电动机和三相异步电动机也有应用。

传动系统的作用主要是驱动螺杆在一定的转速范围内旋转工作,按生产工艺条件要求,保证螺杆在一定的转矩力作用下均匀平稳地旋转,完成塑料熔融塑化及被推出机筒的输送工作。

4.19 供料系统由哪些部件组成?其作用是什么?

挤出机的供料系统由原料上料机和料斗装置组成。其作用是保证挤出机生产时,能及时为机筒供料,以便挤出机生产连续平稳地进行。

4.20 挤出机生产用上料装置有几种?

为挤出机的料斗内供料装置,可采用弹簧上料装置和真空上料装置;如果是多台挤出机生产用料,应该采用压缩空气管道输送上料方式;机台少的小型企业,多数是用手工上料。

4.21 真空上料装置结构及工作方法是什么?

(1)真空上料装置 真空上料装置结构示意图见图 4-16。它由风机、吸气管、中间储料仓、吸料管、过滤网和电控箱等零部件组成。

(2)真空上料装置的工作方法　当上料风机 2 启动时,通过吸气管 4 和过滤网 3,使中间储料仓 5 内成为负压;与此同时,与中间储料仓 5 和原料箱 9 连接的吸料管 8 把原料箱 9 内的原料吸入中间储料仓 5 内,当吸入一定量时,上料继电器动作,风机停止工作,吸料停止;然后,排料阀门 6 打开,向挤出机料斗 7 内供料。

张家港市二轻机械有限公司真空上料机的型号与基本参数见表 4-13。

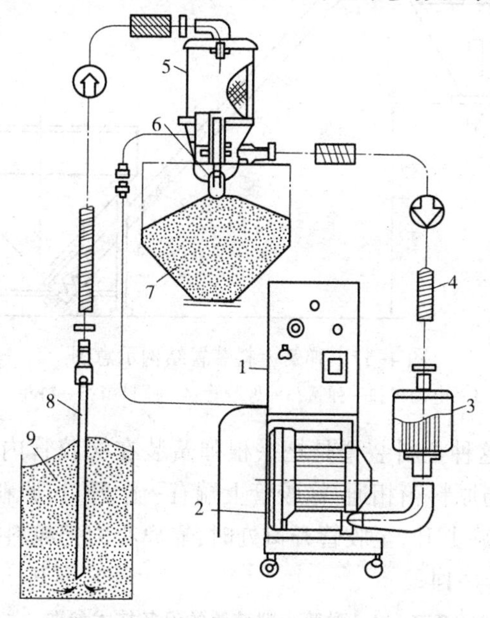

图 4-16　真空上料装置结构示意图

1—电控箱;2—上料风机;3—过滤网;4—吸气管;5—中间储料仓;
6—排料阀门;7—料斗;8—吸料管;9—原料箱

表 4-13　张家港市二轻机械有限公司真空上料机的型号与基本参数

型号		ZJ100	ZJ200	ZJ400	ZJ600	ZJ1000	ZJ1500
最大静压/Pa		9800	9800	13000	14000	16000	22000
最大风量/(m^3/min)		2	2	2.8	3.4	4.5	6
电动机功率/kW		0.75	0.75	1.5	2.2	4	7.5
输送能力/(kg/h)	距离 5m	100	200	400	600	1000	1500
	距离 10m	—	150	300	450	700	1000
	距离 15m	—	—	—	360	500	700
吸气料门容积/L		5/10	10/10	15/10	20/15	25	30
输送管内径/mm		40	40	40	50	50	50
吸气软管内径/mm		50/40	50/40	50/40	60/50	60	60
质量/kg		60	75	90	100	130	180

注:电动机转速为 2800r/min。

4.22　弹簧上料装置结构及上料工作原理是什么?

(1)弹簧上料装置　弹簧上料装置的结构比较简单(见图 4-17)。

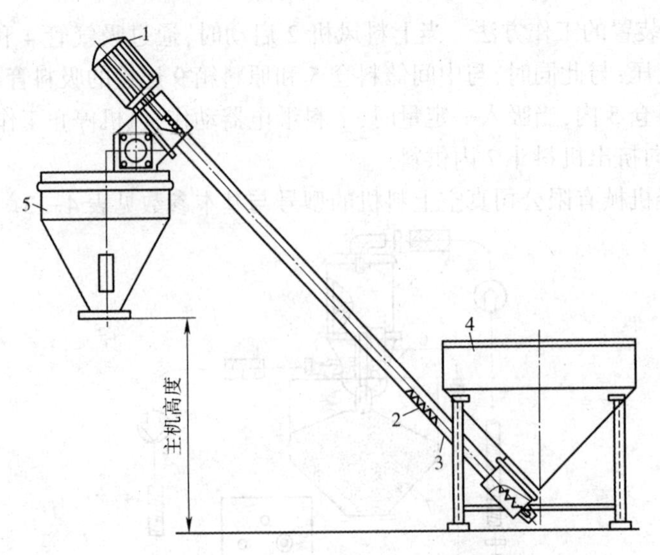

图 4-17　弹簧上料装置结构示意图

1—电动机;2—弹簧;3—橡胶管;4—原料箱;5—料斗

(2)上料工作原理　这种上料装置是把一根弹簧装在橡胶管内,由电动机直接驱动弹簧高速旋转;橡胶管下端口与原料箱相通,橡胶管上端有一个开口,原料借助于弹簧的高速旋转,使原料箱内粒料沿弹簧螺旋上升,至胶管开口处时,靠离心力把粒料抛入上料斗内。弹簧上料装置的设备技术参数见表 4-14。

表 4-14　弹簧上料装置的设备技术参数

额定输送能力	100kg/h	300kg/h	700kg/h
料斗容量/kg	—	120	150
弹簧直径/mm	30	36	59
最大输送能力/(kg/h)	200	600	1000
送料管长度/m	3	3~5	3~5
原料箱容量/kg	—	150	200
电动机功率/kW	0.55	0.75	2.2

4.23　料斗结构的常用类型分几种？各有什么特点？

料斗固定在机筒上,料斗的下料口与机筒的进料口相通,装满原料的料斗连续为挤出机供料。

料斗的结构形式有靠原料自重落入机筒内的筒式料斗,有强制把原料压入机筒内的加料料斗和靠料斗振动把原料加入机筒的料斗。目前,应用较多的料斗结构是筒式料斗和强制螺旋加料料斗。

筒式料斗的结构比较简单,一般可用铝板或不锈钢板焊接组合成型。这种料斗的供料方式是靠原料本身的自重下落至机筒内,所以挤出机料斗向机筒内供料时,有时会产生料斗内原料"架桥"现象,影响供料的连续性,造成挤出机不能连续生产出产品。操作工操作筒式料斗挤出机时,要注意经常检查料斗内原料的供料状况。筒式料斗结构见图 4-18。

强制螺旋加料料斗是由电动机直接驱动螺旋加料器不停地旋转,搅动推压料斗中的原料连续进入机筒内。这样,避免了筒式料斗的原料出现的"架桥"现象,保证了料斗中的原料能连续不断地向机筒供料。强制螺旋加料料斗结构见图 4-19。

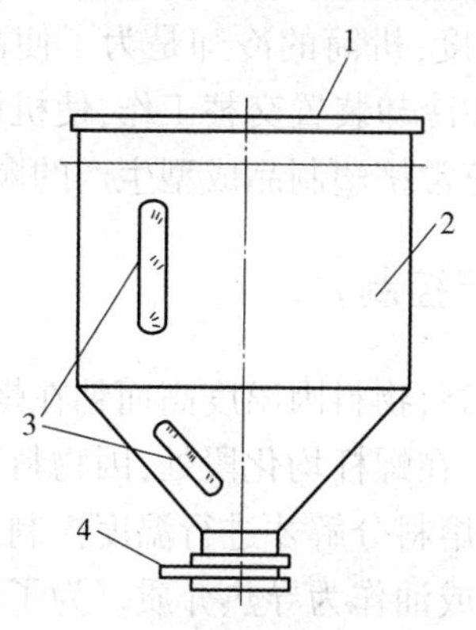

图 4-18 筒式料斗结构

1—料斗盖;2—料斗;
3—视镜;4—挡料板

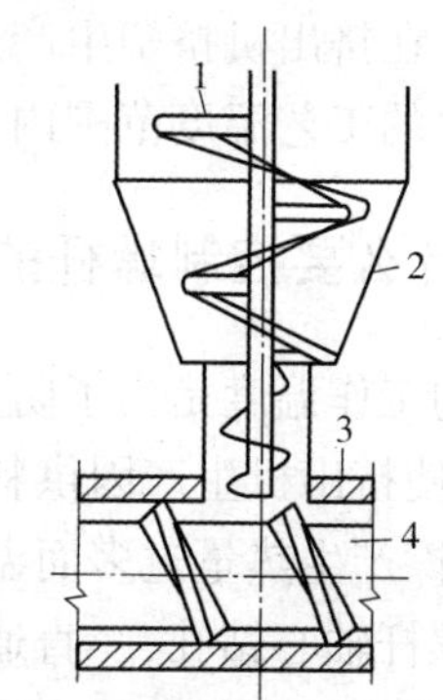

图 4-19 强制螺旋加料料斗结构

1—螺旋加料器;2—料斗
3—机筒;4—螺杆

4.24 挤出机的控温系统包括几个部位?

挤出机塑化原料工作时,需要控制温度的部位包括机筒的加热和冷却、螺杆的冷却和料斗座部位通水冷却。这几个部位的控温动作,目的是把挤出机工作控制在原料塑化需要的工艺温度范围内。工艺温度超出或低于要求温度,都会影响制品成型质量,甚至使生产无法顺利进行。

4.25 机筒的加热和冷却方式和作用是什么?

机筒的加热方式可采用电阻加热、电感应加热或用载热体加热等方法。目前,以电阻加热机筒方式应用较多。图 4-20 所示为常用的铸铝电阻丝加热器结构。这种加热器是把电阻丝加入金属管内,然后在管内装满氧化镁粉绝缘材料,再把金属管铸在铝合金套中。

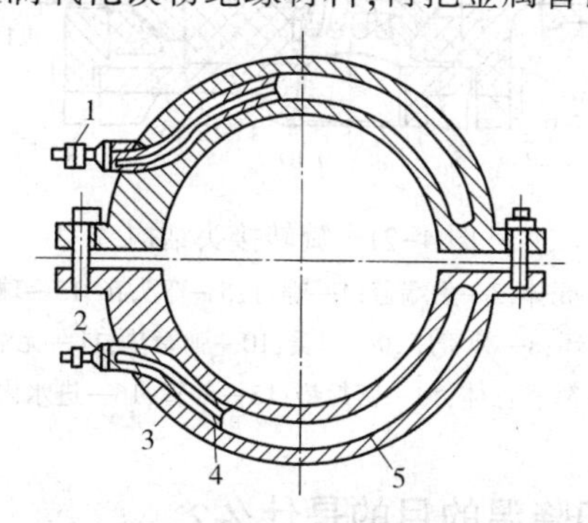

图 4-20 铸铝电阻丝加热器结构

1—接线柱;2—金属管;3—电阻丝;4—氧化镁粉;5—铝合金套

铸铝电阻丝加热器的管内有氧化镁粉绝缘,密封好,电阻丝不易氧化,从而延长电阻丝的工作寿命;铝合金套与机筒接触面积大、传热性能好,所以得到广泛应用。

机筒的冷却方法应用较多的是风冷或水冷。风冷方法是用电动风机吹机筒需降温部位,让冷风带走机筒部分热量,以达到机筒降温目的。风冷却机筒的特点就是机筒降温的速度缓慢。机筒采用循环水冷却降温的速度较快,但长时间使用会导致水管内结垢堵塞。机筒用循环水冷却降温,注意应选用处理后的软化水。

挤出机中机筒的加热是为了使机筒受热达到一定的温度,机筒的冷却是为了使高温机筒把温度降下来。在挤出机挤塑生产过程中,机筒上的加热和冷却装置交替工作,使机筒工作时温度恒定在需要的工艺温度范围内,这样就保证了挤出机正常挤塑制品成型生产的顺利进行。

4.26　为什么要控制螺杆的工作温度?怎样进行控制?

控制螺杆的工作温度是为了防止螺杆的加料段温度过高,物料因温度高而粘在螺纹槽内,影响输送前移,使挤出机生产因供料不足而不能正常运行。在螺杆均化段处,因物料在这里受挤压、剪切和摩擦产生热量过多而温度升高,为防止此处的熔料分解才进行温度控制。螺杆的温度控制是在螺杆轴心钻孔,一直通到均化段,然后通入水或油作为导热介质。为了保证螺杆温度的稳定,通入螺杆内的导热介质要进行恒温控制。

4.27　旋转接头结构及工作方法是什么?

螺杆端用于输入导热介质的旋转接头结构见图 4-21。

旋转接头工作方法:外管 15 与螺杆端用螺纹联接,随螺杆旋转;进水内管 16 伸入螺杆内腔,与弯头 5 用螺纹联接,固定不动;弹簧 9 在弹簧座 8 内支撑无油轴承 11 和外管球体 12 与球面石墨环 13 压紧,两零件间相对摩擦运动,阻止由螺杆内腔流回的液体在经外管由下端螺纹孔流出时造成的中间渗漏;完成导热的介质液体由进水内管 16 进入,经螺杆内腔带出部分热量流出,然后经导管流回油箱。

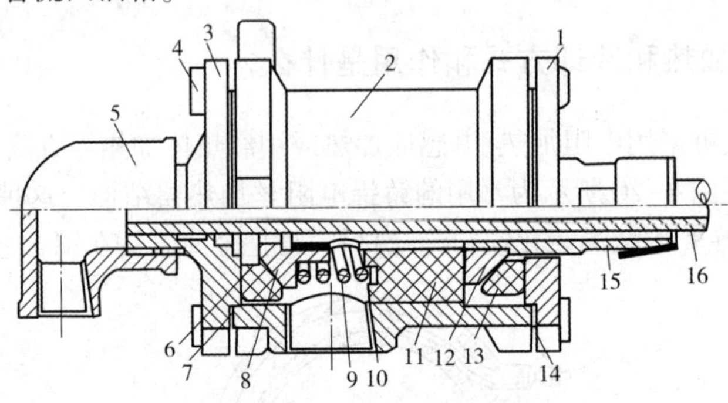

图 4-21　旋转接头结构

1—端盖;2—壳体;3—后端盖;4—螺钉;5—弯头;6、13—球面石墨环;
7—密封环;8—弹簧座;9—弹簧;10—弹簧垫;11—无油轴承;
12—外管球体;14—密封垫;15—外管;16—进水内管

4.28　料斗座通水冷却降温的目的是什么?

料斗座的冷却是指螺杆的进料端(或进料段)和料斗连接处的冷却(见图 4-22)。其作用也是防止因机筒加热,该部位的料温随之升高,影响加料段对原料的输送和进料口处产生原料“架桥”现象;另外,也可防止机筒热量传至螺杆轴承及减速箱内,影响传动零件的润滑。

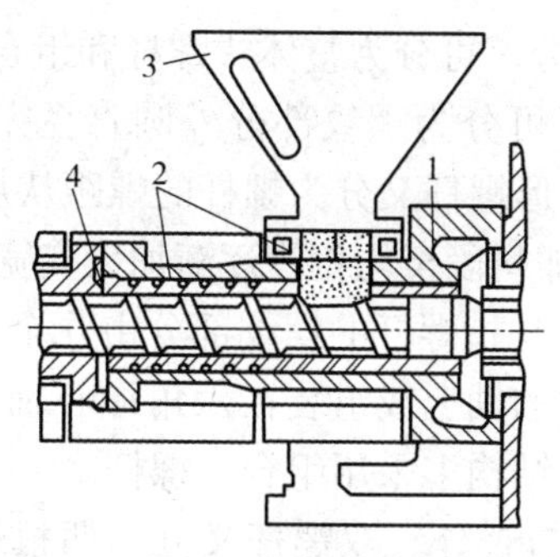

图 4-22　料斗座部位的通水冷却

1—料斗座;2—冷却水空腔;3—料斗;4—螺杆

4.29　挤出机设备上的控制系统有什么作用?

挤出机设备上的控制系统主要是指对螺杆的工作转速控制、机筒的各段加热温度控制、成型模具加热温度的控制及对制品用熔料成型需要压力的控制等。这些控制装置的作用是保证挤出机在设定的工艺条件内工作,以使挤出机成型塑料制品的生产工作稳定、顺利地进行。

4.30　双螺杆挤出机的结构有哪些特点?

双螺杆挤出机是在单螺杆挤出机的基础上发展起来的,所以,双螺杆挤出机的零部件组成与单螺杆挤出机有许多相似之处。两种挤出机结构的不同之处是双螺杆挤出机的机筒内有两根螺杆,机筒的加料部分是采用螺旋强制向机筒内供料,两根螺杆用轴承规格和布置方式比较复杂。双螺杆挤出机的主要零部件位置见图 4-23 所示。

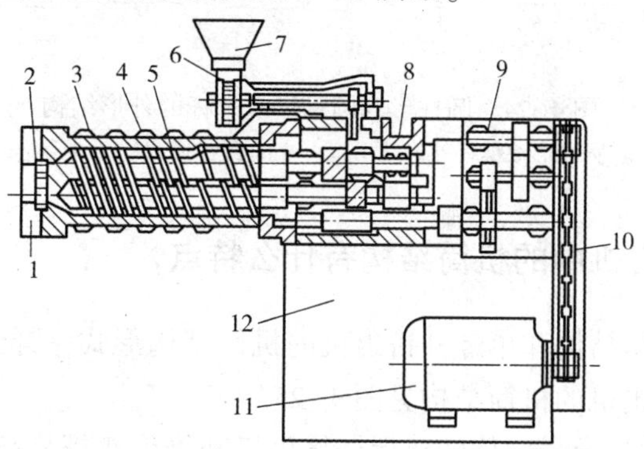

图 4-23　双螺杆挤出机的主要零部件位置

1—连接法兰;2—分流板;3—机筒;4—电阻加热;5—双螺杆;
6—螺旋加料装置;7—料斗;8—螺杆轴承;9—齿轮减速箱;
10—传送带;11—电动机;12—机架

4.31　双螺杆挤出机中的螺杆结构有几种类型?

双螺杆挤出机中的螺杆结构类型有多种。双螺杆挤出机按不同方式分,有旋转方向同向或异向的螺杆,一组螺杆组合中有啮合型或不啮合型螺杆,螺纹部分有组合式和整体式螺杆及外形有圆柱形或圆锥形螺杆等。按其结构特点分类如下:

(1)按螺杆的螺纹部分组成分　可分为整体式螺杆和组合式螺杆。

1)整体式螺杆。整体式螺杆可分为螺纹部分外圆直径完全相同的圆柱形螺杆和外圆直径逐渐缩小的圆锥形螺杆。圆柱形螺杆又分为螺杆的螺距从加料段至均化段逐渐变小型螺杆和螺纹距不变、而螺纹棱宽度由加料段至均化段逐渐加大变宽型螺杆。

2)组合式螺杆。组合式螺杆是指螺杆的螺纹部分由几个不同形式的螺纹单元组合而成，这些螺纹单元装在一根带有长键的轴上或组装在六角形心轴上，成为一根挤塑某种塑料的专用螺杆。啮合型同向旋转双螺杆结构多采用组合式螺杆。

(2)按两根螺杆的轴线平行与否分　双螺杆又分为两根螺杆直径相同、组装后两根螺杆的轴心线平行的圆柱形双螺杆和两根螺杆直径由大到小逐渐变化、组装后两根螺杆轴心线不平行的圆锥形双螺杆。这两种螺杆的外形结构见图 4-24。

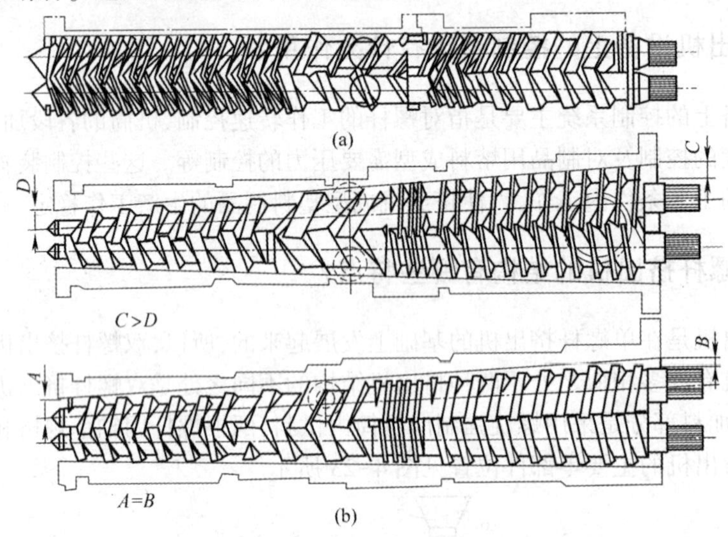

图 4-24　圆柱形和圆锥形双螺杆的外形结构

(a)圆柱形双螺杆外形结构；　(b)圆锥形双螺杆外形结构

4.32　双螺杆挤出机中的机筒结构有什么特点？

双螺杆挤出机的机筒结构和单螺杆挤出机的机筒结构形式一样，也分整体式机筒和分段组合式机筒。双螺杆挤出机的机筒结构见图 4-25。

在双螺杆挤出机中，啮合异向旋转双螺杆挤出机和锥形双螺杆挤出机一般多采用整体式机筒；只有少数大型挤出机采用分段组合式机筒，目的是为了方便机械加工和节省一些较贵重的合金钢材。

啮合同向旋转双螺杆挤出机多数采用分段式机筒。分段式机筒分成长度相等的几段，有的机筒上开有加料口，有的机筒上开有排气口，有的机筒上开有添加剂口，然后用螺钉把各段连接成双螺杆的组合机筒。

4.33　双螺杆承受轴向力的轴承怎样布置？

双螺杆在挤出工作时产生的轴向力相似或高于单螺杆在挤出工作时产生的轴向力，这么大的轴向力应需要较大规格的轴承来承担，但是由于双螺杆的工作布置限制了承受螺杆轴向力用轴承的布置空间，所以轴承布置有多种方案。这里只介绍两种常见的轴承布置方案。

图 4-26 所示是圆柱形双螺杆用推力轴承错位布置结构。由于轴承的规格较大，把两根螺杆用轴承错位布置，以适应轴承布置空间不足的限制。这种轴承布置的两根螺杆的轴向力分配均匀、轴承承受的轴向力相等，工作时两根螺杆的轴向位移量也相同，保证了两根螺杆工作的正常啮合。

图 4-27 所示是圆锥形双螺杆用推力轴承的布置。圆锥形双螺杆啮合工作时，它尾部的轴承部位空间较大，则轴承的布置比较紧凑。

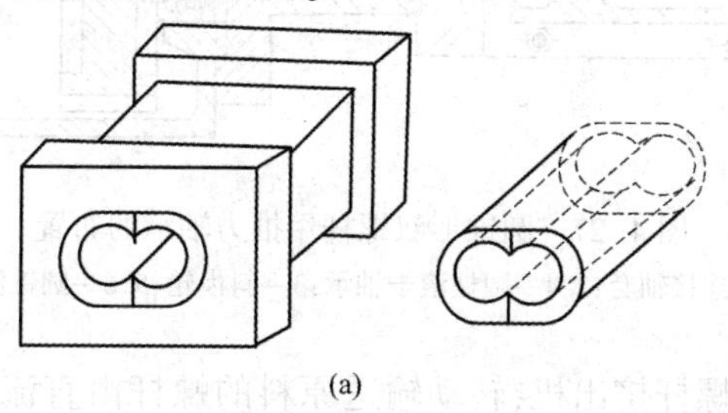

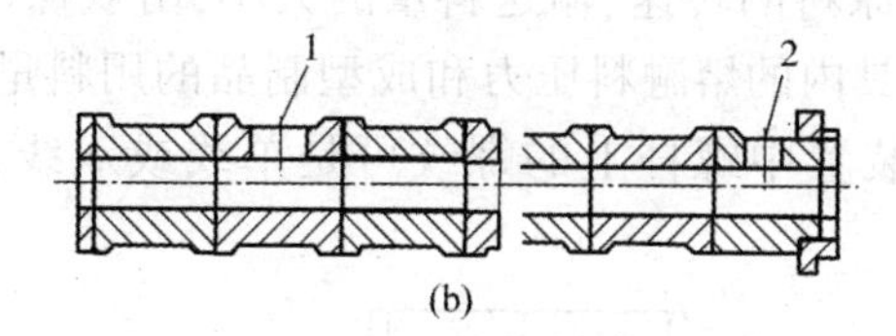

图 4-25　双螺杆挤出机的机筒结构

(a)配有衬套的整体式机筒；　(b)组合式机筒

1—排气口；2—进料口

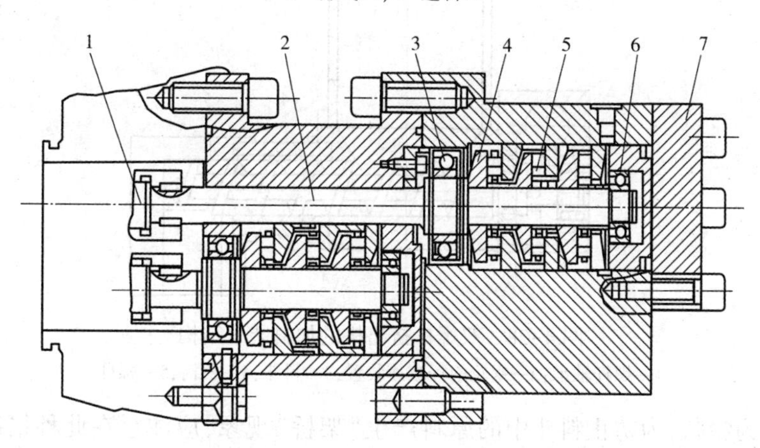

图 4-26　圆柱形双螺杆用推力轴承错位布置结构

1—螺杆；2—传动轴；3、6—深沟球轴承；

4—弹性元件；5—推力滚子轴承；7—压盖

4.34　双螺杆挤出机的加料装置结构及工作方式是什么？

根据双螺杆挤出机挤塑原料的特点与工作条件要求，双螺杆挤出机的加料装置应采用强制计量加料方式为机筒供料。双螺杆挤出机用强制计量加料装置结构见图 4-28。这种供料

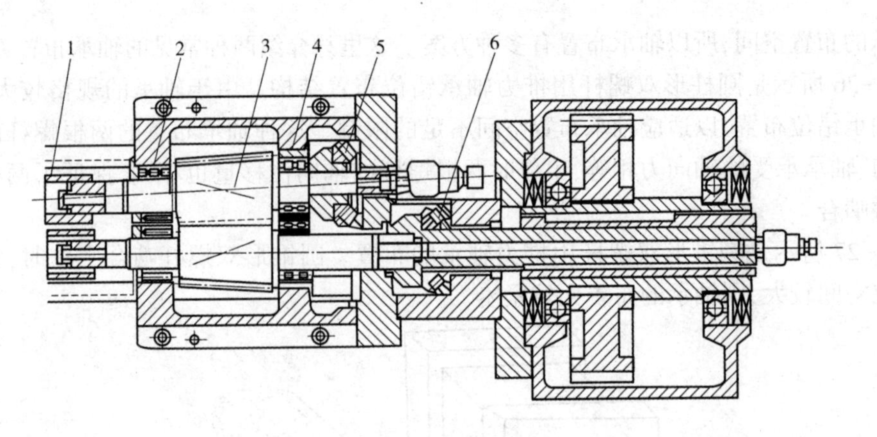

图 4-27　圆锥形双螺杆用推力轴承的布置

1—螺杆连接轴套；2、4—圆柱滚子轴承；3—斜齿轮；5、6—圆锥滚子轴承

装置像一台独立工作的单螺杆挤出机，转动输送原料的螺杆由直流电动机通过蜗杆蜗轮减速器的输出轴带动。螺杆输送原料的转速、输送料量的大小，由双螺杆挤出机的双螺杆工作转速、机筒温度、成型制品用模具内的熔融料压力和成型制品的用料量来决定，根据制品用料量的需要，可随时调整。加料装置中螺杆上的螺纹可是单线或双线，一般应用较多的是单线螺纹。

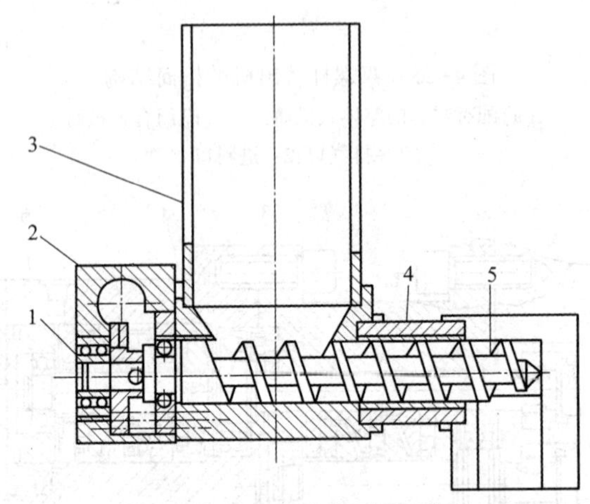

图 4-28　双螺杆挤出机的加料装置结构

1—螺杆轴承；2—蜗轮蜗杆减速装置；3—料斗；4—机筒；5—螺杆

如果原料为粉状，为防止料斗中的原料产生“架桥”现象，应注意在此种情况下的料斗中要加螺旋搅拌装置。

4.35　怎样选择挤出机？

对挤出机使用类型和规格型号的选择，应考虑到下列几个条件。

1.按挤出成型制品规格选择

挤出机挤出成型制品规格不同时，用料量也不一样。一般选择挤出机规格型号可参照表 4-10，按螺杆直径与制品规格关系参考选择，然后参照表 4-1～表 4-5 的基本参数中的螺杆直径选择挤出机型号。注意：选择挤出机规格过小，将无法挤出成型制品；选择规格过大，则增加动力消耗、加快设备零件磨损、提高制品生产成本,也不可取。

如果按表 4-1~表 4-9 中的参数选取螺杆的长径比大于 25∶1 时,则这种挤出机生产制品的规格可相应地增大些。如挤出 PE 塑料薄膜厚度为 0.025~0.15mm,产品折径为 550mm 时,取螺杆直径为 45mm;折径为 750mm 时,取螺杆直径为 55mm;折径为 1000mm 时,取螺杆直径为 65mm,即可满足产品生产需要。

2.按制品成型用原料选择

(1)聚氯乙烯挤出成型用挤出机

① 单螺杆挤出机。多年前,挤出塑化 PVC 混合料多选用螺杆为等距不等深渐变型挤出机。但由于 PVC 料是一种热敏性塑料,所以生产时螺杆转速不能过高,则产量受到限制。一般应先把 PVC 混合料挤出造粒,然后再把粒料挤出成型制品。后来,由于有了 PVC 粉料专用挤出机,则可用这种挤出机直接把 PVC 混合料(粉状料)一次挤出成型。对于 PVC 料中需加入增塑剂的软质聚氯乙烯制品,挤出成型前还必须先经挤出造粒后才可在挤出机内挤出成型制品。

② 锥形异向双螺杆挤出机。这种挤出机价格适中,它对 PVC 粉料的挤出不会引起过高的摩擦热,这也就避免了 PVC 料由于有过高的摩擦热而引起熔融料分解。这种螺杆推动熔融料前移时,与机头模具压力无关,则挤出料量比较稳定,挤出制品产量较高,而且制品质量性能又可得到保证。目前,用 PVC 粉料生产硬质 PVC 制品,应首先考虑选用这种类型挤出机。

③ 平行异向双螺杆挤出机。用这种挤出机可直接把 PVC 混合粉料挤出成型管材、异型材,也适合高密度聚乙烯挤出成型管材。这种挤出机的产量比单螺杆挤出机和锥形异向双螺杆挤出机的高,但它造价高、维修也较复杂,所以目前应用较少。

(2)其他塑料挤出成型用设备　对于聚乙烯、聚丙烯、聚苯乙烯、聚碳酸酯和 ABS 塑料挤出成型,目前还是多选用单螺杆挤出机。这主要是因为这种挤出机造价低,操作和维修都比较方便,而且现在也有了高效的单螺杆挤出机。这种挤出机的螺杆长径比为 30∶1,螺杆工作转速可达 100~300r/min。

3.设备生产厂的选择

挤出机的类型和规格型号选择确定后,如何找设备生产厂也是一项应引起注意的问题。买国内设备要找国内知名度高的生产厂,如果准备进口应找国际名牌产品。在国内,塑料机械设备制造厂多分布在上海、青岛、大连、顺德和张家港等地方,如上海挤出机械厂、大连橡塑机械厂、大连冰山橡塑股份有限公司、青岛东豪塑料机械有限公司、上海金纬机械制造有限公司等。这些厂家建厂时间长,实力比较强,有多年生产这类产品的实践经验,产品质量比较可靠,使用寿命长,售后服务也会好些。

如果筹建一座较大型塑料制品厂,计划购买多台塑料机械设备,也可采用招投标的方法。注意各生产厂家同样设备的能耗、产量、产品技术指标等各项指标的比较;设备价格是一个主要问题,但也应注意设备售价最低的产品并不一定可取;一定要注意设备使用中各项技术指标综合性能的比较。选择的设备应有质量保证、使用寿命长,设备中的配套零部件档次高,使用操作和维修比较方便,保质、保修期长,产品质量好。

4.36　塑料挤出成型生产怎样操作?

塑料制品(以薄膜生产为例)挤出成型生产操作,应按挤出机设备使用说明书中的规定进行,认真对设备进行生产操作。这是对挤出机使用维护保养,使其能在较长时间内正常工作运转的需要，也是使设备能生产出较好质量的产品及得到较高产品合格率的需要。认真执行设备操作规程，就是对设备最好的维护保养。这里以挤出吹塑成型塑料薄膜生产为例，介绍挤出成型生产操作顺序如下。

(1)原料准备

① 检查生产薄膜用原料树脂牌号是否与工艺要求相符。

② 检测原料是否潮湿，如果含水量超出工艺要求指标，应进行干燥处理。

③ 检查原料的颗粒大小是否均匀，原料是否洁净，不允许有杂质混入。

(2)挤出机的生产前准备

① 检查挤出机上各紧固螺钉、螺母有无松动，安全罩是否牢固。

② 检查润滑部位是否清洁、润滑油是否充足，适当加注润滑油(脂)。

③ 检查调整 V 带轮中心距，保证 V 带松紧适宜。

④ 检查输电电路接头有无松动，电路是否有破损。

⑤ 检查螺杆结构是否与原料塑化要求相符。

⑥ 检查成型模具结构是否与制品成型要求相符。

⑦ 清除设备上一切与生产无关的工具和各种物品，料斗上方不许存放任何物品。

(3)机筒和模具加热升温

① 安装过滤网、多孔板。

② 安装成型模具、模唇口校正水平，间隙均匀。

③ 机筒和模具加热升温，达到工艺设定温度后再加热恒温 1h，以使各部位温度均匀。

(4)开车投料生产

① 用手盘动 V 带轮旋转应轻松、无阻滞现象。

② 启动润滑油输油泵、各润滑部位送润滑油，工作 3min。调整输油管能准确为润滑部位供油。

③ 试验、检查加热断路报警、润滑油不足报警和紧急停车各装置是否能正确工作。

④ 检查料斗内应清洁无异物。

⑤ 低速起动螺杆旋转工作电动机，查看电流是否在额定允许值内，各传动零件工作有无异常声音。

⑥ 一切正常后立即投料。向机筒内供料，第一次进料要少而均匀，同时注意螺杆驱动电动机负荷电流的变化，直至模具口出料。

⑦ 清除模具挤出的污料及未完全塑化块料，根据出料情况重新调整模唇口间隙，使模唇口圆周各点出料量和熔料挤出速度接近一致。

⑧ 戴好防护手套，用手牵膜坯管运行，达到一定高度时，把膜坯管拍扁，黏合线与牵引辊平行，然后送入两牵引辊内被牵引辊夹紧，牵引运行，送入卷取装置。此处应注意：进入牵引辊间的冷却定型膜要平整，不允许有多层膜折叠在一起进入辊内；更不允许把膜粘结成团状从两牵引辊间通过，以避免损坏牵引辊和传动零件。

⑨ 膜坯管被牵引辊夹紧进入正常牵引运行后，即向膜管内输入压缩空气，把膜管慢慢吹胀至接近膜厚及幅宽尺寸要求为止。输入膜管内的压缩空气压力为 0.02~0.03MPa。

⑩ 调整吹胀后的膜泡管运行速度。调整时应缓慢升速，但速度也不可太慢，过慢的速度会使膜泡易塌泡，速度太快又易使膜泡被拉断。

⑪ 挤出吹塑薄膜生产线开始全部正常运行后，立即检测成品薄膜的表观质量、折径宽度

和膜的厚度尺寸是否符合产品质量的要求。

a. 根据薄膜的表观质量,判断原料选择是否适合、熔融料塑化温度是否合理、螺杆工作转速的快慢等工作条件是否适宜,然后进行适当的调整。

b. 根据薄膜的折径宽度、厚度尺寸误差的大小,适当调整模唇口间隙的均匀性,调整吹入膜泡内的风压和风量,以达到膜泡的吹胀比,使薄膜的产品规格尺寸达到规定要求。

c. 按成品薄膜的降温固化状况和表观质量,适当调整熔融料从模具口的挤出速度,注意牵引速度和卷取速度的匹配。调整风环吹出的冷却风量、风速及在吹胀膜泡周围的风量分布。风量的大小要与牵引速度和膜泡的冷却效果相适宜,以保证膜泡在其特定的牵引速度下充分冷却、降温固化,风量的均匀分布能使膜泡平稳运行。

d. 挤出吹塑薄膜生产正常运行中,有时也会出现制品的质量问题,如表面发暗、无光泽、有焦黄条纹、粘有残料点及褶皱等。发现时要会分析、判断质量问题的影响条件,及时排除影响质量的故障。

e. 在对设备进行调整操作中,注意不许用硬质刀具、铲类工具清理模口残料,断膜时不许用刀具在牵引辊上断膜,避免划伤模具的工作面和牵引辊面,影响产品质量。

⑫ 工作中遇到突然停电或设备出现异常故障时,应立即关闭主电动机、电加热和供料系统开关,各调速开关和旋钮调回零位。恢复供电或故障排除时,应先给机筒和成型模具加热升温,达到工艺要求温度后再恒温 1h 左右,把机筒内原料加热升温;然后用手盘动 V 带轮,检查螺杆是否能转动,转动应比较轻松,无阻滞现象,这时可低速起动螺杆工作电动机,螺杆旋转开始工作。如果螺杆工作转动不平稳,电流表指针的摆动超出电动机允许工作范围,持续一段时间也不回落,应立即停机(可能是机筒内料温低),查出故障原因并排除后再开机。

如果机筒内是聚乙烯或聚丙烯等聚烯烃类原料,可用这种方法处理;如果机筒内是聚氯乙烯或其他热敏性原料,停电时间较长或故障排除需要处理时间较长,应立即拆卸成型模具,并退出机筒内的螺杆。把机筒内、螺杆上及模具零件上的黏料清理干净,涂一层防锈油,然后装配组合,准备故障排除后再继续生产。

此项工作操作时应注意:清理机筒和螺杆上黏料时,只能用铜质刀、铲、刷或竹类工具,不许用钢质刀或锉刀刮削残料,更不许用火烧烤螺杆法清理残料,以防止刮伤机筒和螺杆工作面或使螺杆变形。

(5)停止生产

① 把挤出机螺杆的工作转速降到最低值。

② 切断机筒、成型模具的加热电源,启动机筒降温风机。

③ 机筒温度降至 140℃后,停止为机筒进料,直至模具开始不出熔融料后,停止螺杆旋转工作电动机。

④ 关闭循环冷却水,关闭压缩空气和风环工作电动机。

⑤ 拆卸风环、压缩空气管路和成型模具加热电路,然后再拆卸成型模具,卸下各模具体内零件,立即清理模具零件上的黏料(正常生产时,对于聚烯烃类原料的挤塑可不用拆卸清理)。

⑥ 点动螺杆工作电动机,用机筒内的残料把多孔板和过滤网顶出。立即清除多孔板上残料。

⑦ 退出螺杆,清除螺杆和机筒上的黏料,检查机筒内圆和螺杆各部位是否有磨损和划伤现象。如有较明显的划伤沟痕或磨损面较大,主要有两个原因:一个原因可能是螺杆与机筒装配不合理;另一个原因是两个零件工作表面的热处理硬度不够或产生严重变形。出现这种现

象,应要求制造厂方更换设备或更换这两个零件(第一次试车生产时应按此办法处理。如果是正常生产中出现此问题,应找有关人员查找原因,同时对磨损划伤处进行修复)。

⑧ 成型模具清理干净,如暂时不用,应在各零件上涂一层防锈油,装配在一起,封好进出料口;在机筒内径表面涂防锈油,封好进出料口;螺杆表面清理干净后涂油包扎好,垂直吊挂在干燥通风处。

⑨ 关闭总电源及进水阀门。

4.37 挤出机生产操作应注意哪些事项?

① 每次挤出机开机生产前,都要仔细检查机筒内和料斗上下有无异物,及时清除这些部位上的一切杂物;生产期间料斗上不许存放任何工器具。

② 生产中发现设备工作运转出现异常声响或运转不平稳,而操作者不清楚故障产生的原因时,要立即停机,找有关人员处理。设备运转工作中不许对设备进行维修,不许用手触摸传动零件。

③ 拆卸螺杆和成型模具中零件时,不许用重锤直接敲击零件,必要时应先垫硬木再敲击拆卸或安装零件。

④ 机筒内无生产用料,不允许螺杆在机筒内长时间空运转,空运转试车时间不允许超过 2min。

⑤ 挤出机生产运转时,不允许操作工正面对着机筒或模具出料口,防止熔融料喷出伤人。

⑥ 生产中要经常观察主电动机电流表指针的摆动变化,出现长时间超负荷运转时要及时停机,查出故障原因并排除后再继续开机生产。

⑦ 检查轴承部位、电动机外壳的工作温度时,要用手背轻轻接触检测部位,这些部位的温度最高不许超过 60℃。

⑧ 清理机筒、螺杆和模具零件上的黏料时,必须用竹质或铜质刀具清理,不许用钢质刀具刮料或用火烧烤零件上的残料。

⑨ 挤出机生产工作中,操作工不许离岗做其他工作,必须离岗时应停机或找人代替看管。

⑩ 不许让未经培训者代替正式操作工独立操作生产。

⑪ 清理干净的螺杆暂时不使用,应涂一层防锈油,包扎好,垂直吊挂在干燥通风处。

⑫ 长时间停产不用的设备和模具,各部位工作面要涂防锈油,进出料口用油纸封严,各设备上不许存放重物,防止长时间受压变形。

⑬ 新设备第一次投产 500h 后,要全部更换各油箱及油杯中的润滑油(脂)。轴承、油杯、油箱和输油管路要清洗干净,然后再加入新润滑油(脂)。

第5章　塑料薄膜挤出成型

5.1　薄膜挤出吹塑成型用哪些辅助设备？

塑料薄膜挤出吹塑成型设备布置示意图见图5-1。从图中看出，塑料薄膜挤出吹塑成型用辅助设备，主要有膜坯成型用模具、牵引装置、冷却装置、人字形导板和卷取装置等。

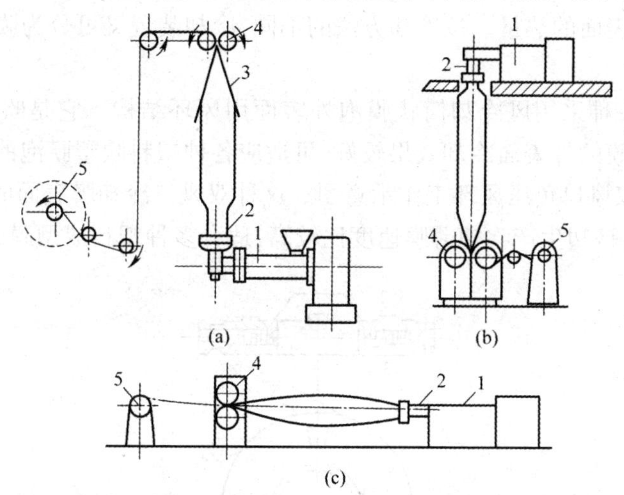

图5-1　塑料薄膜挤出吹塑成型设备布置示意图

(a)上吹法；　(b)下吹法；　(c)平吹法

1—挤出机；2—成型模具；3—人字形导板；4—牵引装置；5—卷取装置

5.2　牵引装置由哪些零部件组成？其功能作用是什么？

挤出吹塑薄膜生产设备中的牵引装置主要是用来把从模具口挤出的管状膜坯牵引向前运行，在牵引膜管的过程中，既完成了膜管被吹胀和吹胀膜泡的冷却工作，又能为薄膜的卷取装置输送冷却定型的吹塑薄膜制品。牵引装置的位置见图5-1，它主要由一根主动钢辊和一根被动橡胶辊组成。主动钢辊一般多用直流电动机，通过蜗杆减速箱驱动旋转。主动钢辊的转速可调，调速时应根据被牵引膜的冷却定型需要，进行无级调速。被动橡胶辊工作时，把通过两辊面间的塑料薄膜紧压在主动钢辊工作面上，与钢辊配合，完成经冷却定型的吹塑薄膜的牵引工作。

牵引辊的工作使用注意事项如下：

① 牵引辊距成型模具出口端的距离不能小于膜泡筒直径的3~5倍，以保证吹胀膜泡的充分冷却定型，避免卷取后两层膜粘结在一起。

② 装配后的两个牵引辊工作面接触线应与成型模具、风环和人字形导板的中心线垂直并相交在一个平面上，以保证挤出模具口的膜泡管始终沿着一条中心线平稳运行。

③ 橡胶辊面与钢辊面的接触压紧力要均匀，对膜的牵引拉力在整个辊面上要接近一致，对膜的压紧力要能够阻止膜泡管内压缩空气泄漏。

④ 牵引膜的运动速度平稳可调,在进行无级调整时,速度应是平衡、平滑变化过渡。

⑤ 牵引的冷却膜要平整、无皱褶,无结团状通过两个牵引辊之间,以避免损坏牵引辊。

⑥ 在牵引辊和卷取装置之间要加几根导辊和展平辊,必要时也可加张力辊,以保证卷取膜捆平整、膜布卷取松紧一致。

5.3 冷却装置的结构及作用是什么?

挤出吹塑薄膜成型设备中的冷却装置是把挤出模具后的管状膜坯经吹胀成膜泡后,为使膜泡尽快冷却定型,加快吹塑成型薄膜的生产速度而设置。冷却装置中一般多采用风或水为冷却介质,带走膜泡表面的热量。按冷却方法的不同,冷却装置又可分为膜泡表面冷却和膜泡管内表面冷却。

图 5-2 所示为一种采用风冷却筒状膜泡外表面用风环结构。它是吹塑薄膜风冷却应用较多的一种方式,对膜的外表面冷却效果较好,可适应各种塑料吹塑膜泡的冷却。

图 5-3 所示为双风口负压风环工作示意图。这种双风口冷却膜表面的降温效果好于图 5-2 中的风冷却方式,挤塑生产吹塑薄膜速度比较高,适合多种塑料成型膜的冷却。

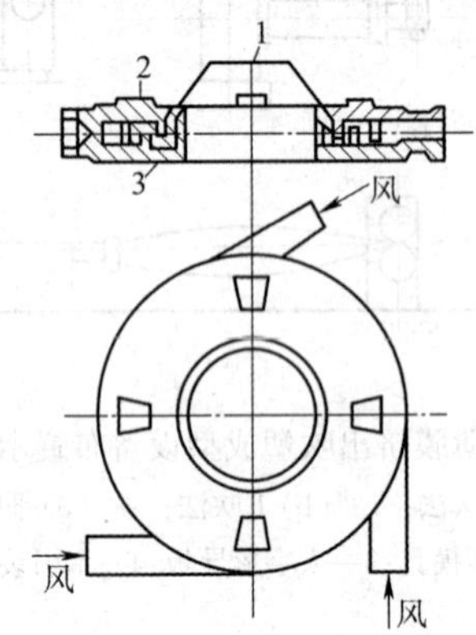

图 5-2　一种采用风冷却筒状膜泡外表面用风环结构

1—吹风口;2—风环上盖;3—风环体

图 5-4 是一种采用水冷却膜泡外表面用水环冷却结构。这种方式冷却的膜泡一般多用于要求透明度较好的聚丙烯薄膜。

图 5-5 所示为一种膜泡风内冷却工作示意图。冷空气由模具内芯棒中的风环进入膜泡内,在吹胀膜泡的同时,又可把膜泡内的热空气及热的低分子挥发物气体抽出。这种冷却方式可使膜泡的内壁同时均匀降温、提高膜泡运行稳定性、减小膜厚误差、提高透明度,由于冷却效果好,生产速度也可提高。这种冷却方式适合于各种塑料吹塑宽幅厚膜的冷却。

风环的工作位置是在成型膜具口的上方,距模具口 30~100mm 处。风环的直径一般应是模具口直径的 1.5~3 倍(模具口直径小时取大值)。从风环口吹出的气流,应以 45°~60°的斜角,呈伞状吹向膜泡管,气流托住膜泡,向上流动,带走膜泡表面热量,使膜泡管降温,平稳运行。

冷却水环工作时,吹胀膜泡管的外径与冷却水环的内径吻合,水环内冷却水从冷却套内溢出。膜泡管通过水环时,表面带走一层冷却水,沿着膜泡管面下流,带走膜面热量,使膜泡表面得到较好的降温。膜面上附着的水珠经牵引辊时,被挤压流回水环。

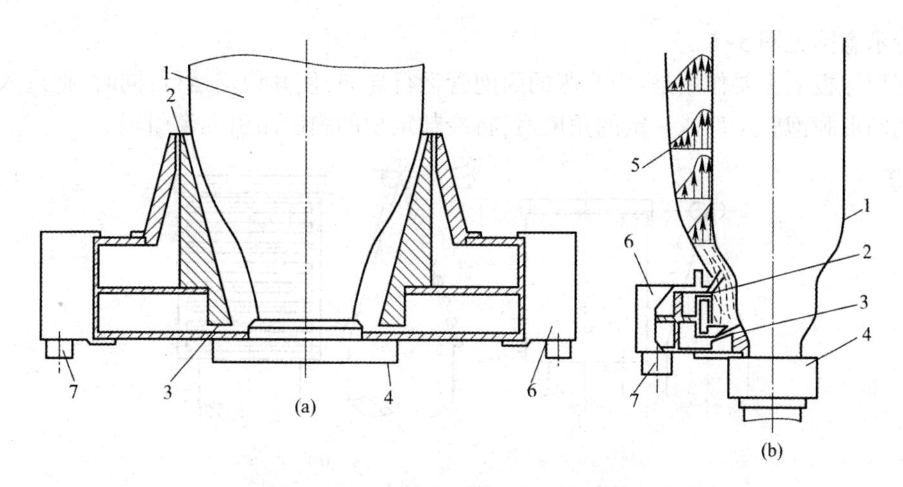

图 5-3　双风口负压风环工作示意图

(a)双风口风环结构示意图；　(b)风环工作气流分布示意图

1—膜泡；2—上出风口；3—下出风口；4—成型模具

5—气流分布示意；6—风环体；7—进风口

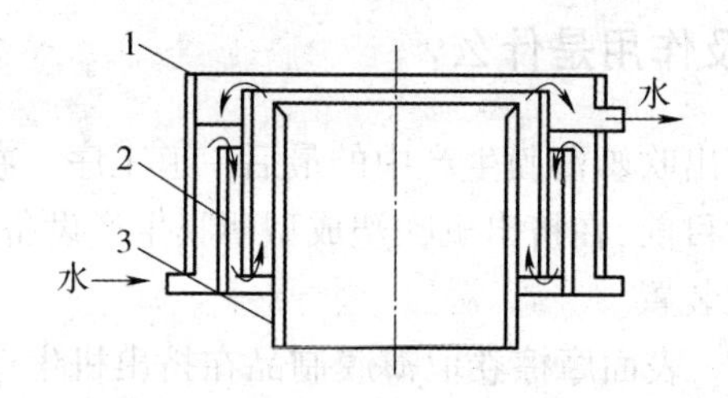

图 5-4　一种采用水冷却膜泡外表面用水环冷却结构

1—水环外套；2—隔板；3—定型套

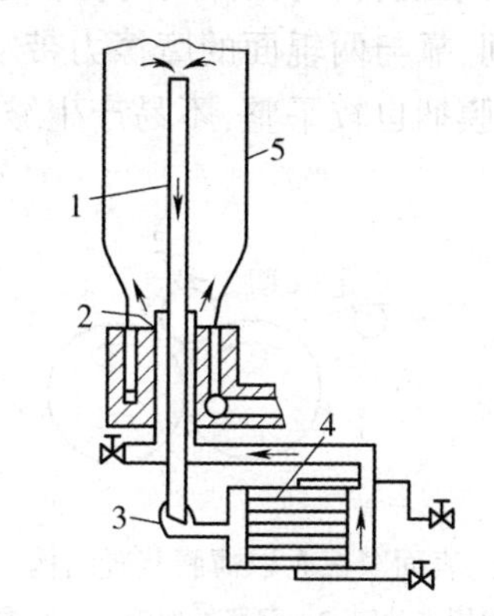

图 5-5　一种膜泡风内冷却工作示意图

1—热风输出管；2—进风口；3—排风机；

4—热风冷却装置；5—膜泡管

5.4　人字形导板的作用有哪些?

辅机中的人字形导板结构很简单，一般可用铝板或木板制作。导板夹角的大小由支承螺钉调整，由吹膜生产方式来决定：一般平吹时取夹角为30°左右；上下吹时取夹角为50°左右。夹角板也可用导辊组排列组成，导辊内通冷却水，这样对膜的冷却效果更好些。人字形导板的结构布置示意图见图 5-6。

人字形导板的主要作用是：为吹胀的膜泡管运行导向，使其稳定运行；同时，把进入人字形导板内的圆形膜泡管压扁成一定的角度后，将冷却定型的膜制品引入牵引辊。

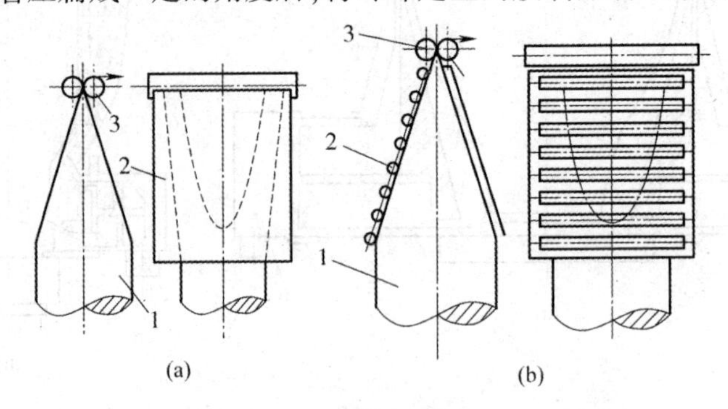

图 5-6　人字形导板的结构布置示意图

(a)平板式；　　(b)导辊式

1—膜泡管；2—人字形导板或导辊组；3—牵引辊

5.5　卷取装置结构及作用是什么？

辅机中的卷取装置是挤出吹塑薄膜生产中的最后一道工序。卷取装置的工作状况将直接影响薄膜制品的卷取质量。目前，在挤出机吹塑成型薄膜生产设备中，常用的卷取装置有表面摩擦卷取装置和中心轴卷取装置。

(1)表面摩擦卷取装置　表面摩擦卷取薄膜制品在挤出机生产薄膜制品设备中的应用较多。表面摩擦卷取薄膜装置结构示意图见图 5-7。它的工作方法是：摩擦卷取用主动辊 1 是由电动机通过减速箱减速后直接驱动旋转，与其并列的辊 3 也与主动辊一样，同步、同向旋转。薄膜卷取轴 2 在两个并列辊面中间，靠与两辊面的摩擦力带动也跟着旋转，把薄膜卷在轴上。这种卷取装置结构简单，被卷取的膜捆也较平整，不易产生皱褶。另外，卷取膜捆的直径大小也不会受卷取主动辊速度的影响。

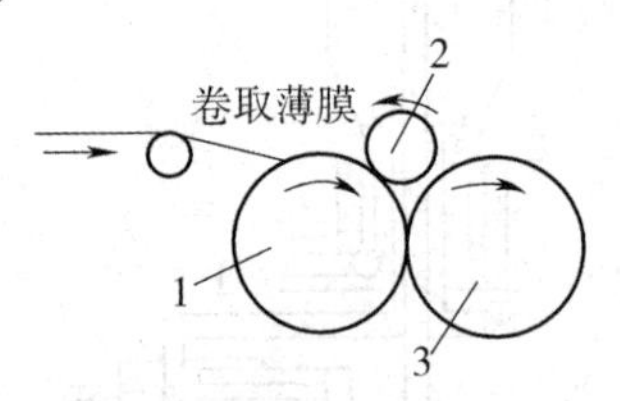

图 5-7　表面摩擦卷取薄膜装置结构示意图

1—摩擦卷取用主动辊；2—薄膜卷取轴；3—摩擦卷取托辊

(2)中心轴卷取装置　采用中心轴卷取薄膜制品的方法应用也较多。由于中心轴旋转传动中有一个摩擦传动装置，在卷取时，随着膜捆直径的增大，可使卷取轴的转速逐渐减慢，使薄膜的卷取捆既整齐，又松紧较均匀一致。中心轴卷取的摩擦传动结构见图 5-8。它的工作传动方式是：电动机经减速箱减速后，带动摩擦传动中的主动链轮 12 转动，与其通过销钉连接固定的摩擦主动轮 11 也同步旋转；手轮 7 内孔有螺纹能在轴承座 4 的右侧(图示方向)转动；转动手轮能推动挡环 8、轴承 10 和摩擦轮 9 沿传动轴右移，使摩擦轮 9 与摩擦主动轮 11 通过摩擦毛毡 13 靠紧；则主动链轮的转动通过两摩擦轮和传动轴间的键连接，带动传动轴 2 旋转，卷取轴端为方形,在传动轴端的方槽内,则卷取轴也随其转动。卷取轴的转速快慢由摩擦轮间的摩擦力大小决定,摩擦力大小由手轮来调整控制。

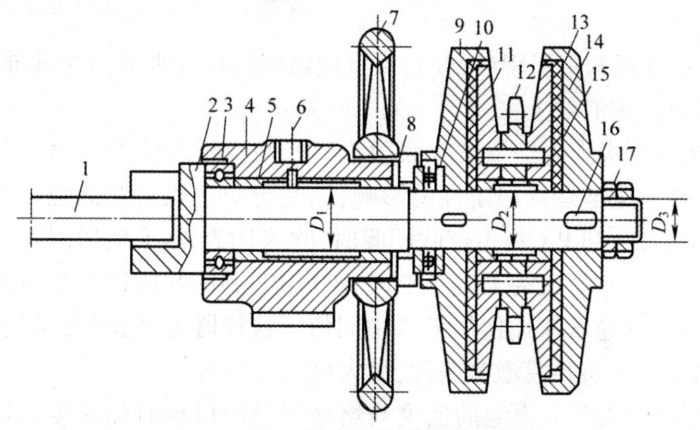

图 5-8 中心轴卷取的摩擦传动机构

1—卷取轴芯;2—传动轴;3—滚珠轴承;4—滑动轴承座;5、15—铜瓦;6—油杯孔;7—手轮;8—挡环
9—摩擦轮;10—推力球轴承;11—摩擦主动轮;12—链轮;13—摩擦毛毡;14—销钉;16—键;17—锁紧螺母

5.6 塑料薄膜挤出吹塑成型用辅机怎样选择?

塑料薄膜挤出吹塑成型用辅机的应用选择应注意以下几点:

① 成型模具中口模直径的确定,既要注意与螺杆直径的匹配,也要考虑吹塑薄膜制品的幅宽(幅宽是指薄膜的折幅宽,即实际膜宽度的 1/2),同时还要注意吹塑薄膜用原料性能影响。表 5-1 所示为口模直径与不同原料吹膜折径的关系,可供设计成型模具时确定口模直径尺寸时参考。

表 5-1 口模直径与不同原料吹膜折径的关系

mm

原料	HDPE	LLDPE	LDPE	PP
口模直径	吹膜折径			
	吹胀比 1.5~3	吹胀比 1.4~2.2	吹胀比 3~5	吹胀比 1~2.2
30	70~140	65~100	140~240	50~110
50	110~230	100~170	240~400	70~170
75	170~350	165~260	350~600	110~250
100	230~470	220~350	480~780	160~350
150	350~700	330~520	700~1200	240~500
200	470~950	430~700	950~1600	310~700
300	700~1400	650~1000	1400~2400	470~1000
400	950~1900	900~1400	1800~3100	630~1400
500	1200~2400	1100~1700	2400~4000	800~1700
800	1800~3800	1700~2700	3700~6000	1200~2700
1000	2400~4800	2200~3500	—	—

② 按吹塑薄膜用原料的不同,选择较适合吹膜成型的模具结构:聚氯乙烯树脂吹塑薄膜,应优先选择芯棒式模具,也可应用十字形模具;聚乙烯和聚丙烯树脂吹塑薄膜,由于其性能稳定,熔融料流动性好,可应用任何结构型式的模具成型;聚苯乙烯、聚酰胺和聚碳酸酯吹塑薄

膜,应优先选用芯棒式模具,其他类型的模具结构也可应用。

③ 吹塑模具安装时,要校正模口面呈水平状态,连接螺栓应涂二硫化钼,以方便模具的拆卸。

④ 风环、人字形导板和牵引辊装配时,注意应以模具口的水平面为基准,校正此三种部件的中心应都在模具口的中心线上。

⑤ 挤出吹塑薄膜的吹胀比是指被吹胀膜泡直径与口模直径的比值。两者间的关系选择应考虑原料的性能及对膜泡运动稳定性的影响,同时更应注意对制品强度及质量的作用。挤塑薄膜吹胀比的选择:PP 和 PA 料生产吹塑膜时,吹胀比为 1~1.5;PE 料生产吹塑膜时,吹胀比为 1~2.5;LLDPE 料的吹胀比为 1.5~2;PVC 和 LDPE 料的吹胀比为 2~3;HDPE 料的吹胀比为 3~5。实际生产中,注意吹胀比值尽量取中间值。这样既方便操作,又能使膜的纵、横向强度值接近。特殊需要的小直径膜泡吹胀比,最大可达 6 左右。

⑥ 牵伸比是指牵引辊牵引膜泡的速度与熔融料挤出口模时的速度之比。选择这个比值时,应注意膜制品厚度和吹胀比间的影响关系。

⑦ 膜泡冷却降温方式的选择,要注意吹膜用原料性能和膜制品的质量要求:一般料的吹塑薄膜冷却多采用风冷;对于透明度要求高的聚丙烯料吹膜,应采用水冷却;较大直径膜泡为加快冷却生产速度,应考虑膜泡管内外同时用风冷却。

国内有多家生产厂生产挤出吹塑薄膜成型用挤出机生产线的辅机,表 5-2~表 5-5 列出部分生产厂产品型号及设备的主要技术参数,供应用选择时参考。

表 5-2 上海挤出机厂吹膜辅机技术参数

型号	生产能力/(kg/h)	薄膜折径/mm	薄膜厚度/mm	牵引卷取速度/(m/min)	卷膜直径/mm	总功率/kW
SJZ-M-45B-BF500	2.5~33	100~450	0.02~0.06	4~35	—	14
SJZ-M-45D_1-600	3.5~35	600	0.01~0.05	6~60	400	23
SJZ-M-45D_1-700	3.5~35	60~650	0.02~0.12	8~25	—	18
SJZ-M-65E-1200	9~90	1000	0.01~0.06	8~45	350	49

表 5-3 大连橡胶塑料机械厂吹膜辅机技术参数

型号	主要技术参数							
	口模直径/mm	风环直径/mm	牵引辊规格(直径×长度)/mm	牵引速度/(m/min)	薄膜最大卷径/mm	卷取调速范围/(r/min)	外形尺寸(长×宽× 高)/mm	总功率/kW
SJ-FMB1600L	300	1000	160×1600	0~80	200	120~1200	5450×3250×6896	18.9
SJM-F1900	300	100	160×1800	0~80	200	120~1200	5450×3550×6896	18.9
SJM-F2200C	500	1200	160×2200	1.5~15 3~30	350	1.5~15 3~30	9188×5050×10225 (机组)	22.55
SJM-F2200E	400 500	1500	160×2200	3~45	200	3~45 6~90	5586×4410×7670	25.05

型号	主要技术参数							
	口模直径/mm	风环直径/mm	牵引辊规格（直径×长度）/mm	牵引速度/(m/min)	薄膜最大卷径/mm	卷取调速范围/(r/min)	外形尺寸（长×宽×高）/mm	总功率/kW
SJ-FM2800	1000	2000	210×2800	2.5~25	240	—	14330×6650×5870 14330×6650×20170（机组）	84
SJGM-F3500×3（三层复合）	1400	1570	308×3500	2.2~22	—	2.2~22	16720×9840×20300	238.7
SJGM-F3500×3A（三层复合）	1400	—	310×3500	2.2~22	—	—	17500×11500×17680	—
SJDM-F5360	—	1250	310×5360	2.2~22	—	—	17500×11500×17680	—

型号	主要技术参数					
	制品厚度/mm	制品最大折幅宽度/mm	折边规格/mm	机头规格/mm	外形尺寸（长×宽×高）/mm	总功率/kW
SJ-FM400	LDPE0.01~0.20 HDPE0.03~0.06	350	75	20,30,40,50	4000×1900×2700	4.5
SJ-FM400×2（双机头）	LDPE0.01~0.20 HDPE0.03~0.06	350	75	30,50,70	4520×2790×2445	18
SJ-FM650	LDPE0.006~0.10 LLDPE0.005~0.05 HDPE0.006~0.03	600	75	40,60,80	5000×3100×3500	6
SJ-FM1100	LDPE0.006~0.10 LLDPE0.005~0.05 HDPE0.008~0.03	1000	—	100,120,150,220	5500×2500×5100	12
SJ-FM1400（65螺杆）	LDPE0.01~0.15 LLDPE0.008~0.03	1300	—	250	6400×2800×5600	15
SJ-FM500	LDPE0.006~0.10 HDPE0.006~0.015	450	75	30,50,70,80	2150×1850×2700	4
SJ-FM1600	—	1500	—	250,300,400	7000×3300×6900	20
SJ-FM2100	—	2000	—	250,300,400	7000×3800×6800	20

表 5-4　山东塑料橡胶机械总厂吹膜辅机技术参数

产品名称	主要技术参数						
	型号	螺杆直径/mm	长径比	牵引速度/(m/min)	生产能力/(kg/h)	薄膜折径/mm	总功率/kW
塑料微膜机组	WMF-500	45	25：1	0~60	30	450	7.8

产品名称	主要技术参数						
	型号	螺杆直径/mm	长径比	膜层间距/mm	气垫间距/mm	牵引速度/(m/min)	总功率/kW
塑料挤出气垫膜机组	QDM-650	65	28：1	60	12×12	2.4~24	29.73

产品名称	主要技术参数						
	型号	螺杆直径/mm	长径比	模头直径/mm	制品折径/mm	制品厚度/mm	牵引速度/(m/min)
双色地膜机组	SD1100-1	45	25：1	110	700	0.008~0.01	70~80

产品名称	主要技术参数					
	型号	螺杆直径/mm	长径比	牵引速度/(m/min)	针辊最大长度/mm	针辊牵引速度/(m/min)
网状撕裂薄膜机组	WSB-1	65	20：1	7.5~75	570	9~90

产品名称	主要技术参数						
	型号	螺杆直径/mm	长径比	口模直径/mm	幅宽/mm	牵引速度/(m/min)	总功率/kW
双层旋转珠光机膜机组	2FM×1600-Ⅱ	65 55	28：1	300 350	1500	30	67

产品名称	主要技术参数						
	型号	螺杆直径/mm	长径比	导辊长度/mm	牵引速度/(m/min)	最大卷径/mm	模头直径/mm
塑料扭结膜机组	(PVC)	65	20：1	800	30	300	100

产品名称	主要技术参数						
	型号	螺杆直径/mm	长径比	口模直径/mm	薄膜折径/mm	薄膜厚度/mm	卷取速度/(m/min)
二层复合薄膜吹塑机组	2FM600-1	45	25：1	100,150,200	200~500	0.025~0.04	7~60

产品名称	主要技术参数						
	型号	螺杆直径/mm	长径比	口模直径/mm	牵引速度/(m/min)	卷取速度/(m/min)	总功率/kW
宽幅多层共挤复合薄膜机组	3FM5300-1B(5m)	90	30：1	1200	16	20	300
	3FM5500(10m)	150 200	30：1	2800	30	20	1200
	3FM1100-1C(1m)	45	25：1	1.2~2	58	6~20	33

续表

产品名称	主要技术参数						
	型号	螺杆直径/mm	长径比	口模直径/mm	牵引速度/(m/min)	卷取速度/(m/min)	总功率/kW
三层共挤复合平膜机组	3FM	90	30∶1	1425	70	750	1200 1000 800

产品名称	主要技术参数						
	型号	螺杆直径/mm	长径比	口模直径/mm	牵引速度/(m/min)	生产能力/(kg/h)	总功率/kW
三层复合旋转下吹塑薄膜机组	GXM-600×3	45	25∶1	100 130	6~60	40	40

产品名称	主要技术参数						
	型号	螺杆直径/mm	长径比	生产能力/(kg/h)	卷取速度/(m/min)	模头直径/mm	总功率/kW
高速高效吹塑薄膜机组	LLD600-Ⅰ	45	25∶1	35	6~60	60	22
	LLD800-Ⅰ	55	26∶1	75	6~60	800	50
	LLD1100-Ⅰ	65	28∶1	110	6~60	1100	64
双列高速高效吹塑薄膜机组	LLD2×600-Ⅰ	55	28∶1	75	6~60	70~170×2	50
	LLD2×800-Ⅰ	65	28∶1	125	6~60	90~250×2	60

产品名称	主要技术参数						
	型号	螺杆直径/mm	长径比	生产能力/(kg/h)	卷取速度/(m/min)	模头直径/mm	总功率/kW
塑料宽幅薄膜吹塑机组	LD3200-Ⅰ	120 90	25∶1 30∶1	—	3~30	—	273.4
	LD2800-Ⅰ	150	25∶1	430	2~20	—	235
	LD2800-ⅠB	150	30∶1	530	2~20	—	415
	LD6300-Ⅰ	200	30∶1	780	0.03~0.3	—	

产品名称	主要技术参数					
	型号	口模直径/mm	口模间隙/mm	牵引辊长度/mm	牵引卷取速度/(m/min)	总功率/kW
吹膜辅机(平吹)	SJ-MF-500	50~100	0.6	500	2~20	3.43

产品名称	主要技术参数						
	型号	螺杆直径/mm	生产能力/(kg/h)	口模直径/mm	牵引辊尺寸/mm	牵引速度/(m/min)	总功率/kW
塑料地膜吹塑机组	PC-65	65	140	350	160×1600	8~80	63.05

产品名称	主要技术参数						
	型号	螺杆直径/mm	长径比	牵引速度/(m/min)	生产能力/(kg/h)	最大膜宽/mm	模头宽度/mm
流延复合膜生产线	9J-FM	90	30∶1	100	70	1400	1525

续表

产品名称	主要技术参数						
	型号	螺杆直径/mm	长径比	口模直径/mm	生产能力/(kg/h)	牵引速度/(m/min)	总功率/kW
塑料薄膜吹塑机组	LD(45/25)-1100	45	25 : 1	250	30	80	14.25
	SJ-65-MFB	65	25 : 1	200 或 250	—	3~30	15.2
	LD2200-1	90	20 : 1	400 500	180	3~30	33
聚丙烯薄膜吹塑机组	PP600-Ⅰ	45	25 : 1	130 150	25	6~60	7.5

表 5-5 挤出吹塑薄膜生产线型号及主要技术参数

技术参数 \ 型号		SJ50/28-BL1400[1]	SJ65×28-BL1400[1]	SJ45/28-BL1400[1]	SJ65/25-BL1400[1]	SJ65×25/SJM-F1400[2]	SJ65×30L/SJM-F2200E[2]
螺杆直径/mm		50	65	45	65	65	65
螺杆长径比		28 : 1	28 : 1	28 : 1	25 : 1	25 : 1	30 : 1
螺杆转速/(r/min)		25~250	15~150	25~150	15~95	LDPE:16~160 LLDPE:12~120	LDPE:16~160 LLDPE:12~120
最大产量(LDPE)/(kg/h)		120	160	70	75	LDPE:100 LLDPE:80	LDPE:145 LLDPE:125
驱动功率/kW		45	45	22	22	37	45
机筒加热功率/kW		17.2	14.6	7	12.6	11.4	14.4
中心高/mm		460	500	440	600	500	500
外形尺寸(长×宽× 高)/mm		—	—	—	—	2451×2025×1477	2760×2025×1477
主机质量/kg		—	—	—	—	2700	2715
模具	口模直径/mm	ϕ150/ϕ250	ϕ150/ϕ250	ϕ150/ϕ250	ϕ150/ϕ250	ϕ200/ϕ250	ϕ400/ϕ550
	加热功率/kW	—	—	—	—	14	15.25/18.5
风冷装置	风环直径/mm	—	—	—	—	1500	1500
	风机功率/kW	—	—	—	—	4	4
牵引装置	牵引速度/(m/min)	—	—	—	—	4~40/8~80	3~45/6~90
	牵引电机功率/kW	—	—	—	—	1.5	2.2
	牵引辊高度/mm	—	—	—	—	7160	7500

续表

技术参数 \ 型号		SJ50/28-BL1400①	SJ65×28-BL1400①	SJ45/28-BL1400①	SJ65/25-BL1400①	SJ65×25/SJM-F1400②	SJ65×30L/SJM-F2200E②
卷取装置	卷取速度/(m/min)	8~80	8~80	8~80	8~80	4~40/8~80	3~45/6~90
	卷取电机功率/kW	—	—	—	—	2	1.1
辅机外形尺寸(长×宽×高)/mm		—	—	—	—	5643×4250×7270	6700×4410×7670
辅机重/kg		—	—	—	—	6816	5345
备注		膜厚(0.015~0.10)mm最大折径1300mm	膜厚(0.015~0.10)mm最大折径1300mm	膜厚(0.015~0.10)mm最大折径1300mm	膜厚(0.015~0.10)mm最大折径1300mm	生产折径1300mm以下地膜包装膜	挤出吹塑LDPE(MFR=2~7g/10min)料、也可吹LLDPE(MFR=2g/10min)料及两者混合料，生产厚度大于0.008mm地膜，厚0.08mm大棚膜和包装膜

技术参数 \ 型号		SJ90×30/SJM-F2200C②	SJ90×30B1/SJM-F2700②	SJ150×25 SJM-F2800B②	SJ150×25A SJM-F2800B②	SJ50×25-FRSM300③	2台SJ45×28 SGM2×1400A①
螺杆直径/mm		90	90	150	150	50	45
螺杆长径比		30∶1	30∶1	25∶1	25∶1	25∶1	28∶1
螺杆转速/(r/min)		12~120/8~80	12.5~125/9.5~95	LDPE:6.5~65	LDPE:8~80 LDPE+LLDPE:6~60	6~60	15~200
最大产量(LDPE)/(kg/h)		>200	>280~300	>450	LDPE:500 LDPE+LLDPE:400	—	单台生产量(LDPE70)
驱动功率/kW		60/6	90	132	160	7.5	22
中心高/mm		500	500	600	660	—	—
机筒加热功率/kW		88.1	—	60	60	—	—
外形尺寸(长×宽×高)/mm		3721×2191×1511	3742×2180×2225	5020×2715×2555	5080×2802×2546	—	—
主机质量/kg		4055	4520	7615	8890	—	
模具	口模直径/mm	ϕ500	ϕ600	ϕ1000	ϕ1000	ϕ50	ϕ200/ϕ50/ϕ300
	加热功率/kW	19.2	54.38	79	79	—	—
风冷装置	风环直径/mm	1200	750	1240	1240	135	—
	风机功率/kW	1.5	4	1.5	1.5	—	5.5
牵引装置	牵引速度/(m/min)	4~40	4.6~46/8~80	2.5~25	2.5~25	1.85~18.5	—
	牵引电机功率/kW	1.5	4	4	4	1.5	—
	牵引辊高度/mm	10000	8600	15000	19300	—	—

续表

技术参数＼型号		SJ90×30/SJM-F2200C②	SJ90×30B1/SJM-F2700②	SJ150×25 SJM-F2800B②	SJ150×25A SJM-F2800B②	SJ50×25-FRSM300③	2台SJ45×28 SGM2×1400A①
卷取装置	卷取速度/(m/min)	—	4.5~45/8~80	卷取电动机转矩15N·m		2~20	8~80
	卷取电机功率/kW	—				1.5	—
辅机外形尺寸(长×宽×高)/mm		5467×5050×10225	7210×4585×8940	14330×6660×15525	19390×6747×15516	5500×1100×2660	—
辅机质量/kg		3981	14815	27169	28444	3000	—
备注		挤出吹塑LDPE，也可吹塑LDPE与LLDPE混合料，吹膜展开幅宽为4.5m，用于地膜、大棚膜和包装膜的挤出生产		挤出吹塑LDPE，也可吹塑LDPE与LLDPE混合料，吹制膜展开幅宽大于8m的大棚膜或包装膜		挤出吹塑折径50~350mm、厚度0.02~0.15mm热收缩膜	适合LDPE、HDPE、LLDPE、EVA、PP料挤出吹塑二层共挤复合膜

① 为湖北省轻工业机械厂生产。

② 为大连冰山橡塑股份有限公司生产。

③ 为江苏省宜兴市塑料机械二厂生产。

5.7 塑料薄膜挤出吹塑成型用哪些模具？

塑料薄膜挤出成型以挤出吹塑法成型薄膜生产方式应用最多。常用的吹塑薄膜成型模具结构有芯棒式、水平式、直角式、螺旋式和旋转式。这几种不同结构型式的模具的共同特点是：都有一个能成型管状膜的环形缝隙出料口；进入模具内的熔融料要能均匀地分布在空腔内，能够从模具口的环形缝隙中被等压力、等流速、厚度均匀地挤出，成型为圆周厚度一致的吹膜用型坯。这就要求模具口出料间隙可调，而且要间隙均匀，以保证吹塑薄膜成型的质量。

(1)芯棒式模具　芯棒式模具结构见图5-9。其主要组成零件有模具体、芯棒、口模座、芯模、压板环、调节螺钉、口模、连接颈和进气管等。

① 模具成型管状膜坯过程。挤出机把塑化均匀的熔融料通过模具连接颈挤入模具体与芯棒组合形成的空腔内，在螺杆的推动挤压下，熔融料沿芯轴分流线向上流动，然后在分流线末端尖角处汇合，形成圆管状沿芯棒向上流入缓冲槽内。充满缓冲槽后，沿缓冲槽圆周，熔融料同时向上流，被后续熔融料的压力推动，同时被等压力、等流量和等速度地挤出口模，成型吹塑管状膜坯。此时，由模具底部进气管吹入的压缩空气把膜管吹胀，形成更薄的筒状膜泡，经冷却定型，成为吹塑薄膜制品。

② 芯棒式模具的工作特点。要求芯棒有足够的工作强度，以防止芯棒工作时受熔融料的冲击力作用而变形，产生"偏中"现象，造成口模处圆周间隙不均匀，使制品出现厚度误差过大；芯棒与模具体组合形成的熔融料流道空腔较小，则模具体内熔融料存留少，停留的时间短，熔融料不易分解。所以，此种结构成型模具比较适合于热敏性原料聚氯乙烯树脂的挤塑成型。由于芯棒有分流斜角，熔融料汇合接缝产生一条纹线，对吹塑薄膜的外观质量和强度有些影响。

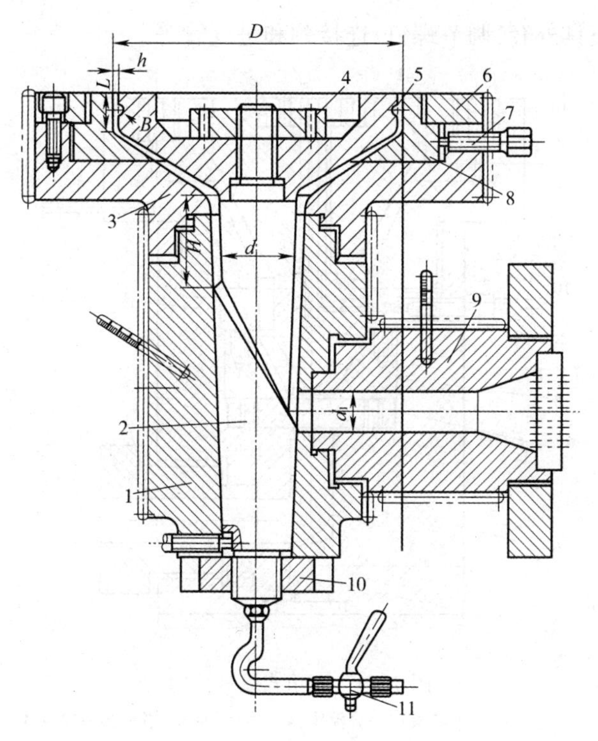

图 5-9　芯棒式模具结构

1—模具体；2—芯棒；3—口模座；4—螺母；5—芯模；6—压板环

7—调节螺钉；8—口模；9—连接颈；10—螺母；11—进气管

(2)水平式模具　水平式模具结构见图 5-10。这种模具结构用在平吹法挤出薄膜设备上。

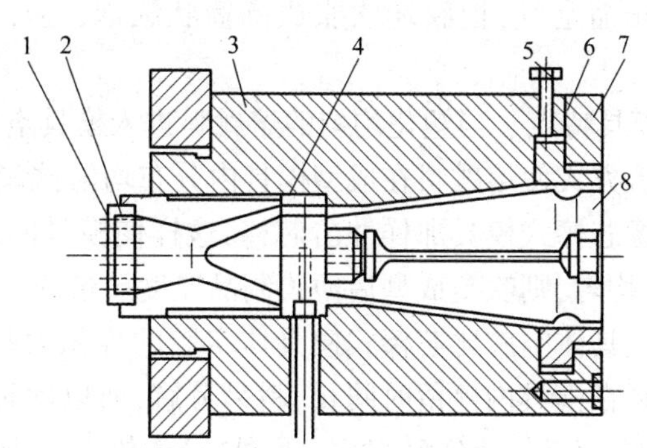

图 5-10　水平式模具结构

1—过滤网；2—分流板；3—模具体；4—分流锥

5—调节螺钉；6—口模；7—压盖；8—芯棒

水平式模具的结构特点是：模具内熔融料流过的空腔比较小，膜坯的定型段也较短，料流的流速均匀，成型膜坯的厚度均匀，模具结构较简单，加工较容易，造价低，生产初期对模具的调整也较方便，膜坯的厚度调整控制方便，不会出现工作中芯棒倾斜的现象。不足之处是：由于分流锥支架肋较多，而增加了熔融料的接线缝，影响膜的强度。

水平式模具比较适合于聚乙烯和聚丙烯原料挤出吹塑成型薄膜。

(3)直角式模具　直角式模具结构见图 5-11。其主要组成零件有分流锥、芯棒、口模、模具体、中套、多孔板、模具外套、调节螺钉、连接颈和进气管等。

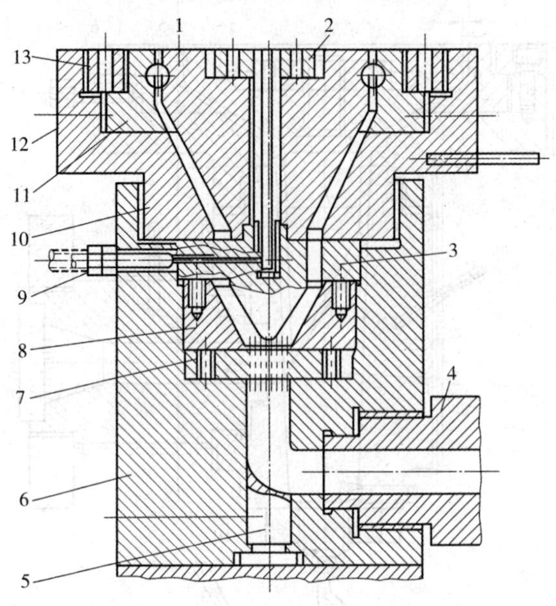

图 5-11 直角式模具结构

1—芯棒;2—压紧板;3—分流锥;4—连接颈;5—堵头;6—模具体

7—多孔板;8—中套;9—进气管;10—模具外套;11—口模;12—调节螺钉;13—锁紧螺母

① 模具成型管状膜坯过程。在挤出机中螺杆旋转推力的作用下,塑化均匀的熔融料经模具连接颈进入模具体空腔内,通过多孔板由分流锥把熔融料分流成圆筒状,经芯棒和口模间的缝隙,被挤出模具口,成为吹膜用管状膜坯。管状膜坯由牵引机牵引向上或向下移动,同时,从芯棒中间向膜坯内吹入压缩空气,把膜坯吹胀成圆筒状膜泡,经冷却定型后成为吹塑薄膜制品。

② 直角式吹塑成型模具特点。当塑化均匀的熔融料进入模具空腔后,由分流锥把熔融料分流成圆筒状,这样的分流方式使熔融料在成型模具内分布均匀;熔融料是从模具体下端侧进入模腔内的,熔融料不能像芯棒式模具那样冲击芯棒,这样使模具的调整控制就比较容易,膜坯管挤出口模时的壁厚较均匀,则吹塑成型后薄膜制品厚度质量好。

不足之处是:直角式模具体空腔比芯棒式模具体空腔的容积大些,这样,直角式模具体内熔融料存量较多,则熔融料在模具内停留时间长,料易分解,所以此种结构型式的模具对成型热敏性原料(如聚氯乙烯料)不利,易分解变黄。另外,分流锥上的十字形支肋,使熔体管状筒形成有多股熔融料接线纹,对吹塑膜的强度略有影响。

(4)螺旋式模具　螺旋式模具是指模具中的芯模外表有呈螺旋形沟槽的模具,具体结构见图 5-12。螺旋式模具的主要组成零件有:螺旋芯模、口模、芯模、模具外套、调节螺钉、模具座和进料连接颈等。

① 模具成型管状膜坯过程。挤出机的螺杆旋转,推动塑化熔融料经模具连接颈进入模具体内主流道孔,然后再分别进入多个呈对称分布的分流道孔中,分成多股料流。这些料流在后续熔融料的推动下,沿着各自的螺旋槽向模口方向流动。由于螺旋芯模是上小下大锥形体,熔融料移动的断面也逐渐随着空腔的加大而增加,在这个位置上,大多数熔融料变成轴向移动。通过缓冲槽后,口模处的熔融料被等压力、等流量和等流速地挤出口模,成为吹塑薄膜的管状

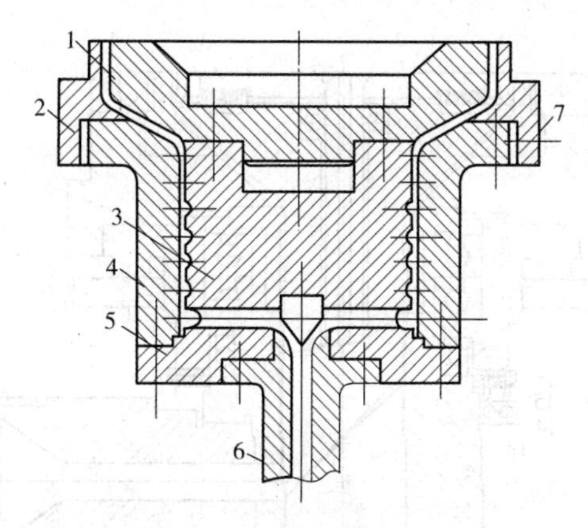

图 5-12　螺旋式模具结构

1—芯模；2—口模；3—螺旋芯模；4—模具外套

5—模具座；6—进料连接颈；7—调节螺钉

坯，经牵引机牵动向前运行；与此同时，压缩空气经芯模孔吹入膜坯内，把膜坯吹胀，成为筒状膜泡，经冷却定型成为吹塑薄膜制品。

② 螺旋式模具工作特点。从模具成型管状膜坯的过程中可以知道：熔融料进入模具体内后又分成多股料流，使熔融料得到进一步的混合塑化，再加上料流的分股与汇合过程不会形成熔融料接缝线，这使熔融料吹塑薄膜的质量和强度得到提高。由于此种模具结构使熔融料流的压力和流速均较平稳，则使成型的管状膜坯厚度较均匀，保证了吹膜制品的质量。此种结构型式的模具，熔融料在模具体内的停留时间较长，因此，只能适合于加工流动性较好的原料。聚氯乙烯挤塑成型吹塑薄膜时不能使用螺旋式模具。

(5) 旋转式模具　旋转式吹塑薄膜成型用模具的结构型式可以是芯棒式、直角式和螺旋式。旋转式模具结构与芯棒式、直角式和螺旋式模具结构基本相同，不同之处是：旋转式模具在成型膜坯时，芯棒或模体旋转，旋转方式可以是其中一件旋转，也可两件同时旋转，可同向旋转，也可逆向旋转。两零件旋转成型膜坯的目的是：借助两零件的相互旋转成型膜坯来弥补、修正膜坯在管状圆周上的厚度误差，使各误差点均匀地分布在管状膜坯的圆周上，从而保证吹胀膜制品圆周厚度误差值接近一致。

图 5-13 是芯棒式旋转模具结构。其主要组成零件有旋转模体、旋转套、芯棒、口模、传动齿轮、空心传动轴、滚动轴承和模具连接颈等。

芯棒式旋转模具成型管状膜坯的过程与芯棒式吹塑成型模具成型管状膜坯的过程完全相同。旋转式模具的工作特点是：零件的旋转速度在 0.2~4r/min 范围内；成型膜制品质量较好，无熔融料接缝线，厚度公差均匀，可达±5μm；模具中的各零件要用高温下变形小的钢材制造，加工精度要求高，相互运动件要配合严密，防止产生渗漏料；注意轴承部件的润滑和电加热元件的绝缘性能；只适合于流动性好、不易分解的塑料成型。螺旋式旋转模具可成型膜泡直径 200~6000mm 的薄膜，直角式旋转模具适合于成型折径为 1000mm 以下的薄膜。

(6) 复合式模具　挤出吹塑成型复合薄膜用成型模具，是指能把几层不同原料或不同颜色的熔融料，在模具内或在模具外复合成复合薄膜。这种挤出吹塑成型复合薄膜的生产方法，可用两台或两台以上挤出机工作，分别由它们挤塑出不同原料或不同颜色的塑化熔融料，然后同时挤入吹塑薄膜用的成型模具中。成型吹塑薄膜用管状膜坯，经吹胀成膜泡，冷却定型后即成为复合薄膜。图 5-14 是两层膜复合模具结构。图 5-15 是三层膜复合模具结构。

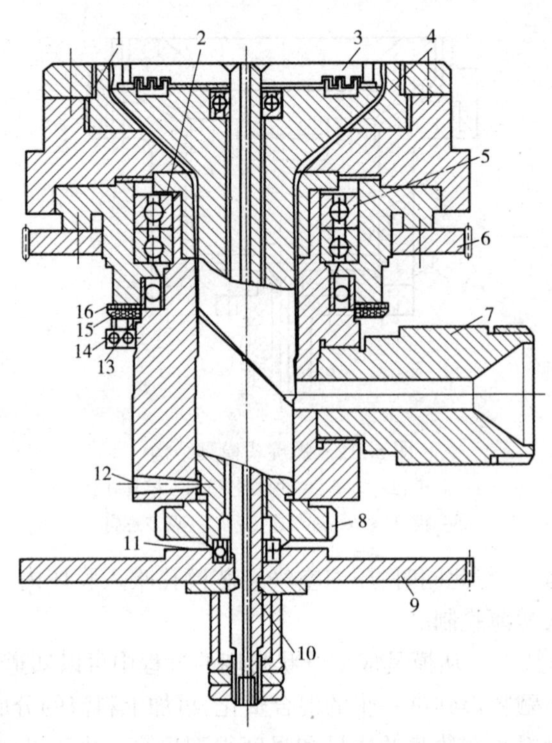

图 5-13　芯棒式旋转模具结构

1—旋转模体；2—旋转套；3—芯棒；4—口模；5—滚动轴承；6—传动齿轮
7—模具连接颈；8—定位锁紧螺母；9—传动齿轮；10—空心传动轴
11—滚珠轴承；12—定位销；13、15—铜环；14—碳刷；16—绝缘环

不同结构型式模具的应用特点见表 5-6。

表 5-6　不同结构型式模具的应用特点

模具的结构型式	优点	缺点
芯棒式	①模具体内空腔小，存料少，适合 PVC 料成型 ②结构比较简单，制造维护都较方便，价格也较便宜 ③成型膜坯只有一条熔融料结合线，膜强度较好	①熔融料在模具内拐了个直弯，挤出口模的熔融料在圆周各部位容易流速不均 ②在熔融料进入模具内时，对芯棒产生一种侧向力，易使芯棒"偏中"，影响膜坯厚度的均匀性
水平式	①熔融料在模具体内流速、流量都较均匀，则成型膜坯厚度较均匀 ②模具结构比较简单，加工容易、造价低 ③适合成型折径较小的多种塑料制品 ④不会出现"偏中"现象	①模具空腔较大、熔融料存留量大，不适合 PVC 类热敏料成型 ②熔融料结合线较多，膜的强度略差些，口模的平直部分尺寸要长些
直角式	①用于上吹法和下吹法成型 ②适合 PE、PP、PS 等多种树脂成型膜坯 ③成型膜坯厚度较均匀 ④芯棒不会出现"偏中"现象，使用寿命较长	①模具体内空腔较大、存料较多，不适宜 PVC 料成型 ②模具结构比前两种略复杂些，加工难度也大些

续表

模具的结构型式	优点	缺点
旋转式	①成型膜坯的厚度均匀性好,膜的质量较好 ②适宜上吹法和下吹法成型膜坯 ③可用于多种树脂成型	①模具结构复杂,造价高 ②模具维护、维修较麻烦
螺旋式	①适合成型较宽幅的膜坯,厚度较均匀 ②模具结构对熔体压力较高,制品质量好 ③适合 PE、PP、PA、PS 树脂成型膜坯 ④适合用于上吹法和下吹法成型膜坯 ⑤芯棒强度好、受力均匀,不产生“偏中”现象	①模具结构略复杂些,加工难度大,造价高 ②熔融料在模具腔内停留时间较长,不适合 PVC 料成型 ③模具口挤出熔融料易出现纵向波动,注意模具的口模平直段应尽量长些

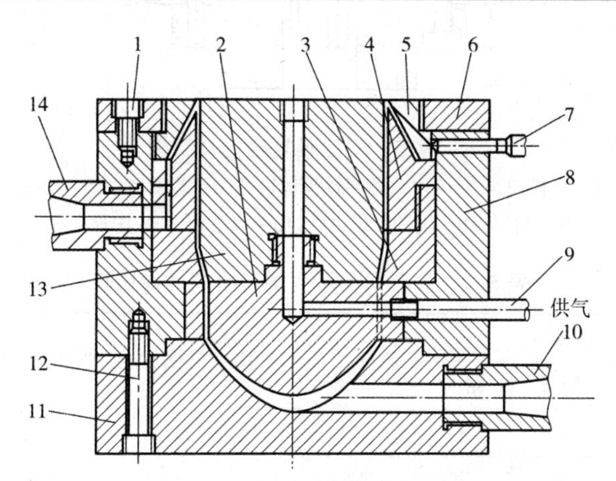

图 5-14　两层膜复合模具结构

1—内六角圆柱头螺钉;2—分流锥;3—口模过渡中套;4—口模定型环;5—口模
6—压环;7—调节螺钉;8—模具体;9—进气管;10—进料连接颈
11—端板;12—六角螺钉;13—芯模;14—进料连接颈

5.8　聚乙烯薄膜怎样挤出成型?聚乙烯薄膜有哪些用途?

在塑料薄膜这一类产品中,聚乙烯塑料薄膜是产量最高、应用范围比较广的一种塑料制品。聚乙烯薄膜多采用挤出吹塑成型,也可采用流延法成型和压延法成型。

聚乙烯薄膜挤出吹塑成型生产工艺顺序:PE 料→挤出机塑化熔融→模具成型管状膜坯向前运行(同时,膜坯被压缩空气吹胀和纵向拉伸变薄,呈筒状,还有冷风使筒状膜泡降温,将其固化)→牵引→卷取。

聚乙烯薄膜的品种比较多。目前,应用较多的聚乙烯薄膜有低密度聚乙烯薄膜、高密度聚乙烯薄膜、线型低密度聚乙烯薄膜和由以上三种原料或两种原料混合后挤出吹塑成型的聚乙烯薄膜等。

聚乙烯薄膜主要用于农业地膜、大棚膜和各种物品的包装膜。聚乙烯薄膜的厚度在 0.008 ~0.150mm 之间,厚度大于 0.15mm 的聚乙烯薄膜也有应用,但应用量比较少。低密度聚乙烯薄膜、线型低密度聚乙烯薄膜和高密度聚乙烯薄膜三种薄膜的性能比较见表 5-7。

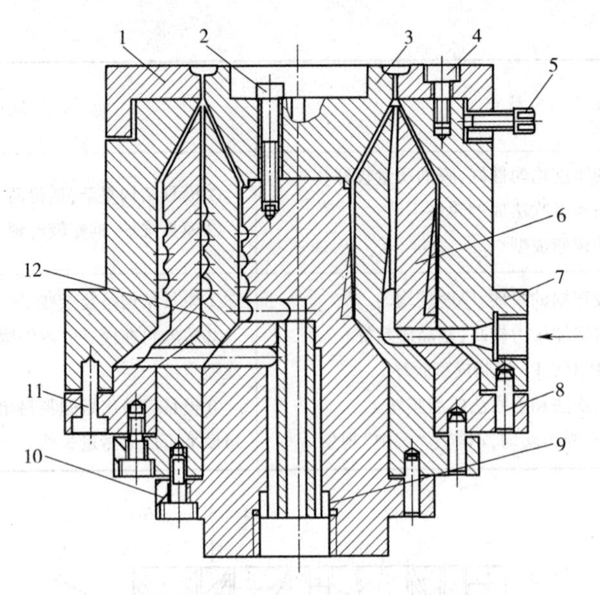

图 5-15　三层膜复合模具结构

1—口模；2、4、11—内六角圆柱头螺钉；3、6—芯模；5—调节螺钉
7—模具体；8—销；9—进料管；10—内芯模；12—中层芯模

表 5-7　聚乙烯和聚丙烯薄膜的性能比较

薄膜种类	阻隔性			耐低温	耐高温	透明性	力学性能	热变形	热封性	印刷性
	阻湿	阻气	耐油							
LDPE	○	×	×	○(-50)	×(80)	○	×	◎	◎	○
MDPE	○	×	○	○	○	○	×	◎	◎	○
HDPE	○	×	○	○(-50)	◎(120)	○	×	◎	◎	○
CPP	○	×	○	×	◎(120)	◎	×	◎	◎	○
OPP	○	×	○	○	○	◎	○	×	×	○

注：◎为最好；○为好；×为不好。

低密度聚乙烯(LDPE)薄膜是聚乙烯类薄膜中应用量较大的一种薄膜，厚度一般在0.02～0.15mm，有较好的透明度和柔软性，常在-30～70℃的环境中使用，有良好的电绝缘性、防潮性和防辐射性。它一般多用于农业生产中的地膜、大棚膜、工业品和食品包装，做木板、纸及铝箔的复合膜和军工物品的防潮及防电磁辐射用膜等。

(1)原料选择　选择熔体流动速率(MFR)为0.3～4g/10min聚乙烯树脂，原料密度为0.92/cm^3左右。LDPE薄膜挤出吹塑成型专用树脂有多种牌号，生产时要根据薄膜用途选择专用料。

成型不同厚度的LDPE薄膜时，树脂的熔体流动速率(MFR)选择参考值如下：当膜厚δ=0.02～0.03mm时，MFR=1～4g/10min；δ=0.03～0.08mm时，MFR=1～2g/10min；δ=0.08～0.15mm时，MFR=0.5～1.5g/10min。

(2)设备条件　采用通用型单螺杆挤出机，螺杆结构为等距渐变型或突变型；尽量选用螺杆头部(均化段处)设有屏障的高速新型结构螺杆，长径比大于20∶1，压缩比为3～4；机筒前加多孔板，过滤网不少于3层，为80/100/80目。成型模具为芯棒式或螺旋式结构，口模间隙在1mm左右，风环冷却。可参照表5-2～表5-5选择挤出吹塑膜用机组。

(3)工艺温度

① 薄膜厚度小于0.02mm。机筒的工艺温度分别为(从加料段至均化段)105～130℃、110～140℃、130～150℃，成型模具温度为130～155℃。

② 薄膜厚度为0.04～0.08mm。机筒的工艺温度分别为(从加料段至均化段)115～135℃、120～150℃、130～160℃，成型模具温度为160～170℃。

③ 薄膜厚度为0.08～0.15mm。机筒的工艺温度分别为(从加料段至均化段)120～140℃、150～160℃、170～180℃，成型模具温度为160～170℃，熔融料温度为160℃左右。

(4)生产操作工艺要点

① LDPE薄膜挤出吹塑成型时，可根据薄膜的应用需要，在原料中适当添加抗粘连剂和润滑剂(如硅藻土抗粘连剂和芥酸酰胺润滑剂)，以降低制品的表面摩擦系数，减少粘连。

② 选择的LDPE树脂应颗粒均匀、无杂质、无水分。

③ 透明度要求较高的LDPE薄膜应选用密度在0.921～0.925g/cm^{3}之间的树脂。

④ 通用LDPE薄膜成型用原料的熔体流动速率(MFR)可选用2.0g/10min；高强度LDPE薄膜的MFR可选用0.3～1.0g/10min；极薄的LDPE薄膜的MFR可选用6.0g/10min；大棚膜的MFR为0.2～0.8g/10min；热收缩膜的MFR为0.2～1.5g/10min。

⑤ 吹胀膜泡的牵引速度应与膜坯从模具口挤出的速度匹配，牵引速度应视膜厚尺寸的需要进行平稳升降。

⑥ 为了使挤出吹塑薄膜的纵、横向强度接近一致，生产时要注意：膜管的吹胀比(膜管吹胀后的直径与口模直径之比)与纵向牵伸比(牵引膜泡的速度与膜管坯从模具口的挤出速度之比)值相接近。

⑦ 注意吹胀比要控制在1.5～3的范围内。吹胀比较小，膜成型后的横向强度低；吹胀比过大，膜泡运行不平衡，薄膜的厚度误差大。几种塑料的最佳吹胀比见表5-8。

表5-8 几种塑料的最佳吹胀比

塑料名称	PVC	LDPE	LLDPE	HDPE	PP	PA	PA/黏合层/PE
吹胀比	2.0～3.0	1.3～3.5	1.5～3.0	3.0～6.0	0.9～1.5	1.0～1.5	1.0～2.5

⑧ 牵引装置对膜泡管的牵引速度，要求牵伸比控制在2～8的范围内。牵伸比值过大，膜泡管易拉断；牵伸比值过小，成型薄膜的力学性能差。

⑨ 挤出吹塑薄膜生产时，机筒前要加多孔板和过滤网，以保证原料塑化质量均匀和避免原料中的杂质影响成型膜质量。吹塑薄膜成型用原料为PVC时，过滤网用60/80目；原料为PE时，用60/80/100目；原料为PP时，用80/100/120目。安装时，注意目数小的过滤网靠在多孔板上和进料端；目数大的过滤网放在中间，以提高其工作强度。

⑩生产前，应按挤塑原料的不同，参照表5-9把成型模具上口模间隙调整均匀。

通常，口模与芯棒间的间隙也可按$h=(18\sim30)t$方式计算决定(式中，t为膜泡厚度，单位为mm)。

表5-9 挤出吹塑薄膜用不同原料时的口模间隙

原料名称	PVC	LDPE	HDPE	PP	PA	LLDPE
口模间隙/mm	0.80～1.20	0.50～1.00	1.00～1.50	0.70～1.00	0.50～0.75	1.20～2.50

⑪ 熔融料从模具口挤出时，注意用铜质工具清除模具口处的残料，防止划伤模唇。熔融料从口模间隙挤出速度不均匀时，把料流速度快的部位口模间隙调小些，或把料流速度慢的部位口模间隙调大些。如果是由于模具温度不均匀而影响熔融料流速，则应把熔融料流速慢的部位温度提高些。

⑫ 注意冷却风环的风量为 5~10m^3/min，风压为 0.3~0.4MPa；风量应扩散均匀柔和，以保证膜泡不变形，运动不抖动为准。

⑬ 膜管坯内吹入压缩空气压力为 0.02~0.03MPa，吹入空气量以保证膜管胀圆为准。当膜泡被牵引正常运行后，膜泡管可加大送气量，直至达到工艺要求膜泡折径为止。

⑭ 注意观察膜泡管形状。图 5-16(a)所示为缓慢冷却膜泡管形状，此形状说明风环位置偏低，风量较小，而冷却空气温度偏高；图 5-16(b)所示为快速冷却膜泡管形状；图 5-16(c)所示为膜管离开模具一段距离后再快速冷却后的膜泡管形状，此膜泡管形状说明风环的位置较高，吹出的风量较大，而且风的温度较低。膜泡管的冷凝线高度应控制在 250~300mm 范围内。

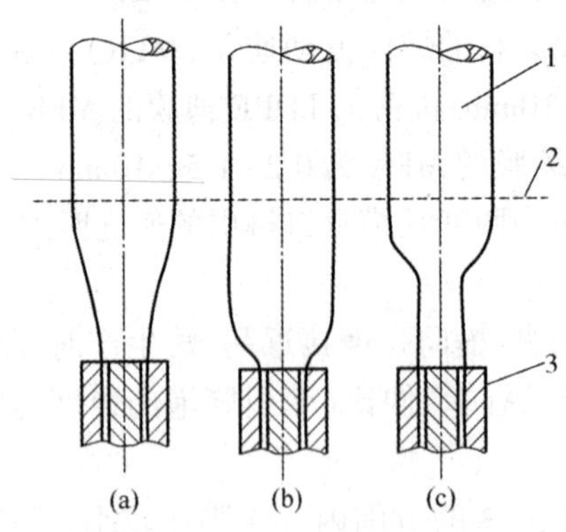

图 5-16　风环工作对膜泡管形状的影响

(a)缓慢冷却膜泡管形状；(b)快速冷却膜泡管形状；

(c)膜管离开模具一段距离后再快速冷却的膜泡管形状

1—膜泡管；2—冷凝线；3—模具

⑮ 不同用途的 LDPE 薄膜挤出吹塑成型参考工艺参数如下：

a.要求强度较高的重包装薄膜成型时。吹胀比 2~3，牵引速度 10~20m/min，口模间隙 1~1.2mm，成型熔融料温度 150~200℃，熔体流动速率(MFR)0.3~1g/10min。

b.一般用途薄膜成型时。吹胀比 1.5~2，牵引速度 10~20m/min，口模间隙 0.8~1mm，成型熔融料温度 140~180℃，熔体流动速率(MFR)2~4g/10min。

c.农膜成型时。吹胀比 1.5~3.5，牵引速度 10~20m/min，口模间隙 0.8~1mm，成型熔融料温度 150~180℃，熔体流动速率(MFR)1~2g/10min。

d.地膜成型时。吹胀比 2~3，牵引速度 20~40m/min，口模间隙 1.5~2mm，成型熔融料温度 140~200℃，熔体流动速率(MFR)0.5~1g/10min。

(5)质量　挤出吹塑 LDPE 薄膜的质量，以地面覆盖薄膜(简称地膜)质量要求为例，地膜质量应符合 GB 13735—1992 标准的规定。这个标准适合于以 LDPE(MFR=1~3g/10min)、LLDPE(MFR=1~2g/10min)或 LDPE、LLDPE、HDPE 中的两种或三种树脂混合料(树脂中也可加入些助剂)为主要原料的挤出吹塑成型薄膜的质量。

LDPE 地膜厚度及推荐使用时间见表 5-10。LDPE 地膜厚度及偏差见表 5-11。LDPE 地膜宽度及偏差见表 5-12。LDPE 地膜每卷净质量及偏差见表 5-13。LDPE 地膜卷的卷取质量规定见表 5-14。

地膜的外观质量是:不允许有影响使用的气泡、斑点、皱褶、杂质和针孔等缺陷;对不影响使用的缺陷,每 $100cm^2$ 中不许超过 20 个。

表 5-10 LDPE 地膜厚度及推荐使用时间

类别	原料种类	膜厚度/mm	推荐覆盖使用时间/d
Ⅰ	LLDPE 加耐老化树脂	0.020 0.012	120
Ⅱ	LDPE 共混树脂 加耐老化树脂	0.012 0.014 0.010	100
Ⅲ	LDPE LLDPE 共混树脂 加耐老化树脂	0.014 0.010 0.010 0.008	80
Ⅳ	LDPE LLDPE 共混树脂	0.012 0.008 0.008	50

表 5-11 LDPE 地膜厚度及偏差

厚度/mm	极限偏差/mm			平均厚度偏差/%		
	优等品	一等品	合格品	优等品	一等品	合格品
0.020	±0.003	±0.004		±10	±15	
0.014	±0.002	±0.003		±10	±15	
0.012	±0.002	±0.003		±10	±15	
0.010	±0.002	±0.003		±10	±15	
0.008	±0.002	±0.003		±10	±15	

注:合格品厚度极限偏差允许有 20%的测量点超过极限偏差±0.001mm。

表 5-12 LDPE 地膜宽度及偏差

mm

项目	极限偏差		
	优等品	一等品	合格品
宽度≤800 >800	±10 ±15	±15 ±20	±20 ±25

表 5-13 LDPE 地膜每卷净质量及偏差

kg

每卷净质量	极限偏差
10	+0.25 -0.15

注:每卷必须标注长度。

表 5-14　LDPE 地膜卷的卷取质量规定

项目	优等品	一等品	合格品
错位宽度/mm	≤20	≤30	≤50
每卷段数/段	≤2	≤3	≤4
每段长度/mm	≥100		

地膜的力学性能规定见表 5-15～表 5-16。

表 5-15　不加耐候剂的 LDPE 地膜的力学性能

项目	指标											
	Ⅰ			Ⅱ			Ⅲ			Ⅳ		
	优等品	一等品	合格品	优等品	一等品	合格品	优等品	一等品	合格品	优等品	一等品	合格品
拉伸负荷（纵向、横向）/N	≥2.8	≥2.5		≥2.5	≥2.3		≥2.0	≥1.7		≥1.6	≥1.3	
断裂伸长率（纵向、横向）/%	≥250	≥230		≥220	≥180		≥200	≥150		≥160	≥120	
直角撕裂负荷（纵向、横向）/N	≥1.5	≥1.4		≥1.0	≥0.9		≥0.8	≥0.7		≥0.6	≥0.5	

表 5-16　加入耐候剂的 LDPE 地膜的力学性能

项目	指标								
	Ⅰ			Ⅱ			Ⅲ		
	优等品	一等品	合格品	优等品	一等品	合格品	优等品	一等品	合格品
拉伸负荷（纵向、横向）/N	≥2.5	≥2.3		≥2.0	≥1.7		≥1.6	≥1.3	
断裂伸长率（纵向、横向）/%	≥230	≥180		≥200	≥150		≥160	≥120	
直角撕裂负荷（纵向、横向）/N	≥1.0	≥0.9		≥0.8	≥0.7		≥0.6	≥0.5	

5.9　低密度聚乙烯包装薄膜怎样挤出吹塑成型？

普通 LDPE 包装薄膜一般都是指用 LDPE、LLDPE 或两种材料的混合料为原料挤出吹塑成型的薄膜。一般多用通用型单螺杆挤出机，采用上吹法生产成型薄膜。薄膜厚度在 0.02～0.20mm 之间或大于 0.20mm。这种薄膜不仅可用于各种物品的包装，也可用于农业作育秧薄膜。生产时，原料只要干净、含水量很低（一般可认为无水分）、无任何杂质、熔体流动速率 MFR 在 2～7g/10min 即可应用。

① 原料选择。参照表 1-10 选择 LDPE 树脂牌号。

② 设备要求。可用通用型单螺杆挤出机，也可选用新型螺杆式挤出机。挤出机螺杆直径为 ϕ65mm，长径比为 20∶1，压缩比为 3∶1。也可参照表 5-3～表 5-5 选用主、辅机。

成型模具采用螺旋式芯棒结构，口模直径为 ϕ200mm，口模间隙为 0.8mm，冷却风环直径为 ϕ400mm。

③ 工艺条件。机筒温度（从进料段至机筒出料端）分别是 130～150℃、130～160℃、140～

170℃,口模温度为150~170℃,熔融料温度为150~170℃,吹胀比为1.5~3,牵伸比为3~7。

④ 质量。普通LDPE包装薄膜的质量应符合GB/T 4456-2008标准规定。薄膜分A(用LDPE树脂)、B(用LDPE与LLDPE混合料)和C(用LLDPE树脂)三类。

LDPE包装薄膜的厚度及偏差见表5-17。LDPE包装薄膜的宽度及偏差见表5-18。LDPE包装薄膜每捆段数及每段长度见表5-19。LDPE薄膜的力学性能见表5-20。用于食品包装、医药包装的薄膜应符合GB 9687—1988的有关规定。薄膜外观不允许出现影响使用的气泡、穿孔、水纹、条纹、暴筋、塑化不良及鱼眼僵块等缺陷。

表5-17 LDPE包装薄膜的厚度及偏差

项目		指标					
		厚度极限偏差/mm			厚度平均偏差/%		
		优等品	一等品	合格品	优等品	一等品	合格品
厚度/mm	0.010	+0.004 -0.003	±0.004	±0.005	+15 -10	+25 -15	+30 -15
	0.015	+0.005 -0.004	±0.005	±0.006	+15 -10	+20 -15	+25 -15
	0.020	±0.005	±0.008	±0.010	±9	±12	±14
	0.025						
	0.030	±0.006	±0.009	±0.012			
	0.035						
	0.040	±0.008	±0.010	±0.015			
	0.045						
	0.050	±0.009	±0.012	±0.017			
厚度/mm	0.060	±0.010	±0.015	±0.018	±7	±10	±12
	0.070	±0.011	±0.015	±0.020			
	0.080	±0.012	±0.015	±0.020			
	0.090	±0.013	±0.018	±0.022			
	0.100	±0.015	±0.020	±0.025			
	0.120	±0.017	±0.020	±0.025	±6	±8	±10
	0.150	±0.020	±0.025	±0.030			
	0.180	±0.022	±0.025	±0.030			
	0.200	±0.025	±0.030	±0.035			
	>0.200	±0.030	±0.035	±0.040			

表5-18 LDPE包装薄膜的宽度及偏差

mm

项目		偏差		
		优等品	一等品	合格品
宽度(折径)	<70	±1	±2	±3
	71~100	±2	±3	±4
	101~200	±3	±4	±5
	201~300	±3	±5	±7
	301~400	±4	±8	±10
	401~500	±5	±10	±12

续表

项目		偏差		
		优等品	一等品	合格品
宽度(折径)	501~800	±7	±12	±15
	801~1000	±10	±15	±20
	>1000	±1.2%	±1.5%	±2.0%

表 5-19 LDPE 包装薄膜每捆段数及每段长度

项目	指标		
	优等品	一等品	合格品
每卷段数/段	≤2	≤3	≤4
每段长度/m	≥50	≥30	≥20

注:断头处应有标志。

表 5-20 LDPE 薄膜的力学性能

项目	指标											
	厚度<0.05mm						厚度≥0.05mm					
	A 类		B 类		C 类		A 类		B 类		C 类	
	优等品	一等品 合格品	优等品	一等品 合格品	优等品	一等品 合格品	优等品	一等品 合格品	优等品	一等品 合格品	优等品	一等品 合格品
拉伸强度(纵、横向)/MPa	≥12	≥10	≥13	≥11	≥17	≥14	≥12	≥10	≥13	≥11	≥17	≥14
断裂伸长率(纵、横向)%	≥150	≥130	≥200	≥180	≥250	≥230	≥250	≥200	≥280	≥230	≥350	≥280
冲击强度	不破裂样品数≥5 为合格											

注:厚度<0.03mm 不考核冲击强度。

5.10 低密度聚乙烯透明薄膜怎样挤出吹塑成型?

LDPE 薄膜的成型多采用上吹法风冷方式成型。这种生产方式成型的薄膜透明度比较差。如果把 LDPE 薄膜成型改为下吹法,膜泡为水冷式生产,即可提高 LDPE 吹塑薄膜的透明度,而且它的光泽性和柔软性也都比较好。

低密度聚乙烯透明薄膜生产应注意事项如下。

① 原料选择。透明薄膜成型用原料选用密度为 0.921~0.925g/cm^3 的 LDPE 树脂,熔体流动速率(MFR)为 2~4g/10min。也可参照表 1-10 选择 LDPE 牌号。

② 设备条件。单螺杆挤出机的螺杆结构为等螺距螺纹深度渐变型,长径比为 20∶1,压缩比为 3∶1。成型模具为螺旋式芯棒结构。最好选择 LDPE 料专用挤出机(见表 4-1)。

③ 成型模具的膜坯出口距冷却水平面距离在 100mm 左右。注意生产时要保持冷却水平面不产生抖动。水环冷却结构见图 5-4。

④ 膜泡的吹胀比为 2。

⑤ 生产厚度小于 0.04mm 的薄膜时,机筒的进料温度为 120~140℃,塑化段温度为 130~

150℃,均化段温度为140~165℃,成型模具温度为150~165℃,熔融料温度在155℃左右。

5.11 低密度聚乙烯重包装薄膜挤出吹塑成型有哪些要求?

重包装LDPE薄膜与普通聚乙烯包装薄膜的不同之处是膜的厚度。重包装LDPE薄膜的厚度一般为0.20~0.35mm,可用于20~30kg重物的包装,如化工原料、化肥、合成树脂及饲料等方面的包装。

重包装LDPE薄膜挤出吹塑时的注意事项如下:

① 原料选择。重包装LDPE薄膜成型用原料选择熔体流动速率(MFR)为0.3~0.5g/10min的LDPE树脂,如中国石化燕山石化分公司生产的牌号为2F0.3A或2F0.4A的LDPE树脂等。也可参照表1-10选择LDPE牌号。

重包装LDPE薄膜也可用LDPE与LLDPE混合料挤出吹塑成型。原料中的线型低密度聚乙烯(LLDPE)树脂的比例占1/3左右。

② 设备条件。重包装LDPE薄膜挤出吹塑成型最好选用专用设备,如选用大连橡胶塑料机械厂生产的SJ-FMZ800型重包装LDPE薄膜吹塑辅机,与SJ-90×25型塑料挤出机配套使用。也可参照表5-3~表5-5选择主、辅机。

塑料制品厂也可用厂内现有生产设备,要求螺杆为挤塑PE料通用型螺杆,长径比为20∶1,压缩比为4∶1或3∶1。为保证原料的塑化质量,机筒工艺温度的控制要求是螺杆应通水控温。

成型模具应采用螺旋式芯棒结构。当挤出机螺杆直径为90mm时,成型模具的口模直径为200mm,口模间隙在1mm左右,吹胀比为2~3。

如不选用专用辅机,注意成型模具距牵引辊的距离应不小于8m,以保证厚薄膜的充分冷却降温。

③ 工艺温度。机筒各段工艺温度:加料段130~150℃、塑化段160~190℃、均化段190~210℃,成型模具温度为190~200℃。

④ 重包装LDPE薄膜的膜泡采用风冷降温,必要时也可把人字形导板改为水冷式人字形导板,用以配合风环对膜泡的降温定型。人字形导板的张开角度在15°~30°范围内。

5.12 低密度聚乙烯大棚薄膜怎样挤出成型?

LDPE大棚薄膜一般折径幅宽都在2m以上,常用的薄膜厚度在0.08~0.14mm范围内。其主要用途是用作蔬菜大棚,为蔬菜生长时保温和保湿。按LDPE大棚薄膜用途的需要,选用不同原料组成配方,可挤出吹塑成型普通LDPE大棚薄膜、增强LDPE大棚薄膜、无滴LDPE大棚薄膜和长寿LDPE大棚薄膜等不同制品。

普通LDPE大棚薄膜的性能与聚乙烯薄膜的性能相同;增强LDPE大棚薄膜比普通LDPE大棚薄膜的强度高、韧性好;长寿LDPE大棚薄膜的耐老化性能好,使用时间比普通LDPE大棚薄膜长;无滴LDPE大棚薄膜的使用特点是在膜面上水雾少、透光性好,水滴可顺着膜面流入地面。

① 原料选择。普通LDPE大棚薄膜成型可选用中国石化燕山石化分公司生产的LDPE树脂,牌号是PE-F-23D006或PE-FL-23D012。密度为0.919~0.922g/cm^3、MFR为0.5~1.0g/1.0min的LDPE树脂都可用来生产LDPE大棚薄膜。也可参照表5-10选择LDPE牌号。

增强LDPE大棚薄膜挤出吹塑成型可选用LDPE和LLDPE混合料。两种原料的掺混比例为:LDPE 占 60%左右,LLDPE 占 40%左右。

长寿 LDPE 大棚薄膜成型用原料可在增强 LDPE 大棚薄膜用料配方中加入 0.4%的防老剂(如用二叔丁基羟基甲苯 BHT)和 0.15%的抗氧剂,必要时还应加入适量的液体石蜡。

② 设备条件。由于 LDPE 大棚薄膜成品幅宽大、成型用熔融料量大,所以要选用大规格挤出机。通常,生产折径为 2m 的薄膜应选用螺杆直径为 90mm 的挤出机;生产折径为 4m 的薄膜要选用螺杆直径为 150mm 的挤出机。为了提高生产率,保证原料塑化质量,最好选用有屏障段的分离型螺杆挤塑原料。也可参照表 5-3~表 5-5 选择挤出吹塑薄膜生产线。

成型模具可选用螺旋式芯棒结构。为减轻模具质量,最好选用莲花瓣式模具结构,但成型膜表面会有多条熔融料接线纹。

③ LDPE 大棚薄膜挤出吹塑工艺参数。机筒各段工艺温度:加料段 140~160℃、塑化段 160~180℃、均化段 190~200℃,成型模具温度为 180~190℃,吹胀比为 2~3,口模间隙为 1~1.2mm,牵引速度为 2~20m/min。

吹胀膜泡用风冷降温。折径为 2m 的膜泡用直径为 700mm 风环,机架高 8m;折径为 4m 的膜泡用直径为 1400mm 风环,机架高 15m,经降温固化后将膜幅宽折叠成 2m 卷取。

④ 质量。LDPE 大棚薄膜的质量应符合标准 GB/T 4455—2006 的规定。其力学性能、宽度及偏差、厚度及偏差分别见表 5-21~表 5-23,外观质量可参照 5.8 中的 LDPE 薄膜的外观质量。

表 5-21 LDPE 大棚薄膜的力学性能

项目		优等品	一等品、合格品
拉伸强度(纵、横向)/MPa		≥14	≥12
断裂伸长率(纵、横向)/%	<0.050mm	≥300	≥250
	≥0.050mm	≥350	≥300
直角撕裂强度(纵、横向)/(kN/m)		≥60	≥50

表 5-22 LDPE、LLDPE 大棚薄膜的宽度及偏差 mm

膜幅宽(折径)	极限偏差		
	优等品	一等品	合格品
<1000	±10	±15	±20
1000~1500	±15	±20	±30
1500~2000	±40	±60	±80
2500~3500	±60	±80	±120
3500~5000	±100	±120	±150
>5000	±100	±125	±150

表 5-23 LDPE、LLDPE 大棚薄膜的厚度及偏差 mm

膜幅宽(折径)	膜厚	极限偏差		
		优等品	一等品	合格品
<2500	0.030	±0.006	±0.008	±0.010
	0.040	±0.008	±0.010	±0.012
	0.050	±0.010	±0.014	±0.018
	0.060			
	0.070	±0.015	±0.018	±0.022
	0.080			
	0.090	±0.018	±0.020	±0.025
	0.100			
	0.110	±0.020	±0.025	±0.030
	0.120			
	0.130	±0.025	±0.030	±0.035
	0.140			
>2500	0.070	±0.016	±0.020	±0.024
	0.080			
	0.090	±0.020	±0.024	±0.028
	0.100			
	0.110	±0.025	±0.030	±0.035
	0.120			
	0.130	±0.030	±0.035	±0.040
	0.140			

5.13 低密度聚乙烯地面覆盖薄膜挤出成型有哪些要求?

LDPE 地膜是一种覆盖农作物生长的地面用薄膜,其作用是保温、保水和防止肥料流失,保证农作物的增产。为了适应不同农作物生长的需要,地膜可制成黑、红、白、蓝等颜色,如土豆用黑色膜覆盖,既可增产,又能抑制杂草生长;蓝色膜覆盖农作物生长的地面,既能增产,又能增温;红色膜适合棉花生长的地面覆盖;苹果园地面用银灰反光膜覆盖,果实的颜色好、早熟,还有除蚜虫的效果。

地膜中还有一种在低密度聚乙烯内加入光降解剂成型的光降解地膜。地膜在使用中光的作用下降解成碎片,减少膜对环境的污染。

(1)地膜挤出吹塑成型用原料

①普通地膜用聚乙烯树脂的密度为 $0.92g/cm^3$,熔体流动速率(MFR)在 2g/10min 左右。可参照表 1-10 选择 LDPE 牌号。

②有色地膜是在 LDPE 树脂中加入 3%~5%的色母料或少量的着色剂。

③光降解地膜是在 LDPE 树脂中加入一定比例的光降解剂及其他一些助剂。

(2)设备与工艺参数的选择 挤出吹塑成型 LDPE 薄膜的设备和工艺参数的选择与普通聚乙烯吹塑成型薄膜的完全相同。可参照 5-8 中的内容条件生产。

LDPE 地膜挤出吹塑成型工艺与普通聚乙烯薄膜挤出吹塑成型工艺的不同之处是:膜泡的吹胀比可略大些(常用吹胀比为2.5~3);牵引膜泡速度可略快些(最高速度可达40m/min);口模间隙比较小(一般在0.8mm左右);成品在折叠处要剖开,然后分别卷取成捆。

LDPE 地膜厚度及推荐使用时间见表5-10。LDPE 地膜产品质量要求及性能应符合标准GB13735 规定。

5.14 低密度聚乙烯微薄薄膜有什么用途?怎样挤出吹塑成型?

LDPE 微薄薄膜采用挤出平吹法成型方式,工艺流程见图5-1(c)。挤出平吹法成型LDPE 薄膜用设备结构比较简单,不需要高大厂房,设备操作和维修都比较方便。一般多用此种设备生产厚度在0.02mm左右、折径不大于300mm薄膜。

由于LDPE 微薄薄膜具有无毒、无味、透明度较好、开口性和热封性好、能印刷各种图案等特性,所以多用来作各种食品的包装薄膜。

(1)原料选择　选用熔体流动速率(MFR)在2~5g/10min范围内的LDPE树脂。由于薄膜是用来作食品包装,要求LDPE制品的卫生指标应符合GB 9687—1988标准规定(见表5-24)。应用时,参照表1-10选择LDPE树脂牌号。

表5-24　聚乙烯食品包装用薄膜的卫生标准理化指标

项目	指标
蒸发残渣/(mg/L)	
4%乙酸,60℃,2h　≤	30
65%乙醇,20℃,2h　≤	30
正己烷,20℃,2h　≤	60
高锰酸钾消耗量/(mg/L)	
60℃,2h　≤	10
重金属(以Pb计)/(mg/L)	
4%乙酸,60℃,2h　≤	1
脱色试验	
乙醇	阴性
冷餐油或无色油脂	阴性
浸泡液	阴性

(2)设备条件　用螺杆直径为ϕ30mm的挤塑PE料通用型挤出机。其螺杆长径比为20∶1,压缩比为3∶1,螺纹为等距渐变型螺杆结构,成型模具结构类似于塑料管成型用模具结构(见图5-10),口模直径为ϕ75mm。

(3)挤出平吹成型薄膜工艺参数。

①机筒各段工艺温度:加料段120~135℃,塑化段140~165℃,均化段170~180℃。

②成型模具温度为165~175℃。

③膜泡吹胀比在2~3之间,牵伸比在3~5之间。

5.15 低密度聚乙烯热收缩薄膜有哪些特性?怎样挤出吹塑成型?

LDPE 热收缩薄膜是一种利用高聚物分子在高于玻璃化转变温度时进行拉伸定型后,再受热时收缩的特性。应用这种薄膜时，先将被包装物品用膜包好，然后送入烘箱中加热（温度为90～150℃），则遇热后薄膜收缩，把物品包紧，使这种物品在密封状态下保存，也起到防潮的作用。

LDPE热收缩薄膜的挤出吹塑成型可采用单向拉伸法成型，也可用双向拉伸法成型。单向拉伸法成型薄膜时，由于只在一个方向受到拉伸，所以它的热收缩率很低（仅为10%左右）。双向拉伸法成型薄膜时，纵、横方向都受到拉伸，膜受热时，纵、横方向收缩率较高，而且两个方向的收缩率接近相等，热收缩率在40%左右。

PE热收缩薄膜可用于各种食品、农副产品及建筑材料和各种轻工用品的包装。PE热收缩薄膜的厚度可按被包装物的需要来决定。一般用途的PE热收缩薄膜厚度通常在0.02～0.04mm范围内，以厚度在0.025～0.05mm范围内的应用最多。

（1）PE热收缩薄膜应具备条件

①薄膜热收缩率高。

②薄膜的韧性和低温性好。

③长期储藏时性能稳定。

④用于食品包装薄膜应无毒、无异味，封口时不产生腐蚀性气体。

⑤在PVC、PP和PE三种热收缩薄膜中，PE热收缩薄膜成型工艺最简单、生产成本最低。

（2）原料选择　LDPE热收缩薄膜成型应选用LDPE树脂，密度为0.920～0.925g/cm^3，熔体流动速率（MFR）为0.3～2g/10min。可参照表1-10选择LDPE树脂牌号。

（3）设备条件　国内已有大连东方橡胶塑料机械开发有限公司和湖北轻工机械厂等厂家生产PE热收缩薄膜机组，最好选用这些厂家生产的PE热收缩薄膜专用机组生产。也可用挤塑PE树脂通用型挤出机，螺杆直径按挤出薄膜折径大小选取，螺杆可以是等螺距，螺纹深度为渐变型，长径比为（25～30）：1，压缩比在3：1左右。

成型膜坯用模具结构最好是螺旋式芯棒结构，口模间隙在1mm左右。

膜坯的吹胀冷却方式可采用平挤出上吹胀、双风口急冷却方法，也可选用平挤出下吹胀、水环冷却拉伸方法。

（4）低密度聚乙烯热收缩薄膜生产工艺顺序

①采用平挤出上吹法成型生产工艺顺序如下：LDPE树脂→挤塑原料成熔融态→模具成型膜坯→拉伸吹胀膜坯（同时风环急速为膜降温）→牵引→剖幅→收卷。

②采用平挤出下吹法成型生产工艺顺序如下：LDPE树脂→挤塑原料成熔融态→模具成型膜坯→膜坯管稍微吹胀、拉伸后立即用水环急速冷却降温→在烘箱内把膜管加热至高弹态，进行二次吹胀拉伸膜泡至要求规格，再进行水环冷却定型→成品收卷。

LDPE热收缩薄膜平挤出下吹法成型工艺流程顺序见图5-17。

（5）工艺条件　挤塑LDPE料机筒各段温度：加料段140～160℃，塑化段170～185℃，均化段190～210℃。

成型模具温度为185～190℃，口模间隙控制在0.8～1.0mm。

吹胀比在2.5左右，牵引比为2～5。

（6）挤出吹塑LDPE薄膜推荐参考工艺参数

①熔体流动速率的选择：一般包装用LDPE热收缩薄膜为1.5～2.5g/10min；要求强度较好包装用LDPE热收缩薄膜为0.8～2g/10min。

②要选用较低密度值的LDPE树脂，成型薄膜的热收缩性较均匀。

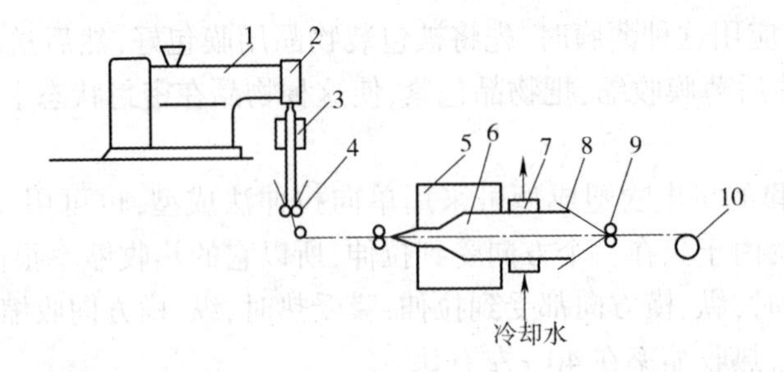

图 5-17　LDPE 热收缩薄膜平挤出下吹法成型工艺流程顺序

1—挤出机；2—膜坯成型模具；3、7—冷却水环；4—牵引夹紧辊；5—加热烘箱

6—吹胀膜泡；8—人字形导板；9—牵引辊；10—成品收卷装置

③挤塑原料时，在保证塑化质量的情况下尽量采用较低的塑化温度，这对制品质量的稳定和热收缩性能的提高有益。

④热收缩薄膜的厚度在 0.025~0.06mm 范围内较适宜，同时要求膜厚的误差要尽量小，这个条件对膜的热收缩均匀性较有保证。

⑤薄膜的吹胀比应控制在 3~5 范围内，纵向拉伸比应控制在 2~6 范围内。过小的吹胀比和拉伸比会导致薄膜没有热收缩性能，过大的吹胀比和拉伸比会导致生产不稳定。

⑥膜坯管应在比 LDPE 熔点低些温度的条件下拉伸，冷凝线高度应比普通 LDPE 薄膜的冷凝线高度值大些，控制范围在 200~500mm 之间。这个条件的控制也是为了保证膜坯在适宜的温度条件下拉伸与吹胀。

⑦用于室外包装的 LDPE 热收缩薄膜成型原料中，可适当加入光稳定剂(HALS)。

(7) LDPE 热收缩薄膜的质量　应符合标准 GB/T 13519—1992 规定，LDPE 热收缩薄膜的厚度和极限偏差见表 5-25。热收缩薄膜分 A、B 两种类型：A 类为单向拉伸薄膜，当收缩比大于 2 时，收缩率在 20%~40%之间；B 类为双向拉伸薄膜，收缩比小于 2 时，收缩率在 20%~40%之间；A_2、B_2 类的收缩率大于 40%。

表 5-25　LDPE 热收缩薄膜的厚度和极限偏差

厚度/mm	极限偏差/%		
	优等品	一等品	合格品
<0.060	±20	±20	±25
0.060~0.080	±18		
>0.080	±16		

薄膜宽度偏差为±2%。LDPE 热收缩薄膜的力学性能见表 5-26。其外观应不允许有影响使用的洞孔、色斑、气泡、鱼眼、皱褶和杂质等缺陷。

表 5-26　LDPE 热收缩薄膜的力学性能

项目	指标要求	
	厚度≤0.06mm	厚度>0.06mm
拉伸强度(纵、横向)/MPa	≥12	≥12
断裂伸长率(纵、横向)/%	≥200	≥250
撕裂强度(纵、横向)/(kN/m)	≥40	≥40

5.16　什么是聚乙烯自封式包装薄膜？怎样挤出吹塑成型？

聚乙烯自封式包装薄膜是挤出吹塑薄膜中一种具有特殊结构的薄膜。这种薄膜结构特殊的地方就是在成品膜上有一个断面呈锚形的凸棱和凹槽，而薄膜的性能和普通聚乙烯薄膜完全相同。用聚乙烯自封式包装薄膜制成的薄膜包装袋，在开口处有如拉链一样的凹凸槽对应，稍一用力即可将包装袋启闭，而且能反复使用，但靠袋内被包装物的胀力或外部压力却不能轻易把包装袋打开。

用这种自封薄膜制成的自封式包装塑料薄膜袋，外观新颖别致，封闭包装物品可靠，无毒、无味、防污染，而且既轻又方便，很受应用者欢迎。这种包装袋可用来包装各种制品，如书本、服装、工业零配件、玩具等，特别是用于需经常启闭的糖果、熟食和各种小食品的包装，既清洁卫生又方便存放。

（1）原料选择　挤塑聚乙烯自封薄膜生产成型应选用包装级吹塑 PE 树脂。一般可用 HDPE 和 LDPE 树脂，要求树脂的熔体流动速率（MFR）为 2～7g/10min。目前，应用较多的还是 LDPE 树脂，如中国石化燕山石化分公司生产的 ZF7B 型树脂可生产自封薄膜。

（2）挤出吹塑自封薄膜生产方式　聚乙烯自封薄膜的挤出吹塑成型生产方式可用挤出平吹法和挤出上吹法，生产工艺顺序与普通聚乙烯的挤出吹塑生产工艺顺序完全相同。

（3）设备选择　原料塑化熔融用挤出机可选用挤塑 PE 料通用型单螺杆挤出机，螺杆直径的选择按挤出吹塑自封薄膜的折径大小决定，一般多用 φ45mm 和 φ65mm；长径比 $L/D \geqslant 20:1$，压缩比为 3∶1；机筒前加多孔板和三层过滤网，过滤网目数为 80/100/80 目。

成型模具选用螺旋式芯棒结构。出料口平直段除设有缓冲槽外，还设有能够成型自封薄膜锚形断面的凸棱和凹槽式限料结构（参照图 5-18）。

图 5-18 中的结构与普通聚乙烯挤出吹塑薄膜成型用模具结构有不同之处，这种结构形状的准确与否，对自封薄膜应用时的启闭工作效果有很大影响。对这个部位结构的设计与加工应注意凸棱和凹槽截面形状的非对称性，以适应这种自封包装袋封闭后的外力打开，内胀力或压力不易打开的要求；注意凸棱和凹槽结构间隙与口模和芯棒间隙的协调性，应能达到熔融料在此处流过时的熔融料流量及流速与口模圆周上各点的熔融料流量及流速一致，这样才能顺利生产成型较理想的凸棱和凹槽。注意这种理论设想对模具结构的要求，由于受原料性能和挤出等多种因素的影响，很难一次设计加工出较合适的模具结构，应在实际生产中反复试验修改，才能达到较理想的效果。

挤塑成型聚乙烯自封薄膜用辅机的选择条件要求比挤塑成型普通聚乙烯薄膜用辅机的选择条件要求难度大。特别是冷却风环的工作方式对自封薄膜中的凸棱和凹槽成型质量有较大影响，一般要 2～3 个风环工作对膜泡进行冷却；牵引前通过人字形导板后的第一牵引辊只是一个导辊；牵引冷却定型薄膜运行的夹紧牵引辊上应开有凸棱、凹槽，以防止夹紧辊的夹紧力使薄膜上的凸棱、凹槽变形。

挤出吹塑成型自封薄膜用辅机由大连东方橡胶塑料机械开发有限公司和江苏昆山信中机械有限公司等厂家生产。

（4）挤出吹塑工艺操作要点

①原料挤塑时的挤出机机筒各段工艺温度：加料段 110～130℃、塑化段 140～160℃、均化段 150～170℃，成型模具温度在 160℃左右。

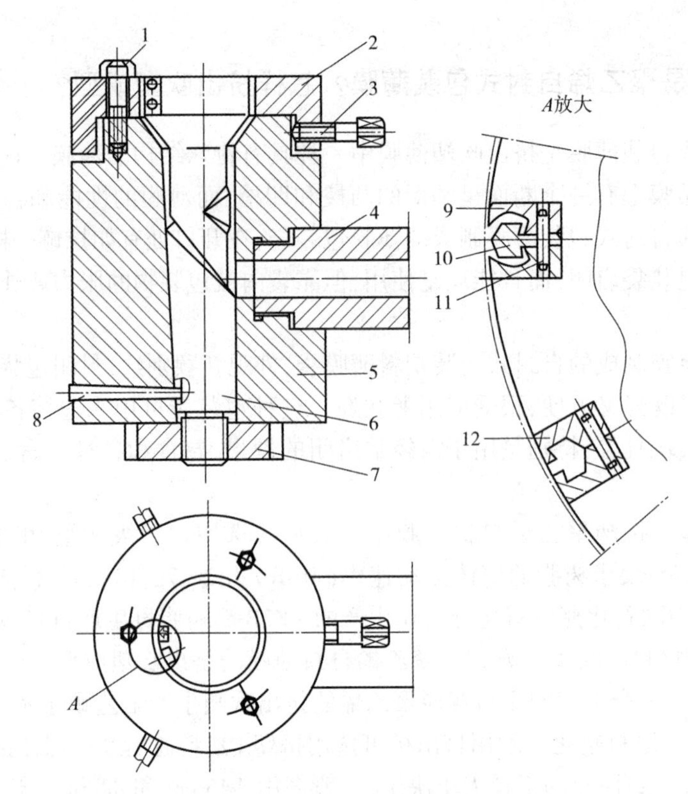

图 5-18　自封口吹塑膜成型模具

1—螺钉；2—口模；3—调节螺钉；4—连接颈；5—模具体；6—芯棒；
7—螺母；8—定位锁；9—凹槽模；10—凹槽模芯；11—销；12—凸棱模

②挤塑聚乙烯自封薄膜的主要工艺参数选择：螺杆工作转速在 50~100r/min 范围内；牵伸比控制在 2~4 范围内；口模间隙调整应以薄膜的成品厚度和牵伸比的大小来决定，一般控制在 1mm 左右。

膜泡的吹胀比不同于普通聚乙烯薄膜的挤出吹塑生产吹胀比，为了使挤出成型模具的凸棱和凹槽不变形，一般膜泡直径可略大于口模直径或接近相等。薄膜的厚度主要是依靠膜泡的牵伸比来控制。

③成型模具上口模直径的选择主要是根据薄膜制品的折径大小来确定，一般口模直径在吹膜折径的 0.7~1 倍尺寸范围内。

④风环的工作位置及风口直径的选择对薄膜中的凸棱和凹槽冷却定型质量影响也较明显。一般自封薄膜的风冷定型需要 2~3 个风环；风环中风口的直径约是口模直径的 1.7~4 倍（口模直径小，风口直径取大值；口模直径大，风口直径取小值）；第一风环距口模距离为 200~250mm；第二风环距第一风环距离为 150~200mm（口模直径大，距离取大值；口模直径小，距离取小值）。

⑤自封薄膜的质量要求及性能指标目前还没有标准规定。自封薄膜的力学性能可参照普通聚乙烯吹塑薄膜的物理指标检测，封口塑料袋的力学性能可参照下列条件检测：

a.凸棱和凹槽配合松紧适宜。

b.内启拉力明显大于外启拉力。

c.有效开合次数应大于 20 次。

d.热封强度≥7N/15mm(按 ZBY 28004 标准测试)。

e.封口袋应跌落不破裂,密封不渗漏,悬吊试验时封口不开裂(按 BB/T 0014—2011 标准测试)。

5.17 什么是气垫薄膜？怎样挤出成型？

所谓气垫薄膜,实际就是在薄膜的中间含有气泡夹层的一种膜状物。这种薄膜是将 LDPE 树脂经挤出机塑化熔融后,在成型模具内成型两层膜片挤出。其中一层膜片在真空辊上被吸塑成膜泡形后,与另一层膜片复合成一体,后者紧贴在带有膜泡的开口面上,这种复合膜就是一种气垫薄膜。如果再把凸起的膜泡面上也复合一层薄膜,即成为三层复合气垫薄膜。

由于三层复合气垫薄膜中间含有气泡层,这种复合膜质量比较轻而具有弹性;另外,还有防潮、防振和隔声及美观、防虫、防霉烂、价廉等特点。根据复合气垫薄膜的特点,人们多将这种膜用作仪表、仪器、陶瓷和玻璃器皿的包装材料。

(1)原料选择　气垫薄膜挤出成型的主要原料是 LDPE 树脂,要求树脂的熔体流动速率(MFR)在 5~8g/10min 范围内。另外,按气垫薄膜的工作环境需要,还可在主树脂中加入一定比例的 HDPE 树脂和乙烯-醋酸乙烯共聚物(EVA)改性。如果气垫薄膜要求有颜色,应在树脂中加入适量的着色剂。

(2)设备选择　由于气垫薄膜挤出成型用原料主要是 LDPE 树脂,所以挤出成型只用 PE 料挤塑用通用型挤出机即可。

成型模具结构应根据挤塑成型薄膜的生产方式决定。气垫薄膜成型可采用吹塑成型,也可选用平膜成型法。平膜成型法的生产工艺比较简单,这种薄膜成型用衣架型模具结构见图 5-19。从图中可以看到:这种衣架式 T 形模具结构比较特殊,熔融料从机筒挤出进入模具腔后,由于中间有一个分流锥而把料流分成两股,分别从模具体的两个口模缝隙中挤出,成型两个膜片。

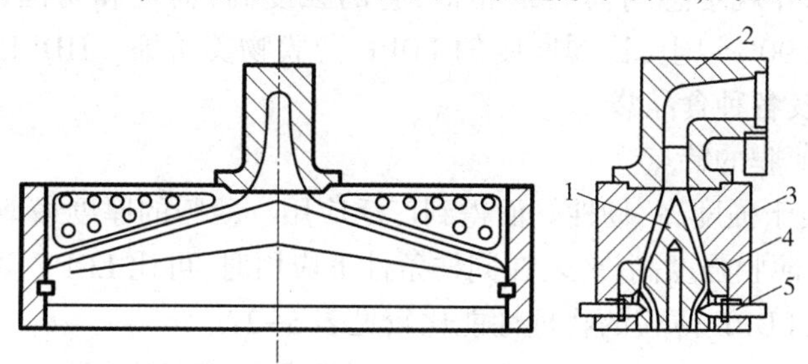

图 5-19　衣架型模具结构

1—口模分流芯;2—连接件;3—模具体;4—模唇;5—调节螺钉

模具中模具口的宽度尺寸应根据挤出机螺杆的直径大小和挤出膜片的宽度来决定:如选用螺杆直径为 ϕ45mm 挤出机时,成型模具口的宽度应在 100~500mm 范围内。两片膜的厚度可分别用调节螺钉调整。

气垫薄膜挤出平膜成型用辅机结构比较简单,比较特殊的零件是气垫薄膜膜泡成型辊。它的结构与普通挤出平膜冷却辊结构不同:这个辊的外表壳体为转动件,辊面上有等距均匀分布的膜泡成型用圆孔(按气垫薄膜应用条件的不同,膜泡成型用圆孔的直径范围是 3~25mm,圆孔的深度范围是 2~10mm);辊的内腔有一个与膜泡孔相通的抽真空气槽,固定不动,由管路与抽真空泵连通。

成型气垫薄膜挤出成型用辅机,现在有大连东方橡胶塑料机械开发有限公司、广东佛山塑料机械化厂等单位可生产供货。

(3)气垫薄膜挤出平膜成型工艺

①气垫薄膜挤出平膜成型生产工艺顺序(见图 5-20):主要原料 LDPE 与其他辅助材料计量混合→挤塑原料呈熔融态→模具成型二层薄膜片→吸塑成型气泡→牵引导辊复合→收卷。

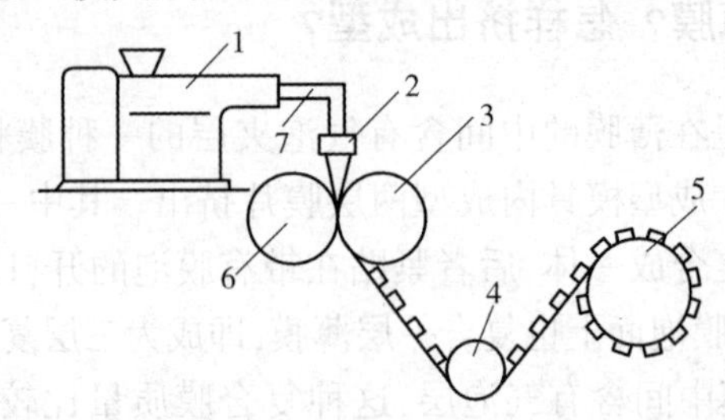

图 5-20 气垫薄膜挤出平膜成型生产工艺顺序

1—单螺杆挤出机;2—成型平膜模具;3—气泡吸塑成型辊

4—导辊;5—卷取装置;6—牵引冷却复合辊;7—连接件

②挤塑原料机筒各段工艺温度:加料段 130~150℃、塑化段 170~190℃、均化段 200~220℃,成型模具与机筒连接段 160~180℃,成型模具温度为 160~170℃。

气泡吸塑成型辊真空度在 0.04MPa 左右。

(4)LDPE 气垫薄膜的质量标准 LDPE 气垫薄膜的质量要求应符合 QB/T 1259—1991 标准规定。

5.18 高密度聚乙烯微薄薄膜有哪些特性?怎样挤出吹塑成型?

HDPE 微薄薄膜是指以高密度聚乙烯(HDPE)为主要原料、成型薄膜厚度在 0.01mm 左右的薄膜。这种薄膜的外观手感与薄绢纸相似,它的强度高,韧性和防潮性均较好,应用量占 HDPE 薄膜总产量的 90%以上,比同厚度的 LDPE 薄膜物美价廉。HDPE 微薄薄膜主要用作各种购物袋、垃圾袋及各种食品袋。

(1)HDPE 微薄薄膜的特点

① HDPE 薄膜由于强度高、韧性好而得到广泛应用。薄膜的厚度最薄可吹塑至 7 ~25μm;薄膜的强度比 LDPE 薄膜强度高许多,在同样条件下应用时,可比 LDPE 薄膜厚度尺寸小 40%左右。HDPE 薄膜与 LDPE 薄膜的物理性能比较见表 5-27。

表 5-27 HDPE 薄膜与 LDPE 薄膜的物理性能比较

指标项目	HDPE	LDPE
密度/(g/cm^3)	0.955	0.910~0.925
熔体流动速率/(g/10min)	0.05	1.6~2.4
膜厚度/mm	0.03	0.04
拉伸强度(纵/横)/MPa	44.3~34.7	17.7~13
断裂伸长率(纵/横)/%	355.63~577.5	293.75~545
直角撕裂强度(纵/横)/(N/cm)	21.2~12.5	8.7~8.6
滑爽性(开口性)	很好	一般
耐油性	很好	容易泛黄

② HDPE 薄膜无色、无味,透明度不如 LDPE 薄膜。

③ 薄膜的耐水性、耐潮湿、耐化学物品及耐药品的腐蚀性能均较好。

④ 制品的密度略高于 LDPE、LLDPE 制品。

⑤ 低温条件下刚性好。

⑥ 膜的耐热性及热稳定性都比 LDPE 膜好。

⑦ 挤出吹塑成型较容易。

⑧ 膜与氧接触易氧化变脆。

(2)HDPE 挤出吹塑成型工艺

① 原料选择。用于挤出吹塑薄膜的树脂密度为 0.947~0.952g/cm^3,熔体流动速率(MFR)为 0.08~2g/10min。熔体流动速率(MFR)常用值一般不大于 0.1g/10min。

为了提高薄膜的韧性,主要原料中还可加入 20%的 LLDPE;为降低生产成本和增强手感,也可在主原料中加入少量轻质碳酸钙。应用时,也可参照表 1-13 选择 HDPE 树脂牌号。

② 设备条件。为了提高生产效率,用于挤出吹塑 HDPE 薄膜的设备应尽量选用带屏障结构的新型螺杆;机筒的加料段要能充分冷却,内圆表面应带有纵向沟槽;成型模具内的芯棒为螺旋式结构,模唇口间隙应在 1.2~1.5mm 间可调。可参照表 5-3~表 5-5 选择挤出吹塑薄膜机组。

③ 工艺温度。挤出机机筒各段温度为:加料段 140~160℃、塑化段 170~190℃、均化段 190~210℃,成型模具温度为 200~210℃。

(3)工艺操作要点

① 挤出吹塑 HDPE 薄膜应选用相对分子质量高、熔体流动速率低的树脂作原料。这种原料的熔融料强度好、吹胀膜泡生产稳定。一般多用熔体流动速率在 0.03~0.08g/10min 范围内的树脂。

② HDPE 薄膜生产厚度多在 8~30μm 的范围内,膜泡吹胀比在 4 左右,拉伸比在 5 左右;生产超薄膜时,必要时可加内稳泡器。

③ HDPE 树脂的挤出塑化温度比 LDPE 树脂的挤出塑化温度高。注意温度控制不宜太高,避免原料降解、熔融料炭化、制品出现小针点。

④ 挤出吹塑 HDPE 树脂时,螺杆长径比应不小于 25,压缩比在 3~4 之间,机筒前加 80/100/80 目三层过滤网。

⑤ HDPE 熔融料吹胀膜泡的冷凝线比 LDPE 熔融料吹胀膜泡的高(见图 5-21)。这种薄膜吹胀成型时的纵、横取向同时作用,这是成型 HDPE 超薄薄膜工艺中一个重要的成型条件。

由于 HDPE 膜泡的冷凝线要求高,膜坯吹胀前是一个与口模直径接近的细颈状泡形。为防止颈状膜泡在吹胀前出现蛇形摆动,要求成型模具上端要设有稳泡装置。这个装置垂直立在模具的中心线位置处,并与模具固定连接。吹胀膜的压缩空气由稳泡装置中的金属管口吹入膜泡,吹胀膜泡呈筒状。由此可见,稳泡装置是在膜泡内,其结构示意图见图 5-21。它以一个棒状金属管为主体,在管外套上装有锥形金属筒,外面由一层羊毛毡包覆。图 5-21(b)所示的稳泡装置是一个用于较大 HDPE 膜泡中带有冷却装置的稳泡装置结构。

(4)质量标准　HDPE 薄膜挤出吹塑成型质量应符合标准 GB/T 4456—2008 规定,具体要求见表 5-28~表 5-31。食品包装用聚乙烯薄膜应符合 GB 9687—1988 规定,所用材料应符合 GB 9691—1988 规定。

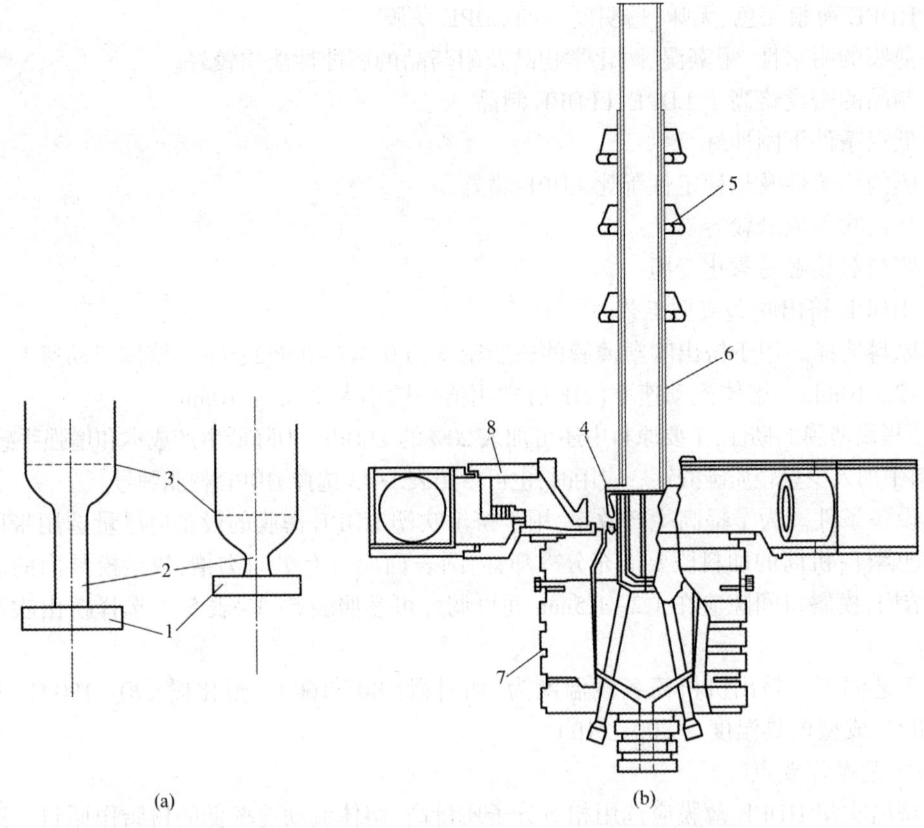

图 5-21　HDPE 膜泡形状与稳泡装置结构示意图

(a)HDPE 膜泡(左侧)与 LDPE 膜泡(右侧)比较；　(b)稳泡装置结构示意图

1—风环;2—膜泡管颈;3—冷凝线;4—进风口;5—稳泡装置

6—回气管;7—成型模具;8—风环体

表 5-28　HDPE 挤出吹塑薄膜外观质量

项目		等级		
		优等品	一等品	合格品
水纹		无	轻微	较明显
气泡、针孔、破裂		无	无	不影响使用
杂质黑点/(个/m²)	>3mm	—	—	无
	>1mm	无	无	—
	0.5~3mm	无	无	≤8
	0.5~1mm	≤5	≤8	—
	分散度/(个/100mm×100mm)	≤1	≤3	<5
鱼眼/(个/m²)	>2mm	—	—	无
	0.5~2mm	—	—	≤20
	>1mm	无	无	—
	0.5~1mm	≤10	≤20	—
	分散度/(个/100mm×100mm)	≤2	≤5	≤8
条纹		轻微	较明显	不影响使用

续表

项目	等级		
	优等品	一等品	合格品
平整	轻微错位	有轻微变形褶皱	不影响使用
卷端	整齐	基本整齐	不影响使用
断头/(个/卷)	≤1	≤2	≤5
每段长度/m	≥100	≥50	≥50

表 5-29　HDPE 薄膜的宽度偏差

mm

宽度(折径)	偏差	宽度(折径)	偏差
<100	±4	501~1000	±20
100~500	±10	>1000	±25

表 5-30　HDPE 薄膜的厚度偏差

厚度/mm	厚度极限偏差/mm	厚度平均偏差/%	厚度/mm	厚度极限偏差/mm	厚度平均偏差/%
<0.025	±0.008	±15	0.051~0.100	±0.025	±12
0.025~0.050	±0.015	±14	>0.100	±0.040	±10

表 5-31　HDPE 薄膜的力学性能

项目		PE-LD 薄膜	PE-LLD 薄膜	PE-MD 薄膜	PE-HD 薄膜	PE-LD/PE-LLD 薄膜
拉伸强度(纵横向)/MPa		≥10	≥14	≥10	≥25	≥11
断裂标称应变(纵、横向)/%	厚度<0.050mm	≥130	≥230	≥100	≥180	≥100
	厚度≥0.050mm	≥200	≥280	≥150	≥230	≥150
落镖冲击	不破裂样品数≥8 为合格,PE-MD 薄膜不要求					

注:其他共混材料的物理力学性能要求由供需双方协商。

5.19　线型低密度聚乙烯薄膜有哪些特性?怎样挤出吹塑成型?

线型低密度聚乙烯(LLDPE)薄膜和 LDPE 薄膜的用途相同,挤出吹塑成型工艺条件也接近。

LLDPE 薄膜有以下特点:

① LLDPE 薄膜多采用挤出吹塑法成型,也可选用挤出流延法、挤出涂覆法、压延法和双向拉伸法成型。

② LLDPE 薄膜成型用原料可以是只用 LLDPE 树脂,也可采用 LLDPE、LDPE 或 LLDPE、LDPE、HDPE 几种原料混合挤出吹塑聚乙烯薄膜。

③ LLDPE 薄膜与 LDPE 薄膜比较,它的拉伸强度、抗冲击强度、撕裂强度和抗击穿强度及刚性都高于 LDPE 薄膜;LLDPE 薄膜的热封性好,使用温度范围大,但透明性略低于 LDPE 薄膜。

④ LLDPE 与 LDPE 薄膜的应用选择：如果对薄膜的透明性要求高，应选用 LDPE 薄膜；如果要求薄膜的强度好，则应选择 LLDPE 薄膜。应用时，如果要求两种薄膜的强度接近一致，则 LLDPE 薄膜的厚度可比 LDPE 薄膜的厚度小 1/4。

⑤ 由于聚乙烯树脂中的 LDPE、LLDPE 和 HDPE 三种材料各有应用特点，所以在聚乙烯制品中常把这三种树脂或其中的两种树脂按比例掺混在一起使用，以使制品的性能得到改善。如把 LDPE 与 LLDPE 混合，按制品用途的不同可有多种混合比例，常用混合比例为 m(LLDPE)：m(LDPE)＝7：3 或 5：5。挤出吹塑成型薄膜的特点：共混料成型的薄膜与 LDPE 薄膜比较，由于其熔融料的强度提高，膜泡运行稳定；成型薄膜的拉伸强度和断裂强度均有增强；在同样条件下使用时，薄膜的厚度可薄些；其制品的透明度、表面光泽度及雾度均得到改进；熔融料的黏度降低些，易于成型加工；同时，制品薄膜的粘连性也降低许多。

1.挤出吹塑成型薄膜工艺

(1)原料选择　选择熔体流动速率(MFR)为 0.5～4g/10min 的树脂，应用较多的为 1～2g/10min。LLDPE 与 LDPE 树脂共混挤出吹塑薄膜时，应添加比例不大于 3% 的 $CaCO_3$(要求 $CaCO_3$ 应经 300 目筛网过筛后使用)，以防止制品膜的粘连。可参照表 1-21 选择 LLDPE 薄膜专用树脂。

(2)设备条件　LLDPE 树脂挤出吹塑成型薄膜所使用的挤出机和螺杆的结构条件要求与 LDPE 树脂挤出吹塑成型薄膜用设备的条件相同，完全可以参照 LDPE 树脂挤出吹塑成型薄膜用设备条件内容选择(可参照表 5-3～表 5-5 选择挤出机生产线)。

(3)工艺温度　机筒工艺温度(从加料段至均化段)分别为 120～140℃、150～180℃、170～210℃，成型模具温度为 200～215℃。

(4)实际生产 LLDPE 薄膜例(薄膜厚度 0.02mm、采用上吹法生产)

①原料。LLDPE 树脂的熔体流动速率(MFR)为 1g/10min，可用天津石油化工公司的 DFDA-1820 或中国石化广州石化分公司的 DFDA-7042 牌 LLDPE 树脂。

②设备。选用挤出机的螺杆结构应有屏障段和混炼段的新型结构型式，长径比为 25：1，成型模具的口模间隙取 2mm。

(5)工艺温度　机筒工艺温度(从加料段至均化段)分别为 160～180℃、180～195℃、200～210℃，连接颈部温度为 210℃左右，成型模具温度约 230℃

(6)用风量　膜泡冷却用风量比 LDPE 膜泡冷却用风量大，应采用双风口冷却环，要求吹向膜泡的气流要平稳。

2.工艺操作要点

① LLDPE 树脂挤出吹塑成型薄膜的生产工艺顺序与 LDPE 树脂挤出吹塑成型薄膜的生产工艺顺序完全相同。

② LLDPE 树脂挤出吹塑薄膜的吹胀比应控制在 1.5～2 范围内，模唇口间隙应在 1～2mm 间进行调整。

③ 挤出吹塑地膜或大棚膜采用 LLDPE 树脂时，选用 LLDPE 与 LDPE 树脂的混合料(按应用条件要求选用掺混比例)比较适合。混合后的塑化熔融料黏度降低，挤出塑化温度比 LLDPE 料的塑化温度低 10～20℃，薄膜吹胀后运行稳定，成型薄膜表观质量也得到提高。

④ 为了防止或减少 LLDPE 熔融料吹胀膜泡的破裂，树脂中应掺入少量有机氟助剂(用量为 250mg/kg)。

⑤ 挤出吹塑薄膜厚度小于 0.02mm，应选用熔体流动速率(MFR)为 1g/10min 左右的 LL-

DPE 树脂;用于挤出流延成型薄膜的树脂,熔体流动速率(MFR)应取高些,在 2~5g/10min 范围内选取较适宜。

3.LLDPE 薄膜的质量

LLDPE 包装薄膜的质量应符合标准 GB/T 4456—2008 规定(见表 5-17~表 5-20)。由 LDPE、LLDPE 和 HDPE 三种树脂或其中的两种树脂混合料挤出吹塑成型的地膜质量应符合标准 GB 13735—1992 规定(见表 5-11~表 5-16)。由 LLDPE 与 LDPE 树脂混合料挤出吹塑成型的农业用薄膜质量应符合 GB/T 4455—2006 标准规定(见表 5-21~表 5-28)。

5.20 改性线型低密度聚乙烯压花、印花薄膜怎样挤出吹塑成型?

人们日常生活中常用到的塑料压花、印花薄膜,目前应用较多的还是聚氯乙烯薄膜。这种印花薄膜的气味难闻、有毒,而且易粘连。改性 LLDPE 聚乙烯印花薄膜是一种与聚氯乙烯薄膜不同的新型薄膜,所以很受人们欢迎。这里以 LLDPE 为主要原料,生产膜厚为 0.06mm 的改性 LLDPE 薄膜为例,提出生产方案供参考。

(1)原料选择

① 主体原料选择 LLDPE,是由于这种材料制品的柔性和软度好于 LDPE 和 HDPE 树脂,而且价格也较适宜。

② 柔软剂选择乙烯-醋酸乙烯(EVA)。因为这种由乙烯与醋酸乙烯共聚而得到的柔软剂与 PE 树脂相容性好,适宜吹塑加工,弹性好,冲击强度高,耐低温,韧性好,印刷性好,价格适中及货源充足。应选用 VA 质量分数为 20%的 EVA 作为柔性改性剂。

③ 填充剂选择。为降低薄膜的生产成本,主体树脂 LLDPE 中加入薄膜级的碳酸钙填充母料,作为印花薄膜的填充剂。

改性 LLDPE 印花薄膜挤出吹塑成型用料配方(质量份):LLDPE(密度 $0.92g/cm^3$,MFR=2g/10min,型号 DEDA-7042)100 份,EVA(VA 质量分数≤20%)45 份,碳酸钙填充母料 30 份,按薄膜应用条件的需要,还可适当加入其他助剂。

主、辅料组成的改性 LLDPE 薄膜用料配方应满足下列要求:

a.应具有拉伸强度高,抗穿刺、抗冲击和抗撕裂等性能。

b.无毒或毒性很小。

c.成品薄膜应低温性能好,印刷性能好,与印刷用油墨牢固度达到标准要求。

d.生产成本低。

(2)生产改性 LLDPE 薄膜工艺顺序　配方中各主、辅料准确计量→在混合机中搅拌混合均匀→挤出机塑化原料呈熔融态挤出管状膜坯→牵引膜坯运行,同时吹胀膜坯,由风环吹冷风为圆形膜泡降温→成品卷取。

(3)设备　采用通用型单螺杆挤出机,本例选用 SJ65 型挤出机。也可参照表 5-3~表 5-5 选用挤出吹塑薄膜用生产线。

(4)工艺参数　塑化原料挤出机机筒温度为 165~180℃(机筒温度控制是从加料段开始至出料段温度逐渐升高)。螺杆转速控制在 80~100r/min 范围内,对膜泡的牵引速度控制在 10~14m/min 范围内。

(5)生产操作注意事项

① 改性聚乙烯薄膜表面的压花处理,应先把薄膜预热,温度接近膜的黏流态温度,这样压出的花纹清晰,花纹保持时间长。薄膜压花纹前的预热可采用预热导辊或加一套红外辐射加

热器，以使薄膜变软，增加弹性，降低其压花纹后的弹性回复。

② 为了适应生产工艺和使用条件要求，改性聚乙烯薄膜树脂中要加一些助剂。挤出吹塑成型薄膜后，有些助剂要迁移至薄膜表面，形成肉眼看不见的油层，以提高薄膜的透明度、抗老化性和表面的光泽及柔软性。薄膜表面有了这些助剂，会使其在印刷时与油墨的贴合牢度降低。所以，为了使用和印刷的需要，膜面应进行改性处理，以增加膜面与印刷油墨的贴合牢度。

③ 配方中 EVA 柔软剂的加入，使薄膜的柔软性增加。树脂中随着 EVA 用量的增加，则制品的弹性、柔软性和粘合性也增加，但从生产工艺和薄膜生产成本的控制要求出发，EVA 的加入量不应超过 35%。

5.21 聚乙烯共混料薄膜挤出吹塑成型有哪些特点？

聚乙烯共混料是指为了改进制品的性能和加工成型方便，把 LDPE、LLDPE 和 HDPE 几种树脂中的两种或三种按一定的比例掺混在一起，搅拌混合均匀后挤塑成型的制品用料。这几种材料之所以能共混成型制品，是由于其结构相似，彼此部分链间可以相互贯穿，形成相容体系。以 LLDPE 与 LDPE 料共混为例，共混后的吹塑薄膜有下列特点：

① 能提高 LLDPE 熔体强度，使吹胀膜泡运行稳定。

② 提高制品的透光率和光泽度，也可降低薄膜的雾度。

③ 能提高 LDPE 薄膜的拉伸强度和断裂伸长率。

④ 能使 LDPE 薄膜的力学性能提高，在同样力的作用下，加入 LLDPE 树脂的 LDPE 薄膜厚度可减少一些。

⑤ 加入 LDPE 树脂的 LLDPE 树脂，共混后改善了 LLDPE 的加工性和开口性。

5.22 线型低密度聚乙烯超薄薄膜怎样挤出吹塑成型？

例 1：LLDPE 超薄薄膜（膜厚 0.008mm、幅宽 1200mm）

（1）原料配方（质量份） LLDPE（密度 $0.92g/cm^3$、MFR＝2g/10min）50 份，LDPE（密度 $0.922g/cm^3$、MFR＝2.4g/10min）50 份，HMP（六甲基磷酸酰胺填充剂，是无规聚丙烯混入一定比例的 $CaCO_3$ 制成）0.5 份。也可参照表 1-21 选用专用料。

三种材料经混合机搅拌混合均匀，即可投入单螺杆挤出机的机筒内，塑化均匀后挤出吹塑薄膜。

（2）设备条件 选用大连冰山橡塑股份有限公司生产的 SJ65×30 型单螺杆挤出机，螺杆长径比（L/D）为 30∶1。参照表 5-3～表 5-5 选择吹塑薄膜用挤出机生产线。

（3）工艺参数 机筒工艺温度：加料段 175～185℃、塑化段 185～195℃、均化段 195～205℃，法兰连接处 185～195℃，成型模具为 165～175℃，螺杆转速为 50～90r/min，牵引速度为 40～80m/min。

例 2：LLDPE 超薄薄膜（膜厚 0.007mm）

（1）原料配方（质量份） LLDPE（MFR＝2g/10min）38 份，LDPE（MFR＝2.5g/10min）40 份，HDPE（MFR＝1.2g/10min）20 份，碳酸钙 $CaCO_3$（轻质碳酸钙、纯度≥98%、用 300 目筛网过筛）3 份。几种料计量后，在混合机内搅拌混合均匀。

还可用下列配比组成混合料配方：LDPE30 份，LLDPE70 份；LDPE40 份，LLDPE60 份；LDPE70 份，LLDPE30 份。为防止共混料薄膜粘连，可在混合料中加入不超过 3%的轻质碳酸钙(纯度≥98%,细度≤3μm,经 300 目筛网过筛)。主原料中 LDPE 的密度 0.9195g/cm^3、MFR=2g/10min;LLDPE 的 MFR=2.5g/min;HDPE 的密度 0.954g/cm^3、MFR=1.2g/10min。

(2)设备条件和工艺参数　挤出吹塑成型 LLDPE 超薄薄膜用设备条件和工艺参数可参照5.14 内容。

5.23　单层聚乙烯液体包装薄膜挤出吹塑成型有哪些要求?

通常,液体包装用的聚乙烯薄膜应用厚度为 0.08mm。要求这种薄膜要有较高的强度;耐压性、耐冲击性和热封性要好;薄膜表面要光滑无针孔,适合印刷图案;聚乙烯薄膜的卫生要求应符合 GB　9687—1988 标准规定。

(1)原料与配方　为了适应液体包装时的阻隔性能和夹杂封口性能要求,最好用液体包装薄膜成型专用 LDPE 树脂,熔体流动速率(MFR)在 0.75~2g/10min 范围内。

国内目前挤出吹塑聚乙烯液体包装薄膜用料主要是以 LDPE 树脂为主,再添加 LLDPE、EVA 或 HDPE 等进行改性。

单层聚乙烯液体包装薄膜成型用料参考配方如下:LDPE(MFR=1~3g/10min)60 份,LLDPE(MFR=1~3g/10min)40 份,色母料 4 份,润滑剂 0.12 份。

(2)设备条件　应选用 PE 料液体包装薄膜生产专用挤出机吹膜机组。目前,该设备的生产厂家有大连凌海塑料机械厂和湖北轻工机械厂。

挤出机螺杆直径为 45mm,长径比为(25~30)∶1。成型模具采用旋转式结构,口模直径为 70mm。

印刷机为立式柔性版印刷机,最大印刷宽度为 510mm,印刷长度为 190~1020mm。另外,还有光电控制分切机,料筒最大宽度为 1100mm。

(3)单层薄膜生产成型工艺顺序(按配方要求)　各种原料计量→原料在混合机内均匀混合→挤出机把原料塑化熔融→成型膜坯管→吹胀膜管冷却定型→牵引→电晕处理→膜冷却降温→剖幅→检验→包装。

(4)工艺条件要求　挤塑原料机筒各段温度:加料段 150 ~170℃,塑化段 175~185℃,均化段 185 ~195℃。成型模具温度为 180 ~190℃。吹胀胚管采用风冷降温。

(5)液体包装薄膜挤出吹塑成型的注意事项

① 原料中 LDPE 与 LLDPE 的混合比例可以是各占 50%,也可以是 6∶4;两种料的熔体流动速率选择应相同或接近,选用熔体流动速率为 2g/10min 较适宜。

② 原料中 LLDPE 的比例如果超过 50%,超过值越大,其成型液体包装薄膜的难度也随之增大。

③ 原料混合计量要按配方要求精确称量,混合均匀后再投入挤出机中生产。

④ 液体包装薄膜成型厚度误差要严格控制,以避免影响薄膜的热封质量。成型液体包装薄膜选用旋转式模具结构较适宜。

⑤ 为保证原料的塑化质量,必要时要适当增加过滤网目数或过滤网层数。

⑥ 聚乙烯液体包装薄膜成型质量按 QB 1231—1991 标准规定执行。薄膜的幅宽只有 240^{+2}_{-1} mm、320^{+2}_{-1} mm 两种规格。聚乙烯液体包装薄膜的各项指标要求见表 5-32~表 5-36。

表 5-32　液体包装用聚乙烯吹塑成型薄膜的力学性能

项目		优等品	一等品	合格品
拉伸强度(纵、横向)/MPa		≥20	≥18	≥16
断裂伸长率/%	纵向	≥450	≥400	≥340
	横向	≥700	≥600	≥500
热合强度/(N/15mm)		≥8		
动摩擦系数(内、外层)		≤0.35		
落镖冲击试验		合格		
水蒸气透过率/[g/(m² · 24h)]		≤8.0		
氧气透过率/[cm³/(m² · 24h · 0.1MPa)]		≤2500		

表 5-33　PE 液体包装薄膜的厚度及偏差

厚度/mm	极限偏差/%			平均偏差/%		
	优等品	一等品	合格品	优等品	一等品	合格品
0.07~0.09	±10	±12	±15	±6	±8	±10

表 5-34　PE 液体包装薄膜的宽度及极限偏差　mm

基本尺寸	极限偏差
320	+2
240	−1

表 5-35　PE 液体包装薄膜的每卷薄膜断头数及每段长度

项目	优等品	一等品	合格品
断头数/个	0	≤1	≤2
每段长度/mm	—	≥100	≥50

表 5-36　PE 液体包装薄膜的外观质量

项目		优等品、一等品	合格品
水纹及云雾		不明显	较明显
气泡穿孔及破裂		不允许	不允许
表面划痕和污染		不允许	不允许
条纹		不明显	较明显
鱼眼和僵块/(个/m²)	>2mm	不允许	不允许
	0.6~2mm	≤15	≤20
	分散度/(个/10cm×10cm)	≤5	≤8
杂质/(个/m²)	>0.6mm	不允许	不允许
	0.3~0.6mm	≤4	≤5
	分散度/(个/10cm×10cm)	≤2	≤3

⑦ 薄膜卫生性能应符合 GB 9687—1988 规定。

⑧ 薄膜表面应平整,不允许有明显“活褶”。

⑨ 薄膜卷捆应平整,端面错位不大于 2mm,卷芯管内径为 76mm。

5.24 什么是聚乙烯转光保温棚膜?怎样挤出吹塑成型?

聚乙烯转光保温棚膜实际上就是在 LDPE 普通棚膜成型用料内添加一定比例的光转换剂和其他一些辅料(防老剂和防雾滴剂),经挤出吹塑成型。这种大棚膜内由于有了光转换剂而能使太阳光中的紫外线转换成具有特定波长的红光。这种红外线对植物的生长发育有益,可促进农作物的光合作用和新陈代谢过程;同时,还可提高棚内温度,增加保温效果,促使农作物早熟。

(1)原料与配方(参考方) LDPE(熔体流动速率 MFR = 1.5g/10min,密度为 $0.919/cm^3$)70 份,LLDPE(熔体流动速率 MFR = 2g/10min,密度为 $0.912g/cm^3$)30 份,光转换剂(熔点≥280℃,200~400mm 紫外线吸收率>85%,580~750mm 红光透光率为 80%~82%,在 590~750mm 波长范围内的发射峰为 580mm、619mm、690mm)0.1 份,无滴耐老化剂(防雾滴剂的质量分数为 12%±1%,防老剂的质量分数为 5%±0.5%)0.35 份。

(2)设备选择 原料准备用研磨机、混合机、挤出造粒机,聚乙烯挤出吹塑成型薄膜用通用型挤出机组,模具为螺旋式芯棒结构。

(3)生产工艺顺序

① 助剂研磨后计量、LDPE 计量→混合→烘干→挤出造粒(母料)。

② LDPE、LLDPE、母料按配方要求比例计量→混合机混合→挤塑熔融→成型模具内挤出成型膜坯→吹胀膜管(同时风冷却定型)→牵引→卷取。

(4)挤出吹塑工艺参数 挤出吹塑转光保温 PE 膜机筒工艺温度:加料段 120~150℃,塑化段 160~180℃,均化段 180~200℃。成型模具温度为 190~200℃。膜泡吹胀比为2.5~3。风环冷却。

(5)挤出吹塑 PE 转光保温棚膜的注意事项。

① 为了延长棚膜的使用时间,必要时,应在转光棚膜成型用原料中加入光-氧稳定剂。

② 为了提高棚膜的保温效果,转光棚膜成型用原料中可适当加入防红外线阻隔剂。

③ 光转换有效使用期为 4~6 个月。为避免影响棚膜的光转换效果,生产厂应将成品用不透光物包装。

5.25 除草地膜有什么作用?怎样挤出吹塑成型?

除草地膜是在聚乙烯树脂投产前加入一定比例的除草剂,经混合搅拌均匀后挤出吹塑成型薄膜,即为除草地膜。由于融合在聚乙烯树脂中的除草剂小分子和树脂大分子相容性较差,则这种薄膜在使用过程中除草剂会逐渐析出,和土壤中蒸发出的水分混合,在地膜表面形成水滴落入土壤内,除草剂被作物的根和茎叶吸收,在植物体内抑制蛋白酶而杀死草,达到除草的效果。

(1)原料与配方 除草地膜挤出吹塑成型用原料是由 LDPE、LLDPE 和母料共混组成。

① 母料的选择配制。除草地膜中用的母料主要用 LLDPE 作载体,与成核剂、分散剂和除草剂共混,挤出机塑化造粒。

a.作载体树脂的条件。应不与除草剂和其他助剂发生化学反应,除草剂在载体中分散均匀而且加工性好。本例选用 LLDPE 为载体。

b.除草剂的选择。应选择不易燃、不爆炸、无毒或低毒、无刺激性气味、对农作物无药害和杀草面较广的高效除草剂;同时,除草剂应能迁移到膜面上来;在树脂中易分散均匀;加工中化学稳定性好,并对环境和人体无害。

c.分散剂。选用低相对分子质量的 PE 作分散剂加入母料中。母料配方(质量份):LLDPE72 份,除草剂(国产内传导型粉剂)20 份,分散剂(低聚物、国产)5 份,成核剂(无机类粉末、600 目)3 份。

载体树脂、成核剂、分散剂和除草剂按配方要求分别计量,加入混合机内搅拌混合均匀,然后投入双螺杆挤出机内塑化熔融、挤出、切粒,即为母料。双螺杆挤出机的机筒温度为 165~175℃,螺杆转速为 80~90r/min。

② 除草地膜用料配方(质量份)。LLDPE65 份,LDPE30 份,母料(ML)5 份。

(2)设备　应选用挤塑 PE 料专用挤出机(参照表 4-2 选用)。螺杆直径选用 ϕ45mm,长径比为 25∶1。

(3)工艺参数(生产薄膜厚度为 0.015mm) 机筒温度:从进料段开始至模具端,机筒温度分别是 180℃、200℃、210℃、200℃、190℃。螺杆转速为 85r/min,牵引速度为 70r/min,卷取辊转速 650r/min,吹胀比为 2∶1,冷霜线高为 200mm。

5.26　厚度为 0.006~0.010mm 地膜怎样挤出吹塑成型?

(1)原料配方(质量份)　LDPE(MFR=2.5g/10min)75 份,LLDPE(MFR=2.2g/10min)25 份。

(2)设备　选用 SJ65 型挤塑聚乙烯料单螺杆挤出机(见表 4-1~表 4-2),螺杆直径 ϕ65mm,长径比为 30∶1。

成型模具为螺旋式芯棒结构,口模直径为 φ300mm,口模间隙为 0.85mm。

(3)生产工艺顺序　LDPE 与 LLDPE 料分别按配比要求准确计量→掺混在一起搅拌混合均匀→在挤出机内塑化熔融→在成型模具内挤出管状膜坯→牵引管状膜坯(采用平挤上吹法),吹胀管状膜坯至薄膜厚度及膜幅宽度要求的膜泡直径→冷却定型→牵引→剖幅→成品卷取。

(4)工艺参数　挤出机机筒温度:加料段 150~170℃,塑化段 160~180℃,均化段 185~205℃。模具与机筒连接部位:180~200℃。成型模具温度:190~210℃。螺杆转速为 30~50r/min。牵引速度为 30~50m/min。

5.27　黑色地膜有哪些特点?生产工艺要求有哪些?

农田中覆盖黑色地膜,不仅可为土壤保温、保湿和保肥,防止土地板结,还能有效地防止紫外线照射而导致的薄膜老化。由于这种薄膜几乎不透光,故被其覆盖的杂草因光照不足而不能生长,逐渐枯死。由此可见,这种黑色地膜与无色透明地膜比较,它既可延长薄膜的使用时间,又可消除土地中的杂草。

(1)原料配方　LLDPE(MFR=1.5g/10min)、LDPE(MFR=2g/10min)和 HDPE(MFR=0.1g/10min)三种材料组合用料量比例为 LLDPE∶LDPE∶HDPE=30%∶40%∶15%。聚烯烃

黑色母料量为15%。

(2)设备　选用挤塑聚乙烯料专用挤出机,见表4-1~表4-3。

(3)工艺温度　机筒工艺温度:加料段165~175℃,塑化段155~165℃,均化段165~175℃。成型模具温度165~185℃。

5.28　厚度为0.08~0.12mm,折径为3m的棚膜挤出吹塑成型工艺条件重点是什么?

(1)原料配方(质量份)　LDPE(MFR=1.5g/10min,密度0.919g/cm^3)75份,LLDPE(MFR=2g/10min,密度0.918g/cm^3)25份,复合型光稳定剂0.4份。

(2)设备　选用SJ150×25型单螺杆挤出机,螺杆直径为ϕ150mm,长径比为25∶1,口模直径为1000mm,模口间隙为1.5mm。也可参照表5-1选SJ150×25、JM—F2800B机组。

(3)工艺参数　机筒温度:145~220℃(由机筒的进料段至机筒的出料端,温度逐渐升高)。成型模具温度:190~195℃。螺杆转速为40~80r/min。

5.29　聚乙烯牧草青储包装薄膜(厚度为0.09~0.20mm)怎样挤出吹塑成型?

聚乙烯牧草青储包装薄膜(袋)主要是用来储存刚收割的新鲜牧草。用这种薄膜袋包装青牧草存放,经半年后,仍然保持青草的原有营养成分和水分。这种袋装储存青草的方法是利用储存期间进行厌氧发酵,使部分青草中的淀粉成分转化为乳酸,则牲畜更喜欢食用。

袋内青草包装初期,细胞通过呼吸作用对糖分氧化,消耗密封袋内的氧,形成了一个厌氧环境(这时好氧菌逐渐停止活动,厌氧菌继续繁殖)。乳酸菌发酵是在厌氧条件下产生,所以要求青草储存袋保持厌氧环境,是制袋用薄膜的质量关键。

聚乙烯牧草青储包装薄膜(袋)应具备的性能如下:

① 薄膜的强度要求比较高,应保证在青草储存过程中不破损,有很好的阻氧性,使包装青草袋内形成厌氧环境。

② 薄膜袋要密封性好,在低温(冬季)环境下能保持不破裂。

③ 适当的保温性,膜应透光率低,避免袋内热积累,应保持袋内温度适宜。

(1)原料与配方　单层聚乙烯牧草青储薄膜成型用料的主要原料是LLDPE,与其他辅助材料组成参考配方(白色)如下(质量份):

① LLDPE(MFR=1.2g/10min)75份,LDPE(MFR=1.2g/10min)25份,白母料(占40%~60%)4份,防老化母料4份。

② LDPE(MFR=0.5~1.5g/10min)94份,母料(TiO_2)4份,稳定剂母料(UV)3份。

(2)生产工艺顺序　单层聚乙烯牧草青储薄膜成型生产工艺顺序如下:

① 母料的配制工艺顺序如下:颜料或其他助剂经研磨后计量,聚乙烯(LLDPE)料计量→混合均匀→挤出机混炼后造粒。

② 单层聚乙烯牧草青储薄膜成型生产工艺顺序如下:LLDPE、LDPE、母料按配方分别计量→混合均匀挤出机塑化熔融→模具成型管状膜坯→吹胀膜坯、风冷降温定型→牵引→卷取。

(3)工艺参数　牧草青储包装薄膜挤出吹塑成型的工艺参数及条件要求与聚乙烯薄膜挤出吹塑成型的条件相同,可参照本章中5.8节内容。

(4)质量　牧草青储包装薄膜目前还没有国家标准,其性能指标可参照表5-37(此指标为德国某公司产品指标,可供参考)。

表 5-37 牧草青储薄膜的性能指标

项目	测试值	项目	测试值
厚度/mm	0.15	撕裂强度(纵/横)/N	77.7/79.9
伸长强度(纵/横)/MPa	18.6/20.9	落锤冲击能/J	1.42
拉伸率(纵/横)/%	500/550	透光率/%	26.9

5.30 什么是复合薄膜?有哪些特点?

聚乙烯复合薄膜是一种多层共挤复合薄膜,是指由两种或两种以上的塑料分别在挤出机内塑化熔融后,同时把熔融料挤入一个膜坯成型模具内(一般多用螺旋式芯棒),几层料流至口模处复合成一体,挤出口模后成型管状膜坯,经吹胀至工艺要求的直径和厚度尺寸后冷却定型,即为复合薄膜。复合薄膜的特点是能综合多种塑料各自的优点,弥补不足,以达到不同的使用要求。

目前,复合薄膜的层数以 2 层或 3 层应用较多,大于 3 层的(最多可达 7 层)也有应用。以三层复合薄膜为例,其每层的应用特点如下:

① 对外层薄膜的要求是:强度、尺寸稳定性、可印刷性、气体阻隔性、耐热性、耐寒性及透明性等性能要好。一般常用的塑料是聚丙烯、聚对苯二甲酸乙二醇酯和聚酰胺等。

② 对中间层薄膜的要求是:应能有较好的气体阻隔性和坚挺性等。常用的塑料有聚乙烯醇(PVA)、乙烯-乙烯醇共聚物(EVOH)和聚酰胺(PA)等。

③ 对内层薄膜的要求是:热封性和耐油性要好。常用塑料有聚乙烯和聚丙烯等。

5.31 液体包装用复合薄膜怎样挤出吹塑成型?

用聚乙烯薄膜包装袋自动灌装牛奶、豆奶、酱油、豆浆和各种饮料等液体食品,薄膜用量较大。要求这种薄膜要有一定的厚度(约 0.08mm),有较好的强度,耐压性和耐冲击性要较好;膜表面光滑,摩擦系数小;热封性好;膜面无针孔,适合印刷图案;符合卫生性能要求等。为适应不同盛装物的要求,薄膜可吹制成单层薄膜或多层复合薄膜。单层薄膜的颜色有乳白色,三层复合薄膜为白/黑/白三色。

(1)原料与配方 三层复合薄膜挤出成型与单层液体包装薄膜挤出成型用料配方相同。薄膜的内、外层为乳白色,中间层为黑色。中间层也可采用 HDPE50 份,LLDPE40 份,色母料 10 份组合配方。外层薄膜用料配方参照本章 5.23 节中例。

三层复合薄膜成型用料配方也可按下列组合方式(质量份):内层 LDPE30 份,LLDPE60 份,按应用需要加入 10 份其他助剂;外层 LDPE40 份,LLDPE60 份,酌情可加入 0.05 份相容剂;中间层 HDPE50 份,LLDPE40 份,白色母料 9.95 份,相容剂 0.05 份。

(2)生产工艺顺序 三台同规格单螺杆挤出机分别塑化复合薄膜的内、外层和中间层用料呈熔融态→挤出熔融料入复合模具,成型管状复合薄膜膜坯→牵引膜坯运行(同时吹胀膜坯成筒状膜泡,冷却定型)→电晕处理→分切→成品卷取。

(3)设备条件 选用三层料分别由三台挤出机塑化熔融后,共同挤入复合薄膜成型模具内。这种专用设备生产厂家有湖北轻工机械厂和大连理工大学机械厂。

内、外层料用 φ45mm 螺杆直径，螺杆长径比为(27~30)∶1。成型复合薄膜用模具结构见图 5-22。

(4)工艺条件要求　如果用料配方相同，三层薄膜挤出成型用原料的机筒温度控制与单层液体包装薄膜挤出成型工艺温度控制也基本相同。若原料中 LLDPE 的比例增加，则机筒的加料段温度也要适当提高些，其他部位温度不变。复合薄膜厚度为 0.08mm 时，则三层薄膜厚度分别是：内、外层为 0.03mm，中间层为 0.02mm(也可按 4∶3∶3 的厚度比例)。

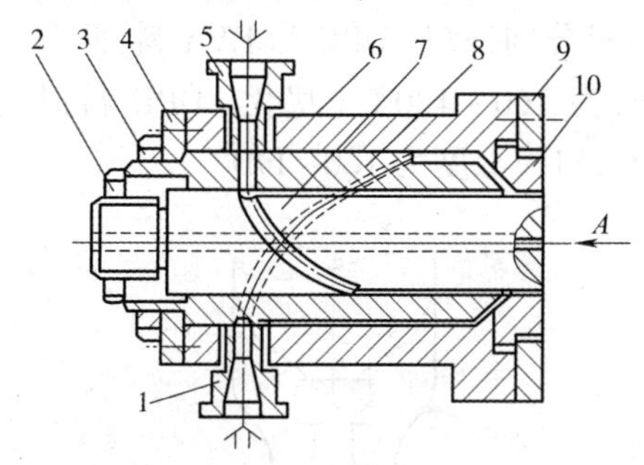

图 5-22　两层复合薄膜共挤出成型用模具结构

1—外层薄膜成型用料进口；2、3—螺母；4—垫圈；5—内层薄膜成型用料进口；6—模具体；7—内芯棒；8—外芯棒；9—压盖；10—口模

5.32　聚乙烯牧草青储包装用复合薄膜怎样挤出吹塑成型？

聚乙烯牧草青储包装用复合薄膜的作用与单层聚乙烯牧草青储包装膜相同，制成袋后，包装储存刚收割的新鲜牧草。

(1)原料与配方　聚乙烯牧草青储复合(二层)薄膜外层为白色，其成型用料主要是以 LLDPE 树脂为主，加入一些辅助材料，组成参考配方(质量份)如下：LLDPE(MFR＝1.2g/10min)100 份，白母料(占 40%~60%)4 份，防老化母料 4 份，加工助剂适量。

复合薄膜内层为黑色薄膜，主要原料是 LLDPE 与 LDPE 混合料，辅助材料中主要是加入些黑母料，组成参考配方(质量份)如下：LDPE(MFR＝1.2g/10min)60 份，LLDPE(MFR＝1.2g/10min)40 份，黑母料(占 40%~60%)4 份。

(2)生产工艺双层聚乙烯牧草青储薄膜成型生产工艺顺序如下：

LLDPE、母料按配方分别计量→混合均匀→挤出机塑化熔融 ↘
LDPE、LLDPE、母料按配方分别计量→混合均匀→挤出机塑化熔融 ↗ →成型模具→成型复合膜管状膜坯→吹胀膜坯，风冷降温定型→牵引→卷取。

(3)聚乙烯牧草青储包装用复合膜挤出吹塑成型工艺　无论是设备还是挤出塑化原料用工艺温度，聚乙烯牧草青储包装用复合薄膜挤出吹塑成型工艺条件都与普通聚乙烯复合薄膜相同，这里不再重复介绍。

5.33　PE/EVA 复合薄膜(厚度 0.04mm、折径为 400mm)的特点及挤出成型条件有哪些？

PE/EVA 复合薄膜是一种比较适合包装香料、香味浓郁的食品和易吸湿的薄膜。EVA 共聚物有良好的可挠曲性，较大的冲击强度，较好的柔韧性、耐环境应力开裂性、耐低温性和耐大气老化性等。EVA 薄膜与 PE 薄膜复合,可弥补 PE 薄膜的气体透过率大的缺点。

(1)原料配方　内层为 LDPE(密度 0.918g/cm^3、MFR=1.5g/10min),外层为 EVA(密度 0.94g/cm^3、MFR=1.3g/10min)。

(2)设备　选用 2 台 SJ-45 型挤出机,参照表 5-3~表 5-5 挤出机吹塑薄膜生产线中的设备选择复合薄膜机组。成型模具结构为螺旋流道,夹层设有通气孔,以使夹层热量排除。PE/EVA 复合薄膜成型模具结构见图 5-23。

(3)工艺参数　两台挤出机分别挤塑 LDPE 和 EVA 料,两台挤出机的机筒各段温度接近:加料段为 100~110℃、塑化段为 160~180℃(塑化 LDPE 料温度略高些)、均化段为 180~190℃,模具温度为 170~180℃,口模温度为 160~170℃。

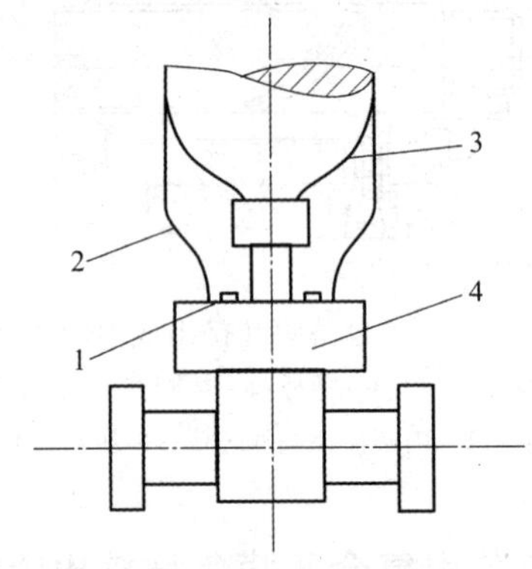

图 5-23　PE/EVA 复合薄膜成型模具结构

1—排气孔;2—外层薄膜;3—内层薄膜;4—成型模具

5.34　HDPE/EVA 复合薄膜的特点及挤出吹塑成型有哪些条件要求?

用 HDPE 薄膜与 EVA 薄膜复合,是由于 EVA(当 VA 的质量分数小于 15%时)与 LDPE 的分子结构相似,两者相容性好、易于结合,可成型透明性较好的复合薄膜。选用 HDPE 作复合薄膜内层,是由于这种薄膜易成型,无毒无味,耐高温,低温性好,但其热封性和可印刷性差;选用 EVA 薄膜作复合薄膜的外层,是由于其柔韧性好,黏合性高,热封性和可印刷性好。两种薄膜的性能互为补充,又由于加工条件要求接近,这对加工这种复合薄膜用设备的选择、复合成型模具结构的设计会带来许多方便。

两种薄膜的复合薄膜用于冷冻食品的包装性能稳定,卫生安全,其热封性、可加工性、印刷性及透明性均较适宜。所以,对其大批量应用是可取的。

(1)原料配方　HDPE(密度 0.961g/cm^3、MFR=0.9g/10min),EVA(VA 质量分数小于 10%)。

(2)设备　HDPE 和 EVA 分别用挤出机塑化,采用聚乙烯塑化用单螺杆挤出机。由于复合薄膜中的 HDPE 薄膜的厚度比 EVA 薄膜的大些,所以选用 HDPE 塑化用挤出机规格可略大于 EVA 塑化用挤出机规格。

复合薄膜用模具中,两层塑化熔融料在口模处黏合在一起,熔流受口模间隙的限制,在一定压力下复合在一起,黏合牢度得到保证。两个套管式芯棒与模具体是依靠各接触部位内外圆柱面紧密配合定位,组成各自的熔融料流动空腔。模具结构紧凑,但两层熔融料流通温度和流量无法调整控制。所以,这种模具结构也只能适合 HDPE/EVA 这两种相容性好、加工性能及温度又接近的塑料薄膜复合成型。

两台挤出机塑化好的熔融料,从复合模具的两侧进入模具,沿着内、外层芯棒流道向口模方向流动。芯棒上流动槽从侧面看为衣架式,呈流线形向口模方向延伸,流通断面为半圆形,从进料端开始至汇合点,断面半径逐渐缩小(见图 5-24)。汇流后的两层熔融料等量分布在芯棒圆周空腔内,同步流向口模,在口模处复合成一体。复合薄膜的膜坯厚度由口模侧面上的调节螺钉调控。

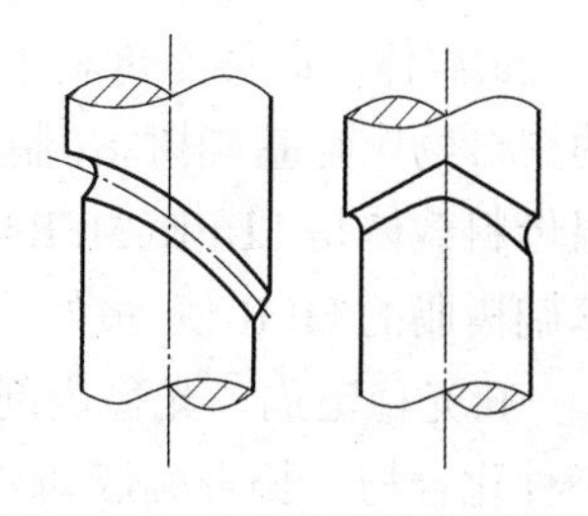

图 5-24　芯棒分流结构示意图

(3)生产工艺顺序　复合薄膜生产工艺顺序如下:

塑化 HDPE 料挤出机—┐
　　　　　　　　　　├→模具成型复合膜坯→牵引膜坯运行[同时吹胀膜坯呈圆筒
塑化 EVA 料挤出机—┘

状、(复合膜筒状直径达到制品折径要求、复合薄膜厚度达到制品厚度),吹风使薄膜降温定型]→电晕处理→印刷→卷取。

(4)工艺参数

① 塑化 HDPE 工艺温度:机筒加料段 160~170℃,塑化段 180~190℃,均化段 200~210℃。

② 塑化 EVA 工艺温度:机筒加料段 130~150℃,塑化段 160~170℃,均化段 180~190℃。

③ 复合模具温度:175~185℃。

5.35　聚乙烯多功能棚膜(厚度 0.10mm、折径 4000mm)怎样挤出吹塑成型?

聚乙烯多功能棚膜主要是指防老化(使用寿命较长)棚膜、长寿无滴膜等。这种棚膜主要用作温室棚和禽类养殖棚等的覆盖薄膜。这种棚膜多用挤出吹塑成型,有单层共挤复合吹膜和多层共挤复合吹膜两种。

(1)多功能棚膜生产成型工艺顺序

① 母料生产工艺顺序。把母料生产用料按配方要求分别计量→在高速混合机内混合、搅拌掺混均匀→双螺杆挤出机混炼塑化成熔融料→挤出条料切粒→过筛→装袋(成品母料)。

② 棚膜生产工艺顺序。把棚膜挤出吹塑成型用原料(LDPE、LLDPE、EVA 和经干燥处理的母料)按配方要求比例分别准确计量→投入高速混合机内搅拌混合均匀→挤出机塑化原料成熔融态。从模具唇口挤出管形膜坯→牵引膜坯运行(同时吹胀膜坯至工艺要求膜泡直径和膜厚度,风环吹冷风使膜泡平稳运行,为膜泡降温冷却定型)→卷取。

(2)原料配方　以三层共挤复合膜为例,棚膜挤出吹塑成型用料配方(仅供参考)如下。

① 外层膜用料配方。LDPE(MFR=1.05g/10min)25kg,LLDPE(MFR=0.9g/10min)50kg,防老化母料 1.5kg。

② 中间层膜用料配方。LLDPE25kg,EVA(VA 质量分数为 6%~14%,MFR=1~2g/10min)50kg,长寿无滴保温母料 7.5kg。

③ 内层膜用料配方。LDPE25kg,LLDPE50kg,长寿无滴保温母料 7.5kg。

④ 母料。配方中的防老化母料配方:聚乙烯 74kg,光稳定剂(HALS)10kg,抗氧剂 3kg,硬脂酸钙 8kg,聚乙烯蜡 5kg。

长寿无滴保温母料的配制是多功能棚膜生产技术的核心,它主要由载体、光稳定剂、防雾滴剂和光调节剂等材料组成。

a.载体。载体是母料中的主要材料,它是母料中各种材料的承载体和黏合剂。用作载体的聚合物应与基础树脂(制品成型用主要树脂)相容性好。多功能棚膜中应用的长寿无滴保温母料载体是LDPE(MFR=2g/10min左右)。注意选择载体树脂的MFR值应略大于或等于基础树脂的MFR值,最好采用粉状树脂。

b.光稳定剂。光稳定剂是用来防止或缓解高分子材料在热、氧、光等因素的作用下降解的一种化合物。长寿棚膜母料中多用受阻胺类光稳定剂(HALS)。生产厂家有北京助剂研究所、北京市化学工业研究院、瑞士汽巴(CIBA)精化公司等。光稳定剂的应用量为0.1%~1.0%。

c.防雾滴剂。多功能棚膜用母料中的防雾滴剂是多种非离子型表面活性剂的复配物,如高碳脂肪酸混合酯、多元醇脂肪酸酯、多聚氧化乙醚和含胺基聚氧乙烯化合物等。这些防雾滴剂的分子结构是由亲水基团和疏水基团组成,能在较高(30℃)和较低(-5℃)的温度环境中,使附在薄膜上的水蒸气吸附在亲水基团上。由于表面活性剂均匀分布在膜上,疏水基团使水珠向周围扩散,增大了水珠的曲率半径,使其流入地下而消除了水雾的存在。

常用的防雾滴剂有:北京市化学工业研究院精细化工所的FY-2型,上海安益化工公司产FWD-1型,北京助剂研究所产PE-1型,瑞士汽巴(C1BA)产Atmer103、Atmer14、Atmer184型,使用量为0.5%~3%。

d.光调节剂。光调节剂实际上是一种辅助加工助剂,在母料中的用量较少。如加入聚乙烯蜡、油酸酰胺、硬脂酸锌等,可使母料中的主要助剂在薄膜中分散均匀;母料中加入无机填料(如高岭土、滑石粉、云母粉、碳酸钙、白炭黑、硅灰石、玻璃微珠等,要求粒径在7~12μm),可降低母料的生产成本。

长寿无滴保温母料用材料组合参考例见表5-38。

表5-38 长寿无滴保温母料用材料组合参考例 kg

材料名称	外层膜用母料	中层膜用母料	内层膜用母料
LDPE(MFR=2g/10min)	81	73.5	72
受阻胺类光稳定剂	15	2	2.5
复合型抗氧剂	2	0.5	0.5
防雾滴剂	—	13	15
无机填料	—	10	10
聚乙烯蜡	0.5	—	—
硬脂酸钙(锌)	1.5	—	—

e.母料生产注意事项。

ⓐ载体应选用MFR=2g/10min左右的LDPE树脂,最好用粉状料,这有利于母料中各种助剂的均匀扩散。

ⓑ母料中的一些助剂极易吸水受潮,投产前要充分干燥和粉碎过筛,以防止助剂结块,影响母料质量。

ⓒ母料中需加入无机矿物质时,应在加入前对其进行表面处理。经干燥后的粉状无机矿物质,需加入硬脂酸、硬脂酸锌和偶联剂进行表面活化偶联处理,以使无机矿物质粉不易凝聚

结块,增强与高聚物的表面结合力。

ⓓ母料用的各种材料需在高速混合机中混合搅拌时,向高速混合机中加料的顺序是:载体树脂→粉末状助剂→液态助剂→分散剂→防雾滴剂。液态助剂应先用粉状无机矿物质吸收,搅拌均匀后再投料。

ⓔ高速混合机工作时,应低速混合搅拌料 2~5min,混合机温度控制在 40~50℃范围内,以防止助剂因受高温而粘结成团。.

ⓕ最好选用双螺杆挤出机混炼预塑化母料,挤出造粒。挤出机机筒的温度(从加料段至机筒出料端)分别是加料段 70~80℃、塑化段 100~110℃、均化段 140~160℃、出料端 110~130℃,模具为 70~90℃,螺杆转速为 160~220r/min,冷却水温度为 30~50℃。

ⓖ注意母料生产制造中的工艺温度控制应尽量低(防雾滴剂在高于 140℃时易挥发),是保证助剂在薄膜制品中不迁移、不析出、分散均匀的重要条件。

ⓗ母料存放期不宜过长(一般为 3~5 个月),注意包装的密闭,在存放和运输过程中不能受潮,置于干燥通风处。

(3)设备　多层共挤多功能棚膜用挤出吹塑薄膜生产线设备与普通薄膜挤出吹塑成型用生产线设备相同,但由于多功能棚膜的折径尺寸较大,所以挤出吹塑成型用料量大,所用设备规格较大。为了薄膜能有较好的冷却降温效果,牵引辊距地面高度大。本例选择大连冰山橡塑股份有限公司生产的三层共挤吹塑复合薄膜机组,主要技术参数见表 5-39 和表 5-40。

表 5-39　大连冰山橡塑股份有限公司产挤出机主要技术参数

项目＼型号		SJ-90×30A	SJ-120×30
螺杆直径/mm		90	120
螺杆转速/(r/min)	LDPE	15~150	13.5~135
	LLDPE	10.5~105	10~100
螺杆长径比 L/D		30	30
驱动电动机功率/kW		75	132
机筒加热功率/kW		25(5 段)	42(6 段)
机筒冷却风机功率/kW		2.5	3
自动上料机功率/kW		1.5	2.2
生产能力/(kg/h)	LDPE	250~280	400~450
	LLDPE	170~200	300~320
中心高/mm		500	600
外形尺寸(长×宽×高)/mm		3709×2183×2240	4756×2446×2395
机器质量/kg		4410	6425

表 5-40　大连冰山橡塑股份有限公司产辅机主要技术参数

项目＼型号	SJGM-F3500×3	项目＼型号	SJGM-F3500×3
模具结构	分层螺旋式芯棒	牵引辊规格尺寸/mm	ϕ308×3500

续表

项目 \ 型号	SJGM-F3500×3	项目 \ 型号	SJGM-F3500×3
快速换网形式	液压	牵引辊距地面高/m	20
换网装置加热功率/kW	23.7	卷取辊规格尺寸/mm	ϕ310×3500
模具口模直径/mm	1400	牵引速度/(m/min)	2.2~22
模具加热区数	28	外形尺寸(长×宽×高)/mm	16720×20300×9840
模具加热功率/kW	215	机器质量/kg	70380
风环直径/mm	1650		

设备的结构特点如下：

① 螺杆长径比大，螺杆带有特殊的混炼段，原料混炼效果好。

② 三台挤出机呈45°角布置，结构紧凑。

③ 有自动加料装置。

④ 三层共挤模具结构为螺旋式芯棒结构。

⑤ 液压传动快速换网，三层过滤网目数为60/80/60目。

⑥ 辅机设有机械手装置，可实现自动计长、切割和卷取。

由于生产棚膜厚度为0.10mm、外层膜厚为0.025mm、中间层膜厚为0.05mm、内层膜厚为0.025mm，所以选择内、外层料塑化用SJ-90×30A挤出机2台，中间层料塑化用SJ-120×30挤出机1台。

(4)工艺参数

① 母料投产前，应在70~80℃温度条件下进行干燥处理。

② 每层薄膜成型用料按配方要求准确计量后，在混合机内混合搅拌均匀，混合时间为5~10min。

③ 挤出机塑化原料时，机筒温度(从加料段开始至均化段)分别是：内、外层料塑化时，机筒温度分别为加料段160~170℃、塑化段180~190℃、均化段190~200℃，连接颈为190~200℃；中间层料塑化时，机筒温度分别为加料段150~160℃、塑化段160~170℃、均化段170~180℃，连接颈为180~190℃。

④ 成型模具温度为190~200℃。

⑤ 螺杆转速：内、外层料塑化时，螺杆转速为45~55r/min，中间层料塑化时，螺杆转速为50~60r/min。

⑥ 膜泡吹胀比为1∶1.8。

⑦ 膜泡牵引速度为18~25m/min。

(5)工艺操作要点

① 为使各种功能性助剂在薄膜中分布均匀，保证薄膜质量，各种助剂应在制成母料后应用，投产前应进行干燥处理(温度70~80℃、干燥时间为0.5~1h)。

② 各层薄膜成型用料应按配方准确计量，混合均匀后分别加入各自塑化用挤出机内。

③ 为保证挤出机塑化原料工作正常顺利进行，注意机筒加料段温度控制在树脂的熔点温度以下，以防止进料温度过高而提前塑化熔融、抱住螺杆，影响粒料连续进入机筒，使生产无法正常运行。注意进料口处的冷却水流量控制。

④ 注意塑化熔融料进入模具前的熔体压力调整控制，为模具提供充分塑化、压力均匀的熔融料。

⑤ 对挤出机塑化系统加热升温时，应先为模具加热升温，后为挤出机机筒和连接颈加热升温。EVA 料塑化机筒的温度应低于 PE 料塑化机筒的温度。

⑥ 机筒前应加过滤网。PE 料塑化机筒加 60/80/60 目过滤网，EVA 料塑化机筒加 60/60/60 目过滤网。

⑦ 对每层膜厚度的监测控制，除安装厚度控制系统外，还可采用下列简易方法控制每层膜厚：

a.生产前，应先预测出每层膜用料塑化挤出时，在工艺温度控制较正常平稳的条件下，单位时间内螺杆不同转速时的挤出料量（kg/h）。

b.画出各层挤出机的挤出料量与螺杆转速关系图（也可列出单位时间内不同螺杆转速挤出料量表）。

c.按生产棚膜每层膜的厚度和膜幅宽，计算棚膜各层膜成型正常生产时挤出机应挤到模具内的料量（kg/h）。

d.按用料量从图或表中查出此时螺杆应达到的工作转速（r/min）。

当更改原料型号或配方变动时，还应重新修正挤出机螺杆转速与挤出料量的关系。

⑧ 膜泡不正常现象的调整。膜泡出现运行不平稳、下垂、断裂或抖动及蛇形膜泡等现象时，将会直接影响棚膜的质量或使生产无法正常运行。发现上述现象时，应立即进行调整，具体处理方法如下。

a.膜泡下垂。引起膜泡下垂的原因有膜坯直径大、料量多自重大、熔体温度偏高、风环冷却风量过大和冷凝线低等，有时还因膜泡下垂与风环接触而造成膜泡破裂。此时，降低机筒和模具温度，适当减小冷却风环的吹风量或提高膜泡的冷凝线；如下垂现象还无法消除，则应考虑更换熔体流动速率低些、熔体强度高些的树脂。

b.膜泡破裂。是由于冷却风量过大、膜泡降温过快或牵引膜泡运行速度过快所引起。应适当降低膜泡冷却速度（即降低风环吹向膜泡的风量）或适当提高模具和熔融料温度；仔细检查膜泡的薄膜中是否杂质过多，如果过多，则应更换过滤网或更换掉杂质过多的树脂；必要时还可增加原料中 LLDPE 树脂的用量。

c.膜泡抖动。由于生产车间内有较强的气流吹向膜泡、风环吹向膜泡圆周的风量不均匀或流速不一致、牵引速度不平稳等条件的影响，都会引起膜泡运行不稳定或出现抖动现象。此时，应检查引起车间内出现气流的原因，进行排除；调整风环吹向膜泡圆周的风量和流速，应风量分布均匀，吹向膜泡的风流速相等；调整牵引辊转速平稳；必要时可略降低熔融料温度，适当加快膜泡的冷却、降温定型速度。

d.出现蛇形膜泡（即膜泡直径尺寸大小不一致）。此现象多出现在生产初期，从模具中引出膜坯刚开始吹胀膜坯呈筒状膜泡时。这是由于挤出机挤出的熔融料量还不够稳定，塑化料质量欠佳，吹入膜坯内的压缩空气压力和空气量还不稳定以及风环吹向膜泡的风量还调整不当所致。应首先调整好挤出机螺杆转速达到平稳，有较合理的、稳定的工艺温度，保证膜坯管挤出模具时的成型质量；然后吹胀膜泡直径尺寸和膜厚符合工艺要求，保持吹入膜泡内的空气压力和风量稳定；再调整风环吹向膜泡周围的风量分布均匀，流速平稳。

⑨ 棚膜的生产质量检查。棚膜生产速度快、产品折径尺寸大、每卷膜的质量大，所以，卷取后就不能再对其进行全面的质量检查。一般在棚膜冷却定型后、卷取前的工位处设有质量

检查员，对膜的折径宽度、厚度、外观质量（如杂质、黑点、膜皱褶、条纹等）、印刷标准的清晰度、棚膜表面润湿张力等进行检查。

⑩ 生产操作分工明确。由于棚膜生产线中组成设备多、占地面积大、牵引部位机架高、生产线较长，则每个岗位上都应有责任操作者（如生产用原、辅材料的准备及输送，棚膜挤出吹塑生产中的工艺参数控制调整，成品薄膜的卷取、计量、包装、入库等），生产时各负其责，由一人统一指挥。

在挤出吹塑薄膜生产线上、原料准备区，各种材料应分品种严格分区堆放；在物料混合区，对拆封的材料按配方要求准确计量后加入混合机（注意：拆袋下来的棉线、胶带纸及工具等杂质，要统一堆放到固定地点，不许乱扔，以防这些杂物混入料中）。

⑪ 安全生产。挤出吹塑生产薄膜进入正常生产后，要有专人负责对设备进行安全检查巡视工作，如检查各运转零部件是否有异常声响，润滑油是否充足，轴承部位是否温度过高，挤出机内熔体压力是否在规定值内（如超过规定压力值，应及时更换过滤网）等，发现异常要及时检查维护；出现报警信号要立即停机，找出故障原因后检查排除。

5.36 聚乙烯降解薄膜有哪些特点？原料怎样配制？

降解薄膜是指在自然环境中，在一定的时间内，其性能和化学结构出现明显变化，能自行碎裂、降解或在自然环境中消失的塑料薄膜。

塑料降解条件可分为生物降解（在细菌、霉菌和藻类等自然界微生物作用下所引起的塑料降解）、光降解（在太阳光作用下所引起的塑料降解）和使用环境降解（在自然环境中，在光、热、水、氧、污染物、微生物、昆虫及风、砂和机械等综合作用下引起的塑料降解）。

降解塑料按其制造成型用材料分，可分为添加型（共混型）降解塑料和聚合型降解塑料。添加型降解塑料是指成型制品的树脂中必须添加降解性物质而制成的塑料，如聚乙烯淀粉生物降解塑料、光/淀粉降解塑料、光/碳酸钙降解塑料等；聚合型降解塑料是指塑料制品用的树脂内带有可降解基团的一种塑料，如聚合物本身带有极易被光降解基团的乙烯/一氧化碳共聚物（E/CO），具有水溶性的聚乙烯醇等。

降解薄膜挤出吹塑成型时的工艺条件和使用设备与普通聚乙烯薄膜成型时完全一样，两种薄膜的不同之处只是所用原料的配方有些差别。聚乙烯降解薄膜成型用原料主要是LDPE，熔体流动速率在4~7g/10min范围内，也可在LDPE树脂中掺混一定比例的线型低密度聚乙烯（LLDPE）。这种混合料成型的薄膜强度可提高，而厚度能减小些。为了能使薄膜在有效使用期后降解破碎，原料中还要加入一定比例的能促进制品降解的辅助料，这就是降解膜不同于普通聚乙烯薄膜之处。

目前，用HDPE为主原料挤出吹塑购货袋用降解薄膜也开始大量应用。

降解聚乙烯薄膜成型用原料配方如下。

① 在主原料中加入一些光降解剂制成可控光降解薄膜，如在LDPE中加入一些含酮基化合物的共聚物（如乙烯与一氧化碳、甲基乙烯酮、甲基丙烯酮等）。由于酮基具有生色团的作用，吸收阳光中的紫外线后，会引起光降解的效果。另外，还应加入一些能够促进光降解的添加剂（如二茂铁类、二苯甲酮等），以提高光降解速度。

② 在主原料中加入一些淀粉类物质制成生物降解地膜。这种地膜使用时覆盖在土壤上，则薄膜中的淀粉受土壤中的微生物作用而使膜破坏，导致地膜的破碎。

③ 在地膜成型用主原料（LDPE）中同时加入光降解剂和淀粉类物质制成薄膜。在光降解

剂和微生物同时作用下,这种薄膜会有更好的降解效果。

④ 用于遮光性地膜成型原料中,可增大碳酸钙的比例吹塑成型薄膜,膜中 $CaCO_3$ 内的羰基对周围树脂有一定的加速老化作用,可作为光降解薄膜使用。

用上述辅助料(淀粉、碳酸钙及其他一些助剂)加入 PE 树脂中应注意,如果加入比例过大,会给 LDPE 地膜的吹塑成型带来一定的难度。

5.37 聚乙烯淀粉可生物降解薄膜怎样生产成型?

聚乙烯淀粉可生物降解塑料薄膜的生产成型分两个工艺程序:第一工序是把高浓度生物降解剂与载体 PE 树脂、相容剂、增塑剂、加工助剂等材料经处理后,按一定比例混合均匀,经挤出混炼造粒,制成具有可生物降解功能母料;第二工序是将可生物降解母料按一定比例与聚乙烯(LDPE、HDPE)配混,搅拌混合均匀后用挤出机挤出吹塑成型(也可挤出流延成型)可生物降解塑料薄膜。

(1)聚乙烯淀粉可生物降解母料的配混造粒

① 生产工艺顺序如下:

载体 PE 树脂、相容剂 ┐
淀粉→改性处理 ├→高速混合→挤出混炼造粒→降解母料。
自氧化剂、加工助剂 ┘

② 生产工艺。可生物降解母料的生产有两种方式:一种是乙烯-丙烯酸共聚物(EAA)相容剂法;另一种方式是预细化淀粉法。

a.EAA 相容剂法。原料配方:EAA(AA% = 8% ~ 10%)10kg,玉米淀粉(含水量 < 14%)50kg,LDPE(MFR = 7g/10min)5kg,聚乙烯蜡 3kg,硬脂酸 3kg,甘油 8kg,植物油(玉米油)2kg。

生产过程如下:

ⓐ把约占配混母料总质量 60% ~ 65%的淀粉在 110℃左右的温度条件下干燥处理,使其含水量小于 3%。

ⓑ用白油把有机硅氧烷偶联剂(或铝酸酯偶联剂)在 70 ~ 80℃温度范围内稀释成表面处理剂。

ⓒ把干燥处理后的淀粉和偶联剂处理液按配方要求比例加入到混合机内,在 80℃左右温度条件下混合搅拌约 10min,对淀粉进行表面处理。

ⓓ把母料配方中的相容剂、PE 树脂和表面处理后的淀粉及其他一些辅助材料按配方要求比例计量,加入到高速混合机内掺混,搅拌配混均匀。工艺温度约 80℃,混合时间约 5min,达到淀粉与聚合物的理想界面结合。

ⓔ混合料降温至 45℃以下。

ⓕ混合料用挤出机混炼塑化、造粒。塑化造粒挤出机机筒工艺温度:加料段 100 ~ 120℃、塑化段 130 ~ 140℃、均化段 150 ~ 160℃,模具温度为 130 ~ 140℃。如果用开炼机混炼切片时,辊筒温度在 120℃左右,两辊面间隙为 1.5mm。

b.预细化淀粉法。预细化淀粉法与 EAA 相容剂法生产工艺基本相同,只是对淀粉的处理方法有些不同。预细化淀粉是把淀粉在液态下真空脱水,使其淀粉中含水量不大于 3%,然后用矿物油作载体,采用特殊工艺研磨糊状淀粉浆料,细化淀粉粒径在 10μm 以下,以使淀粉在 PE 树脂中能有较好的分散性。

(2)聚乙烯淀粉可生物降解塑料薄膜生产工艺

① 生产工艺顺序如下：

LDPE 树脂、可生物降解母料→按一定比例配混→挤出塑化成型膜坯→膜坯吹胀→冷却定型膜泡，牵引运行→卷取成品降解薄膜。

② 生产工艺。

a.PE 树脂与可生物降解母料按工艺要求比例配混，在高速混合机内，常温下混合 3min。注意：母料投产前需干燥处理，含水量应不大于 1%。

b.采用挤塑 PE 料单螺杆挤出机挤出吹塑制品。挤出机机筒加热工艺温度（从加料段到挤出端）依次是：100～120℃，150～160℃，140～150℃，130～140℃。成型模具温度为 135℃。

(3)生产工艺操作要点

① 聚乙烯淀粉可生物降解塑料薄膜生产成型主要原料可用 LDPE，也可用 HDPE，选用熔体流动速率在 4～7g/10min 范围内的树脂。

② 生物降解母料生产用料也可参照下列配方（质量份）：淀粉 60～65 份，偶联剂1～1.5份，载体树脂（含淀粉接枝共聚物）25～35 份，分散剂 3～5 份，促降解剂 0.5～1.5 份。

③ 淀粉常用材料是从玉米、薯类（木薯、马铃薯、红薯等）、大米及小麦植物中提取的淀粉。玉米淀粉可使降解塑料有较好的力学性能和加工性，薯类淀粉可使降解塑料有较好的降解性能。

④ 用于降解塑料中的淀粉必须是经过干燥处理的改性淀粉；储存期较长的母料应用前要干燥去湿，使其含水量小于 1%，以防止膜泡吹胀时爆裂或影响膜面表观质量。

⑤ 注意淀粉在制品用料量的控制：淀粉在制品用料量中占 10%时，其诱导期在 7 个月左右；淀粉在制品用料量中的质量分数大于 20%时，其诱导期在 3 个月左右。即随着薄膜制品用料量中淀粉用量的增加，其制品的诱导期会逐渐缩短。

⑥ 降解薄膜的挤出吹塑成型设备可用挤出吹塑 PE 料成型薄膜设备，成型模具应采用螺旋式芯棒结构，进料口直径应略大于纯 PE 料模具进料口直径。

⑦ 降解薄膜用料的挤出塑化温度控制要低于 160℃；以 HDPE 料为主要原料时，挤出温度可略高些，但不应超过 170℃。这主要是考虑原料中的淀粉塑化能力差，在高温时易“烧焦"的缘故。

⑧ 降解膜坯管的吹胀比控制在 1.5～3 之间。注意膜坯纵、横拉伸倍数应接近，防止膜泡破裂。

⑨ 降解薄膜挤出生产初期，要用纯聚乙烯树脂试生产，正常后再投入降解薄膜成型用料；生产结束前，用纯 PE 料清洗机筒和模具，设备中不许有降解料残留。

(4)聚乙烯可生物降解薄膜的性能特点

① 可生物降解塑料薄膜的成型用原料中，淀粉的加入量应不少于总用料量的 8%。聚乙烯淀粉可生物降解薄膜的性能指标见表 5-41。

表 5-41　聚乙烯淀粉可生物降解薄膜的性能指标

项目		性能指标	项目	性能指标
拉伸强度/MPa	纵向	18.3	热封强度/(N/15mm)	6.8
	横向	16.3		

续表

项目		性能指标	项目	性能指标
断裂伸长率/%	纵向	485.0	落镖冲击破损质量/g	81.0
	横向	495.0		
直角撕裂强度/(kN/m)	纵向	84.4	透光率/%	90.3
	横向	109.5	雾度/%	86.0

② 降解塑料制品的力学性能与树脂中淀粉的质量分数有关;淀粉的质量分数加大,其力学性能下降;当淀粉在树脂中的质量分数超过20%时,其撕裂强度明显下降。

③ 由于树脂中有淀粉的加入,使薄膜的雾度提高,成为乳白色半透明薄膜,但对透光率影响不大。

④ 淀粉在制品中与树脂实际不相容,它只是均匀地分散在树脂中。聚乙烯树脂熔融料在纵、横向拉伸时,淀粉颗粒不被拉伸,使淀粉颗粒周边与树脂形成空隙,这样的薄膜有一定的透气功能。

⑤ 相同质量的薄膜(当厚度也相同时),降解塑料薄膜的面积比普通 PE 薄膜的面积大,即每平方米的降解薄膜比普通 PE 薄膜质量轻。

⑥ 由于淀粉的亲水性,使降解薄膜也具有一定的吸湿性和静电分散性,适合用于需抗静电包装的场合。

⑦ 聚乙烯淀粉降解薄膜中的淀粉使塑料薄膜的燃烧热值降低,这样对废弃的薄膜可采用焚化处理,由于其燃烧热值低,不会损坏焚化设备,不产生有毒气体和有害的飞尘。

5.38 聚丙烯薄膜有哪些特点?怎样挤出吹塑成型?

聚丙烯挤出吹塑成型薄膜和聚乙烯吹塑薄膜一样,是一种通用型、用途广泛的薄膜。聚丙烯挤出吹塑成型薄膜是一种最轻、无毒和力学性能、透明度、耐热性均较好的一种薄膜,可在100℃高温中蒸煮不变形。聚丙烯薄膜的主要用途是用来包装各种物品,特别适合于各种服装和食品包装的应用。

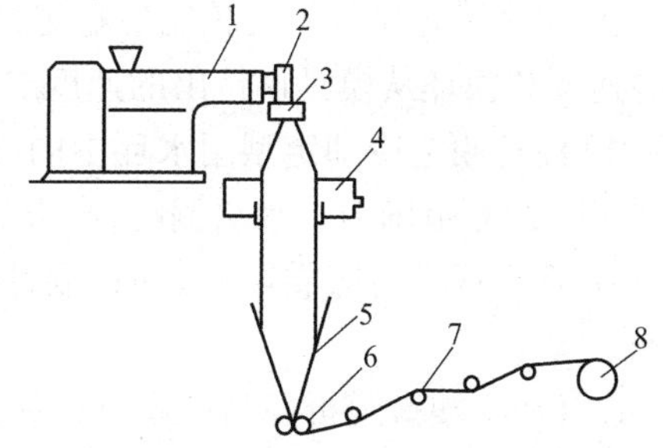

图 5-25 聚丙烯薄膜下吹法生产成型设备组成
1—单螺杆挤出机;2—膜坯成型模具;3—风环
4—水槽及水冷却定型套;5—人字形导板
6—牵引辊;7—速度控制装置;8—卷取装置

聚丙烯薄膜的挤出吹塑成型一般多采用图 5-25 所示的下吹法生产成型,生产工艺顺序如下:聚丙烯树脂→单螺杆挤出机把原料塑化熔融→成型模具挤出管状膜坯→牵引机牵引膜坯运行(同时膜筒被吹胀成膜泡,冷风吹膜或水冷降温定型)→牵引装置→干燥→电晕处理(根据用途)→成品薄膜收卷。

聚丙烯薄膜挤出吹塑成型生产线除了采用图 5-25 所示的下吹法外,也可采用上吹法和平吹法生产。下吹法成型膜坯用模具结构见图 5-26,其他设备(主机、辅机)与挤出吹塑聚乙烯薄膜成型用设备完全相同。

(1)原料与配方 聚丙烯薄膜挤出吹塑成型用料按标准规定,应选用 PP-H-I-015 牌号塑料薄膜类树脂，树脂密度为 0.89~0.91g/cm^3。可参照表 2-5 选择 PP 薄膜挤出吹塑成型用料生产厂及牌号。

(2)设备条件　聚丙烯薄膜挤出吹塑成型用单螺杆通用型挤出机，螺杆结构为等距不等深渐变型或突变型，长径比大于 20：1，一般在(20~25)：1 范围内应用较多，压缩比在(3~4)：1 之间。成型膜坯用模具结构多为直角下吹型(见图 5-11)。如果采用螺杆直径为 ϕ45mm 挤出机时，直角式螺旋进料成型模具结构(见图 5-26)可供应用参考。图中，模具的口模直径为 60mm，口模间隙为0.6mm，定型段长 60mm，设置 3 个缓冲槽。

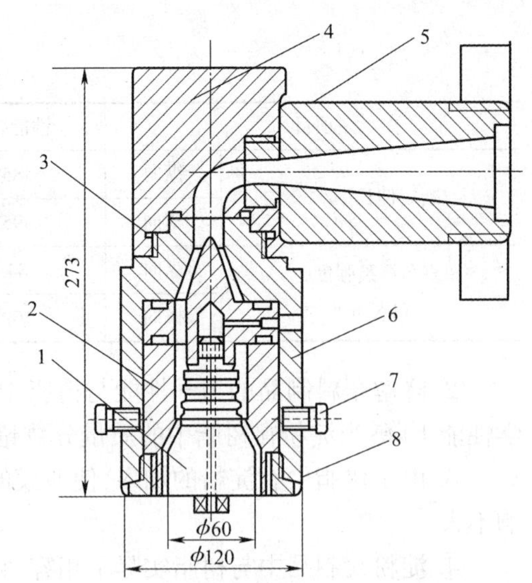

图 5-26　直角式螺旋进料成型模具

1—芯棒；2—中套；3—分流锥；4—模具体；5—接头；6—外套；7—调节螺钉；8—压盖

(3)工艺温度　机筒工艺温度：加料段 140~170℃，塑化段 170~200℃，均化段 180~215℃，成型模具温度 210~225℃。

(4)工艺操作要点

① PP 薄膜挤出吹塑成型生产工艺顺序中的电晕处理工序可按薄膜的用途决定是否采用。

② PP 薄膜挤出吹塑成型时，挤出机的机筒前一般都要加过滤网和多孔板。过滤网为 80/100/100/80 目四层，挤出成型微薄薄膜时中间过滤网目数为 120 目。

③ 采用下吹法成型 PP 薄膜时的口模间隙应控制在 0.8~1.2mm 范围内，注意口模唇圆周间隙要均匀。

④ 吹胀膜坯用气压力控制应稳定，膜坯吹胀成膜泡的吹胀比应不超过 2，牵伸比(牵引膜泡的速度和膜坯从模具口挤出的速度之比)控制在 2~3 之间。

⑤ 注意膜泡冷却定型用水环中的冷却水流量控制要均衡，水温控制要稳定，一般水温控制在 15~20℃范围内。水温偏高，会影响薄膜的透明度；水温偏低，薄膜发黏。

⑥ 选择成品薄膜卷取方式时，要注意制品在 24h 内的尺寸收缩变化对制品外观质量的影响。

⑦ PP 吹塑薄膜折径与口模直径和吹胀比的关系见表 5-42，可供应用时参考。

表 5-42　PP 吹塑薄膜折径与口模直径和吹塑比的关系

膜折径/mm	120~200	200~320	240~400	300~500	600~800
口模直径/mm	80	100	150	200	350
吹胀比	1.0~1.6	1.3~2.0	1.0~1.7	1.0~1.6	1.0~1.4

PP 吹塑薄膜用树脂应符合 GB/T 12670—2008 标准规定(见表 2-2)。

(5)质量　PP 吹塑薄膜挤出成型的质量要求应符合标准 QB/T 1956—1994 规定。PP 吹塑薄膜的厚度及偏差要求见表 5-43。PP 吹塑薄膜的幅宽及偏差要求见表 5-44。PP 吹塑薄膜的物理机械性能指标规定见表 5-45。食品包装用 PP 薄膜的卫生标准指标应符合标准 GB 9688—1988 的规定，具体要求见表 5-46。

表 5-43　PP 吹塑薄膜的厚度及偏差要求(QB/T 1956—1994)

mm

厚度	极限偏差		
	优等品	一等品	合格品
≤0.010	+0.003 -0.002	±0.004	±0.005
0.011~0.020	+0.004 -0.003	±0.005	±0.007
0.021~0.030	±0.005	±0.007	±0.009
0.031~0.040	±0.006	±0.009	±0.012
0.041~0.050	±0.008	±0.011	±0.014
0.051~0.060	±0.009	±0.013	±0.016
0.061~0.080	±0.010	±0.015	±0.018
>0.080	±0.011	±0.018	±0.022

表 5-44　PP 吹塑薄膜的幅宽及偏差要求

mm

宽度(折径)	优等品	一等品	合格品
<100	±1	±2	±3
101~300	±2	±3	±3
301~500	±2	±3	±4
>500	±3	±4	±5

表 5-45　PP 吹塑薄膜的力学性能指标规定

项目		指标
拉伸强度(纵/横)/MPa		≥20
断裂伸长率(纵/横)/%		≥350
直角撕裂强度(纵/横)/(N/mm)		≥80
雾度/%	厚度<0.03mm	≤5.5
	厚度为 0.03~0.05mm	≤6.0

表 5-46　食品包装用 PP 薄膜的卫生标准指标

项目	指标
蒸发残渣/(mg/L)	
4%乙酸,60℃,2h　≤	30
正乙烷,20℃,2h　≤	30
高锰酸钾消耗量/(mg/L)	
水,60℃,2h　≤	10
重金属(以 Pb 计)/(mg/L)　4%乙酸,60℃,2h　≤	1

续表

项目	指标
脱色试验	
冷餐油或无色油脂	阴性
乙醇	阴性
浸泡液	阴性

5.39 聚丙烯薄膜挤出吹塑成型质量缺陷怎样排除？

(1)薄膜的透明度略差

①吹胀后的膜坯冷却水温度偏高。应适当降低冷却水温度至30℃左右。

②对吹胀后膜坯冷却用冷却水流量小,膜泡体降温速度慢。应加大冷却水流量。

③吹向膜泡的冷却风量过大。应适当降低风环出风量,直至膜的透明度提高。

④成型模具温度偏低,从模口挤出膜坯表面有些粗糙。应适当提高模具温度。

⑤挤出吹塑宽幅薄膜时,生产速度过慢。应酌情提高螺杆工作转速。

(2)成品薄膜卷取后开口性差

①挤出吹塑薄膜熔融料温度偏高。应适当降低机筒和成型模具温度。

②牵引辊夹紧力过大。应减少推动胶辊移动气缸的工作压力。

③湿膜干燥时温度高。应降低冷却定型后薄膜的烘干温度。

④冷却水温度偏低。应提高冷却水温至30℃左右。

⑤冷却水流量过大。应适当减少冷却水流量。

⑥风环吹向膜泡的风量太小。应适当加大吹风量。

(3)膜面局部模糊、透明性差

①膜泡通过冷却定型套时,局部与套管面不接触,冷却水环套管对中性差。应校正其工作位置。

②冷却水环内表面局部黏附杂质或油。应对冷却水环表面用中性洗涤剂清洗,去除油污。

③膜泡内充气量不足,使膜泡局部与冷却水环不能接触。应慢开充气阀向膜泡内充气,直至膜泡面与冷却水环内表面全部接触。

④膜泡厚度不均,使膜体降温速度不一致。应把模具的口模间隙调均匀。

⑤吹膜的表面与人字形导板面接触摩擦损伤。应加大冷却水环中的冷却水流量,使膜面形成一层水膜,消除膜面与人字形导板面的接触摩擦。

(4)膜面出现纵向线痕

①膜泡吹胀直径尺寸过大。应适当减少吹胀膜泡的进气量。

②膜泡冷却水环用冷却水量不足。应加大冷却水流量,保持膜泡体有一层水膜保护膜面。

③定型套或人字形导板面不光滑。应把这两个装置中与膜面接触的部位修光洁。

(5)膜面有皱纹

①薄膜的横向厚度误差大,是由于口模间隙不均匀所致。应把口模间隙调整均匀。

②辅机中的模具、人字形导板和牵引辊中线不同在一条以口模中心线为中线的垂直线上,造成膜泡运行偏斜,使膜泡在卷取时有皱纹。应重新校正。

③冷却水环位置有误。应调节水环对中,保持膜泡筒圆周同时浸水冷却降温。

5.40 挤出吹塑成型塑料薄膜工艺要点有哪些?

(1)原料选择

①LDPE(密度为0.916~0.925g/cm^3)薄膜原料。一般包装用LDPE薄膜成型用MFR为1~4g/10min;要求膜的强度高、用于重包装的LDPE薄膜用MFR为0.3~1g/10min;大棚用LDPE薄膜用MFR为0.2~0.8g/10min;LDPE热收缩薄膜用MFR为1.2~1.5g/10min。不同类型的LDPE薄膜成型用料可参照表1-10选择。

②LLDPE(密度为0.918~0.930g/cm^3)薄膜原料。地膜、极薄薄膜用MFR为0.5~2g/10min,大棚膜用MFR为0.5~1g/10min,一般包装薄膜用MFR为1~2g/10min,强度要求高的重包装薄膜用MFR为0.5~1g/10min。LLDPE薄膜挤出吹塑成型用料参照表1-21选择。

③HDPE(密度为0.941~0.965g/cm^3)薄膜原料。常用熔体流动速率(MFR)为0.3~6.0g/10min的HDPE树脂,厚度小于0.01mm的薄膜用MFR为0.1g/10min的树脂,一般包装薄膜用MFR为1~2g/10min的树脂。HDPE薄膜挤出吹塑成型用料参照表1-13选择。

④PP薄膜。挤出吹塑薄膜用熔体流动速率(MFR)为8~12g/10min的树脂,如一般包装用PP吹塑薄膜用燕山牌2600型(MFR=11g/10min)树脂;要求有较好耐油、耐热性能的PP薄膜用辽阳石化公司产1088型(MFR=6~10g/10min)树脂;流延薄膜用燕山牌2655型(MFR=10g/10min)和辽阳石化公司产1278型(MFR=6~9.5g/10min)树脂。PP薄膜挤出吹塑成型用料参照表2-5选择。

⑤PVC薄膜。一般包装用PVC薄膜用SG2型,农业用薄膜用SG3型,民用和工业用薄膜选SG4型,热收缩PVC薄膜选SG5型,透明硬片用SG6或SG7型树脂。

(2)设备选择

①挤出机螺杆直径与制品的关系。螺杆直径ϕ45mm时,成型模具的口模直径应小于100mm,薄膜折径宽度为200~600mm,厚度为0.015~0.08mm。螺杆直径为ϕ65mm时,口模直径为100~150mm,薄膜折径宽度为300~1000mm,厚度为0.04~0.12mm。螺杆直径为90mm时,口模直径为150~300mm,薄膜折径宽度为500~2000mm,厚度为0.06~0.15mm。螺杆直径为120mm时,口模直径为250~400mm,薄膜折径宽度为600~2500mm,厚度为0.06~0.22mm。螺杆直径为150mm时,口模直径为300~600mm,薄膜折径宽度为800~3500mm,厚度为0.06~0.24mm。

可参照表5-3~表5-5选择挤出吹塑薄膜用机组。

②螺杆结构。PE薄膜原料塑化用等距不等深渐变型或突变型螺杆,长径比L/D为(20~30):1或更大些,压缩比为(3~3.5):1。

PP薄膜原料塑化用突变型或渐变型螺杆,最好前端有混炼头型,长径比L/D为(25~28):1,压缩比为4:1。

PVC薄膜原料塑化用等距不等深渐变型螺杆,长径比L/D为(20~25):1,压缩比为(3~3.5):1。

可参照表4-1~表4-5,按塑化原料的不同选择挤出机型号。

(3)工艺参数

①塑化温度。不同原料在挤出机机筒内的塑化温度见表5-47。

表 5-47　不同原料在挤出机机筒内的塑化温度

原料名称	机筒温度/℃			机筒、模具过渡段温度/℃	成型模具温度/℃
	加料段	塑化段	均化段		
LDPE	90~100	120~140	140~160	140~160	140~150
HDPE	130~150	150~170	170~180	170~180	170~180
LLDPE	160~180	180~190	190~210	200~210	200~210
PP	180~190	220~230	230~240	225~235	210~220
PVC	150~160	160~170	170~180	175~185	170~180

②口模间隙。LDPE 为 0.6~1.0mm,HDPE 为 1.0~1.5mm,LLDPE 为 1.2~2.5mm,PP 为 0.8~1.2mm,PVC 为 0.6~1.5mm。

③参数。风环与模具口的距离在 30~100mm 范围内,风环直径比模具的口模直径大150~300mm,风压在 0.3~0.4MPa 范围内,吹风量在 5~20m³/min 范围内。

④吹胀比。LDPE 料为 1.3~3.5,HDPE 料为 3~6,LLDPE 料为 1.5~3,PVC 料为 1.5~2.5,PP 料为 1~2。

⑤牵伸比。HDPE 料为 4~6,LDPE 料为 2~8,PP 料为 2~3,PVC 料为 2~5。

5.41　挤出吹塑成型薄膜质量缺陷怎样查找排除?

在挤出吹塑成型塑料薄膜的生产过程中,有时会出现一些产品质量问题,如薄膜的折径宽度或厚度尺寸误差超出规定要求、薄膜表面出现晶点过多、有黄色条纹或黑色焦点及表面无光泽等现象。问题出现后,操作者应及时根据现象分析、查找问题,然后逐项进行调整、观察,直至把质量故障排除。

(1)薄膜表面晶点或僵块数量超标

①过滤网细度不够,适当改换细度高些的过滤网。

②原料中的粒料不均匀,有锅巴料混入。

③两种掺混原料的熔体流动速率(MFR)相差太大。应选用 MFR 相接近的两种树脂混合使用。

(2)薄膜的厚度误差值过大

①成型模具的模唇处间隙调整不均匀、间隙误差大。

②模唇的圆周口温度误差大,温度高的部位挤出料量大,温度偏低处的熔融料流速慢。检查局部加热电阻丝是否有不工作现象。

③吹胀膜泡运行不平稳,受冷却风量在膜泡圆周分布不均匀或工作环境有流动气流影响。应注意消除两种影响条件。

④挤出模具口的熔融料量不稳定或是牵引速度不稳定,造成薄膜厚度纵向误差大。检查螺杆与机筒的配合间隙是否过大,造成熔融料(返流量大)挤出量不均匀;检测牵引辊转速是否平稳,维修排除故障。

(3)膜面有皱褶

①模具唇口间隙不均匀,造成吹胀薄膜厚度不均匀。

②成型模具唇口平面不水平,造成吹胀膜泡运行偏离中心线。

③人字形导板张开角度平分线与膜泡运行中心线不重合。应调整模具中心线与人字形导板张开角平分线在一条重合线上。

④牵引辊工作面不平整,牵引薄膜力在牵引辊的工作面上不均匀。

⑤生产车间有气流吹动,膜泡运行不平稳。

(4)薄膜表面无光泽、有条纹

①塑化熔融料温度低,塑化不均匀。

②成型模具内有滞料部位,滞料分解有焦黄条纹。

③模具唇口工作面有划痕。

④人字形导板面或牵引辊工作面不光洁、粗糙或有黏料。

⑤原料不清洁,混有灰土或杂质。

⑥熔融料过滤网破损。

(5)薄膜表面有黑斑、污点

①原料内杂质多。

②熔融料过滤网破裂。

③机筒和成型模具内有异物、不清洁。

④生产前,机筒、螺杆上的残料没有清理干净。

(6)收卷捆不平整

①牵引辊夹膜的压紧力在整个辊面上不均匀,使被牵引膜运行跑偏。应对牵引辊进行维修,磨光辊面,保证两辊的中心线平行。

②膜厚误差大。

(7)吹胀膜泡运行不平稳

①膜泡运行速度与冷却风流动速度不协调。

②冷却风环圆周吹出的风量不均匀。

③熔融料温度偏高、螺杆运转不平稳或机筒内返流熔融料量大,使挤出熔融料量不均匀。

(8)膜筒折痕开裂

①牵引辊中的橡胶辊工作面弹性小,压紧力过大。

②吹胀膜泡比和膜坯的牵伸速度比之间的比例选择不当。

5.42 塑料薄膜挤出流延成型有哪些特点?

塑料薄膜采用挤出流延法成型,常用材料有聚丙烯、聚乙烯、聚酰胺、乙烯-醋酸乙烯共聚物和聚酯等。这种方式生产的薄膜有以下特点:

①流延成型用辅机设备要求加工精度高,结构也比较复杂,所以流延成型用辅机比吹塑成型用辅机造价高。

②流延成型的塑料薄膜幅宽受辅机规格的限制,要比吹塑薄膜的幅宽尺寸小,一般幅宽小于4m。

③流延薄膜的厚度比吹塑薄膜的厚度误差小,较均匀的流延薄膜厚度适合于印刷、干式复合、自动包装等加工应用。

④流延薄膜的透明度高(雾度低),光泽度好,手感好,柔软。

⑤流延法成型薄膜用辅机对膜坯冷却效果好,可以提高生产速度,不产生吹塑筒状膜折径粘连现象。

⑥流延法成型的薄膜如不采用双向拉伸工艺,其纵、横向力学性能不如吹塑薄膜均衡。

5.43 挤出流延成型塑料薄膜用哪些设备?

从流延薄膜挤出机生产线设备布置(见图 5-27)中我们知道,流延薄膜挤出成型用设备主要有单螺杆挤出机、成型模具、喷气(气刀)装置、冷却定型辊筒、牵引装置、切边装置和其他辅助装置等。

(1)挤出机 采用通用型单螺杆挤出机,螺杆结构是按挤塑材料的不同而变化。当挤塑聚丙烯时,取长径比(25~33):1,压缩比为 4:1,结构型式为带混炼头的计量型螺杆;挤塑材料是聚乙烯时,取长径比(25~30):1,压缩比为 3:1,结构型式为计量型突变螺杆;挤塑材料是聚酰胺时,取长径比为(28~35):1,压缩比为(3.5~4):1,结构型式为带混炼头的突变型螺杆。

(2)成型模具 常用的流延薄膜挤出成型用模具结构型式有歧管型(T 型)、螺杆分配型、衣架型和鱼尾型,其中应用较多的成型模具是歧管型和衣架型结构(见 5.44)

(3)喷气(气刀)装置 喷气装置中的主要零件是气刀,安装在流延膜与冷却辊筒接触的部位(见图 5-28)。气刀体是一个筒形、一侧开有窄缝,能吹出压缩空气的喷嘴,喷嘴的长度与模具上的模唇长度相同,喷嘴缝隙宽在 0.4~2mm 范围内;工作时从这里喷出气压稳定、气流速度均衡的压缩空气,垂直吹向冷却辊筒上的薄膜。气刀的作用是能把从模唇口流延出的薄膜紧贴在冷却辊筒面上,把薄膜快速降温,减少膜面幅宽的收缩,使流延薄膜的宽度和厚度尺寸稳定。气刀与冷却辊筒的距离可在 3~40mm 范围内视膜的成型状况调整。

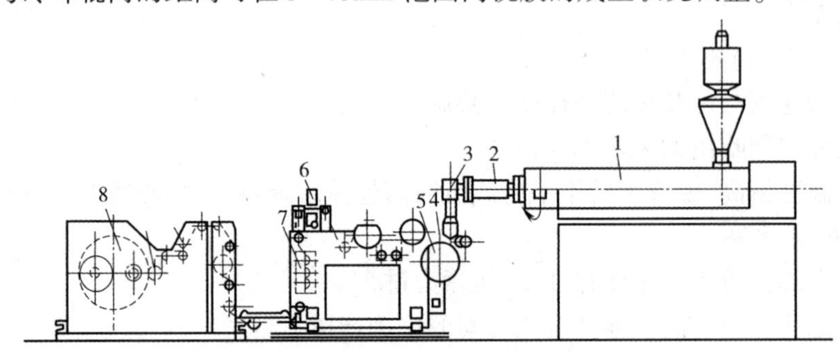

图 5-27 流延薄膜挤出机生产线设备组成

1—挤出机;2—过滤装置;3—成型模具;4—气嘴
5—冷却定型辊筒;6—测厚装置;7—电晕处理装置;8—收卷装置

(4)冷却定型辊筒 冷却定型辊筒是为流延薄膜降温,使其定型的一种大直径辊,一般由两个辊筒组成(见图 5-28)。第一辊筒直径在 600~800mm 范围内,第二辊筒直径在 300mm 左右,两个辊筒内均通冷却循环水。为了得到较好的降温效果,最好使冷却水强制加快循环,这样可以提高薄膜成品的透明度和减少流延薄膜幅宽收缩。对于辊筒工作面的加工,其表面粗糙度值 Ra 应不大于 0.05μm,然后镀硬铬层抛光至镜面粗糙度。

(5)牵引装置 流延成型设备中的牵引装置由一对直径约为 250mm 的辊筒组成,一个是辊面挂有橡胶层的被动辊,另一个是表面镀有硬铬层的主动辊。牵引辊工作时,主动辊在下,橡胶辊压在钢辊上,冷却定型的流延薄膜从两辊间通过时被两辊夹紧,被牵引向卷取方向运行。

(6)切边装置 切边装置安装在卷取装置前,作用是切除冷却定型薄膜两端较厚部分的薄膜。膜两端的切刀片距离可按产品宽度要求进行调整，切下的膜边进行卷取，然后经切粒后可直接投入原料中再生产。

(7)其他辅助装置　流延法成型用的挤出机生产线上还有一些生产流延薄膜不可缺少的辅助装置，如为了清除熔融料中的杂质而用的过滤网和能够快速换网用的换网装置；测量流延薄膜厚度用的β射线测厚仪和型号为 KR100D、能够满足生产速度为 100m/min、保证薄膜表面的润湿张力达到 38mN/m 以上的膜面电晕处理装置等。

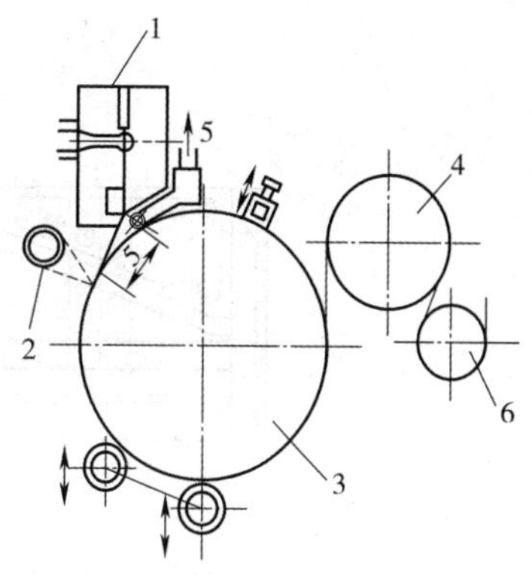

图 5-28　流延薄膜用冷却辊筒工作示意图

1—成型模具；2—气刀；3、4—冷却辊
5—排风管；6—导辊

5.44　挤出平膜(流延膜)成型常用哪些模具？

塑料平膜、片、板之间的厚度界线，没有统一的规定。一般地，人们习惯把制品厚度小于 0.25mm 的称为薄膜；厚度大于 0.25mm、小于 1mm 的称为片；厚度大于 1mm 的称为板。这一类制品的挤出成型，首先是经过模具，成型略大于制品宽度和厚度的尺寸型坯，然后经三辊压光、冷却定型(流延法成型是经过冷却辊降温定型)，再经牵引、冷却、切边等工序，完成制品的挤出成型生产工作。

挤出成型平模、片、板制品常用的模具结构有歧管型(见图 5-29)、鱼尾型(见图 5-30)、衣架型(见图 5-31)和螺杆分配型(见图 5-32)等。成型这类制品用模具结构有很多相似之处，它们的结构特点如下：

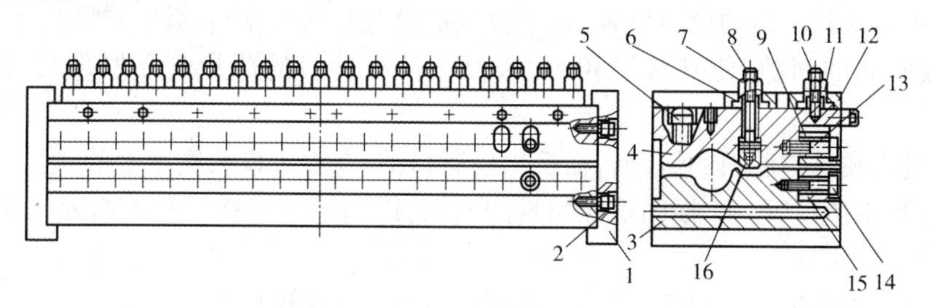

图 5-29　歧管型成型模具

1—端板；2、5、13、14—螺钉；3—下模体；4—上模体；6、12—压板；
7—调节螺母；8、10—调节螺钉；9—上模唇；11—螺母；15—下模唇；16—阻流调节条

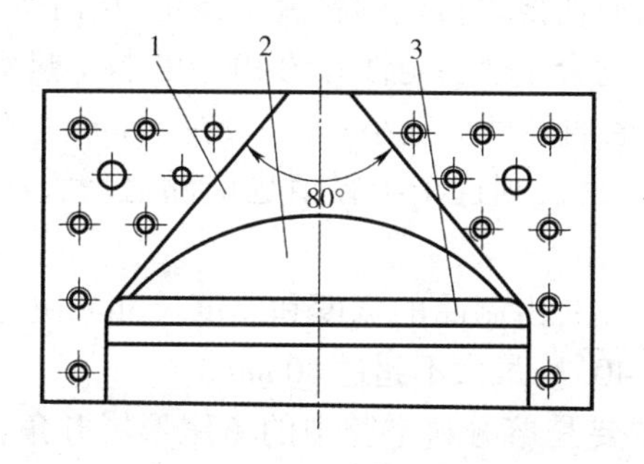

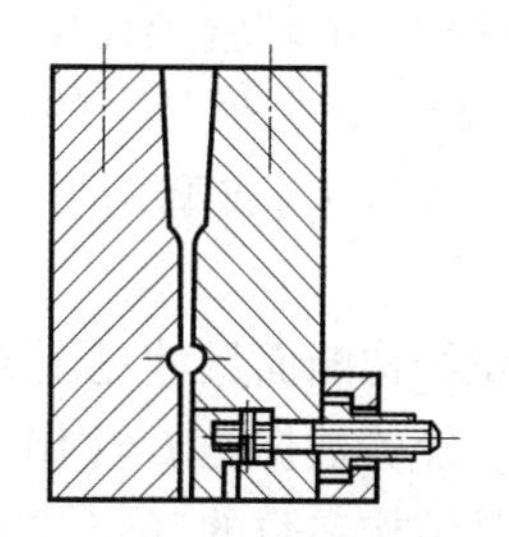

图 5-30　鱼尾型模具

1—熔融料扩展段；2—阻流分配段；3—阻流槽

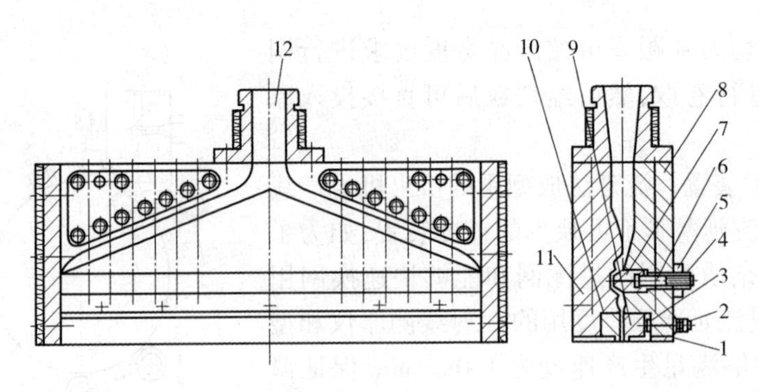

图 5-31　衣架型模具

1—挡板；2、4—螺母；3—调节螺栓；5—压板；6—螺栓；7—阻流调节条；
8—上模体；9—上模唇；10—下模唇；11—下模体；12—连接颈

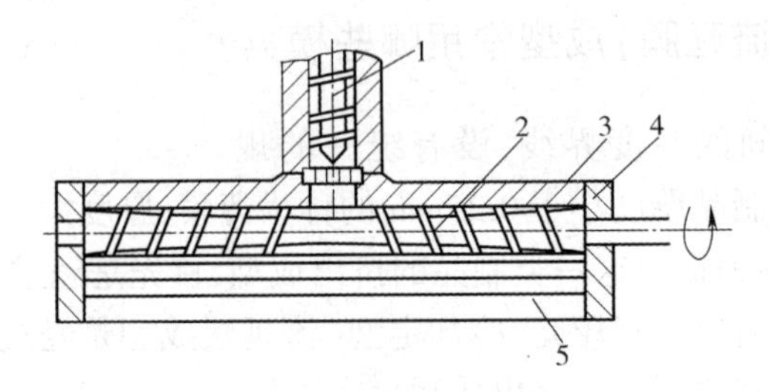

图 5-32　螺杆分配型模具

1—挤出机螺杆；2—分配螺杆；3—模具体；4—端板；5—模唇

①模具中的熔融料流动空腔主要由上、下模板组成，由多个螺栓紧固两零件的位置。

②模具中熔融料出口的模唇位置，整个幅宽都设置有均匀分布的调节螺钉，生产初期用以调整上、下模唇间的间隙，使其接近相等，以保证挤出唇口的薄片制品厚度尺寸，符合质量要求。

③为使进入模具空腔内的熔融料在挤出模唇口前，在整个模唇宽度上的流量、压力及流速接近相等，空腔中还设置一个横向贯穿模具的凹槽，以满足上述挤出熔融料对流量、压力及流速接近一致的需要。

④模具体内外设置有加热器，以满足成型制品对工艺温度的要求。

模具结构基本参数的确定：

①歧管型模具结构参数的确定。歧管型模具结构中的歧管半径一般在 15~45mm 范围内选择。取大值时，由于模具内储料较多，而使挤出口模的料流量稳定，从而保证了制品成型尺寸的均匀性。这种较大的歧管半径比较适合于热稳定性好的 PE、PP 料。热敏性差、流动性又不太好的 PVC 料挤出成型，模具中的歧管直径就应选小些，一般在 15mm 左右。当然，如果制品的宽度和厚度尺寸较大、成型用料量较大，则这个半径值也应随之增大些，才适合生产的需要。

模具模唇部位结构断面尺寸见图 5-33，由制品的宽度和厚度尺寸来决定，但也要注意熔融料特性的影响。经验数据是 $L=(10\sim40)h$，最大不超过 80mm。

②鱼尾型模具结构参数的确定。主要是熔融料空腔中的鱼尾形展开角，一般控制在 80°以下。其平直部分（定型部分）可比歧管型模具的平直部分尺寸略大些，一般取 $L=(15\sim50)h$。

③衣架型模具结构参数的确定。衣架型模具可生产幅宽为 2000mm 左右的片材，经横向

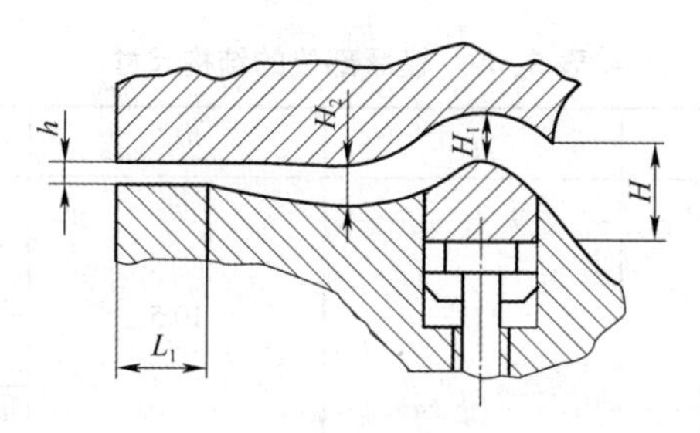

图 5-33　模具模唇部位结构断面尺寸

拉伸可成型幅宽为 4000mm 的薄膜。

衣架型模具体内的歧管半径比较小(一般不大于 15mm)。表 5-48 中列出幅度为 700mm 和 1000mm 时,由模具中间进料,向两端歧管半径逐渐缩小,不同距离的歧管半径尺寸的实例,可供应用时参考。

④螺杆分配型模具结构参数的确定。应注意下列几点:

a.模具中螺杆的直径应小于挤出机塑化原料用螺杆直径,而且分配螺杆的螺纹头数不是单头螺纹,最好选用 4~6 个螺纹头数。这是为了缩短塑化的熔融料在模具中的停留时间,避免原料分解,以保证挤出生产成型制品能长时间顺利进行。

b.螺杆分配型模具中模唇部位结构尺寸的确定见图 5-33,参考表 5-49 中的经验数据应用。

表 5-48　衣架型模具中歧管直径不同位置的变化　mm

幅宽为 700mm 时的 PVC 板(片)成型用模具结构										
中间进料歧管半径位置	0	50	100	150	200	250	300	310	320	330
歧管半径	10	9.72	9.42	9.06	8.62	8.02	7.10	6.82	6.49	6.04

幅宽为 1000mm 时的 PVC 板(片)成型用模具结构							
中间进料歧管半径位置	R_0	R_1	R_2	R_3	R_4	R_5	R_6
歧管半径	15.0	13.5	12.0	10.5	9.0	7.5	6.0
过渡圆弧位置	r_1	r_2	r_3	r_4	r_5	r_6	r_7
过渡圆弧半径	3.25	3.00	2.75	2.50	2.25	2.00	1.75
歧管展开角 α	165°						
H	≈2.5						
L	≈6.8						
L_1	在(10~40)h 范围内,最大不超过 80mm						

注:h 为制品厚度,表中数值参照下图位置。

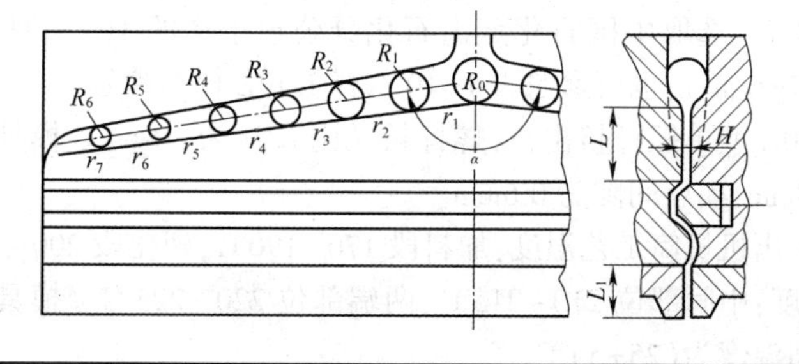

表 5-49 模唇部位的结构尺寸

mm

制品厚度	H	H_1	H_2	h	L
1.5~3	24	13	10.5	2.5	50
3~5				5.5	60
5~6				8.0	80
7~8				10.5	105

5.45 挤出流延成型薄膜怎样选择原料?

塑料薄膜采用挤出流延法成型用原料,要求树脂塑化熔体要有较好的流动性,所以应选择树脂熔体流动速率较高的材料。如挤出流延成型聚丙烯薄膜时,应选择熔体流动速率在10~12g/10min范围内的树脂;挤出流延成型聚乙烯薄膜时,应选择熔体流动速率在3~10g/10min范围内的LDPE树脂;挤出流延成型聚酰胺薄膜要选择熔体流动速率在1.8~2g/10min范围内的树脂。

另外,挤出流延薄膜成型用料选择还应注意薄膜应用条件的要求。如应用于需高温(大于140℃)蒸煮杀菌用的PP薄膜用料,就应选用嵌段共聚蒸煮型聚丙烯;要求透明度高的PP挤出流延薄膜成型,就应选择晶点少、透明度高的薄膜级的PP均聚物;使用时需要拉伸的PE流延膜(如缠绕膜和自黏性食品保鲜膜)成型用料,就应选择无添加剂(润滑剂、开口剂)的薄膜级聚乙烯树脂;医用级PE薄膜(医用手套、胶布底基)挤出流延成型用原料,使用时应有较好的回弹性和柔软性,需要选用可共混EVA料。

聚乙烯挤出流延成型薄膜用料可参照表1-10和表1-21选择。聚丙烯挤出流延成型薄膜用料可参照表2-5选择。

5.46 挤出流延成型聚乙烯薄膜有哪些工艺条件?

(1)特点与用途 聚乙烯流延薄膜表面平整、透明度高、力学强度好,主要用于作干复合材料的热封层基材、建筑、各种防水和要求透明度好的食品包装薄膜及印刷薄膜。

(2)聚乙烯流延薄膜挤出成型

①工艺顺序如下:LDPE树脂→单螺杆挤出机塑化→熔融料流延成型→冷却成型→电晕处理→牵引→消除静电→收卷。

②原料选择。选择熔体流动速率为3~8g/10min的LDPE树脂。本例为生产0.04mm厚、用于食品包装流延薄膜,选取中国石化燕山石化分公司生产的1C7A型LDPE树脂(MFR=7g/10min,密度0.917g/cm^3),也可参照表1-10选择LDPE树脂牌号。

③设备。用SJ90C型单螺杆挤出机,螺杆长径比L/D为30∶1。模具为歧管型(T型)结构,模唇长度为1200mm,模唇间隙为0.6mm。

④工艺参数。挤出机机筒工艺温度:加料段170~190℃,塑化段200~210℃,均化段220~230℃。成型模具温度:中间部位210~215℃,两端部位220~225℃。模具前加3层100目过滤网。冷却辊筒表面温度为(25±5)℃。

例:茶叶内包装用薄膜(幅宽900mm、厚0.04mm)

茶叶内包装用薄膜应是无异味、不透明和具有阻涩性。采用普通聚乙烯树脂挤出流延成型,多数是透明和表面无阻涩性薄膜。用于茶叶内包装时,其薄膜本身的油脂性异味会让茶叶吸附而变味、变质。

(1)原料选择　选择燕山石化分公司生产涂层级 1C7A(MFR = 7g/10min、密度为 0.9182g/cm^3)、重包装薄膜级 1F7B(MFR = 7g/10min、密度为 0.9195g/cm^3)树脂,可符合茶叶内包装用薄膜要求。

(2)设备条件　选用 LDPE 树脂塑化用专用挤出机,螺杆长径比 L/D = 30∶1,采用 T 型结构成型模具;图 5-27 所示挤出流延生产线,冷却定型辊筒直径为 600mm,辊面宽为 1400mm。

(3)工艺参数

①挤出机机筒工艺温度(从加料段至均化段,机筒温度逐渐升高)分别是:210℃、230℃、250℃、260℃、260℃、270℃、270℃、270℃。

②T 型模具温度:中间部位为 271℃、两端为 275℃,模唇开口间隙为 0.05mm。

③螺杆转速为 50r/min,挤出螺杆的背压为 0.12MPa。

④机筒前加 3 层 100 目过滤网。

⑤冷却定型棍面温度为 19℃。

(4)质量　聚乙烯和聚丙烯流延薄膜的质量应符合 QB/T 1125—2000 规定,薄膜的力学性能见表 5-50。

表 5-50　聚丙烯和聚乙烯流延薄膜的力学性能

项目		指标			
		聚丙烯薄膜		聚乙烯薄膜	
		厚度>40μm	厚度≤40μm	厚度>40μm	厚度≤40μm
拉伸强度/MPa	纵向 ≥	40	35	14	12
	横向 ≥	30	25	12	10
断裂伸长率/%	纵向 ≥	500	350	300	200
	横向 ≥	600	450	400	300
摩擦系数	动 μ_d	≤0.35		≤0.25	
	静 μ_s	≤0.35		≤0.25	
润湿张力/(mN/m)		38			
雾度/%	≤	8	5	—	

①润湿张力指标可由供需双方商定。

②金属化型、蒸煮型特殊薄膜不考虑摩擦系数,如用户有要求,由供需双方商定。

③润湿张力检验是指自生产之日起 3 个月内的测定值。

5.47　聚丙烯挤出流延成型薄膜有哪些工艺条件?

(1)特点与用途　目前,聚丙烯单层流延薄膜是生产量最大的品种,与聚乙烯流延薄膜比较,防潮性好,透明度高,耐热、耐油性好,硬度高,有一定的热封强度。它一般多用于各种食品、服装、药品及各种日用品包装,还可作复合膜和真空镀铝膜基材等。

(2)聚丙烯流延薄膜挤出生产成型

①工艺顺序。与聚乙烯流延薄膜挤出生产成型工艺顺序相同。

②原料选择。聚丙烯流延薄膜挤出成型用原料,国内有多家生产厂。要求选用树脂熔体

流动性好的专用树脂,熔体流动速率要求在 3~12g/10min 范围内,如燕山牌 705、2635,辽阳石化分公司生产的 1178、1278 和 31308,上海石化分公司生产的 PPH-IS-075 等聚丙烯树脂,均可用来生产 PP 流延薄膜。也可参照表 2-5 选择树脂牌号。

③设备。用 SJ90C 型单螺杆挤出机,螺杆长径比 L/D 为 30∶1。模具为歧管型(T 型)结构,模唇长为 1500mm,模唇间隙为 0.8mm。生产 PP 流延薄膜幅宽 1200mm,膜厚 0.04mm。

④工艺参数。挤出机机筒塑化原料工艺温度:加料段 180~210℃,塑化段 220~240℃,均化段 250~265℃。

成型模具温度:中间部位 230~240℃,两端部位 250~260℃。

冷却辊筒温度:15~25℃。

5.48 挤出流延聚乙烯、聚丙烯薄膜成型工艺操作要点有哪些?

①对 PP、PE 树脂挤出流延成型薄膜时的塑化工艺温度控制,应是从机筒的加料段开始逐渐升高。成型模具体上的温度应是两端部位高于中间部位,但要注意熔融料温度对制品质量的影响。较高的熔融料温度,成型薄膜表面粗糙度小,透明度高;但熔融料温度超过 290℃时(指 PP 料),制品的冲击强度有下降趋势,而且熔融料易分解。

②冷却定型辊筒的温度控制应尽量取低值,这对制品的表面粗糙度和透明度有利。

③流延薄膜降温定型辊筒距模具唇口的距离,当流延薄膜流延片挤出成型正常后就应及时调整。这个距离尺寸的大小对薄膜定型质量和薄膜幅度变化的影响较大,最大距离应不超过 10mm。

④喷气口间隙一般不超过 2.5mm,此间隙过大,也会增加薄膜的浊度。喷气口的压缩空气压力控制在 0.4~0.6MPa 范围内。

⑤用于印刷的流延薄膜,在生产过程中应进行电晕处理,以保证印刷质量。

⑥用于自动快速包装的流延薄膜成型用料中,要加入一定比例的抗静电剂或薄膜表面涂覆抗静电剂。

⑦流延薄膜熔融料流至冷却辊面上,要与辊面全部接触,膜面与辊面间不许有空隙和空气存在,否则会影响薄膜的外观质量。

⑧冷却辊筒的工作面必须保持光亮清洁,不许存在任何污物和挥发物,否则会影响成品薄膜的表观质量和流延薄膜的降温效果。

⑨冷却辊筒的运转速度要平稳可调,工作时与熔体从模具口流延的速度匹配,这样才能保证生产运行中膜厚和薄膜幅宽尺寸的稳定。

⑩冷却速度对流延薄膜质量影响较大,如流延薄膜在冷却辊上骤冷(指 PP、PE 薄膜),能加快其结晶速度。结晶度小,则制品柔软,透明度好,拉伸强度也会提高。

5.49 塑料薄膜(片)怎样挤出牵引成型?

塑料薄膜挤出牵引成型的生产方法与塑料薄膜挤出流延成型相似。塑料薄膜挤出牵引成型也是采用衣架型成型模具,但挤出模具口的片形熔融料不是流延至冷却辊筒上,而是由冷却定型辊筒把片形熔融料从模具口牵引出。这种辊筒工作时,既能牵引从模具口挤出的膜片平稳运行,又能使膜片在辊筒上冷却定型。挤出牵引成型薄膜或片的生产设备见图 5-34。组成挤出牵引薄膜生产线设备有:单螺杆挤出机、成型模具、三辊压光机牵引、冷却辊组、切边装置、牵引装置、切断装置和收卷装置等。这种生产方法可用聚氯乙烯和聚偏氟乙烯树脂成型薄膜或片材。用于生产薄膜时,图 5-34 中的三辊压光机可用两辊组成,切边装置后可直接对薄膜进行收卷。

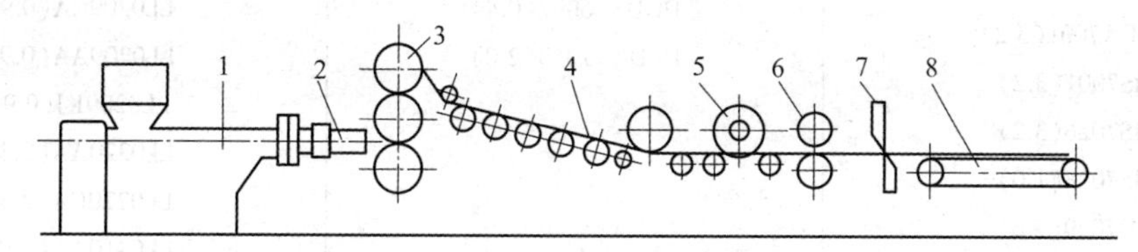

图 5-34　挤出牵引成型薄膜或片的生产设备

1—单螺杆挤出机;2—成型模具;3—三辊压光机;4—冷却辊组
5—切边装置;6—牵引装置;7—切断装置;8—收卷装置

挤出牵引法成型薄膜的生产工艺顺序:原料配混→挤出机塑化原料呈熔融态→成型模具挤出膜片→牵引、冷却定型和压光膜片→切边→冷却→收卷。

挤出牵引成型塑料薄膜还可采用图 5-35 所示生产方式。挤出机塑化的熔融料从 T 型模具中垂直向下挤出,进入水槽中冷却定型生产。

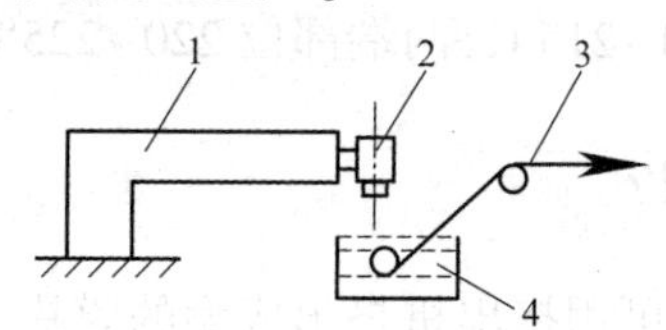

图 5-35　挤出牵引下垂法成型薄膜示意图

1—挤出机;2—模具;3—膜制品;4—水槽

例 1:聚丙烯膜(片)挤出牵引成型工艺条件

(1)原料选择　聚丙烯膜片(平膜)挤出牵引成型应选用专用 PP 膜片料,也可用 PP 树脂与 HDPE 树脂混合料,条件是:PP 树脂的熔体流动速率为 0.5~4g/10min,HDPE 树脂的熔体流动速率为 0.1~2g/10min,两种树脂的掺混比例在(3~8)：2 之间(选用掺混比例应视 HDPE 的相对分子质量的大小决定,相对分子质量大,改性效果明显,掺入量应小些;反之,掺入量应大些)。注意选用两种树脂的熔体流动速率要尽量接近。

(2)设备　采用单螺杆挤出机塑化原料,螺杆结构为带有混炼头的突变型螺杆,长径比 $L/D \geqslant 25:1$,成型模具结构为歧管型(T 型)结构或衣架型结构。

(3)工艺参数　挤出机机筒工艺温度:加料段 140~160℃,塑化段 170~180℃,均化段190~215℃。

成型模具温度:中间部位 195~200℃,两端部位 200~210℃。

三辊压光机辊筒温度:中辊(90±5)℃,下辊(70±5)℃,上辊(80±5)℃。

例 2:聚乙烯膜(片)挤出牵引成型工艺条件

(1)原料选择　聚乙烯膜片(平膜)挤出牵引成型应尽量选用专用树脂(见表 5-51)。若没有专用树脂,LDPE 膜片成型用熔体流动速率 MFR=0.4~0.6g/10min 的树脂;HDPE 膜片成型选用熔体流动速率 MFR=0.1~0.4g/10min 的树脂。

表 5-51　聚乙烯膜片(平膜)挤出牵引成型用料牌号

LDPE 薄膜料牌号	LLDPE 薄膜料牌号	
DFDA7001(3.2) HS7001(3.2) HS7026(3.2) HS7028(1.0) SH7029(2.6) SH7008(1.0)	DGDS-6097(0.4) DFDC-7050(2.0)	LL0209CA(0.9) LL0209AA(0.9) LL0209KJ(0.9) LL0220AA(2.3) LL0220CA(2.5) LL0410AA(1.0) LL0410KJ(1.0)
中国石化广州石化分公司产	中国石化广州石化分公司产	中国石油盘锦乙烯有限责任公司产

注:括号内的数值为熔体流动速率 MFR(g/10min)。

(2)设备　挤塑成型聚乙烯膜片用设备与聚丙烯膜片成型用设备相同。

(3)工艺参数　挤出机机筒工艺温度:加料段 160~180℃,塑化段 190~210℃,均化段 200~220℃。

成型模具温度:中间部位 210~215℃,两端部位 220~225℃。

5.50　膜片怎样拉伸成型?

塑料薄膜的拉伸成型用膜坯可用挤出机挤出成型的膜片,也可用压延机压延成型的膜片,然后用专用拉伸机把膜片拉伸成薄膜成品。对膜坯的拉伸方式有单向拉伸(即纵向拉伸或横向拉伸)和双向拉伸(即纵向、横向都进行拉伸)。

1.膜片单向拉伸

膜片的单向拉伸是指将塑料膜片在受热后黏弹状态下向一个方向拉伸,使其在这个拉伸方向上伸长、变薄,让高分子链或部分高分子链按拉伸方向平行排列。单向拉伸后薄膜中分子的较理想取向示意图见图 5-36。挤出平膜单向拉伸成型薄膜生产线设备布置示意图见图 5-37。单向拉伸薄膜可用聚乙烯、聚丙烯和聚氯乙烯树脂。应用较多的还是高密度聚乙烯,用以挤出膜片后进行单向拉伸。

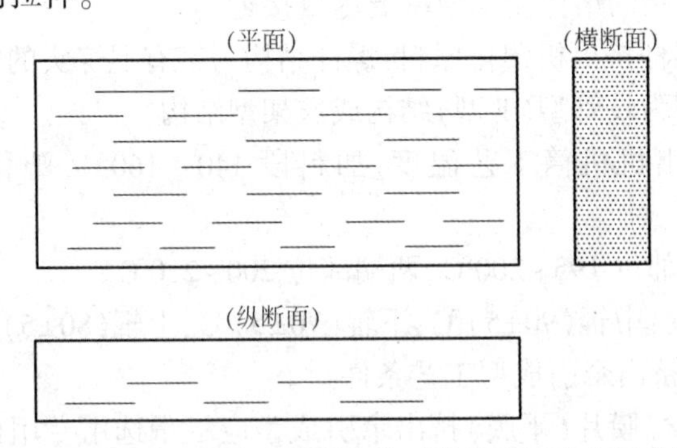

图 5-36　单向拉伸后薄膜中分子的较理想取向示意图

2.膜片双向拉伸

膜片的双向拉伸是指将塑料膜片在受热后黏弹状态下,对其既进行纵向拉伸又进行横向拉伸,使塑料膜片向互相垂直的两个方向伸长,结果使膜片的面积扩大,厚度变薄,拉伸后的分子链与膜片面平行,而面内的分子链仍呈无规则状态。图 5-38 所示为双向拉伸后薄膜中分

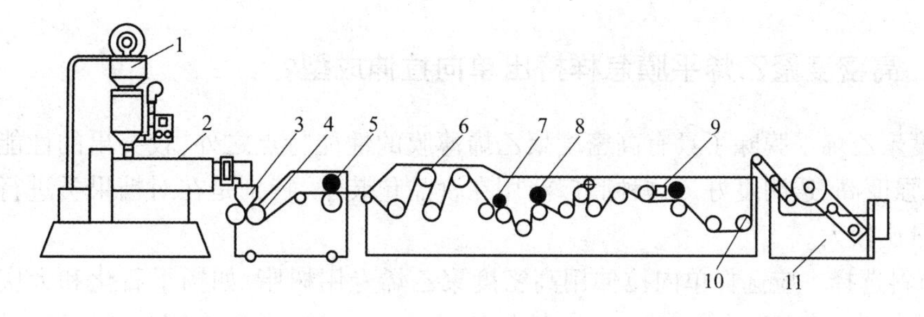

图 5-37　挤出平膜单向拉伸成型薄膜生产线设备布置示意图

1—上料装置；2—单螺杆挤出机；3—成型模具；4—冷却定型辊；5、7—牵引辊

6—冷却降温辊组；8—拉伸辊；9—静电处理装置；10—切边装置；11—收卷装置

子的理想取向示意图。挤出平膜双向拉伸成型薄膜生产线设备示意图见图 5-39。双向拉伸薄膜可用聚丙烯、聚酯、聚苯乙烯、聚酰胺、聚乙烯、聚氯乙烯和丙烯酸类等树脂。另外，有些工程塑料和特种工程塑料也可进行双向拉伸。用于双向拉伸薄膜较多的材料是聚丙烯、聚酯、聚苯乙烯和聚酰胺等。

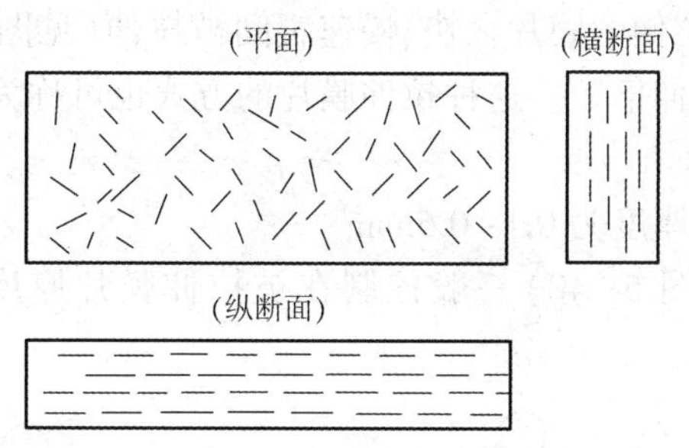

图 5-38　双向拉伸后薄膜中分子的理想取向示意图

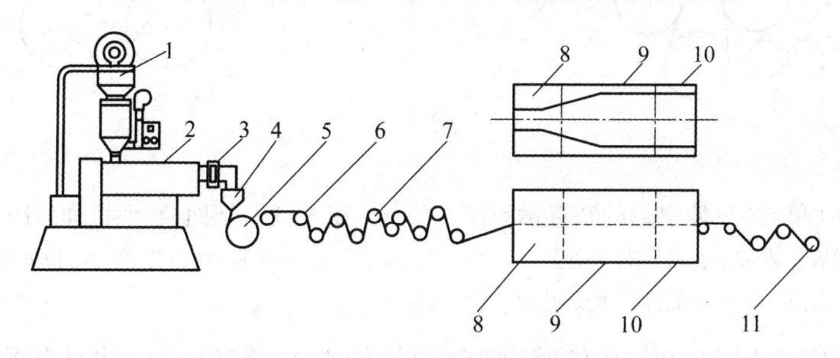

图 5-39　挤出平膜双向拉伸成型薄膜生产线设备示意图

1—加料斗；2—挤出机；3—快速换网装置；4—成型模具

5—冷却定型辊筒；6—预热辊；7—纵向拉伸辊；8—预热段

9—横向拉伸段；10—热定型段；11—卷取装置

双向拉伸薄膜一般都在专用拉伸机上进行。被拉伸的膜坯先引入多辊组成的纵向拉伸辊筒上，辊体内通蒸汽加热，膜被辊筒牵引向前运行。由于每根辊筒的速度是逐渐递增，则利用辊筒之间的速度差把膜坯纵向拉伸。膜通过纵向拉伸辊组后，进入横向拉伸烘箱，脱离纵向拉伸的膜两端被夹子夹紧，由夹子牵引向前运行。随着被拉伸膜两端夹紧夹子的运行轨道距离的逐渐扩大而把膜坯又横向拉伸，进入高温定型段，然后离开烘箱，在室温条件下运行一段距离被卷取。

5.51 高密度聚乙烯平膜怎样挤出单向拉伸成型?

高密度聚乙烯平膜除了具有高密度聚乙烯薄膜的性能特点之外,较突出的性能是拉伸强度高、断裂强度高、透明度好。这种膜广泛用在食品包装中,特别是在对糖果类进行扭捻包装时的应用量比较大。

(1)原料选择 应选择单向拉伸用高密度聚乙烯专用树脂,如扬子石化和大庆石化生产的3300F型树脂,其密度为0.954g/cm³,熔体流动速率MFR=1.2g/10min;也可用丝成型用树脂5000S型,但树脂中需加入1.5%左右的聚氧化乙烯十八烷基胺作润滑剂。

(2)设备 高密度聚乙烯平膜挤出成型后的单向拉伸薄膜生产成型,采用生产线见图5-39。这条生产线中的主要设备有:单螺杆挤出机、衣架型(T型)成型模具、冷却定型辊、牵引装置、拉伸辊、静电处理装置、切边装置和收卷装置等。

图5-39中的拉伸辊组部位(具体辊组布置示意见图5-40)的纵向拉伸辊组中,分为两个部分:前一部分辊组为慢速辊组,引导被拉伸膜片向前运行,同时被有一定温度的辊面加热;后一部分辊组为快速辊组,被拉伸的膜片在快、慢速辊间被拉伸(见图5-40中3)。两辊的转速差就是被拉伸膜片的纵向拉伸倍数。这种拉伸膜片的方式也可称为点拉伸。

(3)工艺参数

①适合单向拉伸的膜片厚度为0.1~0.5mm。

②拉伸辊间的距离(见图5-40)一般控制在被拉伸膜片厚度的10~340倍,辊距尺寸见图5-41。

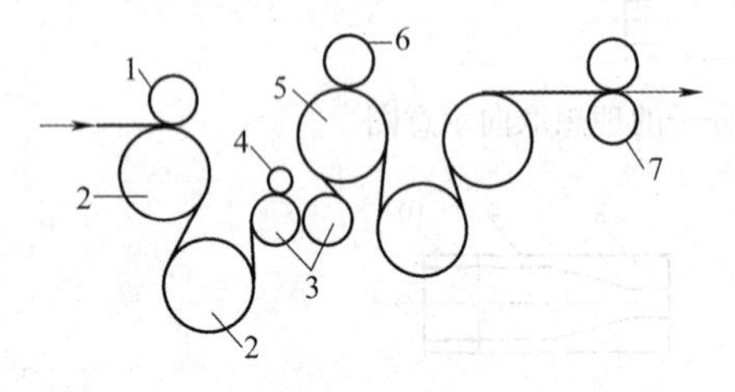

图5-40 纵向(单向)拉伸辊组的布置示意图

1、4、6—橡胶压辊;2—预热拉伸慢速辊;
3—拉伸辊;5—牵引导辊;7—牵引辊

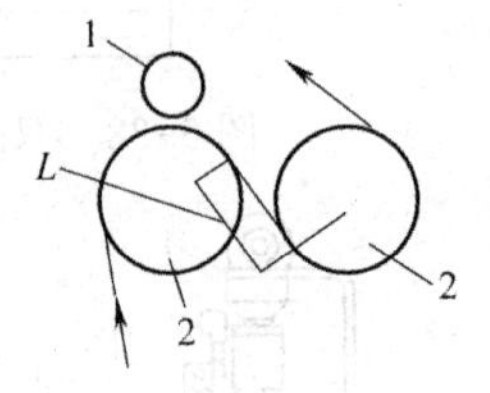

图5-41 图1-5中拉伸辊距离示意图

1—橡胶压辊;2—拉伸辊

两辊距L小于膜片厚度的10倍时,则膜的拉伸性差,高倍数拉伸易断裂;相反L值过大时,则膜片拉伸时幅宽收缩大,易纵向撕裂。辊距L的最佳值为膜片厚度的15~240倍。

③膜片的单向拉伸倍数应控制在4~10倍,此倍数范围外的拉伸薄膜强度都比较低。高密度聚乙烯膜片的拉伸倍数在6~8倍范围内最适宜。

④膜片的拉伸温度为(120±10)℃,辊面温度控制在90~140℃。温度偏低时,膜片拉伸易断裂;温度偏高时,膜易粘辊。

⑤拉伸辊直径应不大于250mm。

⑥图5-40中的橡胶压辊4,既能防止拉伸膜片在拉伸辊面上滑动,又能压紧膜片贴在拉伸辊面上,防止空气进入膜片与辊面间,影响膜片拉伸质量。

⑦拉伸后薄膜的热处理温度,即热处理辊温度要比拉伸辊面的温度高10~30℃。

(4)HDPE薄膜单向拉伸成型示例

①原料。高密度聚乙烯(密度为0.945g/cm³,熔体流动速率MFR=0.9g/10min),大庆石化

公司产 5000S 拉丝级树脂。

②设备。采用挤出平膜单向拉伸成型薄膜生产线(见图 5-37)。螺杆直径为 φ65mm,长径比 L/D 为 25∶1,成型模具为衣架型(T 型)结构。

③工艺参数。挤出机塑化原料工艺温度:加料段 170~180℃,塑化段 180~200℃,均化段 210~225℃。

成型模具温度:中间部位 210~220℃,两端部位 215~225℃。

拉伸辊组温度 130~150℃,冷却辊温度 30℃。

5.52 聚丙烯平膜怎样挤出单向拉伸成型?

聚丙烯平膜挤出单向拉伸成型和高密度聚乙烯平膜挤出单向拉伸成型薄膜的生产工艺方式相同,也是采用如图 5-37 所示挤出拉伸成型薄膜生产工艺。所以,生产成型的聚丙烯单向拉伸薄膜,同样也具有膜的幅宽收缩少、横向不易撕裂和纵向拉伸强度高等优点,和高密度聚乙烯单向拉伸薄膜一样,有很好的扭捻(结)性能,所以被广泛应用在扭捻包装领域。另外,此种聚丙烯薄膜经切割而成的扁丝,可经编织成袋,有较好的强度,也不易出现织布破裂现象。

(1)原料选择　聚丙烯单向拉伸薄膜成型应选用专用树脂,如中国石化齐鲁石化分公司生产的 TGS 聚丙烯树脂,这种树脂的熔体流动速率 MFR=3g/10min。

(2)设备　聚丙烯单向拉伸薄膜成型用挤出机生产线及使用设备与聚乙烯单向拉伸薄膜成型用设备相同。

(3)工艺参数　挤出机塑化聚丙烯原料工艺温度:加料段 180~190℃,塑化段 190~215℃,均化段 220~240℃。

成型模具温度:中间部位 210~225℃,两端部位 220~230℃。

较适宜单向拉伸的聚丙烯膜片厚度为 0.14~0.50mm。

拉伸和预热辊温度为 140~150℃。膜片单向拉伸倍数为 6~10。快、慢速拉伸辊距值为膜片厚度的 60~1000 倍,较适合的拉伸辊距值为膜片厚度的 100~800 倍。

热处理辊面温度比拉伸辊温度高 10℃左右,膜片被拉伸时的温度应在 110~140℃范围内。

5.53 聚丙烯薄膜怎样挤出双向拉伸成型?

(1)原料选择　双向拉伸聚丙烯薄膜成型是以等规聚丙烯树脂为主要原料,根据制品的用途不同,适当地配一些辅助材料(一般加 4%左右的添加剂母料)而成。要求薄膜类型的聚丙烯树脂的熔体流动速率为 2~4g/10min,等规度为 95%~98%,水的质量分数小于 0.03%,灰分小于 0.2×10^{-3}。双向拉伸薄膜用 PP 树脂牌号及生产厂见表 2-5。

常用辅助材料有芥酸酰胺型润滑剂、抗静电剂和防结冻剂等。

(2)生产工艺过程　双向拉伸聚丙烯薄膜挤出成型生产线设备示意图参照图 5-39。其生产工艺流程是:聚丙烯树脂和辅助材料按配方要求计量后混合均匀→单螺杆挤出机把原料混炼塑化成熔融态→经多孔板和过滤网挤出→成型模具挤出成型膜片→在辊面上降温定型→测厚仪测片厚度→纵向拉伸→横向拉伸→热定型→切边→测厚→电晕处理→收卷。

(3)设备

①挤出机。单螺杆挤出机的螺杆直径应按挤出成型薄膜的宽度和厚度,参照表 4-4 选

择。螺杆结构为等距不等深渐变型(一般多用分离型或带混炼段高效螺杆结构),长径比≥30∶1,压缩比大于3∶1。

机筒前加多孔板和过滤网,过滤网目数应按制品质量要求条件决定,一般为80~120目。挤出机生产时,要求螺杆工作时转速平稳、挤出塑化熔融料量均匀、压力稳定、原料塑化混炼均匀、排气性好、料中无气泡及杂质等,以保证下道工序对膜片拉伸生产时拉伸工作顺利,产品质量稳定。

②成型模具。双向拉伸薄膜用片基的挤出成型,一般都采用歧管型和衣架型结构模具,应用较多的是衣架型模具。要求模具体内的熔融料流道空腔工作面平滑、无滞料区,模具熔融料出口处的模唇间隙可调。

③冷却定型辊筒。是把从模具唇口流延出来的片状熔融料流用辊面托住,同时在气刀吹出的压缩空气压力作用下,使其紧贴在低温的冷却定型辊面上,使熔融料降温定型,成为膜片。要求冷却定型辊筒的工作面平整光洁,工作运转平稳,辊面温度均匀,各点温差允许值为±1℃。

④测厚仪。测厚仪在冷却定型辊筒之后,用来检测流延膜片冷却定型后脱离冷却辊时的厚度。此处膜片的厚度对拉伸后成型薄膜成品时的厚度尺寸影响非常大,通过此处对膜片厚度的检测,及时发现膜片厚度尺寸的控制误差,再根据工艺要求随时调整膜片成型用模具中出料口模唇的间隙,以保证后期工序拉伸薄膜厚度公差的质量要求。

例如生产30μm厚的拉伸薄膜,要求其厚度公差为±6%。假如设定膜片纵向拉伸为5倍、横向拉伸为7倍,则要求挤出流延的膜片厚度为

$$\text{拉伸薄膜厚度} \approx \frac{\text{膜片厚度}}{\text{纵向拉伸比} \times \text{横向拉伸比}}$$

则

厚片厚度≈拉伸膜厚×纵向拉伸比×横向拉伸比=(30×5×7)μm=1050μm(近似值)

拉伸薄膜厚度公差≈2×厚片厚度公差,则厚片公差≈±6%÷2=±3%。按厚片厚度为1050μm、公差为±3%控制,则厚片成型厚度应控制在1018~1080μm。

⑤纵向拉伸辊。纵向拉伸辊是在冷却定型辊和测厚仪之后(见图5-39中7)。它主要由预热辊、拉伸辊、热处理辊和夹紧牵引辊等多个较小直径的辊筒组成。冷却定型的片基经预热辊的加热,然后依靠拉伸辊中多个辊筒的转速差,而把膜片纵向拉伸。要求辊筒间的间距尽量小、辊面平整光洁、温度均匀、辊面温差允许值为±1℃。为防止膜面粘辊,必要时辊面还应涂一层聚四氟乙烯树脂。

热处理辊是把经纵向拉伸的薄膜进行退火处理,以减少经纵向拉伸膜片拉伸后产生的内应力。

夹紧牵引辊由一根钢辊和一根橡胶辊组成。拉伸后的膜从两辊间被压紧牵引向前运行,以防止膜片被纵向拉伸时打滑。

加热辊筒用导热介质,可用油、蒸汽或过热水,由电阻或油锅炉加热。

⑥横向拉伸装置。横向拉伸装置在纵向拉伸辊之后。纵向拉伸过的膜片经预热进入横向拉伸烘箱,由拉幅机夹子把膜片两端夹紧,沿着轨道运行逐渐把膜片扩展,同时有热风吹向膜面,直至把膜片拉成工艺要求的宽度。烘箱内的拉幅机按温度区域的不同,可分为进片段、预热段、拉伸段、热处理定型段等。

横向拉伸装置的生产条件是:

a.拉幅机夹子工作牢靠(夹膜不脱夹、不破裂),运行速度平稳。

b.各段温度控制准确,温度段内各点位置温度误差小。

c.吹向膜面的热风气流分布均匀,温差小。

d.注意夹子运行轨道中润滑油的注入,加注耐高温润滑油,保持高速运行夹子与轨道平面间的良好润滑。

⑦切边装置。经横向拉伸的 BOPP 薄膜,接近夹子口部分和夹口内侧的膜片,其厚度不符合几何公差要求,应切除。切除的边条经收卷、粉碎后,可直接掺混在新料中回制。

⑧成品测厚仪。切边后的 BOPP 薄膜,需要经过 β 射线测厚仪进行测厚检查。通过自动记录仪将薄膜的纵、横向综合厚度扫描,操作者按扫描曲线来判断生产薄膜的厚度是否在工艺要求的厚度公差范围内,必要时酌情对模具的出料唇口间隙进行适当调整。

⑨电晕处理。电晕处理是双向拉伸聚丙烯薄膜用于印刷、涂胶或电镀金属层时必不可少的一道处理工序。电晕处理的作用是提高双向拉伸聚丙烯薄膜的表面润湿张力。要求这种双向拉伸聚丙烯薄膜的表面润湿张力要达到大于 38mN/m,以保证薄膜在印刷或涂胶时对油墨等加工材料的吸附力。电晕处理是采用高频高压发生器,使电极和处理辊之间均匀放电,从而使薄膜的表面受到电晕作用而形成羰基等极性基团,提高薄膜表面的润湿张力。

薄膜电晕处理的操作要点如下:

a.为提高电晕处理能量,在发生器工作电压、电流额定允许值内尽量选用较大的电压、电流。

b.为保证处理效果,电晕处理时把电极和辊筒间的距离尽可能调小。

c.注意电晕处理环境湿度不大于 60%。

d.如果电晕处理效果欠佳,可适当降低薄膜的生产速度。

e.注意工作现场排风,以排除放电、冷凝及电极管内产生的气体。

f.为尽量减小收卷薄膜的粘连,电晕处理 BOPP 薄膜表面润湿张力应不超过 44mN/m。

⑩薄膜收卷装置。生产双向拉伸聚丙烯薄膜的收卷,一般多采用双轴转位式卷取机构。为了保证收卷成品薄膜的卷取平整和松紧度适宜,在收卷装置前还设置有对薄膜的收卷张力自动检测器,随时把收卷薄膜的收卷张力大小反馈给控制卷取装置用驱动电动机,使其输出功率的大小也随之调整。

(4)双向拉伸聚丙烯薄膜成型工艺参数(参考值)

①原料塑化机筒工艺温度(从机筒加料口开始):一段 190~200℃,二段 200~220℃,三段 230~240℃,四段 240~250℃,五段 255~270℃。

②模具温度为 250~260℃。

③冷却定型辊筒工作面温度为 15~20℃。

④气刀口间隙在 3mm 左右,吹气风压在 0.5MPa 左右。

⑤纵向拉伸膜片工艺参数。预热辊筒工作面温度为 130~150℃,拉伸辊筒工作面温度为 145~155℃;纵向拉伸膜片倍数(根据膜片厚度和成品薄膜的厚度决定)一般为 5~6 倍;纵向拉伸低速辊筒转速为 3~30m/min,高速辊筒转速为 15~150m/min。

⑥横向拉伸膜片工艺参数。膜片预热温度为 165~170℃,拉伸温度为 160~170℃,拉伸后薄膜定型温度为 165~175℃;横向拉伸膜片倍数一般为 5~7 倍。

5.54　双向拉伸聚丙烯薄膜质量有哪些规定?

聚丙烯双向拉伸薄膜的质量应符合标准 GB/T10003-2008 规定。这个标准适合于用聚丙烯树脂为主要原料,采用平膜法或管膜法经双向拉伸成型的普通用途薄膜。

①薄膜按表层是否有热封层,分为普通型(A 类)和热封型(B 类)。

②薄膜的宽度≤1000mm 时,宽度偏差为-1.0~+2.0mm;宽度为 1000~1600mm 时,宽度偏差为±2.0mm。

③薄膜的厚度在 12~60μm 范围内,厚度平均偏差和厚度极限偏差应符合表 5-52 的要求。

④用于食品包装的 PP 双向拉伸薄膜,其卫生标准指标应符合 GB 9688—1988 的规定(见表 5-46)。其他质量规定见表 5-53~表 5-55。

表 5-52　双向拉伸聚丙烯薄膜的厚度平均偏差和厚度极限偏差

公称厚度 S/μm	厚度平均偏差/%	厚度极限偏差/%
$12 \leqslant S \leqslant 25$	±5.0	±8.0
$25 < S \leqslant 35$	±4.0	±7.0
$35 < S \leqslant 60$	±3.0	±6.0

表 5-53　双向拉伸聚丙烯薄膜的接头数目及每段长度

每卷长度/m	接头数目/个	每段长度/m
<3000	≤1	≥800
≥3000	≤2	≥1000

注:特殊要求,由供需双方协商。

表 5-54　双向拉伸聚丙烯薄膜外观

项目名称	要求	项目名称	要求
皱纹、划痕	允许轻微	折皱、损伤	不允许
气泡、晶点	不允许直径大于 2mm 气泡、晶点	杂质、污染	不允许

表 5-55　双向拉伸聚丙烯膜卷外观

<table>
<tr><th colspan="2">项目名称</th><th>要求</th><th>项目名称</th><th>要求</th></tr>
<tr><td rowspan="3">端面整齐度/mm</td><td>宽度≤200</td><td>≤2</td><td>暴筋</td><td>不允许</td></tr>
<tr><td rowspan="2">宽度>200</td><td rowspan="2">≤3</td><td>同卷膜端面色差</td><td>允许轻微差异</td></tr>
<tr><td>卷芯凹陷或缺口</td><td>不允许</td></tr>
</table>

5.55　双向拉伸膜片工艺操作要点有哪些?

①主要原料(聚丙烯树脂)一般包装完好,可不用干燥处理;对于一些易吸潮的辅助材料,投产前应先经干燥处理后再投入生产。

②主要原料和辅助材料按配方要求计量准确,混合均匀,回制料应清洁无杂物。

③主要原料塑化螺杆长径比 $L/D \geqslant 30:1$,尽量选用螺杆均化段处带有屏障型的螺杆结构。原料混炼塑化均匀,熔融料挤出量稳定,尽量用较低温度挤出。

④过滤网的目数选择应视制品的质量要求来决定,常用目数为 80 目、100 目和 120 目。要用闸板型快速换网装置,结构见图 5-42。此种装置用于换网,速度快,不需要停机,滑动面靠熔融料密封。

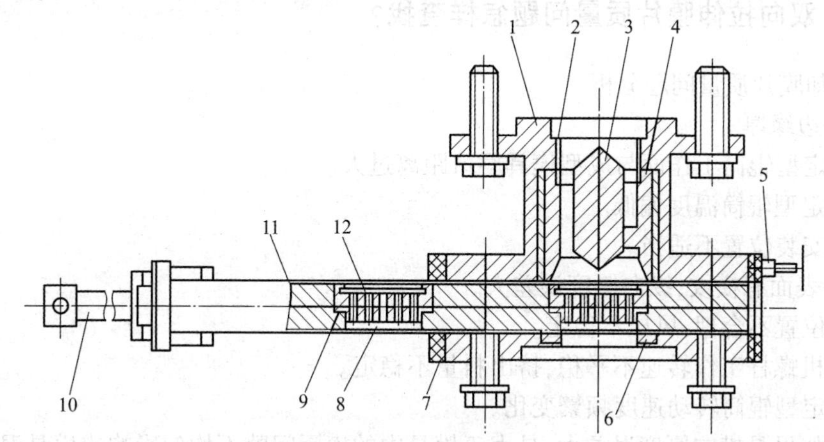

图 5-42 闸板型快速换网装置

1—换网机构壳体;2—密封环;3—分流锥;4—分流锥支架;5—热电偶;6—限位板
7—电阻加热;8—多孔板;9—支承环;10—滑动拉杆;11—滑动平板;12—过滤网

⑤成型模具结构应尽量选用衣架型,用耐高温变形小的合金钢制造;模具温度应分段控制,根据熔融料在模唇各部位的流速来决定,一般应是模具两端部位的温度比模具中间部位的温度略高些,模唇间隙应方便易调。

⑥冷却定型辊筒工作面距模具唇口的距离应尽量小,以减小流延薄膜幅宽的收缩,辊筒转速与熔融料从模具口流延速度匹配(一般辊筒转速比熔融料流延速度略快些)。为了提高辊筒降温工作的效果和使辊面温度保持均匀,推荐选用辊筒内带有夹套层或夹套层内带有螺纹导流型结构的辊筒(见图 5-43)。

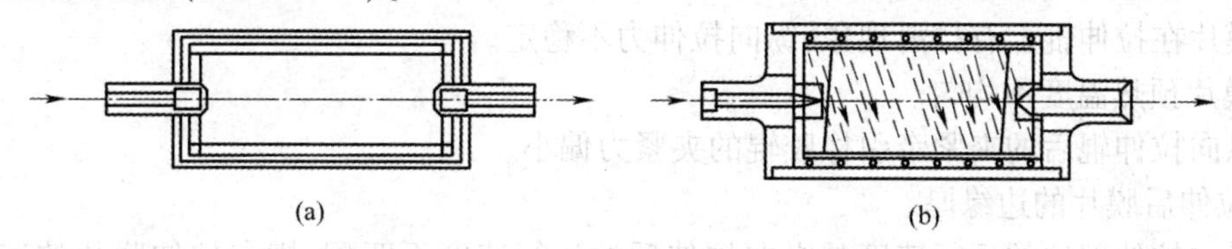

图 5-43 冷却定型辊筒结构示意图

(a)夹套型; (b)螺纹导流型

⑦纵向拉伸温度控制要适宜。温度偏低时拉伸,膜片横向幅宽收缩率高,膜面浊度大;温度偏高时拉伸,膜面易粘辊,成品薄膜的纵向强度下降。

⑧拉幅机中各处(段)温度应视作用的不同分别控制。温度分布合理,各区段内温差小,热稳定性好,拉伸膜片时膜片上下热风吹力均衡。

⑨注意纵、横向拉伸比的相互影响。纵向拉伸比过大,纵向分子定向过分,则横向拉伸时也易破裂。

⑩横向拉伸膜片的加热是依靠载热气流进行。注意主要原料及辅助材料中受热时产生的挥发性气体对薄膜质量的影响,应及时进行排污。

⑪切边料和废品料的回制，应先把干净的废料粉碎，在挤出机中熔融挤出造粒，经烘干后可按一定比例掺混在新料中应用。但应注意每批产品中加入回制料的比例要固定不变。

⑫成品双向拉伸聚丙烯薄膜收卷后，要在30℃环境内存放2天，以使薄膜受拉伸时产生的应力释放。注意薄膜存放环境温度过高会使电晕处理效果下降。

5.56 双向拉伸膜片质量问题怎样查找？

(1)冷却膜片质量问题分析

①膜片边缘厚。

a.冷却定型辊筒工作面与成型模具唇口距离过大。

b.冷却定型辊筒温度偏低。

c.气刀安装位置不适当。

②膜片表面有横纹，纵向厚度误差大。

a.气刀位置不合理，风压不稳定。

b.挤出机螺杆工作转速不平稳，挤出料量不稳定。

c.冷却定型辊筒转动速度频繁变化。

d.膜片如果是横向厚度误差大，是由于模具中的模唇间隙不均匀影响或模具温度不均匀。

③膜片有气泡、鱼眼。

a.原料中含水分过多。

b.挤出机塑化原料温度偏低。

c.原料质量差。

④膜片中有黑斑、污点。

a.过滤网目数小或过滤网破裂。

b.原料质量差、不清洁。

c.成型模具内有滞料现象。

(2)膜片纵向拉伸后质量问题分析

①拉伸后膜片幅宽尺寸误差大。

a.膜片在拉伸辊上有打滑现象，纵向拉伸力不稳定。

b.膜片预热温度不均匀。

c.纵向拉伸辊后的夹紧牵引橡胶辊的夹紧力偏小。

②拉伸后膜片的边缘厚。

a.横向拉伸部位的运行速度与纵向拉伸后的运行速度不匹配，横向拉伸膜片的速度比纵向拉伸膜片出口处速度略慢些。

b.纵、横向拉伸装置间的过渡段间距偏大或温度过低。

③拉伸后膜片纵向厚度误差大。

a.膜片纵向拉伸时，在辊面上有打滑现象。

b.膜片拉伸前，预热温度不均匀。

c.拉伸辊的传动速比不稳定。

④纵向拉伸时膜片断裂。

a.拉伸预热辊温度低。

b.拉伸比过大。

c.膜片纵向厚度误差大。

d.膜片两端有裂纹或膜片上有杂质或鱼眼。

(3)膜片横向拉伸后质量问题分析

①膜片拉伸破裂发出较大噪声。

a.拉伸烘箱内温度偏低。

b.夹膜片夹子刀口不平或有膜残片。

c.膜片有气泡或杂质颗粒。

d.吹风供热系统出现故障或热风分布不均匀。

e.拉伸膜面上有油滴影响。

②膜片拉伸破裂无声响。

a.烘箱内加热温度过高。

b.膜片横、纵向断面厚度误差大。

c.膜片面上有气泡或杂质颗粒。

③成品薄膜透明度差。

a.纵向拉伸比偏小。

b.纵向拉伸辊筒工作面不清洁或有残料。

c.横向拉伸温度偏高。

d.辅助材料选配不当。

④膜片拉伸后厚度误差大。

a.原被拉伸的膜片厚度误差过大。

b.预热或拉伸烘箱内温度偏低或各部位温度误差大。

c.原料选择不适宜或再生料加入比例过大。

⑤拉伸时膜片脱夹子。

a.夹子刀口处有添加剂沉淀或有油。

b.入烘箱膜片走偏,一侧端面未深入夹子刀口内。

c.夹子刀口处有残留膜片。

⑥成品薄膜有鱼眼和硬斑。

a.原料选择不当。

b.辅助材料选配欠合理。

c.加入的回制粒料有杂质、污染严重。

⑦成品薄膜强度差。

a.拉伸比值偏小或纵、横向拉伸比值差大。

b.膜片拉伸温度偏高。

5.57　双向拉伸聚丙烯薄膜的性能特点及用途有哪些?

聚丙烯薄膜挤出双向拉伸成型是挤出成型具有一定厚度的聚丙烯片(平膜)或管状膜,在软化温度和熔融温度之间状态下,沿其纵、横两个方向(分别或同时)进行拉伸后,再经定型而成。由于聚丙烯树脂是一种结晶型高聚物,将其在适宜的温度条件下拉伸,则其分子重新进行定向排列,从而改善或提高了聚丙烯薄膜的力学性能。如与普通聚丙烯薄膜比较,双向拉伸聚丙烯薄膜的结晶度、拉伸强度、冲击强度、撕裂强度、耐油脂性和曲折寿命等均有显著提高;另外,双向拉伸薄膜的耐寒性、耐热性、透明性、气密性、防潮性、光泽度和电绝缘性比普通聚丙烯薄膜(CPP)也有所改善。双向拉伸聚丙烯薄膜的性能指标见表 5-56。

表 5-56　双向拉伸聚丙烯薄膜的性能指标

项目	指标	项目	指标
拉伸强度/MPa	1.3~2.5	热收缩率(100℃,1min)/%	1~8
伸长率/%	15~40	使用温度范围/℃	-50~120
弹性模量/MPa	20~25	水蒸气透过率(0.1mm)/[g/(m^2·24h)]	1.1~1.3
撕裂强度/(N/mm)	2.7~5.8	氧气透过率(0.1mm)/[mL/(m^2·24h)]	240
冲击强度/(kJ/m)	59	介电强度/(kV/mm)	130~200
曲折寿命/次	>10000	体积电阻率/Ω·cm	10^{16}
摩擦系数	0.4~0.5		
浊度(0.0254mm)/%	1~2		

双向拉伸聚丙烯薄膜除了具有普通吹塑薄膜的用途外(各种食品、服装、纺织品和各种杂品的包装),还可广泛用来作复合薄膜基材、黏胶带基材、透明胶纸基材和电容器薄膜等。

5.58　双向拉伸聚丙烯薄膜分几种类型?

双向拉伸聚丙烯薄膜按用途分类,目前常用的类型有普通型、热封型、珠光型和电容型。另外,还有收缩薄膜、消光薄膜、防雾滴薄膜、标贴薄膜、合成纸及 BOPP/PE 薄膜、BOPP/CPP 复合薄膜、真空镀铝薄膜、蒸煮袋用复合薄膜及阻隔薄膜等品种。

(1)普通型双向拉伸聚丙烯薄膜　普通型双向拉伸聚丙烯薄膜是一种以聚丙烯树脂为主要原料,适量加些辅助材料而制成的拉伸薄膜。这种薄膜具有强度好、透明性高、热收缩小、透湿度低和电晕处理适度等特点。由于其印刷性能好,可作黏胶带基材和可真空电镀金属箔层,所以多用于食品、衣物、茶叶及奶粉等包装。常用薄膜的厚度有 20μm(印刷复合薄膜)、30μm(黏胶带薄膜)和 40μm(挂历用薄膜)。

普通用途双向拉伸聚丙烯薄膜,标准 GB/T 10003—2008 中规定:按表层是否有热封层,分为普通型(A 类)和热封型(B 类)。普通用途双向拉伸聚丙烯薄膜的几何性能见表 5-57。

表 5-57　普通型双向拉伸聚丙烯薄膜的几何性能

项目		指标	
		A 类	B 类
拉伸强度/MPa	纵向	≥120	
	横向	≥200	
断裂标称应变/%	纵向	≤180	≤200
	横向	≤65	≤80
热收缩率/%	纵向	≤4.5	≤5.0
	横向	≤3.0	≤4.0
热封强度/(N/15mm)		—	≥2.0
雾度/%		≤2.0	≤4.0
光泽度/%		≥85	≥80

润湿张力/(mN/m)	处理面①	≥38	≥38
透湿量/[g/(m^2·24h·0.1mm)]		≤2.0	

① 处理面指经过电晕、火焰或等离子体处理的表面。

(2)热封型双向拉伸薄膜　热封型双向拉伸薄膜是一种以双向拉伸聚丙烯薄膜为基材涂覆一薄层氯化聚丙烯而制成[也可用PP和COPP(乙烯-丙烯共聚物)为原料,适当加入些辅助材料,共挤出三层膜制成]。这种薄膜除了具有BOPP薄膜的性能外,还具有低温热封性能和较低的摩擦系数及水蒸气透过率等特点。它多用于糖果、食品和饼干的包装,可直接热封口而又保持表面平挺。

(3)电容型双向拉伸聚丙烯薄膜　要求成型此种薄膜用树脂的纯度高,灰分小于0.1×10^{-3}。这种薄膜除了具有普通PP薄膜的性能外,还应有良好的介电强度、体积电阻率、介电常数、介质损耗角正切等电性能;薄膜厚度一般小于20μm,多用于制造浸油型电力电容器和金属化薄膜电容器等。

电容型双向拉伸聚丙烯薄膜的性能指标见表5-58。

表5-58　电容型双向拉伸聚丙烯薄膜的性能指标

项目		指标	项目		指标
拉伸强度/MPa	纵向	≥130	断裂伸长率/%	纵向	≤250
	横向	≥230		横向	≤120
热收缩率/%	纵向	≤5.0	相对介电常数		2.2±0.2
	横向	≤3.0	介质损耗角正切		4.0×10^{-4}
平均厚度偏差/%		≤±6.0	体积电阻率/Ω·cm		1.0×10^{16}
厚度偏差/%		≤±8.0	介电强度/(kV/mm)	DC	≥400
润湿张力/(mN/m)		≥38		AC	≥300

第6章　塑料管挤出成型

6.1　塑料管挤出成型用哪些辅助设备?

聚乙烯管挤出成型用挤出机生产线上辅助设备的组成,由于挤出聚乙烯树脂品种的不同,其生产线上使用辅机也就各有差异。图6-1挤出机生产线是普通聚乙烯管挤出机生产线。这条生产线上主要设备有单螺杆挤出机、管成型模具、管坯真空定型套、冷却定型水槽、牵引机和成品管的卷取装置。

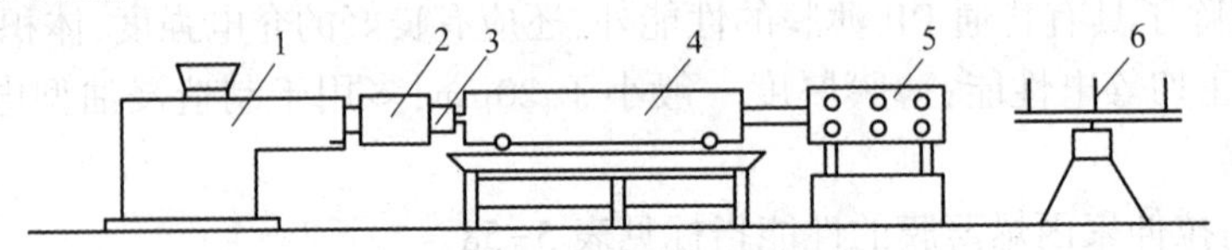

图6-1　普通聚乙烯管成型用挤出机生产线

1—挤出机;2—成型模具 ;3—真空定径套;

4—冷却降温水槽;5—牵引机;6—成品管卷取装置

6.2　聚乙烯管成型常用模具结构有几种?

经挤出机塑化后的聚乙烯熔融料,流动性较好,也不像聚氯乙烯熔料那样高温中易分解。聚乙烯管挤出成型用模具结构可采用管成型用通用型模具结构,见图6-2。对于较大直径PE管的挤出成型,可采用图6-3结构型模具,也可选用把进入模具体内的熔料通过螺旋槽向外分流,然后在口模处汇合成管坯式模具结构(图6-4)。

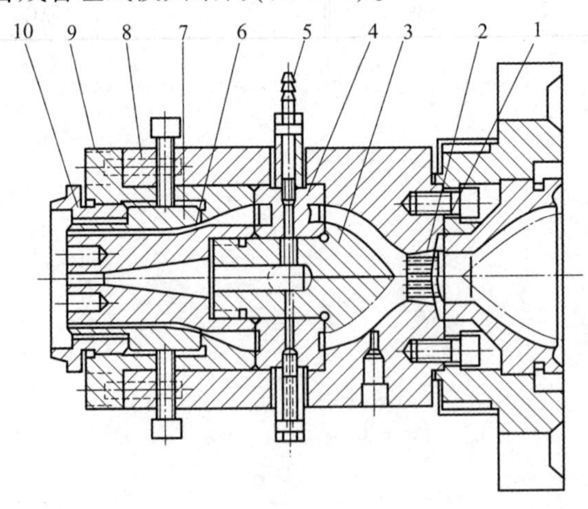

图6-2　聚烯烃管材成型用模具结构

1—过滤网;2—分流板;3—分流锥;4—分流锥支架;

5—进气管;6—芯棒;7—口模;8—模体;9—中套;10—压环

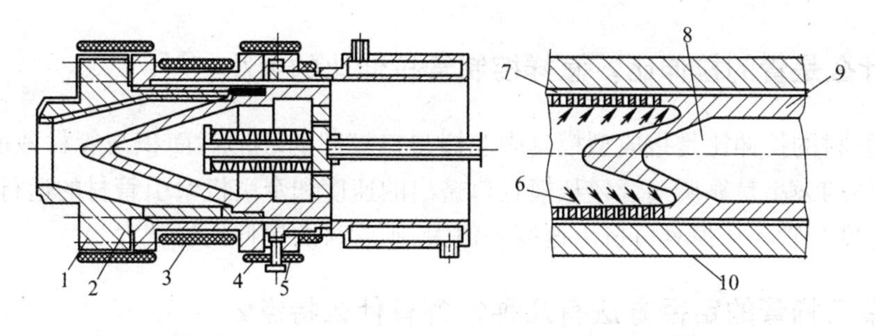

(a) 模具结构　　　　　　(b) 分流锥部放大

图 6-3　较大直径 PE 管成型用模具结构

1—连接套;2、8—分流锥;3—口模;4—调节螺钉;5—冷却定径套

6—熔料流;7—筛孔;9—管坯;10—模具体

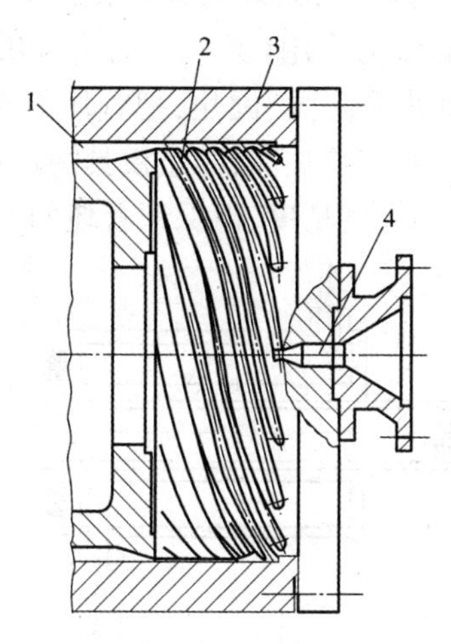

图 6-4　带有螺旋分流沟式成型模具结构

1—管坯;2—熔料螺旋式分流沟;3—模具体;4—熔料进口

6.3　模具结构中的主要参数怎样确定?

挤塑成型聚乙烯和聚丙烯制品用成型模具结构尺寸,一般取模具内压缩比为 2~5,分流锥角在 30°~60°之间,芯棒的收缩角在 20°~40°之间,芯棒与口模间平直部位长度为(20~50)$t$mm(t 是管的壁厚),也可按管的直径来决定:管的直径 $D<\phi 30$mm 时,取长度为(4~5)D;当管的直径为 $\phi 30$mm$<D<\phi 50$mm 时,取长度为(3~4)D;当管的直径 $D>\phi 50$mm 时,取长度为(2~3)D。口模的内径要比定径套内径略小些,一般要小 10%左右(小于 50mm 的内径,口模内径取小值;大于 50mm 的口模内径,取略大些值)。

6.4　模具结构中的压缩比怎样理解?有什么作用?

模具结构中提到的压缩比,是指模具的进料口处截面与模具的口模和芯棒间形成的间隙截面的比值。有了这个能使模具内熔料受一定压缩的比值,则使流经分流锥支架后的熔料能很好熔合接缝,使管材密实,保证管材的强度,使管材的成型质量得到保证。

6.5 什么是管的拉伸比？怎样控制管拉伸比的大小？

生产中管材的拉伸比是指成型模具中芯棒与口模间的环形截面积与管材截面积的比值。管材拉伸比值的大小是靠调整管坯从模具口挤出的速度和牵引机牵引管材的运行速度差来保证,牵引的速度与管坯从模具口挤出速度差值大,则管材的拉伸比也就大。

6.6 聚乙烯管的定径方法有几种？各有什么特点？

从模具口挤出管坯的冷却定径方法,有压缩空气外径定型法和抽真空外径定型方法。

压缩空气外径定型方法适宜聚乙烯管坯直径较大时(直径大于100mm)使用,结构见图6-5。这种定径套的空腔中通循环冷却水,管坯从模口挤出后,管坯内径安有空气堵塞。进入定径套的管坯,受管内压缩空气的胀力作用(空气压力为0.02~0.1MPa),使管坯外径紧贴在定径套内壁面上运行,则管坯表面得到降温、硬化,把管坯形状和外径尺寸固定。定径套与模具体用螺钉固定连接,两零件间装有隔热垫圈,防止模具的热量影响定径套的冷却降温。两零件的装配要注意两零件中心线的同心度精度,以保证管坯的平稳运行的直线度和管坯不破裂。

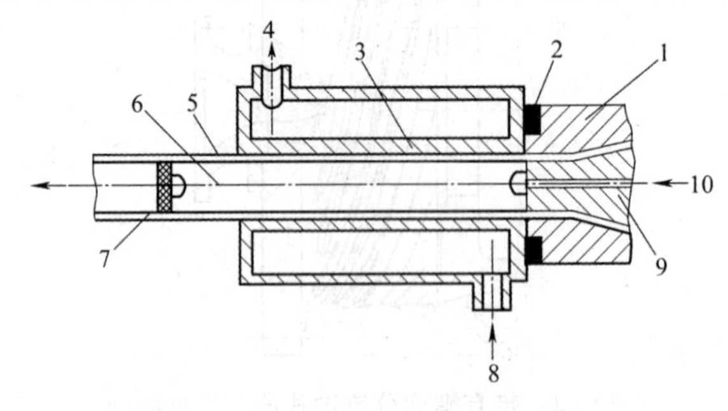

图6-5 压缩空气定径套结构

1—口模;2—隔热垫;3—定径套;4—循环水出口
5—PE管;6—气堵连接绳;7—气堵塞;
8—循环水入口;9 —芯棒;10—压缩空气通孔

抽真空外径定型法生产聚乙烯管时应用较普遍。抽真空定径套结构见图6-6。

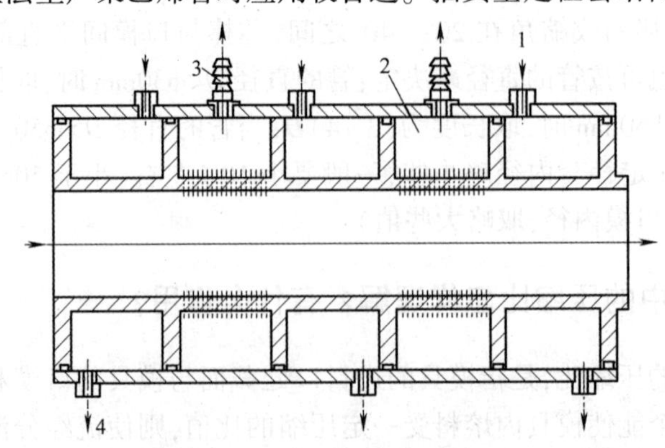

图6-6 抽真空外径定型套结构

1—入水口;2—抽真空外径定型套;3—抽真空管接头;4—出水口

抽真空外径定型套的空腔中,分抽真空腔和冷却水循环腔。真空腔的内壁上钻有均匀分布的真空孔,直径为 1mm 左右,真空度为 400~500mm 汞柱。从模具口挤出的 PE 管坯进入定径套内,依靠真空腔通孔的吸附力把管坯外壁紧贴在定径套内壁表面运行,又由于定径套空腔内还有通水降温段,则使管坯外径按定径套内壁尺寸冷却硬化降温。

真空外径定型法成型的管材外观质量好,外径尺寸误差小,管的壁厚较均匀,制品的内应力小。所以,聚乙烯管坯采用抽真空外径定型法较多。

6.7 定径套的结构尺寸怎样设计确定?

定径套的结构尺寸确定的正确与否,对管坯的成型质量影响较大。从成型模具挤出的管坯,经过定径套后,既能使管坯有一定的降温,又要使管坯能够形成一个有较稳定形状的管内外壁冷硬层,这样才算达到定径套的工作目的。对于定径套长度的确定,要根据管成型用原料的性能、挤出管坯的速度、冷却水的温度等条件决定。一般定径套长度为管直径的 2~5 倍(小直径管取大值,大直径管取小值)。定径套的内径是成型管的外径尺寸,一般这个内径尺寸略比口模的内径尺寸大些,约大 1%左右;定径套的管出口直径要比管进口直径小些,这要从管坯降温后有一定的收缩值来决定,这个锥度值、经验数据一般在 8%左右。

定径套的内径套,一般多用导热性能好的铝金属材料制造,与管坯接触的工作面应平整光滑,要求应镀硬铬层。

6.8 冷却水槽的结构形式及作用是什么?

管成型用辅机中的水槽,在定径套下个工序。它的作用是把从定径套牵引出的管材通过冷却水槽进一步降温固化。水槽的结构形式,有通循环水为管材降温方式(图 6-7)和用水喷淋为管材降温方式。

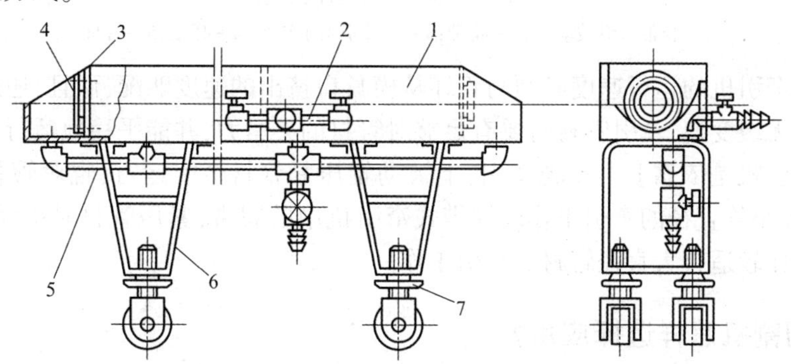

图 6-7 水槽结构

1—水槽体;2—上水管;3—隔板;4—密封胶垫

5—出水管;6—水槽支架;7—滚轮

水槽内采用循环水为管材降温,降温管完全浸入循环水内,循环水流方向与管的运行方向相反。这样能使管的降温比较缓和,也能减小管内应力的产生,但是,由于水槽中的水上下层有一定的温度差,再加上管在水中受到浮力的作用,会使管材产生弯曲变形。

水喷淋为管材降温方式,由于喷淋水是从管的圆周各方向同时喷向管体,这样加快了热交换水的降温效果,也没有水温差和水浮力对管降温质量影响,所以,大直径管材的冷却降温多采用此种方法冷却降温。

6.9 管材牵引机有几种类型？各有什么特点？

管材生产用辅机中的牵引机功能，是把经水槽后完全冷却定型的管夹紧，牵引平稳向前运行。管材生产用牵引机的结构，常用型有滚轮式牵引机和履带式牵引机。这两种牵引机结构见图6-8和图6-9。

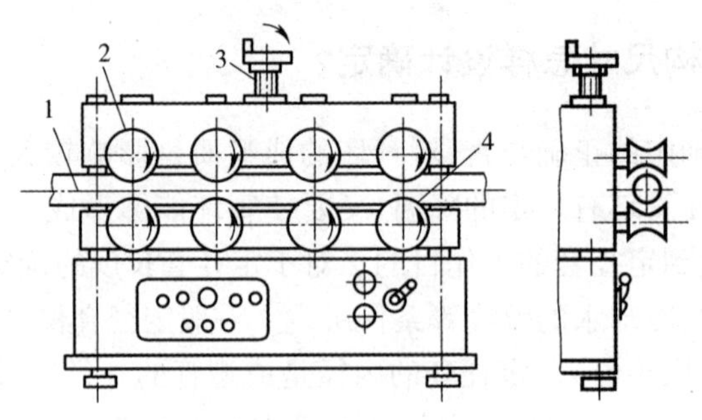

图6-8 滚轮式牵引机示意

1—管材；2—上辊；3—调距螺杆；4—下辊

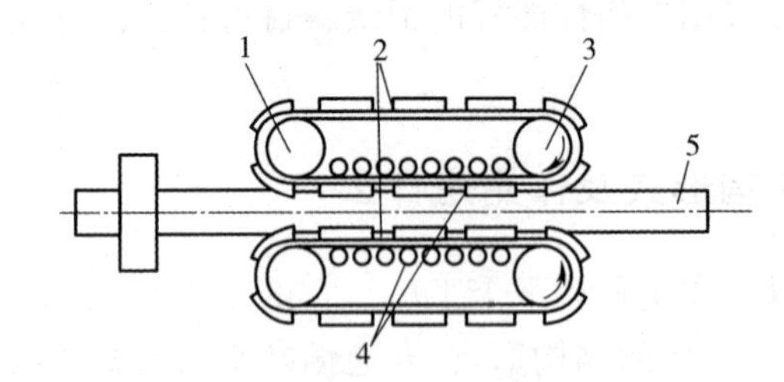

图6-9 履带式牵引机示意

1—胶带牵引被动辊；2—胶带；3—胶带牵引主动辊；4—托辊；5—管材

两种结构牵引机的运行速度必须与管坯从模具口挤出的速度匹配，而且，还应在一定的速度范围能进行无级变速，牵引管材时要有足够对管材的夹紧力，并能平稳地运行。

滚轮式牵引机是依靠下主动辊牵引，上被动辊压紧管材牵引运行，辊对管材的夹紧力较小，只能适合较小管直径的牵引工作。履带式牵引机中的履带，紧压管材时接触面积大，则牵引力大，所以，比较适合大直径管材的牵引工作。

6.10 切割机怎样选择应用？

管材挤出机生产线上的切割机，是根据管材生产工艺要求，按一定的管材长度要求切断。对于较小规格直径的聚烯烃管生产，都采用盘卷方式，软质管成型后也采用此种方法收卷，所以，不用切割机。

切割机种类，常用结构有圆盘锯切割机、自动行星锯型切割机和单刀旋转型切割机。

圆盘锯式切割机适合于管材直径小于150mm制品的切割锯断工作；自动行星锯型切割机适合于直径较大管材的切割锯断工作。对于管材直径小于250mm的切割锯断工作，也可选用单刀旋转型切割机切割。

6.11 管材生产用辅机生产厂及设备性能参数有哪些?

塑料硬管挤出成型用辅机主要技术参数见表 6-1。大连冰山橡塑股份有限公司制造的塑料管挤出成型用辅机型号及技术参数见表 6-2。山东塑料橡胶机械总厂制造的塑料管挤出成型用辅机型号及技术参数见表 6-3。上海申威达机械有限公司制造的塑料管挤出成型用辅机型号及技术参数见表 6-4。青岛精达塑料机械有限公司制造的塑料管生产用辅机型号及技术参数见表 6-5。

表 6-1 塑料硬管生产用辅机基本参数

管材辅机型号		GF63		GF125			GF400	
配用挤出机规格		SJ-30	SJ-45	SJ-65	SJ-90	SJ-120	SJ-150	SJ-200
机头规格公称直径/mm		10~40	25~63	40~90	63~125	110~160	125~250	200~400
定型装置	定型方式	内压法、真空法					真空法	
	真空泵功率/kW	2.2		3				
	极限真空度/MPa	>-0.013						
	定型箱长度/mm	2000						
冷却装置	冷却方式	浸没式、喷淋式					喷淋式	
	冷却箱长度/mm	2000~3000					5000	
	最大排水量/(m^3/h)	30						
牵引装置	牵引机形式	履带式						
	牵引速度/(m/min)	0.4~4		0.2~4			0.2~4	
	夹持长度/mm	1000		1400			1600	
	牵引力/N	1000		1500			2500	
	电机功率/kW	1.2		2.2			4	
切割装置	切割方式	水平圆锯片					行星圆锯片	
	锯片直径/mm	300		500			200	
	切割速度/(r/min)	2825						
	电机功率/kW	0.75		1.1			2.2	
卸料装置	卸料架长度/mm	5000						
	翻板动力	气动						
	控制程序	自动						
辅机总长度/mm		13500		18000			21000	
中心高度/mm		1000					1100	

表 6-2　挤出塑料管用辅机型号及技术参数(Ⅰ)

产品名称	型号	主要技术参数							
		挤出最大管径/mm	真空定径槽长/mm	冷却槽长度/mm	牵引夹持长度/mm	牵引速度/(m/min)	牵引力/N	外形尺寸(长×宽×高)/mm	总功率/kW
双螺杆塑料硬管辅机	SJSG-F250	250	6000×2	6000	1600	0.25~3.6 0.5~7.2	12000	25940×1530×1750	54
	SJSG-F450	450	6000	6000		0.05~0.5 0.15~1.5	30000	26230×1800×3100	45
	SJSG-F630	630	6000×2		1200	0.05~0.5 0.15~1.5	30000	31961×3364×3100	59(机头)
	SJSHG-F60×60(双机头)	60×2	6400	6000		1.5~15 0.5~5		4650×860×2210(机组)	12.6
	SJSBG-F110(波纹管)	110				0.94~9.4		14070×1700×2360	21.2

塑料波纹管挤出成型机组	SJ-45×25A SJ-FGB50	45	28	0~8	10、15、20、25、32、40、50	7200×1600×1800	26
	SJ-65×28 SJ-FGB50	65	40	0~8	30、25、32、40	7200×1600×1800	35
塑料挤出硬管机组	SJ-45×25A	65	90	0.15~1.5	50、63、75、90	15000×2500×2550	55
	SJG-F170	45	40	0.20~2.0	10、12、16、20、25、32、40	1500×2500×1500	50

表 6-3　挤出塑料管用辅机型号及技术参数(Ⅱ)

产品名称	型号	主要技术参数			
		螺杆直径/mm	生产能力/(kg/h)	牵引速度/(m/min)	真空定径槽长度/mm
塑料空壁管材挤出机组	KBG110	55/110	140	0.3~35	6000

产品名称	型号	主要技术参数				
		生产能力/(kg/h)	牵引速度/(m/min)	螺杆直径/mm	长径比	总功率/kW
塑料软管机组	SRG315	500	0.3~1.8	150	30∶1	220

产品名称	型号	主要技术参数				
		生产能力/(kg/h)	牵引速度/(m/min)	管径规格/mm	牵引力/kN	总功率/kW
大口径塑料管材机组	SJG-Z630	1100	0.1~1	25~630	294	412

续表

产品名称	型号	主要技术参数					
		螺杆直径/mm	长径比	生产能力/(kg/h)	口模直径/mm	牵引速度/(m/min)	卷取速度/(m/min)
塑料缠绕管机组	CRG40-1	45	25∶1	35	40~60	0~3	0~1.5

产品名称	型号	主要技术参数				
		螺杆直径/mm	长径比	牵引速度/(m/min)	管材长度/mm	机头规格/mm
PVC 管材挤出机组	SGQ(75)	65	25∶1	0.3~3	40000	40×2、50×2、63×2.5、76×2.5

表 6-4　挤出塑料管用辅机型号及技术参数(Ⅲ)

产品名称	型号	主要技术参数					
		管材直径/mm	定型长度/mm	耗水量/(m^3/h)	耗气量/(L/h)	外形尺寸(长度)/mm	总功率/kW
塑料管材辅机	GF120	20~120	4000	5	2500	15050	23.5
	GF250	63~250	6000	6	2500	19120 26840	27.25 30.25
	GF400	110~400	6000	8	320L/工作循环	33330	43.38

表 6-5　挤出塑料管用辅机型号及技术参数(Ⅳ)

产品名称	型号	主要技术参数					
		制品内径/mm	中心高度/mm	生产管材速度/(m/min)	冷却方式	生产能力/(kg/h)	总功率/kW
钢丝螺旋增强PVC 塑料软管生产机组	SJGRG-Z65×25B-50	25~50	1000	0.3~2	水冷	60	39
	SJGRG-Z90×25B-104	50~104	1000	0.2~1.5	水冷	90	61

产品名称	型号	主要技术参数				
		制品内径/mm	生产能力/(kg/h)	绕线速度/(r/min)	调速形式	总功率/kW
塑料挤出螺旋软管机组	SJXG-265/45×25-150	50~150	40~60	0.8~2.5	变频调速	34.5

产品名称	型号	主要技术参数				
		制品内径/mm	生产能力/(kg/h)	绕线速度/(r/min)	牵引速度/(m/min)	总功率/kW
PVC 纤维增强软管机组	ZRGZ-65-50	8~50	35~70	12.5~125	0.8~8	66

续表

产品名称	型号	主要技术参数					
		管材直径/mm	生产能力/(kg/h)	牵引速度/(m/min)	定径方式	冷却长度/mm	总功率/kW
塑料挤出管材机组	SJGZ-45B×25-25 SJRGZ-45B×25-25	8~25	20	0.3~3	真空定径	2200	21.64
	SJGZ-65B×25-75 SJRGZ-65B×25-75	25~75	60	0.3~3	真空定径	2200	11.72
	SJGZ-90B×25-160	75~160	80	0.3~3	真空定径	4000	63.7
	SJGZ-60×22-200	70~200	200	0~4	真空定径	6000	71.8
	SJGZ-80×22-315	110~315	300	0.1~1.5	真空定径	6000	112.4

6.12 聚乙烯管挤出成型工艺要求条件有哪些?

1.材料

用挤出机挤出成型聚乙烯管材,应用较多的材料是低密度聚乙烯(LDPE)、高密度聚乙烯(HDPE)和线型低密度聚乙烯(LLDPE)树脂。通常这三种树脂的熔体流动速率MFR值要求:LDPE为0.3~3.0g/10min,HDPE为0.1~0.5g/10min、LLDPE为0.3~2.0g/10min。挤出聚乙烯管材也有选用超出这个熔体流动速率值的树脂,但挤出成型管材的难度会增加。聚乙烯管材挤出成型用原料,国内部分生产厂及产品牌号见表1-10、表1-13和表1-21,可供应用时选择参考。

2.设备

聚乙烯管挤出成型生产采用如图6-1所示设备布置生产线。主机为单螺杆挤出机,辅机有成型模具、冷却定型套、冷却水箱、牵引装置、切割机和成品卷取存放装置。成型模具多采用图6-2所示结构型式。

3.工艺

聚乙烯树脂挤出成型管材,一般都是用粒料直接投入挤出机的机筒内、塑化原料呈熔融态,从成型模具中挤出成型管坯、经冷却定型成为制品。

高密度聚乙烯挤出成型管材时、机筒温度从加料段至均化段分别是:100~130℃、140~160℃、-170~190℃;成型模具温度170~200℃(从进料口至口模温度逐渐升高)。

低密度聚乙烯和线型低密度聚乙烯挤出成型管材时,机筒温度从加料段至均化段分别是:90~120℃、130~150℃、160~185℃;成型模具温度160~190℃(温度从模具的进料口至口模处逐渐升高)。

牵伸比为1.1~1.5。

普通聚乙烯管规格见表6-6。

表 6-6　聚乙烯管规格（GB/T 13018—1991）

mm

公称外径	壁厚														
2.5	0.5														
3.0	0.5	0.5													
4.0	0.7	0.6	0.5												
5.0	0.9	0.7	0.6	0.5											
6.0	1.0	0.9	0.7	0.6	0.5										
8.0	1.4	1.1	0.9	0.8	0.6	0.5									
10	1.7	1.4	1.2	1.0	0.8	0.6	0.5								
12	2.0	1.7	1.4	1.1	0.9	0.8	0.6	0.5							
16	2.7	2.2	1.8	1.5	1.2	1.0	0.8	0.7	0.5						
20	3.4	2.8	2.2	1.9	1.5	1.2	1.0	0.8	0.7	0.5					
25	4.2	3.5	2.8	2.3	1.9	1.5	1.2	1.0	0.8	0.7	0.5				
32	5.4	4.4	3.6	2.9	2.4	1.9	1.6	1.3	1.0	0.8	0.7	0.5			
40	6.7	5.5	4.5	3.7	3.0	2.4	1.9	1.6	1.3	1.0	0.8	0.7	0.5		
50	8.3	6.9	5.6	4.6	3.7	3.0	2.4	2.0	1.6	1.3	1.0	0.8	0.7	0.5	
63	10.5	8.6	7.1	5.8	4.7	3.8	3.0	2.4	2.0	1.6	1.3	1.0	0.8	0.7	0.5
75	12.5	10.3	8.4	6.8	5.5	4.5	3.6	2.9	2.3	.9	1.5	1.2	1.0	0.8	0.6
90	15.0	12.3	10.1	8.2	6.6	5.4	4.3	3.5	2.8	2.2	1.8	1.4	1.2	0.9	0.8
110	18.3	15.1	12.3	10.0	8.1	6.6	5.3	4.2	3.4	2.7	2.2	1.8	1.4	1.1	0.9
125	20.8	17.1	14.0	11.4	9.2	7.4	6.0	4.8	3.9	3.1	2.5	2.0	1.4	1.3	1.0
140	23.3	19.2	15.7	12.7	10.3	8.3	6.7	5.4	4.3	3.5	2.8	2.2	1.8	1.4	1.1
160	26.6	21.9	17.9	14.6	11.8	9.5	7.7	6.2	4.9	4.0	3.2	2.5	2.0	1.6	1.3
180	29.9	24.6	20.1	16.4	13.3	10.7	8.6	6.9	5.5	4.4	3.6	2.8	2.3	1.8	1.5
200		27.3	22.4	18.2	14.7	11.9	9.6	7.7	6.2	4.9	3.9	3.2	2.5	2.0	1.6
225			25.1	20.5	16.6	13.4	10.8	8.6	6.9	5.5	4.4	3.5	1.7	2.3	1.8
250			27.9	22.7	18.4	14.8	11.9	9.6	7.7	6.2	4.9	3.9	3.1	2.5	2.0
280				25.4	20.6	16.6	13.4	10.7	8.6	6.9	5.5	4.4	3.5	2.8	2.2
315				28.6	23.2	18.7	15.0	12.1	9.7	7.7	6.2	4.9	3.9	3.2	2.5
355					26.1	21.1	16.9	13.6	10.9	8.7	7.0	5.6	4.4	3.5	2.8
400					29.4	23.7	19.1	15.3	12.3	9.8	7.8	6.3	5.0	4.0	3.2
450						26.7	21.5	17.2	13.8	11.0	8.8	7.0	5.6	4.5	3.6

6.13　聚乙烯管挤出成型应注意哪些事项？

①挤出成型 PE 饮水用管时，原料选择应符合 GB 9687 标准规定的卫生标准。

②高密度聚乙烯（HDPE）管挤出成型时，工艺温度控制要高于低密度聚乙烯（LDPE）管挤出成型时的工艺温度，这种方法成型的 HDPE 管表面比较光泽；但注意也不能温度过高，过高的机筒温度使熔料温度偏高，这会使制品成型困难，成型制品表面易出现麻纹。

③螺杆工作转速应控制在最高转速（r/min）的 2/3 左右较适宜；螺杆工作时不需要冷却降温。

④聚乙烯管成型时,管坯的定径方式应以真空定径方式为主,这样成型的管材操作方便、废料少、内应力也较小。但大直径 PE 管生产定径还应采用压缩空气内压法定径较好。压缩空气压力控制在 0.02~0.05MPa 范围内。

⑤牵引机的牵引管材速度要能无级调速,要与管坯从模具口挤出速度匹配;运行速度平稳;调速要能较精确控制,平稳升降速。一般牵引速度比管坯从模具口挤出速度快些,控制在 1%~10%速比范围内。

⑥为了提高管制品的表观质量和工作强度,注意:低密度聚乙烯管坯应采用缓慢降温方法,冷却水温控制不应过低;高密度聚乙烯管坯应采用迅速冷却降温的方法,冷却定型后要充分冷却降温;冷却水槽比聚氯乙烯管坯降温用水槽长。

⑦管制品盘绕直径值最小应大于管直径的 18 倍,盘绕速度略快于牵引速度。

6.14 聚乙烯管特性及开发应用都有哪些?

聚乙烯塑料管具有质轻、无毒、表面光滑、韧性好、耐磨、耐腐蚀和可以卷绕等优点。另外,这种管可以生产出任意长度,安装施工较方便,价格又比较便宜。所以,在城市供水、排水、农业排灌、建筑、矿山、油田和电信等领域得到广泛应用。

聚乙烯塑料管中,以高密度聚乙烯(HDPE)管应用最多,应用如下。

①城市供水。由于 HDPE 塑料管无毒、低温性能好、可卷绕任意长度、接头少、施工安装方便、对水锤击有较好的适应性等优点,很受用户欢迎。

②HDPE 管可以挤出成型大直径管,用于城市、工厂和矿山排水管。

③交联高密度聚乙烯管耐高温、耐老化、耐环境应力开裂性能优良。用于热水输送管及在地板采暖工程中应用。

④HDPE 管和玻璃纤维增强塑料管耐高压,用于油田输油、集气和注水管等。

⑤由于聚乙烯管具有耐磨、耐腐蚀和液体压力损失小等优点,可用 HDPE 管代替金属管,用于钻探工程供水管和滤水管等。

⑥1-丁烯共聚的高密度聚乙烯管,具有质轻、耐腐蚀、可取任意长度、韧性好可以卷绕、运输和安装施工方便、气密性优良。所以,做煤气输送管比较理想。与金属管比较,工程投资少、成本低、施工安装方便、接头少、维修也方便,煤气的漏失量极小。

6.15 聚乙烯给水管怎样挤出成型?

聚乙烯给水管是以聚乙烯树脂为主要原料,经挤出机挤出成型的管材。标准 GB/T 1366.3—2000 规定,聚乙烯给水管应选用 PE63、PE80 和 PE100 材料制造,材料的命名和分级数见表 6-7;对材料的基本性能要求见表 6-8(材料是以高密度聚乙烯为基础材料,加入一定比例的抗氧剂、紫外线稳定剂和颜料制造而成的粒料)。国内上海石化分公司产三人牌双峰聚乙烯,牌号 YGH051T(MFR=0.5g/10min、密度为 0.956g/cm^3)即为 PE80 黑色给水压力管挤出成型用料,YGH041T(MFR=0.4g/10min、密度 0.959g/cm^3)为 PE100 黑色给水压力管挤出成型用料。这两种材料也可用挤出成型输气管。

表 6-7 材料的命名

静液压强度 σ_{LPL}/MPa	最小要求强度 MRS/MPa	材料分级数(MRS×10)	材料的命名
6.30~7.99	6.3	63	PE63
8.00~9.99	8.0	80	PE80
10.00~11.19	10.0	100	PE100

表 6-8 材料的基本性能要求

项目	要求
炭黑质量①(质量分数)/%	2.5±0.5
炭黑分散①	≤等级 3
颜料分散②	≤等级 3
氧化诱导时间(200℃)/min	≥20
熔体流动速率③(5kg、190℃)/(g/10min)	与产品标称值的偏差不应超过±25%

① 仅适用于黑色管材料。
② 仅适用于蓝色管材料。
③ 仅适用于混配料。

(1)设备　聚乙烯给水管挤出成型,一般多采用通用型单螺杆挤出机。挤出机的规格选择和其他塑料管挤出成型一样,也是按制品管的直径参照表 4-10 选择螺杆直径。螺杆结构为渐变型或突变型,长径比为(25~30)∶1,压缩比为 3~4。

管坯成型模具结构见图 6-2 和图 6-3。通常,小直径管挤出成型采用图 6-2 所示模具,大直径管挤出成型采用图 6-3 所示微孔篮式模具结构。模具体内熔料腔压缩比取 2~5,芯轴收缩角取 45°~60°,口模处芯轴的平直段长度按管材直径大小决定,一般取 30~300mm 之间(管直径小取小值,管直径大取大值)。模具熔料流经的空腔内表面的表面粗糙度 R_a 应不大于 0.32μm。

从成型模具口模处挤出的管坯,采用图 6-6 结构型真空外径定型套为管坯降温定型。由于 PE 管壁厚尺寸较大,则其冷却定型降温时间较长。这样,需要为管降温的水箱就比较长,一般在 18m 左右,可采用 3 个 6m 长的短水箱组合而成。第一节水箱为真空喷淋式水箱,后两节为普通喷淋水箱。

(2)工艺　挤出机机筒温度(从加料段至均化段)分别是:100~120℃、120~140℃、140~160℃、160~180℃、180~190℃。挤出机筒熔态料温度为 200~205℃。

成型模具温度(从进料端至口模处)分别是:170~180℃、175~185℃、180~190℃、190~205℃。

(3)质量

①用 PE63、PE80 和 PE100 等级材料成型的管材、公称压力 $p_N = 2\sigma_s/(SDR-1)$[注:式中 $\sigma_s = MRS/C$,当水温为 20℃时 C 值为 1.25;SDR=管公称外径 d_n/管公称壁厚 e_n],采用表 6-9 中设计应力而确定的公称外径与壁厚应分别符合表 6-10~表 6-12 的规定。

②当 PE 管输水温度为 30℃时,最大工作压力应是 P_N×0.87 MPa;温度为 40℃时,最大工作压力应是 P_N×0.74 MPa。

③供水管应为蓝色或黑色,黑色管表面应有至少三条纵向蓝色色条;地上管道必须是黑色。

④管外表面应清洁、光滑,不允许有气泡、明显划痕、凹陷、杂质、颜色不均等缺陷。管端平

面切割平整,并与管轴线垂直。

⑤管长度为 6m、9m、12m,也可供需双方商定。长度偏差+0.4%~-0.2%。

表 6-9　不同等级材料设计应力的最大允许值

材料等级	设计应力最大允许值 σ_s/MPa
PE63	5
PE80	6.3
PE100	8

表 6-10　PE63 级聚乙烯管材公称压力和规格尺寸

公称外径 d_n/mm	公称壁厚 e_n/mm				
	标准尺寸比(d_n/e_n)				
	SDR33	SDR26	SDR17.6	SDR13.6	SDR11
	公称压力/MPa				
	0.32	0.4	0.6	0.8	1.0
16	—	—	—	—	2.3
20	—	—	—	2.3	2.3
25	—	—	2.3	2.3	2.3
32	—	—	2.3	2.4	2.9
40	—	2.3	2.3	3.0	3.7
50	—	2.3	2.9	3.7	4.6
63	2.3	2.5	3.6	4.7	5.8
75	2.3	2.9	4.3	5.6	6.8
90	2.8	3.5	5.1	6.7	8.2
110	3.4	4.2	6.3	8.1	10.0
125	3.9	4.8	7.1	9.2	11.4
140	4.3	5.4	8.0	10.3	12.7
160	4.9	6.2	9.1	11.8	14.6
180	5.5	6.9	10.2	13.3	16.4
200	6.2	7.7	11.4	14.7	18.2
225	6.9	8.6	12.8	16.6	20.5
250	7.7	9.6	14.2	18.4	22.7
280	8.6	10.7	15.9	20.6	25.4
315	9.7	12.1	17.9	23.2	28.6
355	10.9	13.6	20.1	26.1	32.2
400	12.3	15.3	22.7	29.4	36.3
450	13.8	17.2	25.5	33.1	40.9
500	15.3	19.1	28.3	36.8	45.4
560	17.2	21.4	31.7	41.2	50.8
630	19.3	24.1	35.7	46.3	57.2
710	21.8	27.2	40.2	52.2	
800	24.5	30.6	45.3	58.8	
900	27.6	34.4	51.0		
1000	30.6	38.2	56.6		

表 6-11　PE80 级聚乙烯管材公称压力和规格尺寸

公称外径 d_n/mm	公称壁厚 e_n/mm				
	标准尺寸比(d_n/e_n)				
	SDR33	SDR21	SDR17	SDR13.6	SDR11
	公称压力/MPa				
	0.4	0.6	0.8	1.0	1.25
16	—	—	—	—	—
20	—	—	—	—	—
25	—	—	—	—	2.3
32	—	—	—	—	3.0
40	—	—	—	—	3.7
50	—	—	—	—	4.6
63	—	—	—	4.7	5.8
75	—	—	4.5	5.6	6.8
90	—	4.3	5.4	6.7	8.2
110	—	5.3	6.6	8.1	10.0
125	—	6.0	7.4	9.2	11.4
140	4.3	6.7	8.3	10.3	12.7
160	4.9	7.7	9.5	11.8	14.6
180	5.5	8.6	10.7	13.3	16.4
200	6.2	9.6	11.9	14.7	18.2
225	6.9	10.8	13.4	16.6	20.5
250	7.7	11.9	14.8	18.4	22.7
280	8.6	13.4	16.6	20.6	25.4
315	9.7	15.0	18.7	23.2	28.6
355	10.9	16.9	21.1	26.1	32.2
400	12.3	19.1	23.7	29.4	36.3
450	13.8	21.5	26.7	33.1	40.9
500	15.3	23.9	29.7	36.8	45.4
560	17.2	26.7	33.2	41.2	50.8
630	19.3	30.0	37.4	46.3	57.2
710	21.8	33.9	42.1	52.2	
800	24.5	38.1	47.4	58.8	
900	27.6	42.9	53.3		
1000	30.6	47.7	59.3		

表 6-12 PE100 级聚乙烯管材公称压力和规格尺寸

公称外径 d_n/mm	公称壁厚 e_n/mm				
	标准尺寸比(d_n/e_n)				
	SDR26	SDR21	SDR17	SDR13.6	SDR11
	公称压力/MPa				
	0.6	0.8	1.0	1.25	1.6
32	—	—	—	—	3.0
40	—	—	—	—	3.7
50	—	—	—	—	4.6
63	—	—	—	4.7	5.8
75	—	—	4.5	5.6	6.8
90	—	4.3	5.4	6.7	8.2
110	4.2	5.3	6.6	8.1	10.0
125	4.8	6.0	7.4	9.2	11.4
140	5.4	6.7	8.3	10.3	12.7
160	6.2	7.7	9.5	11.8	14.6
180	6.9	8.6	10.7	13.3	16.4
200	7.7	9.6	11.9	14.7	18.2
225	8.6	10.8	13.4	16.6	20.5
250	9.6	11.9	14.8	18.4	22.7
280	10.7	13.4	16.6	20.6	25.4
315	12.1	15.0	18.7	23.2	28.6
355	13.6	16.9	21.1	26.1	32.2
400	15.3	19.1	23.7	29.4	36.3
450	17.2	21.5	26.7	33.1	40.9
500	19.1	23.9	29.7	36.8	45.4
560	21.4	26.7	33.2	41.2	50.8
630	24.1	30.0	37.4	46.3	57.2
710	27.2	33.9	42.1	52.2	
800	30.6	38.1	47.4	58.8	
900	34.4	42.9	53.3		
1000	38.2	47.7	59.3		

6.16 聚乙烯燃气管有哪些性能特点？怎样挤出成型？

聚乙烯燃气管是指用于煤气和天然气输送的 PE 管。这种管具有优良的耐环境应力性，其耐应力开裂值(F_{50})不低于 5000h；有良好的焊接性，耐化学腐蚀，有一定的抗芳烃侵蚀能力，刚柔适度，还有特别好的抗蠕变性能。所以，用聚乙烯燃气管代替钢管，在燃气输送管路中应用，开始受到广大用户重视。PE 燃气管与钢管比较，有使用寿命长(在-60～60℃范围内使用，时间可达 50 年以上)、质地轻、施工方便快捷等优点。但应用时要注意，尽量不与汽油、苯等接触，它对这些有机溶剂的侵蚀耐受能力较差。

(1)原料选择　聚乙烯燃气管挤出成型用原料主要是中密度聚乙烯(MDPE)和高密度聚乙烯(HDPE)。标准 GB15558.1—2003 规定，用于挤出成型燃气管 PE 树脂的性能见表 6-13。

上海石化乙烯厂生产的 PE 燃气管成型专用料性能见表 6-14。

表 6-13 PE 燃气管专用树脂的性能

项目	性能要求	试验方法
密度 /(kg/m³)	≥930	GB 1033
水分含量/(mg/kg)	<300	GB 6083,试样不进行状态调节
挥发分含量/(mg/kg)	<350	—
炭黑含量(质量分数)/%	2.0~2.6	GB 13021
热稳定性(200℃)/min	>20	—
耐环境应力开裂(100℃,100%)F_0/h	≥1000	GB 1842,100℃±2℃试验结果以试样破损概率为 0 的时间 F_0表示
耐气体组分(80℃,2MPa)/h	≥30	试验介质;50%(质量)的正癸烷(99%)和 50%(质量)的三甲基苯混合流试验介质。温度为 80℃;试验前将混合流注入自由长度不小于 250mm、尺寸为 ϕ32×3.0mm 的管状试样中,在 23℃±2℃环境中放置 1500h 后按 GB611 规定试验
长期静压强度(20℃,50 年,95%)/MPa	≥80	GB 15558.1—2003

表 6-14 上海石化乙烯厂生产的 PE 燃气管成型专用料 YG055 树脂性能

项目	数值	测试方法
密度(基本树脂)/(kg/m³)	946	ISO 1183/ISO 1873—B
熔体流动速率(190℃,2. 16kg)/(g/10min)	0.1	ISO 1133
拉伸屈服应力/MPa	23	ISO/DIS6259
断裂伸长率/%	>600	ISO/DIS6259
低温脆化温度/℃	<-70	ASTM D746
耐环境应力开裂 F_{50}/h	>10000	ASTM D1693—A
热稳定性(210℃)/min	15	EN728

聚乙烯树脂出厂前都加入抗氧剂和光稳定剂等辅助料。在特殊环境中工作的燃气管还应注意,必要时应在树脂内加入比例不超过 1%的抗静电剂和紫外线吸收剂,以满足聚乙烯燃气管对特殊工作环境的适应性。为了降低燃气管的生产成本和改进管材的一些性能,在成型管材的树脂中也可加入比例不超过 1%的轻质碳酸钙和炭黑、细度要求在 3μm(400 目)左右。上海石化公司产三人牌双峰高密度聚乙烯 YGH051T、YGM091T 树脂为燃气管用树脂,可供应用参考。

(2)设备 聚乙烯燃气管用 PE 专用树脂挤出成型,所需要的设备和生产工艺顺序与普通聚乙烯管挤出成型用生产工艺顺序完全相似,不同之处只是设备中的一些零部件结构和尺寸有些变化。

挤出机的螺杆为等距不等深渐变型,长径比较大[长径比在(30~33):1]。为了提高原料的塑化质量,在螺杆的加料段和塑化段及塑化段和均化段之间过渡处,有一段(约 2~3 个螺纹)为不等距螺纹,结构见图 4-9。

机筒的加料段应开有纵向沟槽,这是为了使进入机筒的原料能被转动的螺杆顺利的推进前移。为了能使料斗中原料连续不断地供给机筒，要求此处还应有循环冷却水降温。

聚乙烯燃气管成型用模具结构最好选用筛孔式结构。支架式分流锥工作时，熔料汇合处易产生接缝痕和应力。

聚乙烯燃气管挤塑从模具口挤出的管坯，应采用真空内压定径方法冷却定径。降温定径的管坯采用真空喷淋方式为管体降温，然后再进入另一个水槽中，为管体用循环水继续降温。生产较小直径 PE 燃气管时，用 2 个各长 6m 的水槽即能满足管体冷却降温的要求；如果生产较大直径(大于 100mm 的管材)管时，为了使管体得到充分冷却降温，固化定型，冷却水槽的总长度应不少于 18m。

管材的牵引设备、切割设备及制品处理方式与 PE 管生产时选用设备方法相同。

(3)工艺　由于聚乙烯燃气管的原料在挤出机中的塑化熔融，是采用大长径比的螺杆，所以，这种挤出机的挤塑部分机筒比较长。这样，机筒的加热段也就比普通 PE 管挤塑用机筒的加热段多。机筒的各段工艺温度范围参考值如下。

从机筒的进料口开始向机筒的出料端温度逐渐升高，具体温度范围分布是：1 区 120～160℃、2 区 160～180℃、3 区 185～195℃、4 区 190～200℃、5 区 200～210℃，6 区 210～215℃。模具温度 210～220℃。

(4)质量　聚乙烯燃气管的质量要求应符合 GB15558.1—2003《燃气用埋地聚乙烯管材》所规定的性能指标。

管材的颜色应为黄色或黑色，黑色管上必须有醒目的黄色色条。

管材的外观：管的内外表面应清洁、光滑，不允许有气泡、明显的划伤、凹陷、杂质和颜色不均匀等缺陷。

管材的外径、壁厚及允许偏差值见表 6-15。管材长度可是 6m、9m、12m，也可按供需双方商定长度生产。

PE 燃气管的性能要求规定见表 6-16 和表 6-17。

表 6-15　PE 燃气管外径尺寸及其壁厚和允许偏差及其允许偏差　mm

公称外径 d_e		壁厚 e			
		SDR11		SDR17.6	
		工作压力≤0.4MPa		工作压力≤0.2MPa	
基本尺寸	允许偏差	基本尺寸	允许偏差	基本尺寸	允许偏差
20	+0.3 0	3.0	+0.4 0	2.3	+0.4 0
25	+0.3 0	3.0	+0.4 0	3.0	+0.4 0
32	+0.3 0	3.0	+0.4 0	2.3	+0.4 0
40	+0.4 0	3.7	+0.5 0	2.3	+0.4 0
50	+0.4 0	4.6	+0.5 0	2.9	+0.4 0

续表

公称外径 d_e		壁厚 e			
		SDR11		SDR17.6	
		工作压力≤0.4MPa		工作压力≤0.2MPa	
基本尺寸	允许偏差	基本尺寸	允许偏差	基本尺寸	允许偏差
63	+0.4 0	5.8	+0.7 0	3.6	+0.5 0
75	+0.5 0	6.8	+0.8 0	4.3	+0.6 0
90	+0.6 0	8.2	+1.0 0	5.2	+0.7 0
110	+0.6 0	10.0	+1.1 0	6.3	+0.8 0
125	+0.6 0	11.4	+1.3 0	7.1	+0.9 0
140	+0.9 0	12.7	+1.4 0	8.0	+0.9 0
160	+1.0 0	14.6	+1.6 0	9.1	+1.1 0
180	+1.0 0	16.4	+1.8 0	10.3	+1.2 0
200	+1.2 0	18.2	+2.0 0	11.4	+1.3 0
250	+1.5 0	22.7	+2.4 0	14.2	+1.6 0
280		25.5		15.9	
315		28.6		17.9	
355		32.3		20.1	
400		36.4		22.7	

表 6-16　PE 燃气管的性能

序号	项目		性能	试验方法
1	长期静液压强度(50℃,45%)/MPa		≥8.0	GB 15558.1—2003 附录 A
2	短期静液压强度	(20℃)/MPa	9.0(韧性破坏时间>100h)	GB 6111—2003
		(80℃)/MPa	4.6(脆性破坏时间>165h)	
			4.0(破坏时间>1000h)	
3	热稳定性(200℃)/min		>20	GB 15558.1—1995 中 5.9
4	耐应力开裂(80℃,4.0MPa)/h		≥1000(型式检验)	GB 15558.1—1995 中 5.12
			≥170(出厂检验)	
5	压缩复位(80℃,4.0MPa)/h		>170	GB 15558.1—1995 中 5.14

续表

序号	项目	性能	试验方法
6	纵向回缩率(110℃)/%	≤3	GB 6671—2001
7	断裂伸长率/%	>350	GB 8804.2—2003
8	耐候性 (管材积累接受≥3.5MJ/m^2老化能量后)	仍能满足本表 第2、3、7项性能要求, 并保持良好的焊接性能	GB 3681—2000

表6-17　破坏应力和相应的最小破坏时间

破坏应力/MPa	最小破坏时间/h	破坏应力/MPa	最小破坏时间/h
4.6	165	4.3	394
4.5	219	4.2	533
4.4	293	4.1	727

6.17　什么是聚乙烯硅芯管?挤出成型有哪些条件要求?

聚乙烯硅芯管是一种复合管,它是用高密度聚乙烯挤出成型聚乙烯硅芯管的外层;用高密度聚乙烯粉料掺混一定比例摩擦系数小的硅烷类润滑剂,挤出成型聚乙烯硅芯管的内层。这种复合管的内壁摩擦系数很小(仅为0.08~0.15),由于这种管的内表面润滑性能非常好,目前多用这种复合管做通信光缆套管。

聚乙烯硅芯管的力学性能像高密度聚乙烯管一样,具有韧性好、可以任意弯曲、耐水性好、防锈蚀、寿命长、内管壁光滑、摩擦系数很小等优点,用于光缆套管时,施工安装既方便又快捷。

(1)原料选择　聚乙烯硅芯复合管分内外层,表面还有一条色标线。外层成型用高密度聚乙烯,选用密度为0.954g/cm^3,熔体流动速率为0.1~0.5g/10minHDPE料(可选用扬子石化公司产6100M HDPE、MFR=0.14g/10min)。聚乙烯硅芯管的内层料,可用HDPE粉料,掺入一定比例硅烷类润滑,或用硅胶混合物及固体润滑剂等挤出成型。色标线用料,可用一般挤塑级高密度聚乙烯和色母料。

大庆石化公司生产的硅芯管挤出成型专用料物理性能指标见表6-18。

表6-18　硅芯管用料物理性能

检测项目	设计值	实测值	测试标准
密度/(g/cm^3)	0.947~0.951	0.940	GB/T 1033.1—2008
MFR/(g/10min)	0.18~0.22	0.20	GB/T 3682—2000
拉伸强度/MPa	≥24	34	GB/T 1040—1992
屈服强度/MPa	≥21	26	GB/1040—1992
断裂伸长率/%	实测	800	GB/T1040—1992
耐环境应力(开裂F_{50})/h	实测	1000	GB/T 1843—2008
非牛顿指数NN1	80~100	85	日本三井方法
灰分(质量)/%	≤0.04	0.03	GB/T 9345.1—2008

续表

检测项目	设计值	实测值	测试标准
色粒/(粒/kg)	≤20	0	GB/T 11115——2003
杂质/(粒/kg)	≤60	0	

(2)设备　聚乙烯硅芯管的挤出成型工艺顺序与聚乙烯管的挤出成型工艺顺序基本相似,不同之处是:由于这种管需要有三种料熔融复合成型,则三种料的塑化需要由三台挤出机来完成,然后把三种性能不同的熔融塑化料挤入一个复合管的成型模具中成型管。具体工艺顺序排列如下。

聚乙烯硅芯管外层料挤出塑化┐
聚乙烯硅芯管内层料挤出塑化├→复合管成型模具→真空定径
聚乙烯硅芯管色标线料挤出塑化┘
套冷却降温定径→复合管冷却降温固化→牵引→切割→盘卷→质量检查→包装入库

聚乙烯硅芯管挤出成型用设备与聚乙烯管挤出成型用设备相同。只是三种料挤出塑化用三台挤出机的规格和螺杆结构各有特点。

聚乙烯硅芯管的外层用料多,要选用较大规格挤出机;内层用料少,应选用较小规格挤出机;而色标线用料极少,所以,就应选用挤出机系列中最小规格的挤出机。

假如聚乙烯硅芯管的外层用料采用螺杆直径为 ϕ90mm,长径比为 33∶1 的渐变型螺杆(最好选用分离型 BM 螺杆),则硅芯管的内层用料塑化就应选用螺杆直径为 ϕ45mm,长径比为 28∶1 的螺杆;而色标线用料塑化可选用螺杆直径为 ϕ20mm 挤塑 HDPE 料通用型螺杆。常用内、外层料塑化用挤出机机组组合规格有 $\phi50/\phi42$、$\phi40/\phi33$、$\phi32/\phi26$ 等。

(3)工艺　聚乙烯硅芯管挤出成型时,由于复合管用料的不同,则三台挤出机对挤出原料的塑化工艺温度也就各有不同。硅芯管外层和色标线用料是高密度聚乙烯,挤塑这两种原料的挤出机机筒各段温度控制与普通高密度聚乙烯管的挤出工艺温度控制相同。聚乙烯硅芯管的内衬管由于 HDPE 树脂掺有硅烷类润滑剂,则其挤出机机筒各段工艺温度的控制略有差别。

机筒的加料段温度 100~125℃,塑化段为 135~160℃,均化段温度为 170~185℃。成型硅芯复合管用模具温度 175~190℃。

(4)聚乙烯硅芯管挤出成型注意事项

①聚乙烯硅芯管的内外层和色标线用 HDPE 树脂成型时,选用料的熔体流动速率应相接近或相同。三台挤出机挤出熔料的流速应相同,这样,有利于三台挤出机同时挤出进入复合管模具中的三种熔融料接触界面的混熔。

②复合管成型模具中熔料流道腔工作面应光滑平整、无零件间的装配凸台或平面结合缝隙;各零件的制造和装配精度要求高。

③为了保证复合管内壁的光滑,保证制品内表面的最低摩擦系数,注意模具中的芯轴外圆工作面加工精度和光滑度要严格控制,表面粗糙度 R_a 应不大于 0.32μm。

④成型后的复合管应缓慢降温,水槽中冷却水的温度控制在 12~16℃范围内。

⑤牵引速度和管坯的挤出速度相匹配,把挤出成型复合管的牵引速度控制在 10m/min 以内。

6.18 聚乙烯复合管有哪些特点与用途？怎样挤出成型？

聚乙烯复合管是指用两种不同密度的聚乙烯树脂，分别同时用两台挤出机塑化熔融，然后同时把熔融料挤入一个能成型复合管的模具内，成型的管材即为聚乙烯复合管。这种复合管可用多种塑料挤出复合。这里只介绍用高密度聚乙烯和低密度聚乙烯料复合成型的管材。

这种由高密度聚乙烯和低密度聚乙烯熔料复合成型的管材，兼有两种原料的特性，它的耐压性和抗腐蚀能力都比普通聚乙烯管好。在工矿企业中，可用这种复合管代替钢管，用于油、煤气等有腐蚀性介质的输送管或矿井通风用管路等。

（1）原料　聚乙烯复合管的成型，一般是管的内层用低密度聚乙烯料成型，管的外层用高密度聚乙烯料成型。两种不同密度聚乙烯树脂的选择要注意：为使两种熔融料在复合管成型模具内流速接近一致，促使两种熔料的结合面能较好地混溶，要求选择两种树脂的熔体流动速率（MFR）接近些。一般选取低密度聚乙烯树脂的熔体流动速率为 2～7g/10min，高密度聚乙烯树脂的熔体流动速率为 3～8g/10min。用这样的原料成型的复合管，两种熔融料能较牢固地结合接触面，管材成型后不容易脱皮、分层，管材的质量较有保证。

（2）设备　聚乙烯复合管挤出成型时的生产工艺顺序及其使用设备与普通聚乙烯管挤出成型时的生产工艺顺序及其使用设备很相似。不同之处只是多了一台单螺杆挤出机和复合管成型用模具的结构。

聚乙烯复合管挤出成型生产工艺顺序：

高密度聚乙烯树脂（HDPE）→单螺杆挤出塑化↘

　成型管模具→复合管冷却定径→冷却定型→牵引→切割→收卷

低密度聚乙烯树脂（LDPE）→单螺杆挤出塑化↗

聚乙烯复合管用料挤出机为两台，分别用来挤塑熔融 LDPE 料和 HDPE 料。这两台挤出机中螺杆的结构都是采用挤塑普通聚乙烯料常用型螺杆结构。螺杆直径由复合管中两层管用料量的大小来决定，一般是挤塑低密度聚乙烯用螺杆直径比挤塑高密度聚乙烯用螺杆直径略大些。

复合管成型用模具结构示意图，见图 6-10。这种模具的结构型式是按挤塑两种原料用单螺杆挤出机的垂直布置所设计的。

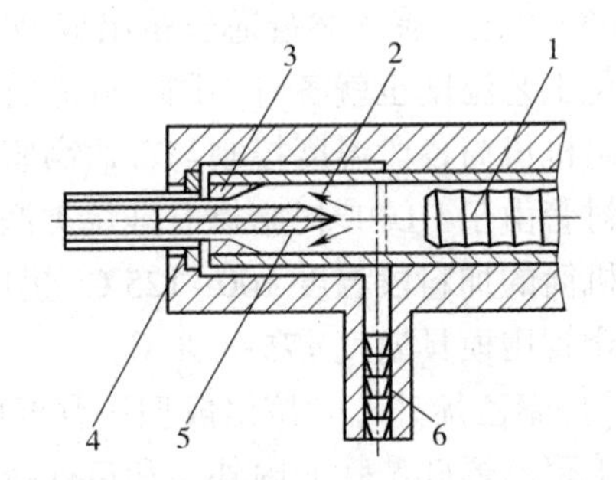

图 6-10　两种不同原料复合成型管用模具结构

1—低密度聚乙烯料挤塑用挤出机

2—LDPE 熔融料流动空腔

3—HDPE 熔料流动空腔

4—复合管成型口模；5—分流锥

6—高密度聚乙烯料挤塑用挤出

（3）工艺　聚乙烯复合管挤塑成型时的挤出机工艺温度条件没什么特殊要求，基本和低密度聚乙烯、高密度聚乙烯挤塑成型管材工艺条件相同。低密度聚乙烯挤塑用挤出机上机筒各段温度：加料段 100～140℃，塑化段 140～160℃，均化段 140～160℃。

高密度聚乙烯挤塑用挤出机上机筒各段温度：加料段 100～140℃，塑化段 150～170℃，均化段 160～180℃。

复合管成型用模具温度：180～200℃。

管坯定径冷却采用内压法，压缩空气的压力控制在 0.05～0.07MPa 范围内。

6.19 农业聚乙烯滴灌管应用特点及挤出成型条件要求有哪些?

农业用聚乙烯滴灌管,按其应用场合工作条件的不同,可分为两种类型。一种是聚乙烯滴灌管应用时埋在地表面下,而另一种聚乙烯滴灌管应用时铺在地表面上。埋在地下的滴灌管,为了提高其抗压强度,外表成波纹形。两种滴灌管的管体壁上,都布有无数渗水孔。

聚乙烯滴灌管在农业生产中应用,具有防旱、延缓水分蒸发、保护土壤湿度的作用。埋在地表面下的滴灌管,当雨水过多时,还可使水渗入管内,起到雨天防涝的作用。

(1)原料　农业用聚乙烯滴灌管挤出成型用原料,要按滴灌管应用的场合条件来决定。用于地表面上的滴灌管成型,可用任何一种聚乙烯挤出成型,一般用低密度聚乙烯挤出成型应用较多;也可用线型低密度聚乙烯和高密度聚乙烯混合(混合比例4∶1)应用。但这种管材成型用料中,要加入一定比例的抗氧剂、光稳定剂和炭黑。以延缓这种在地面大气环境中工作管材的使用时间,增强其抗老化能力。

埋于地下的聚乙烯滴灌管挤出成型多用熔体流动速率 MFR=0.5~3g/10min、低密度聚乙烯树脂。也可用低密度聚乙烯与线型低密度聚乙烯,两种原料共混(混合比例为LDPE/LLDP=80/20)后挤出成型。

(2)设备　农业用聚乙烯滴灌管挤出成型生产工艺顺序及使用设备与普通聚乙烯管挤出成型生产的工艺顺序和使用设备完全相同。可参照6.1、6.11 节选择。对于埋入地下的波纹形滴灌管的生产成型,只是把原挤出聚乙烯管坯的定径冷却部分,改用专用的波纹形定径冷却模具。结构见图 6-13。

图 6-13 中的波纹形定型模具兼有牵引冷却定型波纹管的功能。它是由 80 个塑料(聚酰胺注射成型制品)上下模具组合成波纹空腔,当管坯从成型模具口挤出后,即进入波纹形腔模具内,被牵引向前运行;由于管内通有压缩空气,而把管坯吹胀、紧贴在波纹形腔壁上成型波纹管。不断平稳运行的波纹模具被冷风降温、使波纹管降温定型。

低密度聚乙烯滴灌管成型用设备结构参数如下所示(仅供参考):

①采用等距不等深渐变型螺杆结构,直径为 ϕ65mm,螺杆长径比为 20∶1,压缩比为 2.5。

②管坯成型用模具结构与挤塑成型普通 PE 管用模具结构相同,压缩比为 5.6,芯轴平直段长度与直径比为 3.57,口模内径 ϕ42mm,芯轴平直部分外径 ϕ34mm。

③牵引速比为 5.5,拉伸比为 2.5,管坯吹胀比为 1.84。成型管外径为 62mm、内径为 60mm。

(3)低密度聚乙烯滴灌管挤出成型工艺　单螺杆挤出机上机筒各段加热温度:加料段 90~100℃,塑化段 110~130℃,均化段 140~150℃。

管坯成型模具温度:100~130℃。

波纹形模具夹的牵引速比为 5~6,拉伸比为 2~3,压缩空气压力 0.015MPa 左右,管坯吹胀比为 1.5~2。

挤出操作注意事项如下:

①注意挤塑成型用工艺温度的平稳,不允许有较大的温度波动差。

②吹胀管坯用气堵不允许漏气。

③熔料挤出速度要平稳,吹胀管坯用气压要稳定,牵引运行速度应平稳,保证有较固定的牵伸比。

6.20 聚乙烯双壁波纹管结构特点及挤出成型条件要求有哪些？

聚乙烯双壁波纹管结构如图 6-11 所示，它是用两种牌号高密度聚乙烯料，采用两台单螺杆挤出机，分别塑化两种料，成型波纹管的内外层。螺杆结构和其他 PE 料挤塑成型用螺杆结构相同；成型模具结构示意图如图 6-12 所示。

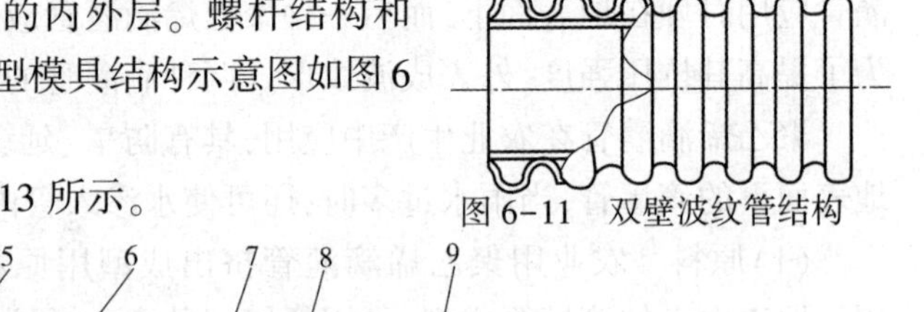

图 6-11　双壁波纹管结构

吹胀成型波纹管外形用设备结构如图 6-13 所示。

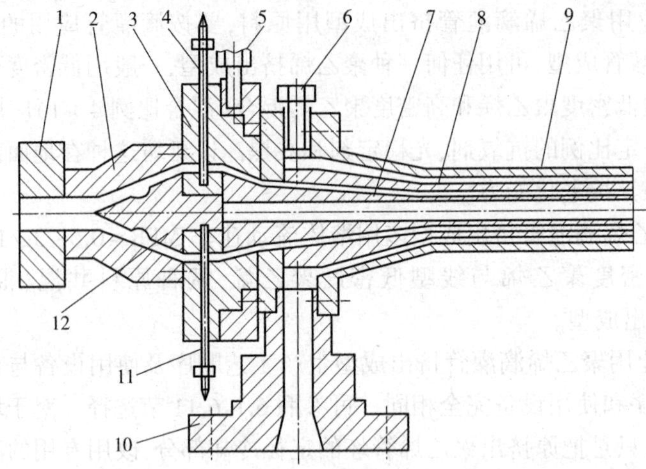

图 6-12　双壁波纹管坯成型模具

1—连接法兰；2—模具体；3—分流锥固定板；4—进气管；5、6—调节螺钉

7—芯模；8—外层芯模；9—口模；10—连接颈；11—进水管；12—分流锥

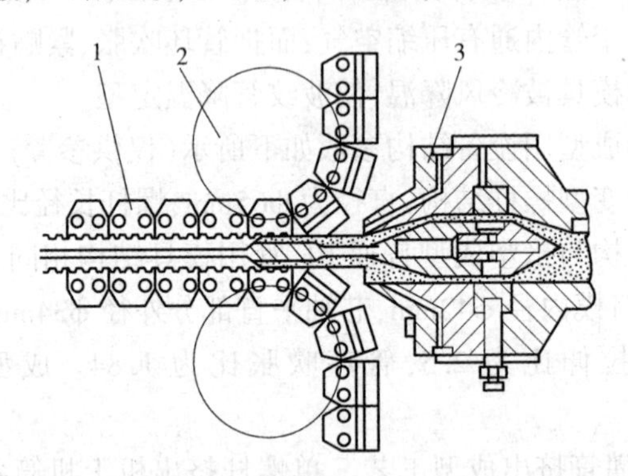

图 6-13　成型波纹模具的闭开工作运行示意

1—成型波纹模具；2—传动链轮；3—波纹管坯成型用模具

(1)原料　波纹管内层料选取 5000S(MFR = 0.9g/10min，密度为 $0.954g/cm^3$，扬子石化公司产)，波纹外层用料选 PH150(MFR = 0.13g/10min、密度为 $0.943g/cm^3$、韩国现代石油化学公司产)。

(2)工艺　内层料挤塑工艺温度，由进料段开始，至出料端分别是：175 ~ 185℃、200 ~ 210℃、195 ~ 205℃、180 ~ 190℃、180 ~ 190℃。

外层成型波纹形料挤塑工艺温度，由进料段开始、至出料端分别是：155 ~ 165℃、170 ~ 180℃、175 ~ 185℃、155 ~ 165℃、155 ~ 165℃。

6.21 什么是交联聚乙烯管？怎样挤出生产成型？

交联聚乙烯管(英文缩写代号 PE-X)是以聚乙烯为主要原料,在高能射线或化学引发剂的作用下,使聚乙烯大分子之间产生交联键,把聚乙烯的线型结构经交联转变为网状结构,改变了聚乙烯的性能后成型的管材。交联聚乙烯的热强度、耐热性、热老化性、耐环境应力开裂能力、电绝缘性、耐油性及抗蠕变性等,均优于聚乙烯管材。

交联聚乙烯管的软化点高达 200℃,可在-75~140℃条件下长期使用;用于热水输送管路中,既清洁又无毒,不腐蚀,承压能力最高可达 2MPa。

(1)交联聚乙烯生产方式　工业上常用的交联聚乙烯方法,有辐射交联聚乙烯、过氧化物交联聚乙烯和硅烷交联聚乙烯。目前,交联聚乙烯管成型应用较多的方法是硅烷交联成型聚乙烯管。因为硅烷交联与前两种方法比较,具有设备投资少、生产效率高、成本低、工艺简单、不受产品形状、尺寸限制等优点。

(2)硅烷交联聚乙烯管成型特点　硅烷交联方法成型交联聚乙烯管,成型工艺中主要有聚乙烯-硅烷熔融接枝反应和硅烷接枝聚乙烯的水解缩合反应。聚乙烯-硅烷接枝反应是在挤出机中挤塑原料呈熔融态过程中完成,硅烷接枝聚乙烯的水解缩合反应是在交联罐中完成。

硅烷接枝和管子成型工艺可分为一步法和两步法。一步法成型工艺需要专用反应型挤出机,对挤出反应中的工艺条件和操作控制要求比较严格。这种生产交联聚乙烯管方法适合于大型企业生产应用。两步法成型硅烷交联聚乙烯管,是在专业厂把原料组合、反应接枝后挤出造粒,然后由普通塑料制品厂用挤塑聚烯烃料通用型挤出机挤塑成型管材。这种方法成型硅烷交联聚乙烯管,成本要高些。

(3)硅烷交联聚乙烯管生产工艺顺序　硅烷交联聚乙烯管成型生产工艺顺序分两步法和一步法工艺流程。

①两步法。

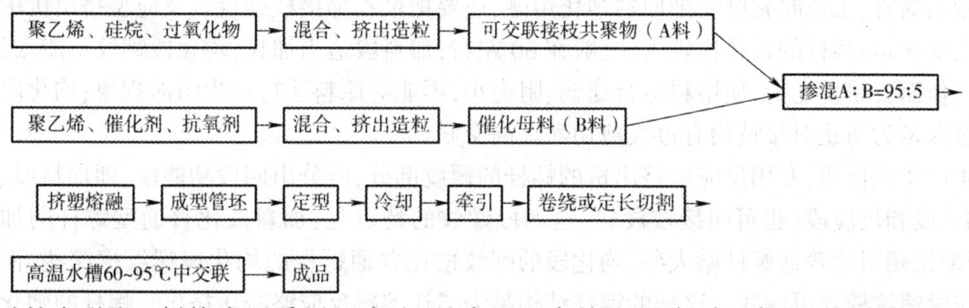

硅烷交联聚乙烯管成型采用两步法,是先用两台挤出机分别生产出聚乙烯硅烷接枝料(A)和催化母料(B)。然后按质量份数 A 料用 95 份、B 料用 5 份的比例掺混均匀(注意这两种料必须干燥,不宜长时间存放),料混合温度约 80℃。把混合均匀料直接投入挤出机中熔融、成型。

②一步法。

硅烷交联聚乙烯管成型采用一步法,是把聚乙烯、硅烷交联剂、过氧化物、催化剂和抗氧剂等一起混合,加入到同一台挤出机中,将接枝聚合、成型、交联各工序一次完成生产。一步法生产的交联聚乙烯管制品的交联度比两步法有所提高。

(4)硅烷交联聚乙烯管成型用料选择　硅烷交联聚乙烯管成型用料配方方案有多种。下面分别举出一步法和两步法生产硅烷交联聚乙烯管用料配方例,供应用时参考。

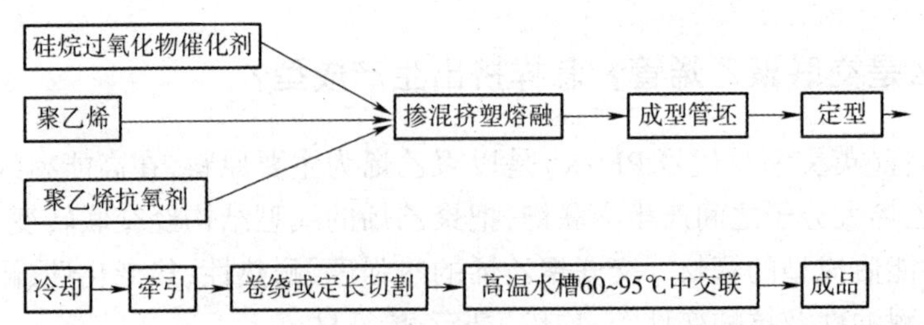

①一步法成型硅烷交联聚乙烯管用料配方。主料聚乙烯用高密度聚乙烯 HDPE(密度为 0.95g/cm³左右,熔体流动速率 MFR=7g/10min)100 份(质量份,后同),接枝单体乙烯基三乙氧基硅烷(VTES)1.8 份,引发剂过氧化二异丙苯(DCP)1.5 份,催化剂二月桂酸二丁基锡 0.1 份,抗氧剂(1010)0.2 份,抗氧剂硫代二丙酸二月桂酯(DLTP)0.3 份,为提高熔融料的流动性,适当加入些流动改性剂。

②两步法成型硅烷交联聚乙烯管用料配方。

a.接枝料(A)配方。主料聚乙烯采用低密度聚乙烯 LDPE(密度为 0.919g/cm³,熔体流动速率 MFR=0.3g/10min)100 份,接枝单体乙烯基三乙氧基硅烷(VTES)2 份,引发剂过氧化二异丙苯(DCP)0.15 份。

b.催化母料(B)配方。主料聚乙烯采用低密度聚乙烯 LDPE(密度为 0.919g/cm³,熔体流动速率 MFR=0.3g/10min)100 份,引发剂过氧化二异丙苯(DCP)0.25 份,催化剂二月桂酸二丁基锡 2.5 份。

(5)设备条件　两步法成型硅烷交联聚乙烯管工序中的造粒用挤出机,可选用同向旋转双螺杆挤出机(规格是:螺杆直径 φ57mm,中心距 48mm,工作转速 30~40r/min)。

原料的挤塑熔融、成型管坯可用挤塑聚烯烃料通用型单螺杆挤出机,工艺控制难度比挤塑低密度聚乙烯管要大些。

一步法成型硅烷交联聚乙烯管,需要用专用反应型挤出机。反应型挤出机挤塑成型硅烷交联聚乙烯管,工作时它既要把原料塑化熔融,还要把聚乙烯接枝硅烷。反应型挤出机中螺杆的结构要求是:螺杆的长径比较大,一般在 30 左右;加料段适当加长,均化段螺纹不能太深,螺纹的工作面要尽量光滑,使熔料运行通畅、阻力小,不能对原料运行产生阻滞现象;均化段要求不宜过深是为防止对接枝物有过大剪切而提高交联。

生产实践证明,专用反应型挤出机的螺杆的螺纹部分,应分出四段功能段,即加料段、塑化段、均化段和反应段(也可叫接枝段)。这四段螺纹的特点是:加料段比普通型螺杆的加料段长,压缩比相对比普通螺杆略大些,均化段的螺纹槽比普通螺杆的均化段螺纹槽深些,而最后的反应段螺纹槽要更深些。这样的螺杆结构是为了让熔融反应略减压挤出。螺杆的塑化段应采用分离螺纹,还可设混炼元件,以加速原料在机筒内的熔融。机筒的加料段内壁应开有纵向沟槽,来增加原料的运行摩擦力,方便固体原料在此段的输送,向前运行。

反应段在均化段后面,既要把螺纹槽加深些,还要有足够的长度。螺纹槽加深,既能使熔料减压,又能使反应更均匀;减压的熔料又降低了剪切速率,而使熔料由于剪切速率的降低而不易升温,避免了熔料的热分解;反应段的加长是为了反应完全,也增加了熔料在反应段的停留时间。

管成型用模具采用直通式模具结构。成型的管坯采用真空冷却定径方式。定型后的管材采用水喷淋方式为管材继续降温。

交联反应罐结构与交联反应采取的方法有关。结构形式可分为管内热水循环交联、蒸汽交联、浸热水交联和蒸汽-热水组合式交联。蒸汽交联是用电阻加热水箱内水,产生蒸汽交联。蒸汽-热水组合式交联是管的内、外壁都能与水充分接触,并处于蒸汽包围中,这种交联效果较好,效率也高,能耗最低。交联罐内温度由控温系统自动控制,水箱内水能够自动补充。

南京橡塑机械厂现在能生产 PE-X 管专用挤出机,规格有 SJ65 型和 SJ90 型,螺杆的长径比 $L/D=30$。

(6)硅烷交联聚乙烯管成型工艺

①硅烷交联聚乙烯管成型两步法工艺温度。造粒用挤出机工艺温度控制,是指同向旋转双螺杆挤出机,当工作转速为 35r/min,螺杆直径为 57mm 时,机筒的温度控制(由进料口至出料口)大致可分为5段温度区,即160~180℃,180~195℃,190~195℃,190~200℃,180~190℃。

②硅烷交联聚乙烯管成型一步法工艺温度。硅烷交联聚乙烯管成型,采用一步法生产时,需要用专用反应型挤出机,机筒的加热工艺温度(由进料口至出料口)段,大致可分为三段:即加料段 150~170℃,塑化段 180~200℃,均化和交联段 210~220℃。

③交联反应罐工艺温度。交联反应罐内温度控制范围为 65~95℃,交联聚乙烯管在罐内水解缩合交联过程中,需要适当的温度和湿度;交联反应时间由管材的壁厚决定,一般每毫米需时间不少于 2h。

(7)硅烷交联聚乙烯管挤出成型注意事项

①一步法成型交联聚乙烯管时,原料的含水量不允许超过 0.0002%,所以,树脂在投入挤出机前要进行干燥处理。

②两步法成型交联聚乙烯管用接枝料和催化母料,不许长时间储存;两种料在 80℃ 左右温度中混合后应立即投入挤出机中生产。

③生产用各种原料的用料量,按配方规定比例、精确计量。

④一步法成型硅烷交联聚乙烯管时,原料在专用反应型挤出机内挤塑熔融,停留时间要严格控制在 1.5~3min 范围内。停留时间过长,会造成聚乙烯在挤出机中产生预交联,而使熔料挤出困难,无法成型管坯。时间过短,熔料在挤出机中反应不充分,使交联聚乙烯管的交联度不够,管材的工作寿命降低,性能也有所改变。

6.22 交联聚乙烯热收缩管应用及生产方式有哪些特点?

交联聚乙烯热收缩管是把聚乙烯经过交联改性后,再将其扩张定型的一种制品。应用时,把这种管加热到一定的温度,它具有加热收缩的特性。

利用交联聚乙烯热收缩管的加热收缩特点,把这种管用来做电线电缆的接头保护套,电气仪表的绝缘保护套,石油化工管道的接头保护套管。另外,还可做球杆、鱼竿手柄的包覆套管等。应用时,把这种塑料管套在需要的保护处,经加热后,这种管就紧密包覆在应用处,非常方便,而且还安全可靠。

(1)原料　交联聚乙烯热收缩管是采用硅烷交联聚乙烯生产成型、主要原料是用低密度聚乙烯(一般密度≥0.918g/cm^3、熔体流动速率 MFR=1.5~3g/10min)。硅烷可以用乙烯基三甲氧基硅烷(VTMS)、乙烯基三乙氧基硅烷(VTES)、乙烯基三(2-甲氧基乙氧基)硅烷(VTMES)以及 3-甲基丙烯酰氧基丙基三甲氧基硅烷(VMMS)等,其中以 VTMS 水解速度最快。硅烷在配方中的用量,一般控制在 1%~3%。用量过多,制品表面起霜、强度下降;用量偏少,接枝不均匀,需要增大 DCP 的用量或提高反应温度,即增加原料在机筒中的交联度。

硅烷交联聚乙烯热收缩管成型用料配方举例如下,可供应用时参考。

①通用型硅烷交联聚乙烯热收缩管用料配方:低密度聚乙烯 LDPE(密度 $0.922g/cm^3$,熔体流动速率 MFR = 2g/10min)100 份,过氧化二异丙苯(DCP)0.03 份,乙烯基三乙氧基硅烷(VTES)2 份,二月桂酸二丁基锡(DBTL)0.125 份,抗氧剂(1010)0.13 份,抗氧剂硫代二丙酸(DSTP)0.25 份,润滑剂和紫外线吸收剂适量。

②硅烷交联聚乙烯热收缩电缆护套管用料配方。低密度聚乙烯 LDPE(密度 $0.922g/cm^3$,熔体流动速率 MFR = 2g/10min)100 份,过氧化二异丙苯(DCP)0.05 份,乙烯基三乙氧基硅烷(VTES)2 份,二月桂酸二丁基锡(DBTL)0.13 份,抗氧剂(1010)0.1 份,抗氧剂硫代二丙酸(DSTP)0.35 份,炭黑 2.6 份,润滑剂和紫外线吸收剂适量,三氧化二锑(Sb_2O_3)适量。

③硅烷交联聚乙烯阻燃型热收缩管用料配方。低密度聚乙烯 LDPE(密度 $0.922g/cm^3$,熔体流动速率 MFR = 2g/10min)100 份,乙烯基三乙氧基硅烷(VTES)2 份,过氧化二异丙苯(DCP)0.04 份,二月桂酸二丁基锡(DBTL)0.13 份,抗氧剂(1010)0.13 份,抗氧剂硫代二丙酸(DSTP)0.25 份,十溴二苯醚(FR-10)3 份,六溴环十二烷(HBCD)7 份,三氧化二锑(Sb_2O_3)4 份,润滑剂和紫外线吸收剂适量。

(2)工艺　硅烷交联聚乙烯热收缩管的成型生产工艺条件与硅烷交联聚乙烯管的成型生产工艺条件完全相同。不同之处只是在硅烷交联聚乙烯管挤出成型交联工序之后,再续加一道扩管工序,即可完成此种管的生产。

硅烷交联聚乙烯热收缩管的生产工艺顺序及挤出成型中各种工艺参数条件可完全参照硅烷交联聚乙烯管成型时各工艺参数条件。

硅烷交联聚乙烯热收缩管的扩管定型工序,是在聚乙烯挤出成型,再经交联成为交联聚乙烯管后进行。这种管的扩管定型生产工艺比较简单。如果是采用间断式扩管定型方式,只要把管加热至软化点温度,然后把扩张杆用钢丝牵引进入管内(一般扩张杆直径是被扩管直径的两倍左右),则管被比自己内径大的扩张杆胀大。此时,把管冷却定型。然后把扩张杆从被扩塑料管内拉出,完成了管的扩张定型。此法生产工作示意如图 6-14 所示。

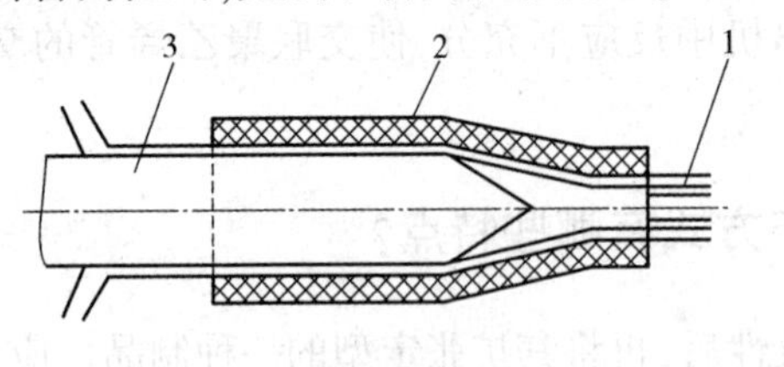

图 6-14　间断式扩管装置

1—牵引加热钢丝束;2—塑料管;3—扩张杆

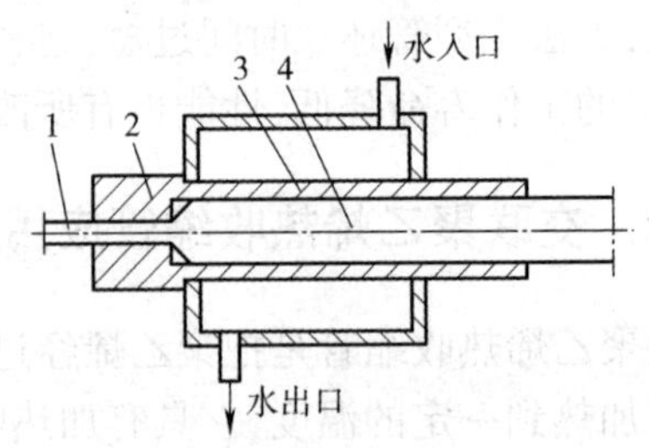

图 6-15　连续式扩管装置

1—塑料管;2—定径套入口部位;

3—定径套;4—扩径后塑料管

如果扩管生产工艺需要连续进行,可按图 6-15 方式扩管。生产时,被扩管在密闭器内被加热软化(这里要注意控制被扩管的内外压力平衡)后进入定径套内,而定径套内径比被扩管外径尺寸大(一般大一倍左右),则管内压缩空气把管吹胀(定径套开有排气口),紧贴在定径套内壁面上;定径套内通有循环冷却水,把吹胀的塑料管冷却定型,完成硅烷交联聚乙烯热收缩管的扩管生产。

目前,国内还没有硅烷交联聚乙烯热收缩管的质量标准。表 6-19 中是部分企业生产交联聚乙烯热收缩管的规格尺寸,可供参考。表 6-20 列出日本产聚乙烯热收缩管性能。

表 6-19　交联聚乙烯热收缩管规格

规格	产品内径(最小)/mm	加热收缩后内径(最大)/mm	壁厚/mm
3/64	1.2	0.61	0.40±0.08
1/16	1.6	0.8	0.43±0.08
3/32	2.4	1.2	0.51±0.08
1/8	3.2	1.6	0.51±0.08
3/16	4.8	2.4	0.51±0.08
1/4	6.4	3.2	0.64±0.08
3/8	9.5	4.8	0.64±0.08
1/2	12.7	6.4	0.64±0.08
3/4	19.1	9.5	0.76±0.08
1	25.4	12.7	0.89±0.12
$1^1/_2$	38.1	19.1	1.02±0.15
2	50.8	25.4	1.14±0.16

表 6-20　交联聚乙烯热收缩管的一般性能

项目	测试方法	数值
颜色		5~7 种
密度/(g/cm³)	ASTM D792	1.24
拉伸强度/MPa	ASTM D638	15
断裂伸长率/%	ASTM D638	400
断裂伸长率(175℃,168h)/%		360
介电强度/(kV/in)		900
体积电阻率/(Ω·cm)	ASTM D876	5×10^{16}
介电常数		2.8
吸水率/%		0.10
耐腐蚀性(铜片试验)		无腐蚀
耐燃性	UL-224	自熄

6.23　低密度聚乙烯管挤出成型工艺条件有哪些?

低密度聚乙烯管的刚性、耐压性与高密度聚乙烯管比较,都比较差,所以不宜作为承压管使用,一般多用于农业排灌管、电器绝缘护套管或小直径饮用水管等。

(1)原料选择　原料密度为 0.920~0.922g/cm³,熔体流动速率为 0.2~2g/10min。如中国石化广州石化分公司的 DG-DB2463BK-3 和中国石油大庆石化分公司的 21A(D2022)。

(2)工艺温度　机筒温度(从加料段至均化段)90~100℃、100~140℃、140~160℃。成型模具温度 140~160℃。

(3)低密度聚乙烯管成型及使用注意事项

①输液管的工作温度不宜超过 45℃。

②管的质量应符合 QB/T 1930—2006 标准规定(表 6-21 和表 6-22)。饮用水管的卫生指标应符合 GB9687 标准规定。

③挤塑低密度聚乙烯时螺杆可不用降温冷却。

④成型后的管坯要缓慢冷却降温,以避免管材表面无光泽,产生应力集中及管内壁出现竹

节状等质量问题。

表 6-21　低密度聚乙烯供水管在不同工作压力下的外径、壁厚与偏差　mm

公称外径 d_n	外径极限偏差	公称压力					
		p_n0.4		p_n0.6		p_n1.0	
		管材系列					
		*S*6.3		*S*4		*S*2.5	
		壁厚 *e*		壁厚 *e*		壁厚 *e*	
		公称值	极限偏差	公称值	极限偏差	公称值	极限偏差
16	+0.3 0	—	—	2.3	+0.5 0	2.7	+0.5 0
20	+0.3 0	2.3	+0.5 0	2.3	+0.5 0	3.4	+0.6 0
25	+0.3 0	2.3	+0.5 0	2.8	+0.5 0	4.2	+0.7 0
32	+0.3 0	2.4	+0.5 0	3.6	+0.6 0	5.4	+0.8 0
40	+0.4 0	3.0	+0.5 0	4.5	+0.7 0	6.7	+0.9 0
50	+0.5 0	3.7	+0.6 0	5.6	+0.8 0	8.3	+1.1 0
63	+0.6 0	4.7	+0.7 0	7.1	+1.0 0	10.5	+1.3 0
75	+0.7 0	5.5	+0.8 0	8.4	+1.1 0	12.5	+1.5 0
90	+0.9 0	6.6	+0.9 0	10.1	+1.3 0	15.0	+1.7 0
110	+1.0 0	8.1	+1.1 0	12.3	+1.5 0	18.3	+2.1 0

表 6-22　低密度聚乙烯供水管的物理力学性能

项目			指标	试验方法
断裂伸长率			≥350%	按 GB/T 8804.2—2003 规定测试
纵向回缩率			≤3.0%	按 GB/T 6671—2001 中方法 A 或 B 测试
液压试验	短期	温度：20℃ 时间：1h 环应力：6.9MPa	不破裂 不渗漏	液压试验方法按 GB 6111—2003 规定进行
	长期	温度：70℃ 时间：100h 环应力：2.5MPa	不破裂 不渗漏	液压试验方法按 GB 6111—2003 规定进行

6.24　线型低密度聚乙烯管怎样挤出成型?

线型低密度聚乙烯管除了具有通用聚乙烯管的性能外,还具有极好的耐环境应力开裂性、较高的刚性和热变形温度。

(1)原料选择　原料密度为0.92g/cm^3,熔体流动速率为0.3~2g/10min。如中国石化天津石化分公司的DFDA-6400、DFDA-7042树脂,均可挤出成型管制品。

(2)工艺温度　机筒温度(从加料段至均化段)120~140℃、140~160℃、170~190℃。成型模具温度170~190℃。

线型低密度聚乙烯管的质量要求和生产工艺条件与低密度聚乙烯管质量和生产工艺条件基本相同。

6.25　低密度聚乙烯钙塑管挤出成型原料选择及工艺条件有哪些要求?

低密度聚乙烯钙塑管是一种价格低廉,有一定的刚性和冲击强度,不易破损,有广泛应用前景的塑料管。

(1)原料选择　低密度聚乙烯钙塑管主要用低密度聚乙烯(熔体流动速率为0.30~0.60g/10min)树脂和重质碳酸钙为原料,再加入一些辅助原料,经塑化挤出成型。挤出成型此种钙塑管用料参考配方如下(质量份):

低密度聚乙烯树脂(LDPE)	100	液体石蜡(白油)	1
重质碳酸钙($CaCO_3$)	100	硬脂酸(HSt)	1
氯化聚乙烯(CPE)	6	炭黑	酌情适量

(2)钙塑管挤塑成型工艺　按配方把各种原料计量加入到高速混合机中(混合温度45~55℃,混合搅拌5min左右)→输入密炼机中混合预塑化(温度60~70℃,混炼3min左右)→在第一台开炼机上混炼(温度为65~75℃,混炼2min左右)→在第二台开炼机上混炼、压片、卷取(混炼温度为60~70℃,两辊距为2mm左右)→待片冷却后用切粒机切粒,然后过筛,清出过小或过大规格的粒料,最后装袋→挤出塑化成型钙塑管(钙塑管的挤塑成型用挤出机、成型模具及工艺温度控制,与聚乙烯通用管的挤塑成型方法基本相似。但要注意挤塑螺杆的选择,由于$CaCO_3$原料对螺杆磨损较快,应选用有较高硬度、耐磨损的经渗硼处理的螺杆)。

6.26　线型低密度聚乙烯阻燃管性能及挤出工艺有哪些特点?

线型低密度聚乙烯管与低密度聚乙烯管比较,是一种拉伸强度高、韧性高(高出50%左右)和具有较优良的耐环境应力开裂性、耐低温性,而且价格又比较便宜的一种塑料管。为了使这种塑料管成为电线电缆的护套管,在其树脂中加入了一定比例的阻燃剂和辅助料,而成为线型低密度聚乙烯阻燃管。

线型低密度聚乙烯阻燃管成型用参考配方如下(质量份):

线型低密度聚乙烯树脂 (LLDPE 密度0.92g/cm^3 熔体流动速率为0.64~ 0.96g/10min)	100	氯化石蜡(含氯70%)	5
		三氧化二锑(Sb_2O_3)	5
		三水合氧化铝[$Al(OH)_3 \cdot 3H_2O$]	40
		其他助剂	3
十溴二苯醚(FR-10)	10		

(1) 成型工艺顺序　按配方把 LLDPE 树脂和其他一些助剂计量[为提高阻燃剂与树脂的混合质量及阻燃性能,在阻燃剂中加入一些偶联剂和分散剂(加入量为阻燃剂的 1.5%左右)]放在有一定温度的高速混合机中进行预先混合处理→将各种原料和助剂计量后加入到高速混合机中(温度为 90℃左右),搅拌混合均匀→挤塑混炼造粒(用等距深度为渐变型螺杆,工艺温度控制在 150~180℃范围内)→挤塑成型管材(用单螺杆通用型挤出机,螺杆为等距不等深渐变型,长径比 20∶1,压缩比为 2.5。成型模具结构与聚乙烯通用管成型用模具结构相同)。

(2) 成型工艺温度　机筒加料段 110~130℃,塑化段 140~160℃,均化段 160~180℃。成型模具 160~170℃。

6.27　聚乙烯铝塑复合管性能及挤出成型方法有哪些特点?

聚乙烯铝塑复合管在国内是近几年才开始用于采暖和供水的。它是一种由塑料经挤出机塑化挤出后,与铝管(或铝合金管)复合成为一体的新型管材。由于这种复合管是用铝片与塑料复合成型(结构见图 6-16),所以它具有两种材料的综合性能,耐腐蚀、无毒、刚柔适中、质轻、可弯可直,但圆周几何形状不变,耐高压、耐高温,而且保温性好,可在-50~110℃介质环境中长期工作而不变质、不变形。

复合管中的聚乙烯塑料层是高密度聚乙烯或交联高密度聚乙烯(交联高密度聚乙烯树脂成型复合管适用于高温、高压场合)。复合管中的铝管用铝片或锰铝合金片,经缠绕成管形后焊接成型。铝管的缠绕焊接成型方法有两种:一种是由铝片缠绕成搭接焊缝,用超声波焊机焊接;另一种是由铝片缠绕成对接焊缝,用惰性气体或激光焊接。目前,铝片焊接管规格见表 6-23。

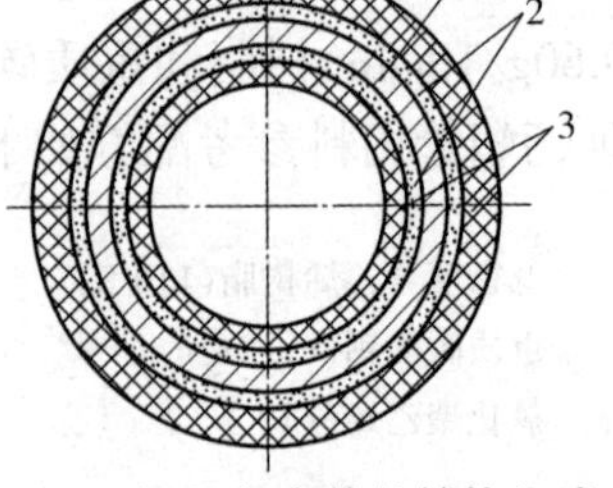

图 6-16　铝塑复合管的结构组成
1—铝管;2—粘接料层;3—聚乙烯塑料层

表 6-23　铝片焊接管规格

管外径/mm	14	16	18	25	32
管内径/mm	10	12	14	20	26
壁厚/mm	2.0	2.0	2.0	2.5	3.0
管长(卷)/m			100		

(1) 搭接式焊接铝管的复合成型工艺顺序　铝片搭接成管形式如图 6-17 所示。

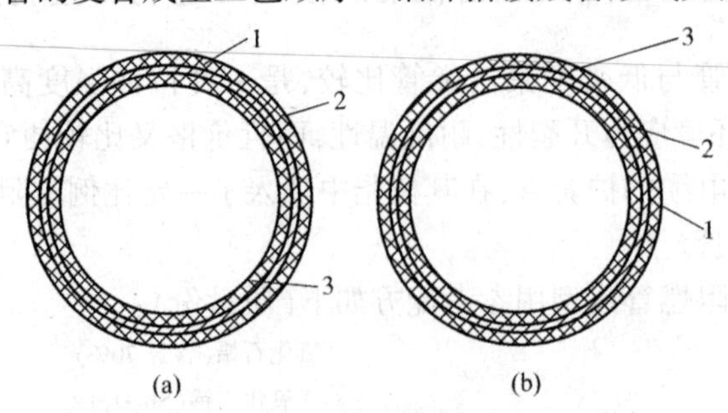

图 6-17　铝片卷管后的焊接形式
(a) 搭接式;　(b) 对接式
1、3—聚乙烯层;2—铝管

搭接焊铝管复合铝塑管工艺顺序如图 6-18 所示。

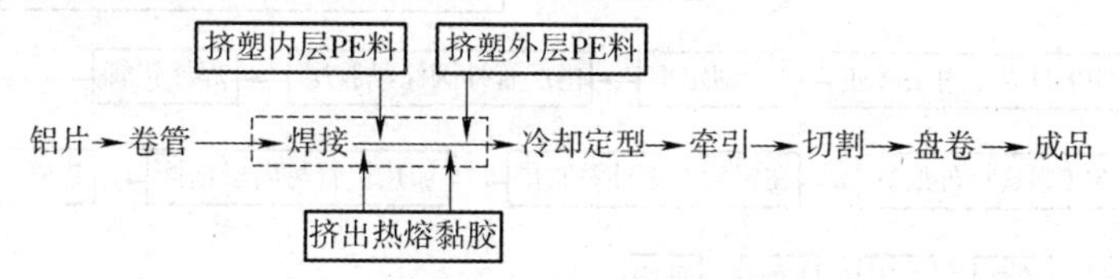

图 6-18　搭接焊缝铝塑复合管成型工艺顺序

工艺顺序中的虚线框为复合铝塑管用成型模具内完成组合管的顺序。复合铝塑管用成型模具结构、进料及成型复合管工作示意如图 6-19 所示。

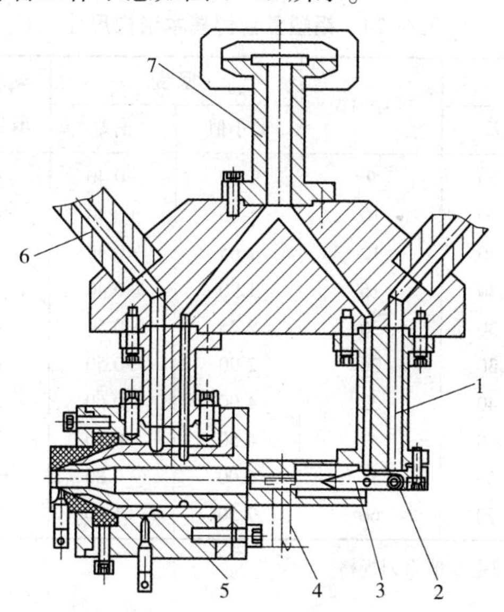

图 6-19　铝塑管复合成型模具结构示意

1—管内层 PE 熔料输入孔;2—复合管内层 PE 熔料用模具;3—铝片成型管装置;4—焊机
5—复合管外层 PE 熔料用模具;6—管外层 PE 熔料输入孔;7—热熔黏胶输入孔

搭接式铝塑复合管成型工艺顺序方法主要依靠成型模具。从图 6-19 中可以看出,模具体有 4 个进料孔,分别与两台挤塑 PE 熔料的挤出机和一台挤出热熔黏胶料的挤出机相通。铝塑管在模具内的成型工作顺序如下:先把进入模具内的铝带管搭缝用超声焊机焊牢,成型铝管,然后把热熔黏胶涂覆在铝管的内壁上,再把 PE 熔料涂覆在铝管内壁的黏胶层外,成型铝管内壁 PE 塑料层。随着涂覆好铝管的内壁塑料层管向模具口方向的移动,又将铝管外层黏胶和 PE 熔料顺次分别涂覆在铝管的外壁表面,然后移动推出模具口,经冷却定型成为铝塑复合管。

(2)对接焊缝铝塑复合管成型工艺顺序　铝片对接焊缝成管形式如图 6-20 所示。

对接铝管的加工与搭接铝管焊缝成型铝塑管不同之处是:先把 PE 料用挤出机挤塑成型铝塑复合管的内管,经冷却定型后,外圆涂覆黏胶剂,然后把铝片卷绕在 PE 塑料管的外圆上,再用激光焊焊牢铝片对接缝(注意,铝片管缠绕在内层 PE 塑料管外圆时,尺寸要比 PE 塑料管外圆略大些),铝缝焊完后再缩管,使其与 PE 内管接触牢固。按此方法在铝管外圆上涂覆黏胶层和 PE 熔料层,成型铝塑复合管。

(3)铝塑复合管质量　铝塑复合管的质量要求应符合国家城镇建设行业标准 CJ/T 108—1999 铝塑复合压力管(搭接管)的具体规定。铝塑复合管的规格尺寸规定见表 6-24。铝塑复

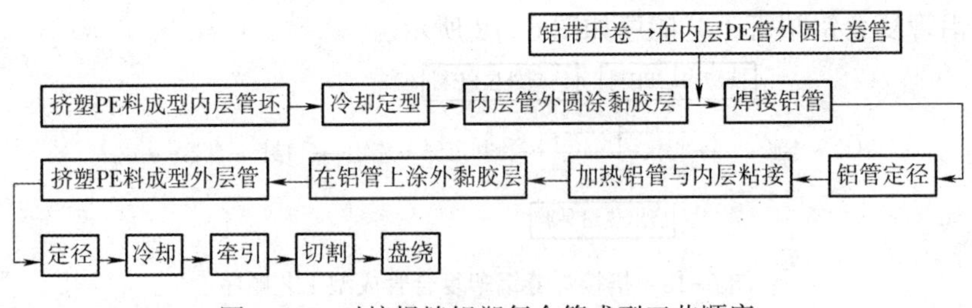

图 6-20　对接焊缝铝塑复合管成型工艺顺序

合管的工作温度及工作压力规定见表 6-25。

表 6-24　铝塑复合管基本结构尺寸

mm

尺寸规格[①]	外径		推荐内径	壁厚		外层 PE 最小壁厚	内层 PE 最小壁厚	铝材最小厚度
	最小值	偏差		最小值	偏差			
0912	12	+0.30	9	1.60	+0.40	0.7	0.40	0.18
1014	14	+0.30	10	1.60	+0.40	0.8	0.40	0.18
1216	16	+0.30	12	1.65	+0.40	0.9	0.40	0.18
1620	20	+0.30	16	1.90	+0.40	1.00	0.40	0.23
2025	25	+0.30	20	2.25	+0.50	1.10	0.40	0.23
2632	32	+0.30	26	2.90	+0.50	1.20	0.40	0.28
3240	40	+0.40	32	4.00	+0.60	1.80	0.70	0.35
4150	50	+0.50	41	4.50	+0.70	2.00	0.80	0.45
5163	63	+0.60	51	6.00	+0.80	3.00	1.00	0.55
6075	75	+0.70	60	7.50	+1.00	3.00	1.00	0.65

①可根据用户需要，由供需双方商定其他系列规格。

表 6-25　铝塑复合管的环境温度、工作温度及工作压力

用途	环境温度/℃	工作温度/℃	工作压力/MPa
冷水用铝塑复合管	-40~60	≤60	≤1.0
热水用铝塑复合管	-40~95	≤95	≤1.0
燃气用铝塑复合管	-20~40	≤40	≤0.4
特种流体用铝塑复合管	-40~60	≤60	≤0.5

6.28　矿用聚乙烯管挤出成型用原料及工艺特点有哪些规定？

（1）原料　聚乙烯管代替钢管用在煤矿井下，作排水、风管和瓦斯抽放管等，既耐腐蚀、质量又轻、且方便安装。为了使其具有阻燃和抗静电等安全性能，在聚乙烯树脂中还需加入阻燃剂和抗静电剂等辅助料。矿用聚乙烯管成型用料配方组合例（仅供参考）如下：

低密度聚乙烯（MFR = 2g/10min，密度 0.912g/cm^3）40 份、线型低密度聚乙烯（MFR = 1g/10min、密度 0.92g/cm^3）60 份、抗静电剂（HZ-1）0.6 份，阻燃剂（Sb_2O_3）适量、稳定剂（UV-531）1 份，轻质碳酸钙（$CaCO_3$细度 3μm）5 份，炭黑适量。

（2）设备　聚乙烯矿用管挤出成型和普通聚乙烯管挤出成型用挤出机相同，只需用通用型单螺杆挤出机挤出成型管材。由于矿用聚乙烯管成型用料是由主、辅料多个品种组成，这些材料需先经混合，挤出造料后才能挤出成型管材。具体生产工艺顺序：

把矿用PE管配方中各种主、辅料按比例要求计量→掺混加入混合机内→挤出造粒→挤出成型管坯→冷却定型→牵引→成品卷盘。

主要设备有:高速混合机一台,单螺杆挤出机一台,挤出造粒机一台。

(3)工艺　挤出成型管材机筒工艺温度,从加料段至均化段分别是:115~125℃、130~155℃、150~170℃。

成型模具温度:165~175℃。

低密度聚乙烯和线型低密度聚乙烯共混改性矿用管性能技术指标见表6-26。

表6-26　LDPE/LLDPE共混改性矿用管性能指标

项目	技术指标	项目	技术指标
拉伸强度/MPa	≥8.34	落锤冲击试验	无裂缝,不破坏
断裂伸长率/%	≥200	表面电阻/Ω	$\leqslant 10^9$
扁平	不破坏	酒精喷灯燃烧试验	
液压试验(二倍使用压力)	不破坏	有焰燃烧时间总和/s 无焰燃烧时间总和/s	≤18 ≤120

6.29　聚丙烯管挤出成型工艺要求有哪些?

聚丙烯管是以聚丙烯树脂为主要原料,采用单螺杆挤出机挤出成型。聚丙烯塑料管具有质轻、无毒、耐酸、耐化学物质腐蚀等特点,与聚乙烯管比较,其坚韧性、耐热性能和耐环境应力开裂性能比聚乙烯管好,一般可在不大于110℃低负荷条件下长时间应用。

聚丙烯管主要应用在给水、排水、农田灌溉和各种化工液体、气体的输送管及热交换管、太阳能加热器管等。

1.聚丙烯管挤出成型工艺

①原料选择。挤塑聚丙烯管用树脂,要求其熔体流动速率在0.2~3g/10min范围内。生产时可参照表2-5按管材用途选择PP管挤出成型用料牌号。

②聚丙烯管挤出成型生产工艺顺序是:PP料开袋检查质量→挤出机把原料塑化熔融→模具成型管坯→真空定径套为管坯降温定径→真空喷淋为管材降温→管材继续冷却降温→牵引管材运行→切割或盘卷→检查管材质量→管材包装入库。

③设备选择。用普通型单螺杆挤出机。螺杆结构为等螺纹距不等深渐变型,长径比为(20~30):1,压缩比为(2.5~4):1。

成型模具结构多为直通式,芯轴定型平直部分长 $L=(2\sim5)D$(D 为管材的直径,直径小时取大值,直径大时取小值)。定径套的内径 $d=D/(1-\delta)$(D 为管材直径,δ 为管材收缩率,一般 $\delta=2.7\%\sim4.7\%$)。

④PP料挤出成型管工艺温度。机筒加料段150~165℃,塑化段170~180℃,均化段190~220℃。成型管用模具温度190~220℃。

2.聚丙烯管质量检测

聚丙烯管的质量及性能检测试验应符合下列标准规定。

①检测试样状态调节和检测室的环境。按GB/T2918规定,检测室温度为(23±2)℃,试样状态调节时间不少于24h,室内温度为50%±10%。

②管材表面的外观质量。如颜色要求均匀一致;内外壁应光滑、平整,不允许有气泡、裂

纹、分解变色线及明显沟槽、凹陷、杂质等。这些外观质量要求,可用目测在自然光下检查。

③管材的外径、壁厚和长度尺寸及偏差,应符合 QB1929—2006 标准规定。质量检测按 GB8806—2008 标准规定。用精确 0.05mm 的游标卡尺或壁厚测厚仪检测管的外圆直径和壁厚;管的长度可为 4m 或 5m,也可按用户要求长度生产,一般用钢卷尺检测。

④纵向回缩率。按 GB6671—2003 中方法 A 或方法 B 测试。测试温度为(110±2)℃。

⑤液压试验。按 GB/T 6111—2003 规定。

⑥落锤冲击试验。按 GB/T 14152—2001 规定。

3.聚丙烯管挤出成型注意事项

聚丙烯管的挤出成型生产质量与下列影响因素有关,生产时要注意适当地控制。

①为改进聚丙烯管的耐老化性能,要求聚丙烯树脂在聚合过程中要添加抗氧剂,在室外应用的聚丙烯管用树脂中还应添加紫外线吸收剂。

②注意 PP 树脂熔融温度(170℃左右)控制,应平稳、波动小。

③管坯成型采用内压法定径时,压缩空气的压力控制在 0.02~0.05MPa 范围内;采用真空定径时,一般取真空度在-0.09~-0.06MPa 范围内。

④注意管坯挤出成型模具口时的速度和牵引速度的关系,一般牵引机牵引冷却定型后的管材速度比管坯挤出模具口时的速度快 1%~5%。

⑤PP 管的挤出成型应尽量采用真空定径方法。采用这种生产定径方式管材成型质量较有保证。定径套长约是管材直径的 4 倍(小直径管取值大些,大直径管取值小些)。

6.30 聚丙烯给水管挤出成型工艺及质量要求有哪些规定?

聚丙烯给水管是指人们日常生活中使用的饮用水管,它的挤出成型工艺如下:

(1)原料　挤塑聚丙烯水管应选用熔体流动速率 MFR=0.2~0.4g/min 的原料。如中国石油盘锦乙烯有限公司生产的 R240、抚顺石油化工公司生产的 D60P 等 PP 树脂牌号,均可挤出成型 PP 供水管。

(2)设备　与 6.29 节设备条件相同。

(3)工艺　与 6.29 节工艺条件相同。

(4)质量　聚丙烯给水管的质量要求应符合 QB1929—2006 标准规定。给水用聚丙烯管的工作压力、规格尺寸及其偏差规定见表 6-27。给水用聚丙烯管的物理性能指标规定见表 6-28。给水用聚丙烯管的冲击强度指标规定见表 6-29。给水用聚丙烯管最大连续工作压力与使用温度关系系数见表 6-30。给水(饮用水)用聚丙烯管的卫生性能指标要求应符合标准 GB9688—1988 规定,见表 6-31。

表 6-27　给水用 PP 管材的工作压力、管材系列、规格尺寸及其偏差(QB 1929—2006)

公称外径 d_n/mm	外径偏差/mm	公称压力/MPa											
		p_n 0.25		p_n 0.4		p_n 0.6		p_n 1.0		p_n 1.6		p_n 2.0	
		管系列											
		S20		S 12.5		S 8.0		S 5.0		S 3.2		S 2.5	
		壁厚 e/mm		壁厚 e/mm		壁厚 e/mm		壁厚 e/mm		壁厚 e/mm		壁厚 e/mm	
16	+0.3 0	—	—	—	—	—	—	1.8	+0.4 0	2.2	+0.5 0	2.7	+0.5 0

公称外径 d_n/mm	外径偏差/mm	公称压力/MPa											
		p_n 0.25		p_n 0.4		p_n 0.6		p_n 1.0		p_n 1.6		p_n 2.0	
		管系列											
		S20		S 12.5		S 8.0		S 5.0		S 3.2		S 2.5	
		壁厚 e/mm		壁厚 e/mm		壁厚 e/mm		壁厚 e/mm		壁厚 e/mm		壁厚 e/mm	
20	+0.3 0	—	—	—	—	1.8	+0.4 0	1.9	+0.4 0	2.8	+0.5 0	3.4	+0.6 0
25	+0.3 0	—	—	—	—	1.8	+0.4 0	2.3	+0.5 0	3.5	+0.6 0	4.2	+0.7 0
32	+0.3 0	—	—	—	—	1.9	+0.4 0	2.9	+0.5 0	4.4	+0.7 0	5.4	+0.8 0
40	+0.4 0	—	—	1.8	+0.4 0	2.4	+0.5 0	3.7	+0.6 0	5.5	+0.8 0	6.7	+0.9 0
50	+0.5 0	1.8	+0.4 0	2.0	+0.4 0	3.0	+0.5 0	4.6	+0.7 0	6.9	+0.9 0	8.3	+1.1 0
63	+0.6 0	1.8	+0.4 0	2.4	+0.5 0	3.8	+0.6 0	5.8	+0.8 0	8.6	+1.1 0	10.5	+1.3 0
75	+0.7 0	1.9	+0.4 0	2.9	+0.5 0	4.5	+0.7 0	6.8	+0.9 0	10.3	+1.3 0	12.5	+1.5 0
90	+0.9 0	2.2	+0.5 0	3.5	+0.6 0	5.4	+0.8 0	8.2	+1.1 0	12.3	+1.5 0	15.0	+1.7 0
110	+1.0 0	2.7	+0.5 0	4.2	+0.7 0	6.6	+0.9 0	10.0	+1.2 0	15.1	+1.8 0	18.3	+2.1 0
125	+1.2 0	3.1	+0.6 0	4.8	+0.7 0	7.4	+1.0 0	11.4	+1.4 0	17.1	+2.0 0	20.8	+2.3 0
140	+1.3 0	3.5	+0.6 0	5.4	+0.8 0	8.3	+1.1 0	12.7	+1.5 0	19.2	+2.2 0	23.3	+2.6 0
160	+1.5 0	4.0	+0.6 0	6.2	+0.9 0	9.5	+1.2 0	14.6	+1.7 0	21.9	+2.4 0	26.6	+2.9 0
180	+1.7 0	4.4	+0.7 0	6.9	+0.9 0	10.7	+1.3 0	16.4	+1.9 0	24.6	+2.7 0	29.9	+3.2 0
200	+1.8 0	4.9	+0.7 0	7.7	+1.0 0	11.9	+1.4 0	18.2	+2.1 0	27.3	+3.0 0	—	—
225	+2.1 0	5.5	+0.8 0	8.6	+1.1 0	13.4	+1.6 0	20.5	+2.3 0	—	—	—	—
250	+2.3 0	6.2	+0.9 0	9.6	+1.2 0	14.8	+1.7 0	22.7	+2.5 0	—	—	—	—
280	+2.6 0	6.9	+0.9 0	10.7	+1.3 0	16.6	+1.9 0	25.4	+2.8 0	—	—	—	—
315	+2.9 0	7.7	+1.0 0	12.1	+1.5 0	18.7	+2.1 0	28.6	+3.1 0	—	—	—	—

续表

公称外径 d_n/mm	外径偏差/mm	公称压力/MPa											
		p_n 0.25		p_n 0.4		p_n 0.6		p_n 1.0		p_n 1.6		p_n 2.0	
		管系列											
		*S*20		*S* 12.5		*S* 8.0		*S* 5.0		*S* 3.2		*S* 2.5	
		壁厚 *e*/mm		壁厚 *e*/mm		壁厚 *e*/mm		壁厚 *e*/mm		壁厚 *e*/mm		壁厚 *e*/mm	
355	+3.2 0	8.6	+1.1 0	13.6	+1.6 0	21.1	+2.4 0	—	—	—	—	—	—
400	+3.6 0	9.8	+1.7 0	15.3	+2.5 0	23.7	+3.8 0	—	—	—	—	—	—
450	+4.1 0	11.0	+1.9 0	17.2	+2.8 0	26.7	+4.3 0	—	—	—	—	—	—
500	+4.5 0	12.3	+2.1 0	19.1	+3.1 0	22.6	+4.7 0	—	—	—	—	—	—

表 6-28 给水用 PP 管材的物理力学性能指标

<table>
<tr><th colspan="4">项目</th><th>指标</th><th>试验方法</th></tr>
<tr><td colspan="4">缩向回缩率(%)</td><td>≤2.0</td><td>GB 6671，试验温度(110±2)℃</td></tr>
<tr><td rowspan="3">液压试验</td><td>短期</td><td colspan="2">温度，20℃；时间，1h；环应力，16MPa</td><td>不渗漏</td><td rowspan="3">GB 6111</td></tr>
<tr><td rowspan="2">长期</td><td rowspan="2">温度 80℃</td><td>时间，48h；环应力，4.8MPa</td><td>不渗漏</td></tr>
<tr><td>时间，170h；环应力，4.2MPa</td><td>不渗漏</td></tr>
<tr><td>落锤冲击试验</td><td colspan="4">通过</td><td>GB/T 14152，试验温度 0℃</td></tr>
</table>

表 6-29 给水 PP 管的冲击强度指标

公称直径/mm	锤头质量/kg		落锤高度/m	
	优等品	合格品	优等品	合格品
16～32	2.5	1.5	2	2
40～75	4	2	2	2
90～140	5	4	2	2
160～280	6	4	2	2
≥315	7.5	4	2	2

表 6-30 给水用聚丙烯管最大连续工作压力与使用温度的系数关系

使用温度/℃	最长使用寿命/年	最大连续工作系数	使用温度/℃	最长使用寿命/年	最大连续工作系数
20	1	1.35	60	1	0.55
	5	1.24		5	0.48
	10	1.23		10	0.43
	25	1.16		25	0.35
	50	1.00		50	0.30
30	1	1.07	70	1	0.43
	5	1.00		5	0.33
	10	0.95		10	0.30
	25	0.90		25	0.23
	50	0.88		50	
40	1	0.83	80	1	0.33
	5	0.80		5	0.23
	10	0.75		10	0.20
	25	0.70		25	0.17
	50	0.64		50	
50	1	0.68	95	1	0.20
	5	0.60		5	0.14
	10	0.60		10	0.12
	25	0.50		25	
	50	0.44		50	

表 6-31 给水(饮用水)用聚丙烯管的卫生理化指标(GB 9688—1988)

项目	指标	项目	指标
蒸发残渣/(mg/L) 4%乙酸,60℃×2h ≤ 正己烷,20℃×2h ≤	 30 30	重金属(以 Pb 计)/(mg/L) 4%乙酸,60℃×2h ≤	 —
高锰酸钾消耗量/(mg/L) 水,60℃×2h ≤	 10	脱色试验 冷餐油或无色油脂 乙醇 浸泡液	 阴性 阴性 阴性

6.31 改性聚丙烯管用途及挤出生产工艺要求有哪些?

改性聚丙烯是指将聚丙烯树脂通过物理或化学的方法,使其性能发生预期的变化,或赋予材料新的功能而得到的树脂。用改性聚丙烯为主要原料所生产的管材为改性聚丙烯管。这种改性聚丙烯管材除了具有聚丙烯管材的耐酸、耐碱、耐化学腐蚀、耐热性能较好外,还具有耐低温冲击性、耐老化性和耐光性能。

改性聚丙烯管材的用途和普通聚丙烯管材用途相同,用于给水、化工液体和气体的输送,农业用排灌、热交换管和太阳能热交换器管等，但其各项性能指标优于普通聚丙烯管。

1.原料

改性聚丙烯管应选用熔体流动速率为0.2～0.5g/10min的PP树脂为主要原料，改性高聚物辅助料应与聚丙烯树脂相容性好，并能弥补聚丙烯树脂的某些不足，一般多用低密度聚乙烯树脂、乙丙橡胶和聚丁二烯橡胶及热塑性弹性体等。参考应用配方如下：

配方一（质量份）

聚丙烯树脂（PP）	100	四季戊四醇酯（抗氧剂1010）	0.5
低密度聚乙烯树脂（LDPE）	15	硫代二丙酸二月桂酯（DLTP）	0.5
碳酸钙（$CaCO_3$）	30		

配方二（质量份）

聚丙烯树脂（PP）	100	四季戊四醇酯（抗氧剂1010）	0.5
聚丁二烯橡胶（BR）	15	硫代二丙酸二月桂酯（DLTP）	0.5
碳酸钙（$CaCO_3$）	25	炭黑	0.5

2.原料配混造粒

从改性聚丙烯用料组合配方中知道，由于配方中辅助料聚丁二烯橡胶与其他种辅助料（LDPE、$CaCO_3$等）的性能有较大差别，所以，原料的配混造粒工作应分两次分别进行，具体生产工艺顺序是：

聚丙烯树脂 + LDPE + $CaCO_3$ + 其他助剂 → 高速混合 →
→混合→挤出造粒
聚丁二烯橡胶在开炼机上混炼成片 → 切粒→

改性聚丙烯管成型用料的准备。首先把聚丙烯树脂、低密度聚乙烯和其他助剂按用料配方比例计量，在混合机中均匀混合。将聚丁二烯橡胶在开炼机上塑炼成片，然后切粒，按配方要求，把聚丁二烯均匀粒料计量后加入聚丙烯混合料中再混合均匀。把混合料投入挤出机混炼造粒。这种混合粒料即可挤塑成型改性聚丙烯管。

改性聚丙烯管用于输送饮用水时，其成型用料性能要求见表6-32。

表6-32　给水管专用料的性能

项目	测试结果	测试方法
密度/（g/cm^3）	0.924	ISO 1183—87
熔体流动速率/（g/10min）	0.412	ISO 1133—1997
拉伸屈服强度/MPa	26.5	ISO 527—1997
断裂伸长率/%	476	ISO 527—1997
缺口冲击强度/（kJ/m^2）		
常温	21.9	ISO 178—93
-20℃	2.1	ISO 179—93
洛氏硬度（HRR）	57	ISO 2039.2—87
硬度（邵氏D）	70	ISO 808—85
热变形温度/℃	127.4	ISO 75—93
维卡软化点/℃	139.8	ISO 306—94
熔点/℃	143.3	ASTM D 3418—1997
线膨胀系数（30～90℃）/K^{-1}	1.6×10^{-4}	GB/T 1036—89
热导率/[W/（m·K）]	0.23	GB/T 10297—1998

3.设备与工艺

采用单螺杆挤出机挤塑成型改性聚丙烯管时，对螺杆的结构无特殊要求，可用挤塑普通聚丙烯树脂用螺杆。机筒各段工艺温度：加料段140～160℃，塑化段170～190℃，均化段190～

210℃。成型模具温度 210~230℃。

4.应用参考例

(1)原料组合配方　聚丙烯粒料(C4220,中国石化燕山石化分公司产,熔体流动速率0.3~0.4g/10min)100 份;乙烯-醋酸乙烯粒料(E/VAC 法国阿托公司产,熔体流动速率 1g/10min)3 份;EPDM 粒料(兰州石化公司产,熔体流动速率 0.14g/10min)3 份;接枝共聚物粒料(熔体流动速率 0.9~1.5g/10min)4.5 份;碳酸钙($CaCO_3$)5 份;另外还有抗氧剂、光稳定剂、硬脂酸钙等辅助料可酌情适量加入。

(2)改性聚丙烯给水管挤出成型工艺及操作注意事项

①把主料聚丙烯和辅助料按配方要求计量后掺混在一起,用混合机搅拌均匀。

②原料混合均匀后用挤出机混炼塑化(熔料温度在 200~215℃之间)熔融后挤出造粒。

③改性聚丙烯给水管的挤出成型应选用螺杆长径比大于 30：1 的分离型(BM)螺杆结构,挤出成型 PP 管时的熔料温度在 190~220℃范围内。

5.改性聚丙烯管质量

改性聚丙烯管的质量要求与普通聚丙烯管的质量要求相同,各项性能指标和规格尺寸应符合 QB1929—2006 标准规定(表 6-27~表 6-30)。

聚丙烯管用于饮用水输水管时,其制品应符合 GB9688—1988 规定的卫生性能指标要求,输送水温度应不超过 95℃。

管材的外观质量要求,内外壁应光滑、平整,不允许有气泡、裂纹、分解变色线及较明显的沟槽、凹陷坑和杂质等现象。管材标准长为 4m。

6.32　无规共聚聚丙烯管挤出成型有哪些条件要求?

聚丙烯按照其分子中—CH_3 基团在空间排列情况,可分为等规聚丙烯和无规聚丙烯。无规共聚聚丙烯是以共聚聚丙烯为基体,经乙烯改性而成的一种树脂,是继均聚聚丙烯(PP-H)和嵌段共聚聚丙烯(PP-B)之后开发的一种新型树脂,简称 PP-R。

(1)无规共聚聚丙烯树脂性能　无规共聚聚丙烯树脂,国内已经能够生产,但性能指标和生产条件还需加强完善。生产 PP-R 管材用原料性能,应达到表 6-33 性能指标要求。不同牌号的聚丙烯树脂性能比较见表 6-34。

表 6-33　无规共聚聚丙烯树脂性能

性能	测试方法	指标
密度/(g/cm^3)	ISO 1183 规定	0.9
熔体流动速率(230℃,21.2N)/(g/10min)	ISO 1133 规定	0.3
拉伸强度/MPa	ISO 527—2 规定	26
拉伸弹性模量/MPa	ISO 527—2 规定	806
邵氏硬度	ISO 868 规定	60
熔点/℃	ISO 3146—19 规定	131.3
比热容/[J/(kg · K)]	DSC 规定	2.0
热导率/[W/(m · K)]	DIN 52612 规定	0.21
缺口冲击强度/(kJ/m)		
23℃	ISO 179/1A 规定	22.9
-20℃		1.86

表 6-34 不同牌号的聚丙烯树脂性能比较

性能	1300（PP-H）	8101（PP-B）	M910（PP-B）	RA130E（PP-R）	4220（PP-R）	测试标准（ASTM）
密度/（g/cm^3）	0.91	0.90	0.90	0.90	0.90	D 1505
熔体流动速率/（g/10min）	1.50	0.37	0.33	0.25	0.36	D 1238
屈服强度/MPa	30.0	24.8	24.6	20.9	26.0	D 638
断裂强度/MPa	35.0	42.2	35.5	33.6	33.2	D 638
断裂伸长率/%	500	620	630	713	707	D 638
弯曲强度/MPa	—	28.3	27.3	18.9	—	D 790
弯曲模量/MPa	1350	1081	1041	633	824	D 790
洛氏硬度（HRR）	90	79.6	71.2	64.8	79.4	D 785
维卡软化点/℃	—	155	148	—	—	D 1525
热变形温度/℃	105	90	—	70.9	84	D 648

用无规共聚聚丙烯树脂挤出成型的管材，除了具有聚丙烯管材的质量轻、无毒、耐腐蚀和较高的强度外，还有耐低温抗冲击性好、在高温条件件的环向应力比其他种聚丙烯管材有更好的稳定性。在60℃、1.25MPa工作条件下，使用寿命可达50年以上。具有用于热水输送时保温效果好、管内壁光滑、液体流动阻力小等特点。但是，由于树脂的熔体流动速率低，熔料的黏性较大，这给树脂熔融后成型管材加工带来一定的难度。

（2）无规共聚聚丙烯管成型用树脂条件　无规共聚聚丙烯树脂挤出成型管材用料，应选用乙烯含量为3%左右（质量）的无规共聚聚丙烯树脂，为颗粒状，密度在0.89~0.91g/cm^3范围内，相对分子质量较大，熔体流动速率（MFR）小于0.5g/10min。树脂的性能参数值应符合表6-33中的条件。

（3）无规共聚聚丙烯管挤出成型用设备条件　无规共聚聚丙烯管的挤塑成型工艺路线与普通聚丙烯管的挤塑成型工艺路线相同。都是采用单螺杆通用型挤出机。原料经挤塑熔融后从成型模具中挤出成型，然后用真空定径方法降温定型，经过充分喷淋水对管材降温后，按规定长度切割。由此完成无规共聚聚丙烯管的挤塑成型生产工作。

由于无规共聚聚丙烯树脂的导热性较低，相对分子质量大，熔体流动速率低，即其树脂熔融态黏度较高，则其在挤塑过程中从晶体到高弹态，再到熔融黏流态，需要的热量会较多，即用电功率消耗较大；原料形态的转化过程对设备的结构要求也有特殊之处。

①螺杆结构。螺杆结构为等螺距不等深渐变型，长径比大于30：1，一般取长径比为33：1。螺杆的均化段处设有屏障型混炼段；螺杆体内钻有中心孔，能通冷却水，以方便对螺杆的工作温度控制，保证进料段原料能顺利被螺杆螺旋推进前移。

②机筒结构。机筒内孔工作面与普通机筒内孔工作面不同之处是进料段处开有均匀分布在圆周上的纵向沟槽，用以增加厚料与机筒内表面的摩擦力，提高原料进入机筒后向前输送能力。纵向沟槽深度范围为1~3mm，长度值约是机筒内径3~4倍。

③成型管用模具结构。无规共聚聚丙烯管成型应采用篮式或螺旋式结构成型模具（篮式结构模具见图6-21），熔料流道空腔不宜过大，压缩比在2.5：1左右，定型段平直部分长度比普通聚丙烯管成型用定型段平直部分长度值大些，口模内径要比定径套内径略大些。注意芯轴的收缩角也不可过大。

④真空定径套和冷却水箱结构。无规共聚聚丙烯管坯用真空定径套长度比普通聚丙烯管

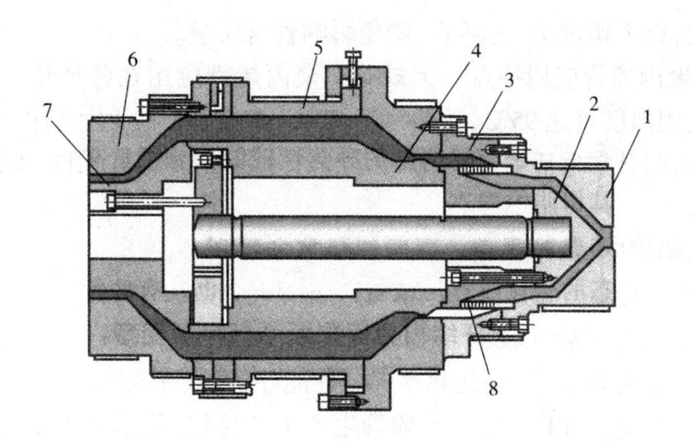

图 6-21　篮式(微孔式)模具结构

1—连接颈;2—分流锥;3—中套;4—模芯;
5—外套;6—口模;7—芯棒;8—微孔式分流芯模

坯的真空定径套的长度值大,具体长度应按管材直径大小来决定。比如,生产管的直径为30mm时,真空定径套的长度应不小于350mm。真空定径套内的真空度控制在-0.09~-0.06MPa范围内。真空套内的冷却循环水,温度应可调控,水温一般控制在35℃左右。喷淋水箱的长度比普通聚丙烯管冷却降温定型用水箱长:生产管直径为30mm时,喷淋水箱的长度应不小于6m;生产管直径为50mm时,喷淋水箱长度应不小于12m。喷淋水箱可分几段,这样对冷却水的温度控制也较方便。无规共聚聚丙烯管挤出成型生产线上,喷淋水箱长度最长可达30m。

喷淋水箱中的循环水温度,一般控制在17℃左右。各段水箱中的水温控制,从管坯定径后进入喷淋水箱开始,逐渐降低。

真空定径套的内径应比成型管材的外径尺寸略大些,但比成型模具中的口模内径略小些。

目前,国内生产无规共聚聚丙烯管挤出机生产线多数为引进设备,自动化程度高,用计算机设定、记录及控制;加料口处装有电子秤计量,定径套后部设有远红外测量装置,测量管材的直径和壁厚尺寸,并可通过计算机设定、记录和修正管材尺寸的误差。

(4)无规共聚聚丙烯管挤出成型工艺及操作条件

①挤出机的机筒温度控制各区段分别是:一区185~200℃,二区200~220℃,三区220~240℃,四区225~250℃,五区230~250℃。

成型管用模具温度控制在210~240℃范围内(此温度控制时,螺杆的工作转速在30~45r/min范围内)。

②挤出成型模具的管坯温度还很高,如果出现管坯外径表面料与定径套进口处黏附现象时,定径套前应设置冷却水环套,循环水的温度可调。此处水温控制应以管坯降温至不粘模具为准。

③操作时注意管材的牵引速度与管坯挤出成型模具口的速度匹配;牵引速度偏快,管坯在真空定径套内降温定型不充分,会出现拉伸定向的现象,影响环应力,导致管材工作时耐压能力下降。

④冷却水槽中喷淋水温控制在15~18℃范围内。水温过高,制品形成结晶颗粒大,则抗冲击性能下降;水温过低,管材定型后会产生较高的内应力,影响管材质量。

⑤生产中产生的废品料经粉碎、干燥和清洁处理后可直接在生产中掺入原料中应用。但

掺混料量不应过大,以不超过7%为适宜,避免影响管材质量。

(5)无规共聚聚丙烯管应用特点　无规共聚聚丙烯管应用在各种建筑工业中,用于输送冷热水时的最高使用温度可达95℃,长期使用温度为70℃;在工业生产中,可用于输送油和各种腐蚀性液体;在人们日常生活中,用做饮用水和农业灌溉中管路,无毒、不污染环境。使用寿命可达50年以上。

无规共聚聚丙烯管应用特点如下。

①PP-R管体轻、无毒、耐腐蚀、强度好、不污染环境、使用时间长。

②PP-R管与普通金属管比较,不锈蚀、耐磨损、不结垢、耐酸碱。

③PP-R管输送液体阻力小,输送热水保温性能好,可节省能源。

④PP-R管生产工艺与PE交联聚乙烯管生产工艺比较,采用设备比较简单,对生产环境无污染,操作也较容易,螺杆长期使用不用清洗。

⑤PP-R管路安装方法简单,采用同一种材料进行热熔接,安全可靠,方便快捷,密封性好。

(6)冷、热水用聚丙烯管质量　冷、热水用聚丙烯管质量应符合标准GB/T 18742.2—2002规定。标准中部分规定如下:管材按成型用料、使用条件级别和设计压力选择对应的S值,见表6-35~表6-37。使用寿命应满足50年要求。管材的尺寸规格见表6-38和表6-39。管材的物理力学性能见表6-40。PP-R的性能要求与试验方法规定见表6-41。

表6-35　均聚聚丙烯(PP-H)管管系列S的选择

设计压力/MPa	管系列S			
	级别1 σ_d=2.90MPa	级别2 σ_d=1.99MPa	级别4 σ_d=3.24MPa	级别5 σ_d=1.83MPa
0.4	5	5	5	4
0.6	4	3.2	5	2.5
0.8	3.2	2.5	4	2
1.0	2.5	2	3.2	—

表6-36　嵌段共聚聚丙烯(PP-B)管管系列S的选择

设计压力/MPa	管系列S			
	级别1 σ_d=1.67MPa	级别2 σ_d=1.19MPa	级别4 σ_d=1.95MPa	级别5 σ_d=1.19MPa
0.4	4	2.5	4	2.5
0.6	2.5	2	3.2	2
0.8	2	—	2	—
1.0	—	—	2	—

表 6-37　无规共聚聚丙烯(PP-R)管管系列 S 的选择

设计压力/MPa	管系列 S			
	级别 1 $\sigma_d=3.09$MPa	级别 2 $\sigma_d=2.13$MPa	级别 4 $\sigma_d=3.30$MPa	级别 5 $\sigma_d=1.90$MPa
0.4	5	5	5	4
0.6	5	3.2	5	3.2
0.8	3.2	2.5	4	2
1.0	2.5	2	3.2	—

表 6-38　管材管系列和规格尺寸

mm

公称外径 d_n	平均外径		管系列				
			$S5$	$S4$	$S3.2$	$S2.5$	$S2$
	$d_{em,min}$	$d_{em,max}$	公称壁厚 e_n				
12	12.0	12.3	—	—	—	2.0	2.4
16	16.0	16.3	—	2.0	2.2	2.7	3.3
20	20.0	20.3	2.0	2.3	2.8	3.4	4.1
25	25.0	25.3	2.3	2.8	3.5	4.2	5.1
32	32.0	32.3	2.9	3.6	4.4	5.4	6.5
40	40.0	40.4	3.7	4.5	5.5	6.7	8.1
50	50.0	50.5	4.6	5.6	6.9	8.3	10.1
63	63.0	63.6	5.8	7.1	8.6	10.5	12.7
75	75.0	75.7	6.8	8.4	10.3	12.5	15.1
90	90.0	90.9	8.2	10.1	12.3	15.0	18.1
110	110.0	111.0	10.0	12.3	15.1	18.3	22.1
125	125.0	126.2	11.4	14.0	17.1	20.8	25.1
140	140.0	141.3	12.7	15.7	19.2	23.3	28.1
160	160.0	161.5	14.6	17.9	21.9	26.6	32.1

表 6-39　壁厚的偏差

mm

公称壁厚 e_n	允许偏差	公称壁厚 e_n	允许偏差	公称壁厚 e_n	允许偏差
$1.0\leqslant e_n\leqslant 2.0$	+0.3 0	$4.0\leqslant e_n\leqslant 5.0$	+0.6 0	$7.0\leqslant e_n\leqslant 8.0$	+0.9 0
$2.0\leqslant e_n\leqslant 3.0$	+0.4 0	$5.0\leqslant e_n\leqslant 6.0$	+0.7 0	$8.0\leqslant e_n\leqslant 9.0$	+1.0 0
$3.0\leqslant e_n\leqslant 4.0$	+0.5 0	$6.0\leqslant e_n\leqslant 7.0$	+0.8 0	$9.0\leqslant e_n\leqslant 10.0$	+1.1 0
$10.0<e_n\leqslant 11.0$	+1.2 0	$18.0<e_n\leqslant 19.0$	+2.0 0	$26.0<e_n\leqslant 27.0$	+2.8 0
$11.0<e_n\leqslant 12.0$	+1.3 0	$19.0<e_n\leqslant 20.0$	+2.1 0	$27.0<e_n\leqslant 28.0$	+2.9 0
$12.0<e_n\leqslant 13.0$	+1.4 0	$20.0<e_n\leqslant 21.0$	+2.2 0	$28.0<e_n\leqslant 29.0$	+3.0 0

续表

公称壁厚 e_n	允许偏差	公称壁厚 e_n	允许偏差	公称壁厚 e_n	允许偏差
$13.0<e_n\leqslant14.0$	+1.5 0	$21.0<e_n\leqslant22.0$	+2.3 0	$29.0<e_n\leqslant30.0$	+3.1 0
$14.0<e_n\leqslant15.0$	+1.6 0	$22.0<e_n\leqslant23.0$	+2.4 0	$30.0<e_n\leqslant31.0$	+3.2 0
$15.0<e_n\leqslant16.0$	+1.7 0	$23.0<e_n\leqslant24.0$	+2.5 0	$31.0<e_n\leqslant32.0$	+3.3 0
$16.0<e_n\leqslant17.0$	+1.8 0	$24.0<e_n\leqslant25.0$	+2.6 0	$32.0<e_n\leqslant33.0$	+3.4 0
$17.0<e_n\leqslant18.0$	+1.9 0	$2.50<e_n\leqslant26.0$	+2.7 0	—	—

管材长度一般为4m或6m,也可按用户要求由供需双方协商确定。

管材的卫生性能应符合GB/T17219—1998标准规定。

表6-40 管材的物理力学性能

项目	材料	试验参数			试样数量/个	指标
		试验温度/℃	试验时间/h	静液压应力/MPa		
纵向回缩率	PP-H	150±2	$1(e_n\leqslant8mm)$ $2(8mm<e_n\leqslant16mm)$ $4(e_n>16mm)$	—	3	≤2%
	PP-B	150±2		—		
	PP-R	135±2		—		
简支梁冲击试验	PP-H	23±2	—		10	破损率<试样的10%
	PP-B	0±2				
	PP-R	0±2				
静液压试验	PP-H	20	1	21.0	3	无破裂无渗漏
		95	22	5.0		
		95	165	4.2		
		95	1000	3.5		
	PP-B	20	1	16.0	3	
		95	22	3.4		
		95	165	3.0		
		95	1000	2.6		
	PP-R	20	1	16.0	3	
		95	22	4.2		
		95	165	3.8		
		95	1000	3.5		

表 6-41 PP-R 管的性能要求与试验方法

项目	试验方法	试样/个数	指标
平均外径	GB/T 8806—2008		允许偏差 0~10%
壁厚	GB/T 8806—2008		允许偏差 0~10%
纵向回缩率	GB/T 6671—2001(B)	3	≤2%
简支梁冲击试验	GB/T 18743—2002	10	破损率小于试样数的 10%
静压试验	GB/T 6111—2003(a 形封头)	3	无破裂,无渗漏
熔体流动速率	GB/T 3682—2000	3	变化率≤原料值的 30%

6.33 高抗冲聚丙烯农田灌溉管挤出成型工艺要求有哪些?

高抗冲聚丙烯农田灌溉管是一种质量轻、无毒、无锈蚀、耐高温而且又价廉的塑料管。在应用于农田灌溉时,既可以承受较高的送水压力(承受压力最高可达 0.5MPa),又可承受一定的冲击载荷,是一种耐低温、耐老化性能较好,同时还具有一定的韧性和刚性的管材。

(1)高抗冲聚丙烯管挤出成型用料配方与混配造粒

①原料配方(质量份)。

配方例一 聚丙烯粉料(熔体流动速率 0.5~1g/10min)100 份,高密度聚乙烯(熔体流动速率 1g/10min,挤出级)15 份,顺丁橡胶 15 份,2-(2′-羟基-3′,5′-二叔丁基苯基)-5-氯代苯并三唑(UV-327)0.3 份,抗氧剂(124)0.3 份,炭黑 0.4 份,苯甲酸钠 0.5 份。

配方例二 聚丙烯粉料(熔体流动速率 0.2~0.5g/10min)100 份,苯乙烯-丁二烯-苯乙烯共聚物(SBS)20 份,碳酸钙($CaCO_3$,800 目)15 份,抗氧剂(124)0.5 份,光稳定剂(UV-327)0.3 份,炭黑及其他助剂适量。

②原料配混造粒。原料配混造粒生产工艺顺序如下。

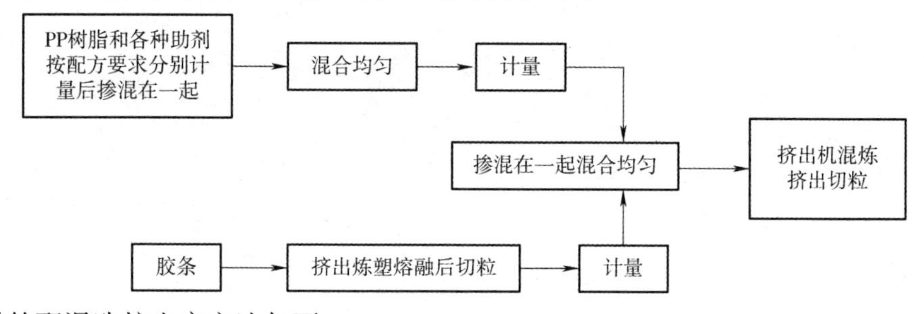

原料的配混造粒生产方法如下。

a.把 PP 树脂和其他助剂按配方要求分别计量后加入捏合机中,捏合搅拌 30min 以上,原料混合均匀。

b.选用等距不等深渐变型螺杆,长径比为 18∶1,压缩比为 3∶1 的单螺杆挤出机,机筒加热升温至(55±5)℃,用以挤塑胶条熔融、挤出后切粒(进入正常切粒后,机筒停止加热)。

c.把①和②中处理过后的原料计量,掺混在一起,混合搅拌均匀后投入挤出机混炼塑化,挤出条状料入水冷却,再除水、风干、切粒。

如果按配方例二原料配混造粒,应先把碳酸钙在混合机中预热搅拌至 80℃,然后加入表面处理剂再搅拌 5min,达到表面处理剂熔融与 $CaCO_3$ 均匀混合后,再加入 PP、SBS,使其在(55±5)℃条件下混合搅拌 3~4min,最后加入其他辅助料,并混合搅拌均匀。待混合料降温至

40℃后投入挤出机内混炼熔融、挤出切粒。

高抗冲聚丙烯挤出成型管材用料中不同 SBS 掺入量对聚丙烯共混物的性能影响见表 6-42。

表 6-42　PP 树脂中不同 SBS 掺入量对聚丙烯共混物的性能影响

配比（质量比）	PP/SBS	100	95/5	90/10	80/20	50/50
性能	落球冲击强度/(kJ/m^2)					
	22℃	259	389	583	7842	7842
	-28℃	81	81	108	648	7842
	弯曲模量/10^{3}MPa	13.3	12.9	11.3	9.03	4.2
	洛氏硬度(R)	98	95	87	71	24

(2)高抗冲聚丙烯管挤出成型

①设备选择。采用单螺杆通用型挤出机。螺杆结构为等距不等深渐变型，长径比 $L/D \geq$ 20∶1，压缩比为 3∶1；辅机牵引速度在 0.3~2m/min 范围内。

②机筒工艺温度。加料段 140~160℃，塑化段 170~190℃，均化段 190~210℃。

成型模具温度 190~210℃。

第7章　塑料片(板)挤出成型

7.1　聚乙烯片(板)怎样挤出成型？用哪些设备？

1.聚乙烯片(板)用途

聚乙烯树脂挤出成型制品的厚度在0.02～20mm范围内。通常,人们把制品的厚度在0.25～1mm范围内制品称为片;制品厚度小于0.25mm的称为薄膜;制品厚度大于1mm的称为板材。聚乙烯树脂挤出成型板片材主要是用高密度聚乙烯和低密度聚乙烯。

聚乙烯片(板)材性能和它的成型用料性能一样,具有无毒、耐酸碱等化工材料的腐蚀、电绝缘性能优异、低温性能好等特性。

聚乙烯片(板)可用作结构材料和包装材料。如用于化工容器制造、电绝缘材料、建筑或交通车、船中的壁板、隔板、地板或经吸塑成型冰箱内衬及食品和医药包装等。

2.聚乙烯片(板)挤出成型用设备

聚乙烯片(板)的挤出成型工艺比较简单,一般PE片(板)的成型只用聚乙烯树脂即可。生产时用挤出机把原料塑化熔融,经成型模具挤出即满足制品尺寸要求,然后,再经过三辊压光机把片(板)表面压光和冷却降温定型,成为PE片(板)制品。

塑料片(板)的挤出成型,主要用设备有挤出机、成型模具、三辊压光机、导辊、切边装置、牵引机和切割机等。

(1)挤出机　聚乙烯塑料片(板)挤出成型用挤出机结构没什么特殊要求,可用挤塑PE树脂成型制品通用型单螺杆挤出机。螺杆为等距渐变型结构,长径比$L/D \geqslant 20:1$,压缩比为2～3,机筒前加多孔板和过滤网,过滤网多用80目不锈钢丝网。

(2)成型模具　塑料片(板)挤出成型用模具结构常用型有支管式(T型)模具结构、衣架式模具结构和螺杆分配式模具结构。三种成型模具结构见图5-29、图5-30和图5-31。

(3)辅机　塑料片(板)挤出成型用辅机生产线中,主要由三辊压光机、冷却输送辊组和板的切边、牵引及切断等装置组成。

辅机中的三辊压光机是这条生产线上的主要设备。它的工作运转质量、温度控制和辊面及辊体的加工精度对成型片(板)材的质量有较大影响。对这个设备提出下列要求。

①三根辊筒的制造精度(圆度、锥度、辊面粗糙度和动平衡)要严格控制。

②辊面温度由导热介质水或油加热,要求辊面温度分布均匀,各部位温差不允许超过±2℃。

③辊的运转速度与制品从模具口挤出速度要匹配,根据生产需要,三辊速度应可调,速度调整变化时,升降速度要平稳过渡。

④三辊机距模具口的距离要可调。

三辊压光机型号及设备参数见表7-1。

挤出成型片(板)用机组,国内有多家厂生产,如山东塑料机械总厂、精达塑料机械有限公司(山东省胶州市)、北汽福田公司诸城轻工机械厂等均能生产。

挤出成型片(板)材用辅机型号及主要技术参数见表7-2。

表 7-1　挤出成型片(板)材用三辊压光机型号及参数

项目 \ 型号	SJ-B(W)-F1.2A	SJB-1.2F	SJ-2.0A
板厚/mm	0.8~5	0.5~5	0.8~5
板宽/mm	≤1200	≤1200	≤2000
牵引速度/(m/min)	0.4~3	0.4~0.6	0.4~2.5
辊直径/mm	260	315	315
辊面宽/mm	1400	1400	2200
辊升降距离/mm	40	50	40
辊横向压力/tf	4.4~5.8	9~11	9~11
辊体加热方式	蒸汽、导热油、热水	蒸汽、导热油、热水	蒸汽、导热油、热水
进板高度/mm	1100	1098	110
出板高度/mm	800	1570	1740
电机功率/kW	2.2	4	4
水加热功率/kW	3×3	3×6	3×7
压缩空气压力/MPa	0.3~0.4	0.6~1	0.8~1

注：1tf≈10^4N。

表 7-2　片(板)材挤出辅机的主要技术参数

产品名称	型号	主要技术参数											用途
		螺杆直径/mm	长径比	产量/(kg/h)	模口宽度/mm	牵引辊规格(直径×长度)/mm	牵引速度/(m/min)	压光辊规格(直径×长度)/mm	最大板宽/mm	电动机功率/kW	质量/t	外形尺寸(长×宽×高)/m	
PP 片材成型机组	SJP-Z90×30-800(PP-SJBPZ-90×30)	90	30：1	70	950	φ200×1100	0.8~8	φ200×1100	800	60	10	1.85×3.5×3.5	生产成型吸塑包装材料
PP/PS 塑料发泡片材机组	SJFP-Z65×30/90×30-1100(FDJ65/90RS1040)	65，90	30：1 30：1	60~70	片材厚度 2~5		3~30		1040	155	15	18.5×5.0×3.5	生产成型装饰食品包装用发泡片材
塑料挤出地板机组	SJB-600	150	25：1	150~400	360	φ400×600	7~12	φ400×600		100	10	5.5×2.4×2.95	
PP 片材挤出成型机组	SJB-600(SJY-610)				片材厚度 0.3~1			φ450×610	600	4.5			生产塑料板(片)
塑料挤出板材机组	SJB-1200	150	25：1	50~300	制品厚度 0.8~5	φ500×1200	0.12~2.4	φ250×1200	1200	157	15.15	13.34×2.4×1.82	

7.2 聚乙烯片(板)材挤出成型应注意哪些事项?

①挤出聚乙烯成型片(板)材用原料,应尽量选用板材成型专用树脂,如中国石化燕山石化分公司生产的5000H牌高密度聚乙烯。若没有专用PE树脂,低密度聚乙烯挤塑片(板)材应选熔体流动速率为MFR=0.4~0.6g/10min的树脂,高密度聚乙烯应选熔体流动速率MFR=0.1~0.4g/10min的树脂挤塑成型片(板)材。

②挤塑PE片(板)用挤出机最好选螺杆前段带有屏障的新型结构螺杆,螺杆直径可参考挤塑成型板材的规格选取。螺杆直径与板制品宽度尺寸关系见表7-3。

表7-3 螺杆直径与板制品宽度尺寸关系

mm

螺杆直径	65	90	120	150
板材宽度	400~800	700~1200	1000~1400	1200~2500

③成型模具中的模唇平直段长度在15mm左右;模唇间隙大小可调,一般控制在与板的厚度相等或略小于板材厚度尺寸;模唇工作平面应平整光洁,粗糙度 R_a 不大于0.2μm。

④模具中的管状储料槽直径应大于35mm,这样能使熔料挤出时,在模唇口各点的料流速平稳,料量和料压也较均匀,但也不能过大,那会增大模具的结构和重量。

⑤挤塑PE料工艺温度控制,机筒各段温度:当原料是LDPE时,加料段150~160℃,塑化段160~170℃,均化段170~180℃。当原料是HDPE时,加料段120~140℃,塑化段140~160℃,均化段160~180℃。

成型模具温度:采用LDPE料时,模具中间段160~170℃,模具两端:180~190℃。采用HDPE料时,模具中间段155~165℃,模具两端175~180℃。

三辊温度(板坯进辊位置如图5-34所示):上辊温度60~70℃,中间辊温度80~90℃,下辊温度70~80℃,板坯在三辊经过时要逐渐降温,以防止制品产生较大内应力而翘曲变形。

⑥三辊距模具口的距离控制在50~100mm范围内,以防止从模具口挤出的板坯下垂。

⑦牵引制品的速度可与制品从模具口挤出速度接近或略快于制品挤出模具口速度,但也不能过快,过快牵引速度会造成制品的宽度尺寸收缩量大。

⑧聚乙烯片(板)的质量要求应符合标准QB/T 2490—2000规定。PE片(板)的规格和极限偏差应按表7-4中规定执行。

表7-4 PE片(板)的规格和极限偏差

mm

项目	规格	极限偏差
板厚度	2~8	±(0.08+0.03s)
宽度	≥1000	±5
长度	≥2000	±10
对角线最大差值	每1000边长	≤5

注:卷状板材不测定对角线最大差值。

聚乙烯板的外观质量要求是:片(板)的表面应光洁平整,不允许有气泡、裂纹、明显杂质、凹痕和色痕。

聚乙烯板的力学性能指标应符合表7-5规定。

用于食品容器和食具的聚乙烯板卫生指标应符合 GB9687 标准规定。

表 7-5　聚乙烯板的力学性能指标

项　目	指标			
密度/(g/cm^3)	0.919~0.925		0.940~0.960	
拉伸屈服强度(纵、横向)/MPa	≥7.00		≥22.00	
简支梁冲击强度(纵、横向)/(kJ/m^2)	无破裂		18.00	
板材厚度/mm	2	4	6	8
纵向尺寸变化率/%	≤60	≤50	≤40	≤35

7.3　高密度聚乙烯钙塑瓦楞板怎样生产成型?

高密度聚乙烯钙塑瓦楞板是由三层钙塑板采用热黏合方法成型的制品。这种钙塑瓦楞板的上下面是平整的钙塑片,中间层是瓦楞形钙塑片。高密度聚乙烯钙塑瓦楞板的强度比较高,有较好的抗震和抗摔性,还有一定的硬挺性,能防水、防虫蛀,价格也比较低廉。这种钙塑瓦楞板可制造成各种形状包装容器(箱),用于各种物品的包装。

(1)钙塑片成型用原料及配方　钙塑片成型主要用料是高密度聚乙烯和轻质碳酸钙,然后适当加入一定比例的润滑剂(为了改善熔料的流动性)、抗氧剂(改善阻止 PE 树脂热氧化性能)及其他助剂,组成钙塑片成型用料配方。

参考配方一:高密度聚乙烯(HDPE)60 份,轻质碳酸钙($CaCO_3$)40 份,抗氧剂(CA)0.075 份,抗氧剂硫代二丙酸二月桂酯(DLTP)0.075 份,硬脂酸钡(BaSt)0.5 份,硬脂酸锌(ZnSt)0.5 份。

参考配方二:高密度聚乙烯(HDPE)50 份,轻质碳酸钙($CaCO_3$)50 份,偶联剂(TTS OC-T999)0.45 份,硬脂酸锌(ZnSt)0.45 份,硬脂酸钡(BaSt)0.35 份,硬脂酸(HSt)0.15 份,抗氧剂β-丙酸十八酯(1076)0.13 份。

(2)钙塑片生产工艺与设备选择　钙塑片成型生产工艺可采用挤出法成型,也可采用压延法成型,两种不同的生产成型钙塑片方法分别说明如下。

①挤出法生产成型钙塑片工艺。

a.生产工艺流程顺序是:按成型钙塑片用料配方把各种原料计量→高速混合→挤出造粒→挤出塑化原料→模具成型片坯→三辊压光冷却定型→切边→牵引→卷取。

b.主要生产设备有:用于混合原料的高速混合机,原料经混配均匀后造粒用挤出机,把原料塑化熔融用挤出机,成型片用模具及三辊压光、切边、牵引和卷取用辅机等。

c.钙塑片挤塑成型工艺。

ⓐ原料的混配。把轻质碳酸钙($CaCO_3$)加入高速混合机混合室内,搅拌加热升温至110~120℃,间断加入偶联剂,再加入润滑剂;充分混合后再加入高密度聚乙烯树脂和抗氧剂。把原料混合均匀。

ⓑ造粒。可用单螺杆或双螺杆挤出机混炼塑化原料造粒。原料温度控制在 180~205℃范围内。

ⓒ挤塑成型钙塑片。所用设备同挤塑 PE 料成型片(板)材所用设备相同,原料挤塑用温度范围为 170~270℃。成型模具温度控制:中间段 210℃,两端 250~260℃。三辊压光机辊筒

温度：中辊 100℃左右，上下辊为 70℃左右。

②压延法生产成型钙塑片工艺。

a.生产工艺流程顺序是：按成型钙塑片用料配方把各种原料计量→高速混合（先加入碳酸钙，然后加入偶联剂和润滑剂）搅拌均匀后再加入 HDPE 和抗氧剂→密炼机中混炼→在两辊开炼机上混炼→在第二台两辊开炼机混炼→在三辊或四辊压延机上压延成型→压光→冷却→切边→牵引→卷取。

b.主要生产设备有：高速混合机、密炼机、开炼机、压延机及压光、冷却、切边牵引和卷取等辅机。

c.钙塑片的压延成型工艺：原料的混配方式及工艺条件与挤塑成型工艺中的原料混配方式及工艺条件相同。原料的塑化与压延工艺温度也可参照挤塑过程中的料温要求进行。

（3）钙塑瓦楞板的复合成型　钙塑瓦楞板中三层钙塑片的复合成型生产工艺顺序见图 7-1。从图中可以看到，三层钙塑片热黏合生产工艺顺序是：三层钙塑片卷捆同时放片→三层片分别预热（中间钙塑片预热后还要压成瓦楞三角形）→热复合三片成一体→冷却降温→切边→成品切断。

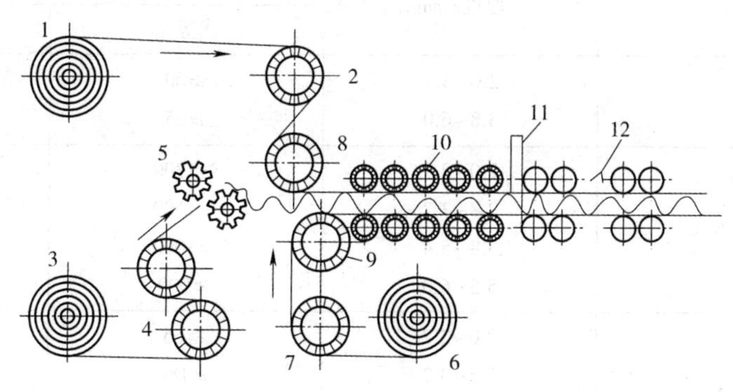

图 7-1　钙塑瓦楞板三层钙塑片热黏合成型生产工艺

1—上表面用钙塑片；2—上表面钙塑片加热辊；3—瓦楞片用钙塑片；
4—瓦楞片加热辊；5—瓦楞成型压辊；6—下表面用钙塑片；
7—下表面钙塑片加热辊；8，9—钙塑片热黏合辊；
10—冷却辊组；11—切边装置；12—片切断装置

三层钙塑片的复合成型生产工艺，首先是把三层钙塑片分别在 140～160℃预热辊上加热（中间瓦楞片预热温度在 160～170℃，然后用瓦楞辊压片成等边三角瓦楞形）后进入热复合辊，三层片在复合辊的加热压力下黏合成型钙塑瓦楞板，再经切边、压印后切断，成型制品。

（4）高密度聚乙烯钙塑瓦楞板质量　高密度聚乙烯钙塑瓦楞板的质量要求应符合标准 QB/T 1651—92 规定。

①钙塑板的规格尺寸要求。长度应大于或等于 50mm，宽度应大于或等于 2000mm，两种尺寸极限偏差为±1%。板的厚度为 2～6mm，极限偏差为±10%。

②瓦楞板中间层的筋数。当板厚为 2～3.9mm 时，立筋数大于或等于 24 根/10cm；当板厚为 4～6mm 时，立筋数应大于或等于 15 根/10cm。两者单位面积质量偏差为±5%。

③板的外观质量。

a.四边应成直线，四角应成直角。

b.同一颜色产品色泽均匀无明显色差。

c.板表面应光滑平整、无裂纹、孔洞、明显杂质及气泡等影响使用的缺陷。

④板的力学性能应符合表7-6和表7-7规定。

表7-6 瓦楞板的力学性能指标(Ⅰ)

项目	厚度/mm	指标			
		优等品		一等品、合格品	
		纵向	横向	纵向	横向
拉断力/N	2.0~2.7	≥180	≥130	≥120	≥70
	2.8~3.7	≥230	≥175	≥170	≥110
	3.8~5.4	≥270	≥210	≥210	≥140
	5.5~6.0	≥350	≥260	≥255	≥170
断裂伸长率/%	2.0~3.7	≥170	≥60	≥130	≥35
	3.8~6.0	≥220	≥70	≥150	≥45

表7-7 瓦楞板的力学性能指标(Ⅱ)

项目	厚度/mm	指标	
		优等品	一等品、合格品
撕裂力/N	2.0~3.7	≥60	≥45
	3.8~6.0	≥65	≥50
平面压缩力/N	2.0~2.7	≥1300	≥1000
	2.8~3.7	≥1100	≥900
	3.8~5.4	≥1000	≥800
	5.5~6.0	≥900	≥700
垂直压缩力/N	2.0~2.7	≥65	≥45
	2.8~3.7	≥180	≥120
	3.8~5.4	≥240	≥180
	5.5~6.0	≥350	≥240

7.4 聚丙烯片(板)怎样挤出成型?

(1)原料选择　聚丙烯片(板)挤出成型专用树脂,可用抚顺石油化工公司的EP2S34F、D60P和中国石化齐鲁石化分公司的EPS30R等聚丙烯。也可用PP(MFR=0.5~2.5g/10min)与HDPE(MFR=0.1~2g/10min)混合料,掺混比例在(8:2)~(6:4)之间(掺混比例大小应视HDPE的分子量大小来决定,相对分子质量大掺混量应小些,反之掺入量应大些)。注意:要选用两种掺混料的熔体流动速率(MFR)值尽量接近的树脂。

(2)设备条件　与PE板(片)挤出成型用设备相同。

(3)成型工艺

①原料在挤出机的机筒内塑化机筒各段温度1段(进料口)(150±5)℃,2段(160±5)℃,3段(170±5)℃,4段(180±5)℃,5段(190±5)℃,6段(出料口)(200±5)℃。

②成型模具温度　200~210℃(模具两端温度取高值,中间温度取低值)。

③三辊压光机辊筒温度(按图6-3进片运行方式):中间辊为70℃,下辊为60℃,上辊为50℃。

(4)工艺操作要点

①PP 树脂挤出片用于食品吸塑包装时要选用专用型号树脂,如果发现树脂含水分过高,应在 90~100℃烘箱中干燥处理 2h。

②食品包装 PP 片材要选用符合 GB9688 标准规定的卫生指标。

③膜片质量应符合 QB/T 2471—2000 标准规定。

a.膜片厚度在 0.20~1.00mm 范围内,极限偏差为±10%。宽度偏差按用户要求决定,可按宽度控制在±1%的偏差范围内。

b.膜片长度每卷内允许有一个断头,长度不少于 20m。

c.外观应表面光滑平整,不得有气泡、穿孔及影响使用的杂质。

d.膜片的性能指标应符合表 7-8 规定。

④成型模具唇口的间隙可调,表面粗糙度 Ra 应不大于 0.3μm。

表 7-8 PP 膜片的性能指标

项目		共聚物	均聚物
拉伸屈服强度(纵/横)/MPa	≥	20.0	25.0
纵向尺寸变化率/%	≤	60	

注:厚度尺寸大于 0.5mm 的片材不考虑纵向尺寸变化率。

⑤过滤网为 40/80/40 目三层,80 目的过滤网应放在目数小的过滤网中间,以增加其强度。

⑥三根压光辊的工作面应镀硬铬层,表面粗糙度 Ra 应不大于 0.1μm,表面平整光洁,不允许有气孔。

⑦三辊压光机与模具唇口的距离控制在 50~150mm 范围内,生产时视幅宽的收缩尺寸大小来调整两者的距离。

⑧压光机辊筒的工作面温度可调,辊面上各位置的温度一致,温度偏差控制在±0.5℃范围内。

⑨辊筒的转速与从模具唇口挤出的膜片速度匹配,通常是辊筒的转速比膜片从模具唇口挤出的流速快 10%~20%。

⑩成品膜片按用户要求,可卷取,也可按要求长度切断。

7.5 塑料片(板)挤出成型中的质量问题怎样分析查找?

(1)板的纵向厚度尺寸误差大

①机筒温度控制不稳定,使熔料流速不稳定。

②螺杆转速不稳定,使熔料挤出量不均匀。

③三辊压光机中的辊转速不平稳。

④牵引速度不平稳,忽快忽慢。

(2)板的横向厚度尺寸误差大

①成型模具体各部位温度控制不合理。

②模具体熔料腔设计(或加工)不合理,使熔料流量分布不均。

③模唇间隙调整不合理,间隙不均匀,中间间隙应略小于两侧间隙。

④三辊间隙调整误差大。

⑤三辊中高度选择或加工不合理,应适当变动辊面中高度。

(3)板面有横纹

①螺杆转速不稳,挤出熔料量不均匀。

②机筒温度控制不稳定,熔料流速变化。

③三辊转速不平稳或辊面有划伤痕。

④牵引速度不平稳或牵引辊压紧力不足,制品运行不平稳。

(4)板面有纵向纹

①过滤网破裂。

②模唇面有划伤痕。

③模具体内有异物或分解料。

(5)板面粗糙无光泽

①三辊工作面粗糙或有黏料。

②三辊工作温度偏低。

③模唇面不光滑。

④过滤网破裂。

第8章　塑料丝、打包带等制品挤出成型

8.1　聚乙烯丝挤出成型工艺条件有哪些?

聚乙烯丝是用高密度聚乙烯树脂挤出成型。这种丝的细度(直径)可为0.15~0.30mm,按用途分有渔业用丝、工业用丝和民用丝。聚乙烯丝具有强度高、质量轻、耐磨性及耐化学腐蚀性好、弹性好、低温环境中柔韧性好、在水中强度不受影响和介电性能优良等特点。这种聚乙烯丝主要用于渔业中制造拉网、围网、定置网,工业上用作过滤网、各种绳索等,民用主要作窗纱等。

(1)原料选择　聚乙烯单丝的挤出成型主要原料是熔体流动速率在0.4~1.0g/10min范围内的高密度聚乙烯树脂。应用牌号有中国石化燕山石化分公司产SR5000,中国石油大庆石化分公司产5000S、辽宁石化分公司产GF7750和GF7750J等树脂,均可用来成型单丝。

(2)工艺条件　聚乙烯单丝挤出成型工艺流程见图8-1。

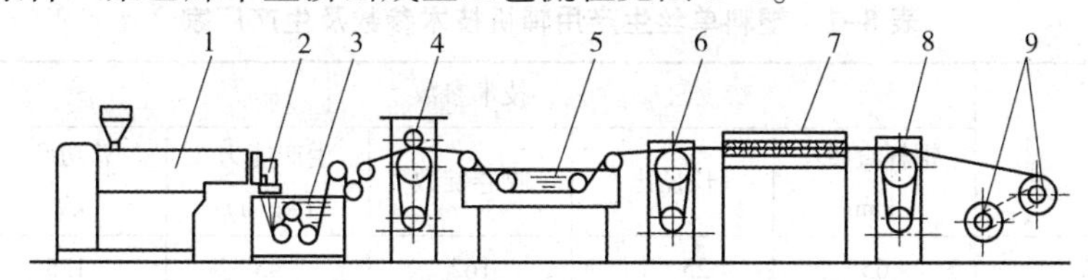

图8-1　聚乙烯单丝挤出成型工艺流程

1—单螺杆挤出机;2—成型模具;3—冷却水箱;
4—第一次拉伸装置;5—热拉伸水槽;6—第二次拉伸装置;
7—热处理烘箱;8—第三次拉伸装置;9—收卷装置

生产工艺过程是:把高密度聚乙烯树脂直接加入挤出机料斗内(如果生产有颜色的单丝,应在树脂内加入一定比例的颜料,与树脂混合均匀后再加入挤出机料斗内)进入机筒。机筒内连续旋转的螺杆把原料推向机筒出料口;在原料被推动前移过程中,被机筒的传导热加热升温;同时又受到挤压、剪切、搅拌和摩擦力的作用,而逐渐使原料塑化成熔融态;被转动的螺杆推入成型模具,经模具孔被挤出成丝;然后经水槽冷却,再经热拉伸和定型处理、卷取等工序,成为丝制品。

丝挤出成型设备有:挤塑聚乙烯料通用型单螺杆挤出机、成型模具和辅机。

挤出机可用ST-45或SJ65型,螺杆可用等距渐变型或等距突变型螺杆结构,长径比$L/D \geqslant 20:1$,压缩比为3。

单丝挤出成型用模具结构,有水平式(图8-2)和垂直式(图8-3)。其中直角式模具应用较多。这种模具的进料端有多孔板和过滤网;一般用过滤网目数为40/80/40三层。入料口的收缩角在30°左右;分流锥扩张角在30°~60°;模具中成型丝坯孔直径常用值有0.8mm、0.9mm和1mm;出丝孔数按螺杆直径大小决定,一般在10~60个范围内;丝孔板要有足够的强度,在高温条件下应不变形、耐磨损;丝孔板厚度在5mm左右。

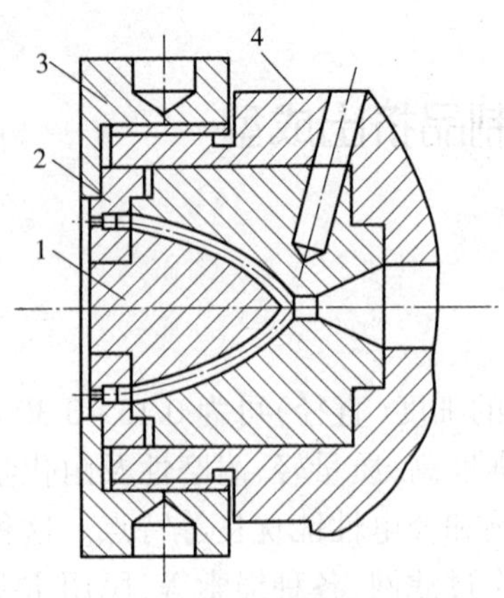

图 8-2　水平挤出成型单丝模具结构

1—分流锥；2—喷丝板；
3—锁紧螺帽；4—模具

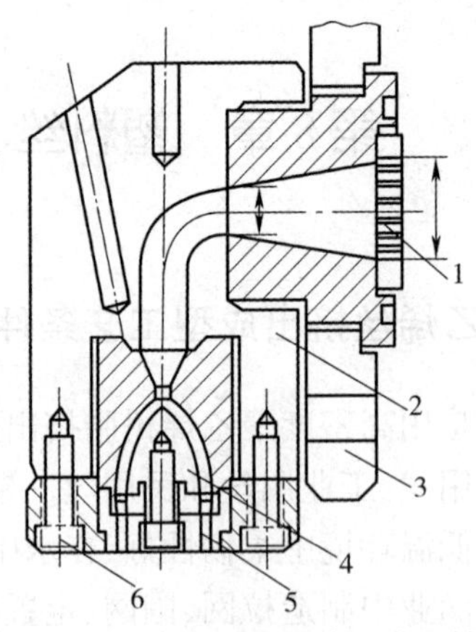

图 8-3　垂直挤出成型单丝模具结构

1—多孔板；2—模具；3—锁紧法兰；
4—分流锥；5—喷丝板；6—紧固螺钉

丝挤出成型用辅机主要是冷却水箱、牵引拉伸装置和卷取装置。国内丝挤出成型用辅机生产及设备规格参数见表 8-1。

表 8-1　塑料单丝生产用辅机技术参数及生产厂家

型号	技术参数					生产厂家
	螺杆直径/mm	长径比	收卷锭数	生产能力/(kg/h)	总功率/kW	
SJ-65×25-7	65	25∶1	162	43	125	连云港市家用电器总厂
SJ-75×28-7	75	28∶1	186	90	165	
SJ-90×30-7	90	30∶1	108	179	180	
SJ-65×28-9	65	28∶1	162	86	155	

型号	技术参数					生产厂家
	生产能力/(kg/h)	拉丝直径/mm	拉丝数量	卷丝速度/(m/min)	总功率/kW	
SJZ-S-4513-0.3	2.5~33	0.15~0.3	40	195~225	34	上海轻工机械股份有限公司挤出机厂

型号	技术参数						生产厂家
	螺杆直径/mm	牵引辊直径/mm	卷取速度/(m/min)	第一牵伸速度/(m/min)	第二牵伸速度/(m/min)	第三牵伸速度/(m/min)	
SJ-LSF	45.65	210	39~194	1.6~16	9.6~96	19.2~192	山东塑料橡胶机械总厂
LS60/240-1	65	350	50~150	5~20	50~150		

(3)注意事项

①单丝挤出成型原料在机筒塑化时，机筒各段温度是：加料段 150~180℃，塑化段 190~260℃，均化段 280~310℃。

成型模具温度 290~310℃。冷却水箱内水的温度 30~50℃。加热拉伸水槽内水的温度是 90~100℃。丝被牵伸倍数是 9~10 倍(例如假设第一牵伸辊转速是 15m/min，则第二牵伸辊的转速应在 150m/min 左右)。

②机筒前端要加多孔板和过滤网,层数应不少于 3 层,网目数及安放位置是 40/80/40 目。

③工作中注意保持喷丝板的精度,喷丝孔工作面要光滑平整,无残料、无划伤痕;拆卸时要轻拿轻放,不许用手锤敲击,防止板变形。喷丝板孔径选择与成品丝直径关系见表 8-2。

表 8-2 单丝直径与喷丝板孔径关系

mm

单丝直径	喷丝板孔径			
	LDPE	HDPE	PVC	
	拉伸倍数			
	6	8~10	2.5	6
0.2	0.5	0.8	0.3	0.5
0.3	0.8	1.1	0.5	0.8
0.4	1.1	1.2	0.6	1.1
0.5	1.2	1.7	0.8	1.2
0.6	1.5	2.0	1.0	1.5
0.7	1.7	2.3	1.1	1.7

④冷却水箱中水的液面距喷丝板距离应控制在 15~50mm 范围内,水温度在 20~30℃内,丝在水中运行长度应大于 1m。

⑤丝拉伸时的温度应控制在该丝用原料的熔融点温度以下。不同原料单丝成型时的参考工艺温度见表 8-3。

表 8-3 不同原料单丝成型工艺温度

原料名称	机筒温度/℃	喷丝板温度/℃	冷却水温度/℃	牵伸倍数	牵伸温度/℃
PVC	90~160	160~180	40~60	约 4	95~100
HDPE	150~300	290~310	30~50	9~10	90~100
PP	150~280	280~300	20~40	约 8	100~130
PA	200~260	230~240	20~40	约 4	70~85

⑥拉伸后的单丝要进行退火处理,目的是消除拉伸时产生的内应力,以减少丝的收缩率。丝的热处理退火方法可用热水,也可用热风循环箱。注意这两种加热介质的温度控制要低于丝拉伸时的加热温度。

(4)质量　高密度聚乙烯单丝的质量应符合标准 QB/T2356 规定。丝的直径规格有:0.15mm、0.17mm、0.18mm、0.19mm、0.20mm、0.21mm、0.23mm、0.25mm、0.27mm、0.28mm、0.30mm,它们的直径尺寸极限偏差为±0.02mm。

单丝的外观要求是:丝表面光滑、柔软,无杂质,无明显色差,无明显压痕,丝缠绕轴面平整,不允许有未牵伸丝和乱丝,每轴丝 250g 重中不得超过 5 个结头。

丝的力学性能指标应符合表 8-4 规定。

表 8-4　单丝的力学性能指标

规格			指标			
类别	细度	极限偏差	线密度/tex	拉伸强度/（$\times10^{-2}$N/tex）	伸长率/%	结节强度/（$\times10^{-2}$N/tex）
A	0.17	±0.02	22~35	≥0.50	12~26	≥0.33
	0.19		27~40			
	0.21		32~44			
B	0.15	±0.02	19~32	≥0.49	10~28	—
	0.18		24~37			
	0.19		27~40			
	0.20		30~42			
	0.21		32~44			
	0.23		38~50			
	0.25		47~59	≥0.44	10~30	—
	0.27		54~66			
	0.28		56~68			
	0.30		67~79			
C	0.18	±0.02	24~37	≥0.44	10~30	≥0.31
	0.19		27~40			
	0.20		30~42			
	0.21		32~44			

注：A 为渔业织网用丝，B 为工业用丝，C 为民用织纱窗用丝。

（5）质量问题分析

①单丝粗细不均匀。

a.传动带打滑，螺杆转速不稳定。

b.机筒加热控温装置失灵，机筒温度波动大。

c.成型模具温度控制不合理。

d.牵引辊转速不平稳。

e.机筒、螺杆磨损严重，挤出料量不均匀。

②断丝现象较多。

a.过滤网破裂，熔料中杂质多。

b.丝料塑化不均匀。

c.模具温度控制不稳定。

d.喷丝板孔中有残料。

e.拉伸牵引辊转速偏快。

③出料不稳定。

a.螺杆加料段温度偏高。

b.料斗中原料“架桥”,供料不连续。

c.机筒和螺杆的配合间隙过大,返流料量较大。

④丝的表面色泽不一致。

a.机筒更换原料时没有清理干净。

b.配色混合不均匀。

c.原料在机筒内塑化不均匀。

d.水槽中水的温度不稳定。

⑤丝表面不光亮或色深暗。

a.喷丝孔设计不合理或孔面加工不光滑。

b.机筒温度控制偏高。

⑥牵伸时丝断头较频繁。

a.过滤网破裂,丝料中杂质多。

b.牵伸丝加热温度低或加热时间短。

c.原料牌号选择不合理,拉伸倍数偏大。

d.水槽中导辊阻力大或压丝杠工作面粗糙。

8.2 聚丙烯单丝挤出成型工艺条件有哪些?

聚丙烯单丝是一种耐酸碱、密度小、耐磨性强、耐热性和电绝缘性均较好的一种塑料丝。由于其吸水性小,多数用这种单丝织渔网和绳索;其次是用它代替棉、麻和棕,来织各种帽子和椅垫;另外,在水产、化工、造船、医疗、农业和人们日常生活中也都有应用。

(1)原料选择　聚丙烯单丝挤出成型用原料主要是等规聚丙烯树脂。应尽量选用丝成型专用树脂,如中国石化齐鲁石化分公司产的 T30S、天津石化分公司产的 T30S(粉料)和抚顺石化分公司产的 C30S 等树脂。

(2)设备条件　聚丙烯单丝挤出成型生产线如图 8-4 所示。组成生产线上的设备主要有单螺杆挤出机、成型模具、冷却水槽、牵引拉伸装置、压丝杠、热处理装置和卷取装置。各装置结构及工作方式与作用和 PE 丝成型用辅机各装置完全相同。

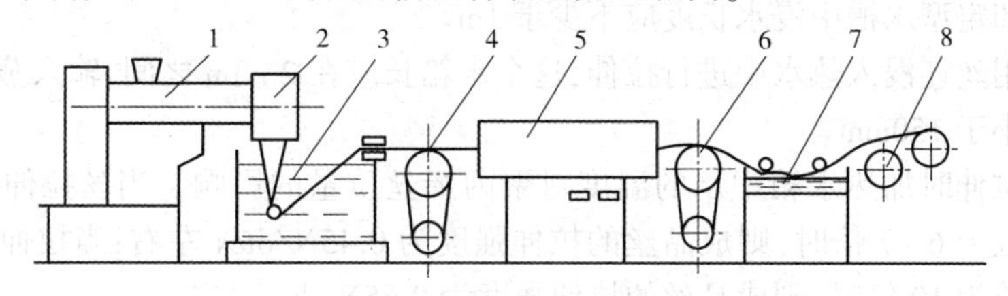

图 8-4　聚丙烯单丝挤出成型生产线示意

1—挤出机;2—成型模具;3—水槽;4—牵伸装置;5—烘箱;
6—第二牵伸装置;7—热水槽;8—收卷装置

①挤出机。PP 单丝的挤出成型,一般多选用螺杆直径为 45mm 或 65mm 的单螺杆挤出机。螺杆的长径比 $L/D \geqslant 20:1$,压缩比为$(3.5 \sim 4):1$,螺纹为等距突变型或等距渐变型。

②成型模具。PP 单丝挤出成型用模具结构多为直角形,如图 3-66 所示。

模具熔料入口处锥孔 $D:d \approx (2 \sim 4):1$,分流锥角为 50°左右,孔板前加三层 40 目/80 目/40 目过滤网。

成型模具成型丝条的板为喷丝板,如图 8-5 所示是模具中零件 6 喷丝板的放大图。此零件要用耐高温、变形小、耐磨性强的合金钢制造。精加工后还需进行热处理,以提高工作面硬度和耐磨性。

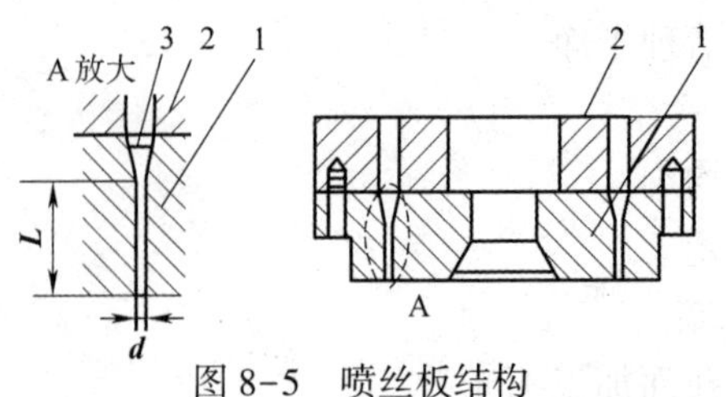

图 8-5　喷丝板结构

1—喷丝板;2—熔料引入导板;3—入料端锥孔斜角

(3)挤出塑化及成型工艺温度

①原料在挤出机的机筒内塑化温度(从加料段至均化段):180~200℃、210~240℃、250~270℃。

②模具喷丝板温度:270~300℃。

③水箱内为丝降温定型水温度:20~40℃。

④丝拉伸预热温度:130~150℃。拉伸倍数多采用 7~8 倍。

⑤热处理:丝拉伸后热处理水温度为 100℃,丝运行速度要比丝拉伸时速度慢 3%左右。

(4)工艺操作要点

①聚丙烯单丝挤出成型主要是用等规聚丙烯树脂。对原料的熔体流动速率的要求不可偏高,如果 MFR 过高,则熔体流动性非常好,挤出成型丝操作比较困难;但 MFR 又不能选得过低,熔体流动速率低,熔体流动性差,拉伸丝时断头多,甚至无法生产。

②原料塑化过程中的温度,在挤出机的机筒内逐渐升高,但熔料至成型模具喷丝板处温度应略低些。

③喷丝板距冷却定型槽中冷却水液面的距离调整,要按拉伸丝后的规格是否符合要求来决定。还应注意:如果这个距离尺寸过大,丝与空气接触时间过长,会因丝被氧化作用而强度下降。

④丝在冷却定型水槽中浸水长度应不少于 1m。

⑤如果采用丝坯浸入热水中进行拉伸,这个水箱长应在 2~3m 之间,输入蒸汽管路距丝拉伸点距离要不小于 150mm。

⑥注意丝拉伸时加热水箱中水的温度对聚丙烯丝质量的影响。当丝拉伸加热水温度为 100℃,拉伸倍数为 6~7 倍时,则成品丝的拉伸强度为 0.45N/dtex 左右;当拉伸丝加热温度为 130℃,拉伸倍数为 10 倍时,则成品丝的拉伸强度为 0.65N/dtex 左右。

⑦PP 丝坯拉伸温度不可超过 150℃,拉伸倍数常用值为 6~8 倍。

⑧设备维修时注意对喷丝板的精度维护,要经常保持喷丝孔工作面光滑,无残料,无划伤,拆卸时不许用手锤敲击,轻拿轻放,以防止变形。

⑨对于无特殊要求的普通聚丙烯丝可不用热处理。

⑩聚丙烯丝的质量与 PE 丝质量要求相同,应符合 QB/T 2356 标准规定。

8.3　聚丙烯扁丝怎样挤出成型?

聚丙烯扁丝的挤出成型,是用聚丙烯树脂经挤出机塑化熔融后挤出成型薄膜,经分切成相同的宽度,再经纵向拉伸和热处理后而制成。这种聚丙烯扁丝和其他聚丙烯制品一样,具有耐酸碱、密度小、拉伸强度好及耐热温度高等特点。

聚丙烯扁丝的用途,主要是用这种扁丝织成袋或布类。聚丙烯编织袋可用来包装各种粮食、水泥、化肥及各种蔬菜等;编织成布类后,用于汽车和火车输运物资篷布和帐篷等。

聚丙烯扁丝挤出成型工艺有两种方法:一种是聚丙烯树脂经挤出机塑化熔融后,采用T形结构模具挤出成型薄膜片,经分切后拉伸成型,其工艺顺序示意如图8-6所示;另一种挤出成型工艺是把聚丙烯树脂在挤出机内塑化熔融后,采用吹塑法(上吹或下吹)成型管状薄膜,把膜泡剖开展平,经分切、预热、拉伸和热处理后而制成。工艺顺序示意如图8-7所示。

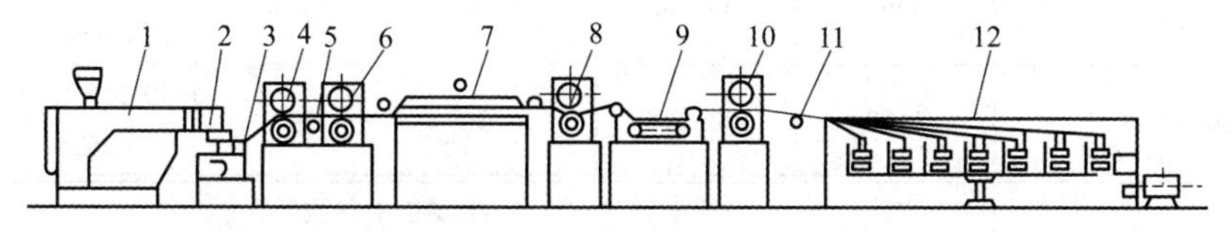

图8-6　扁丝带薄膜生产线

1—挤出机;2—成型模具;3—水槽;4、10—牵引辊;5—薄膜分切;
6—牵伸慢速辊;7—加热装置;8—牵伸快速辊;
9—热水槽;11—分丝导辊;12—卷取装置

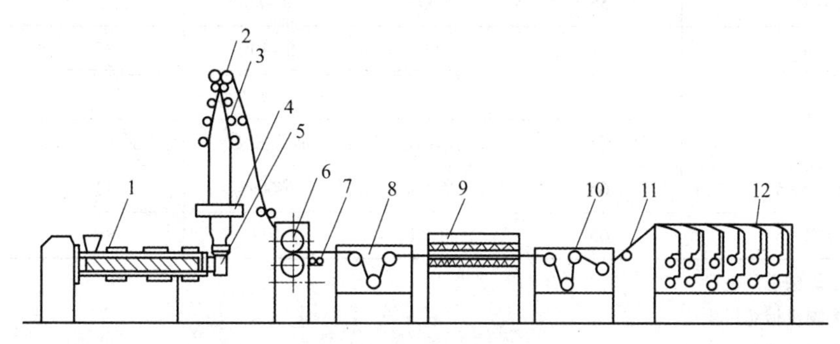

图8-7　挤出吹塑扁丝带薄膜生产线

1—挤出机;2—导辊;3—人字形导辊;4—风环;5—成型模具;
6—牵引装置;7—薄膜分切;8、10—牵伸辊;9—加热烘箱;
11—分丝导辊;12—卷取装置

扁丝挤出成型生产工艺顺序:

聚丙烯树脂→挤出机塑化熔融→{用T形结构模具成型薄膜片→水冷定型 / 吹塑成型膜管→风冷定型}→分切→加热拉抻→热处理→分丝导辊→收卷

(1)原料选择　聚丙烯扁丝挤出成型用原料,主要是选用等规指数≥96%、拉伸屈服强度≥30MPa扁丝类聚丙烯树脂。要求树脂的熔体流动速率(MFR)在1.5~6g/10min范围内;树脂内不许有杂质和晶点,生产时应用150目过滤网过滤后造粒。

生产扁丝专用料可选用中国石化上海石化分公司的Y180L、Y200L和中国石化扬子石化分公司的F401、F501和F401H型树脂。

(2)设备条件　聚丙烯扁丝挤出成型用单螺杆挤出机,螺杆直径常用规格是ϕ65mm和ϕ90mm,螺杆的长径比L/D≥25∶1,螺杆的前端设有能够提高原料混炼塑化能力的屏障型结构。熔料进入模具前还应用80目过滤网过滤,清除原料中杂质。

成型模具结构与吹塑成型PP薄膜和挤出成型平膜用模具结构相同(见图5-9和图5-29模具结构)。

PP扁丝挤出成型生产线中的辅机,从图8-6和图8-7中可以看到,主要有薄膜的冷却定型装置、牵伸辊组、分切、热处理和卷取等装置。扁丝挤出成型用辅机的技术参数见表8-5。

表8-5 扁丝挤出成型用辅机的技术参数

型号①	主要技术参数					
	模头宽度/mm	牵伸速度/(m/min)	引膜速度/(m/min)	生产能力/(kg/h)	外形尺寸(长×宽×高)/mm	总功率/kW
SPL-90-1100	1100	100~200	8~30	200	40355×2600×2575	314

型号②	主要技术参数				
	螺杆直径/mm	机头宽度/mm	拉伸速度/(m/min)	生产能力/(kg/h)	总功率/kW
PL-1100	90	1100	50~150	100~120	55
PL-600	55	600	8~80	45	30
PL-800	65	800	6~140	85	45.5

型号③	主要技术参数				
	螺杆直径/mm	长径比	收卷锭数	生产能力/(kg/h)	总功率/kW
SJ-65×25-5	65	25:1	66	43	90
SJ-65×28-5	65	28:1	108	86	90

① 甘肃省轻工机械总厂生产。

② 山东塑料橡胶机械总厂生产。

③ 连云港市家用电器总厂生产。

(3)工艺操作要点

①料斗和机筒进料口部位,生产时应用冷却循环水为此处降温,以保证原料的顺利供应和加料段原料的连续向前输送。

②原料在挤出机内的塑化温度控制,采用挤出平膜法生产时,机筒塑化原料温度控制在180~250℃范围内;采用吹塑法生产时,机筒塑化原料温度控制在180~220℃范围内。挤出机机筒各段塑化原料参考工艺温度是:加料段170~190℃,塑化段190~220℃,均化段210~250℃。温度偏高时原料易降解氧化,扁丝强度下降;温度偏低时原料塑化不充分,膜拉伸时易出现断头现象。

成型模具温度为210~230℃。成型膜片时的料温可接近挤出机中原料塑化时最高温度,但一般都选用略低于熔料的最高温度。

③挤出成型模具唇口的膜坯冷却降温定型,采用水冷或风冷两种方法,为了提高扁丝的拉伸强度和容易顺利拉伸,降温介质温度要控制在20~40℃范围内。采用水槽冷却水为膜坯降温时,冷却水液面距模具唇口距离应在20~50mm范围内可调。要求从模具唇口挤出的熔料流速一致,冷却水平面平稳无波纹。

④拉伸前的膜片分切宽度按需要而定,通常以膜宽1.5~8mm应用较多。膜片分切宽度粗略的计算方法是:

$$b = b_1\sqrt{\lambda}$$

式中　b——分切膜片宽,mm;

b_1——扁丝宽,mm;

λ——拉伸倍数。

⑤膜片拉伸时用烘箱加热,加热温度为140℃左右;用弧形板加热,温度为110~120℃。温度偏低时拉伸膜片易断裂,温度偏高时拉伸膜片易出现粘辊现象。拉伸倍数以6~7倍较适宜,拉伸快速辊的转速由膜片厚度和拉伸倍数决定。

⑥拉伸后扁丝的热处理是为了消除膜片拉伸后变成扁丝时产生的内应力,以减少成品扁丝应用中的收缩率。扁丝的热处理温度略高于拉伸温度,可控制在130~150℃范围内。由于扁丝在热处理时略有收缩,所以,热处理后的扁丝牵伸辊速度要比扁丝拉伸时的快速辊速度慢些,可控制在比拉伸快速辊慢2%~3%的速度。

⑦扁丝的卷绕,主要是要求各卷锭扁丝的卷取张力均匀,张力过大或偏小都会影响扁丝的编织生产。一般多采用力矩电动机驱动,也可用卷轴为电磁的结构,转速和张力全部自动控制。

8.4　聚丙烯捆扎绳挤出成型工艺条件有哪些?

聚丙烯捆扎绳是目前商品市场上到处可见的一种制品,用它代替传统的纸绳或麻绳,捆扎各种物品的包装。它是一种强度高、卫生、柔软、质量轻,既耐酸碱,又不怕潮湿,应用方便而又美观的一种物品。

聚丙烯捆扎绳的挤出成型生产和扁丝的挤出成型生产工艺顺序有些相似。PP捆扎绳成型生产工艺是:把PP树脂和一些辅助料按工艺配方要求计量后,掺混在一起搅拌均匀投入到挤出机内,经塑化熔融由螺杆推入到成型模具内,从模具唇口挤出成型筒状膜管;把膜管吹胀后冷却定型;再分切、加热、拉伸后卷取,即为捆扎绳制品。生产工艺示意如图8-8所示。

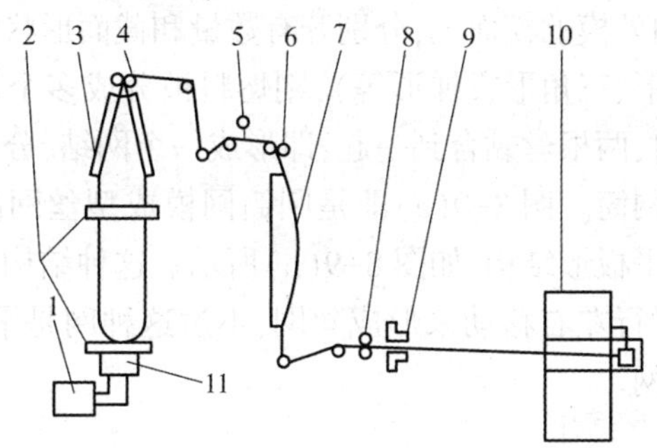

图8-8　PP捆扎绳挤出成型生产工艺示意

1—单螺杆挤出机;2—冷却风环;3—人字形导板;4、6、8—牵引辊;5—分切刀;7—加热板;9—吹飞装置;10—卷取装置;11—成型模具

(1)原料选择　聚丙烯捆扎绳挤出成型应选用熔体流动速率(MFR)在1.2~8.5g/10min范围内的窄带级PP树脂,如中国石化燕山石化分公司生产的2301、2302、2601等牌号均可应用,然后再加入8份PP母料和必要的颜料即可。如果PP树脂为粉料,树脂中还需加入0.4份的抗氧剂(此配方指PP树脂为100份时)。

(2)设备条件

①挤出机。选SJ65型挤塑聚丙烯树脂通用型挤出机,螺杆长径比≥20∶1。

②成型模具。选用吹塑薄膜式芯棒为螺旋形模具结构(见图 5-12)。成型聚丙烯捆扎绳模具与通用型吹塑薄膜用模具结构不同之处,是在口模的圆周上均匀分布有深度为 0.6mm 左右的凹槽,使成品捆扎绳薄膜经纵向拉伸后还有纵向加强筋,以加强捆扎绳的拉伸强度。

③辅机。有为膜泡降温定型用两套风环;用不锈钢板制作的人字形导板,夹角在 15°~20°范围内;按捆扎绳要求的膜宽,用于分切薄膜的刀片;薄膜拉伸前为薄膜加热用弓形电阻丝加热板;由一根钢辊和一根橡胶辊组合工作的三套牵引辊组;吹风装置是为防止拉伸膜条卷绕在牵引辊上而设置,吹向膜条的风力也起到推动膜条向收卷轴方向运动的作用,这个吹风装置由相距 20mm 两个上下吹风口组成,吹风口唇缝为 5mm,宽度略大于薄膜幅宽,由鼓风机供风。另外,还有成品的收卷装置。

(3)聚丙烯捆扎绳挤出成型工艺条件

①原料在挤出机的机筒内塑化温度:加料段 170~190℃,塑化段 200~210℃,均化段 220~230℃。

成型模具温度 240~250℃。

②采用上吹法,膜管的吹胀比约在(1.1~1.3):1 范围内。

③冷却定型后的薄膜分切,按捆扎绳要求膜条宽度分切。

④弓形加热板表面覆盖一层聚四氟乙烯膜,以保证拉伸膜受热均匀,减少弓形板与拉伸薄膜的摩擦和弓形钢板的磨损。拉伸加热弓形板表面温度为(110±5)℃。薄膜加热后的拉伸倍数为 5~7 倍,薄膜运行速度约在 80~100m/min 范围内。

8.5 聚乙烯丝网怎样挤出成型?

塑料丝网的挤出成型与塑料丝挤出成型不同之处,主要是依靠其成型模具的特殊结构。丝网的成型方法是:当挤出机机筒内塑化好的熔融料被转动的螺杆推入成型模具后,由于模具内有一对能够相对旋转运动的内外模的模面上,分别开有数量和截面形状完全相同的沟槽(沟槽的间距相等,截面形状可是半圆形、三角形或梯形等),则熔料被分成多个熔料流丝;当旋转的内外模转至两模熔料流道汇合处时,两根丝黏合到一起,即形成一个网结,分开时即成为网丝;内外模连续不断地旋转,则形成圆形网筒。图 8-9(a)即是圆筒网模成型丝网的示意图。另外,还有一种成型模具是分成两半模,为平板形结构,如图 8-9(b)所示。这种结构模具成型丝网,同样也是依靠开有沟槽的上下模板的平行左右移动来形成丝网,不过这种网是平网。用第一种模具成型的筒状丝网,如果剖开也是平网。

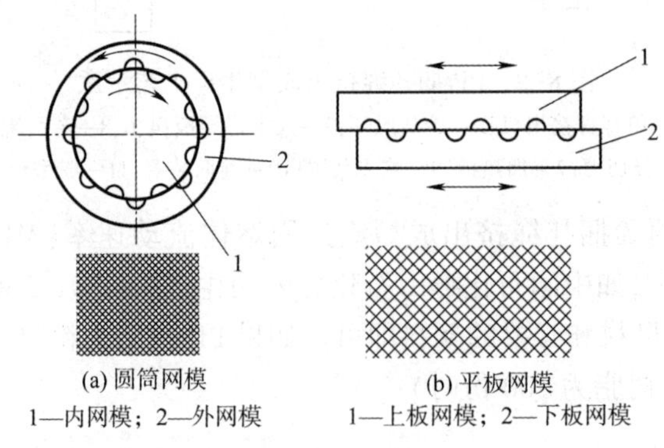

(a) 圆筒网模
1—内网模;2—外网模

(b) 平板网模
1—上板网模;2—下板网模

图 8-9 塑料网的成型原理

这种塑料网无毒、体轻、省料，强度又较好，可以做成各种颜色，成型较容易，而且价格也很便宜。所以广泛用在各种食品、玩具、瓶酒和机械零件等的包装，也可用作购物提袋，用于养鱼、养蚕等。

(1)挤出成型丝网用原料　丝网挤出成型用原料主要是低密度聚乙烯树脂。如中国石化上海石化分公司生产的 D025 树脂(MFR=0.25g/10min)、Z045 树脂(MFR=0.45g/10min)和 Q200 树脂(MFR=2.0g/10min)；也可用 LDPE、HDPE 树脂混合(各占 50%)型原料；引进设备工艺要求使用高密度聚乙烯树脂，如中国石油大庆石化分公司生产的 5000S(MFR=0.9g/10min)，中国石化齐鲁石化分公司生产的 DEMA6158(MFR=0.7~1.1g/10min)树脂。

(2)挤出成型丝网生产工艺顺序

聚乙烯树脂、颜料及一些辅助料──→混合均匀──→挤塑原料成熔融态──→模具成型丝网坯──→网坯在水中拉伸定型──→牵引──→剖开筒状网成平网(也可不剖)──→卷取。

如果丝网需要拉伸，则在牵引工序后还需要加牵伸热水槽，经定型热处理后再剖开卷取。

塑料圆丝网挤出成型生产工艺顺序示意见图 8-10。塑料平网挤出成型生产用设备示意见图 8-11。

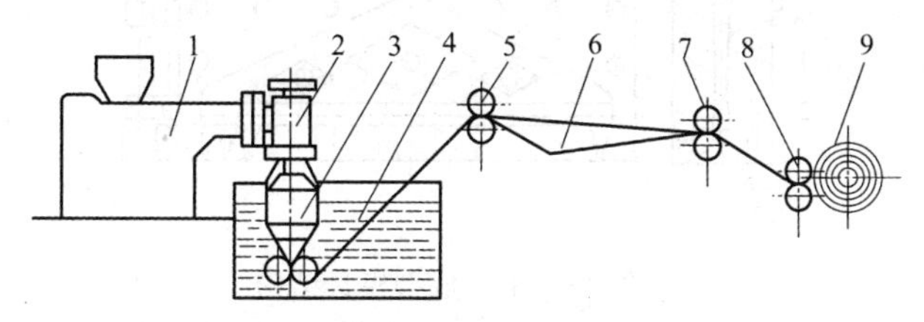

图 8-10　塑料圆网挤出成型生产用设备

1—挤出机；2—成型模具；3—拉伸筒；4—水槽；5、7—牵引辊；
6—剖幅展开装置；8—导辊；9—卷取装置

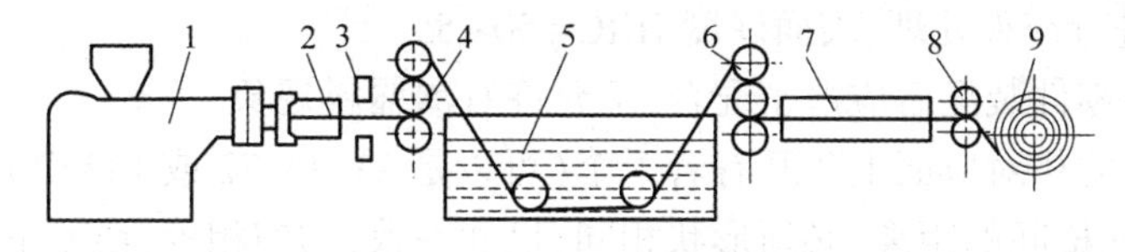

图 8-11　塑料平网挤出成型生产用设备

1—挤出机；2—成型模具；3—冷风降温装置；4、6、8—牵引辊；
5—水槽；7—烘箱；9—卷取装置

(3)塑料丝网成型用设备

①挤出机。可选用挤塑聚乙烯树脂用通用型单螺杆挤出机。长径比 $L/D \geqslant 20:1$。

②成型模具。成型圆筒状丝网用模具结构见图 8-12。成型平网用模具结构见图 8-13。

圆筒状丝网成型用模具工作时，由内口模 10 和外口模 9 相互逆转成型网丝，然后在出料口处重合成丝网坯。内口模通过轴 4 和链轮 3 带动旋转；外口模与链轮成一体与转动圈 8 固定在一起，在滑槽内转动；芯模 2 的外圆上有锥形螺旋槽，它能够把进入模具内的熔料均匀扩散。

平网成型模具中的上下模板内是衣架式熔料流道，上下口模由偏心轮轴带动，能在齿条上左右移动，完成平网丝的成型及平丝网的粘接成型工作。

③模具结构与工作质量要求。模具中各组成零件用高温下变形小的合金钢制造；工作面应耐腐蚀、耐磨，还要有足够的强度和硬度。

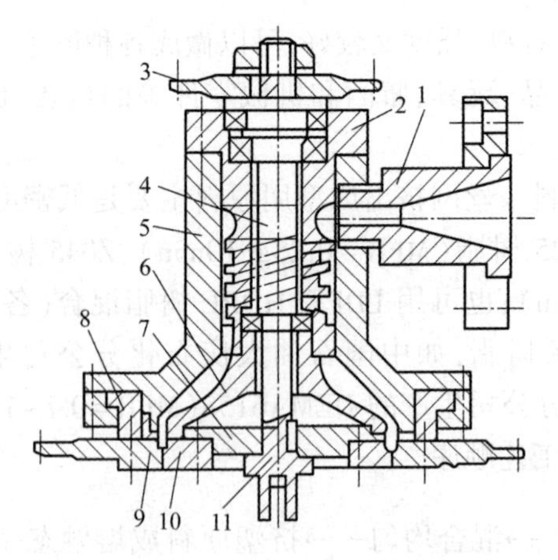

图 8-12　圆网成型模具结构

1—连接颈；2—模芯；3—链轮；4—转轴；5—模体；6—内芯；7—内口模传动板；
8—外口模转动圈；9—外口模；10—内口模；11—接头

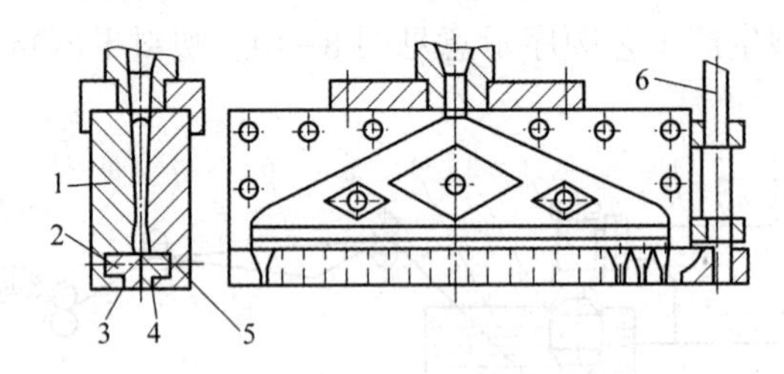

图 8-13　平网成型模具结构

1—上模板；2—滑条；3—上口模；4—下口模；
5—下模板；6—转动偏心轴

模具体内的熔料流道空腔应光滑无滞料现象，模唇工作面和凹槽面粗糙度 *Ra* 应不大于 0.2μm，模唇面应进行淬火处理，表面硬度 HRC＝50～55。

组成模具的各零件装配后应严密配合，不允许有渗漏料现象。

内外模唇部位的相对应面上各开有若干个（可以是 23，46，72 或 144 个）凹槽，各凹槽的截面形状、尺寸以及凹槽间的距离，必须形状相同，尺寸一致，均匀相等，误差不能超过 0.1mm。

内外模唇间采用精密的滑动配合，配合间隙在 0.02mm 左右。间隙过小，相互转动时易粘住，不能连续工作；间隙过大，容易出现网线连片现象，影响制品质量。

（4）塑料丝网挤出成型用辅机　塑料网挤出成型用辅机与单丝和扁带生产用辅机组成基本相似，也有制品用冷却水槽、拉伸加热装置和制品的卷取装置。塑料网生产与塑料单丝和扁带生产用辅机的不同之处是：当采用圆网成型模具时，在距成型模具 60～120mm 范围内，有一个与模具通过丝杆连接的拉伸筒（图 8-10）。这个拉伸筒的作用是把从模具挤出的丝网坯进行拉伸和冷却定型。如果想得到与模具不同的距离尺寸，可通过连接丝杆进行调节；如果想生产不同直径的丝网，得到不同大小的幅宽网制品，可更换相应规格的拉伸筒。

如果采用平丝网成型模具（图 8-13）生产，辅机中应有类似三辊压光结构形式的牵引辊，从模具中挤出的丝网坯要先经过风冷降温，然后进入牵伸辊。

塑料丝网挤出成型用辅机技术参数见表 8-6。此辅机由山东塑料橡胶机械总厂生产。

表 8-6 塑料丝网生产用辅机技术参数

型号	螺杆直径/mm	挤出圆筒直径/mm	口模直径/mm	总拉伸比	牵引速度/(m/min)	总功率/kW
YW(D)	45	106	0.8	74	120	55

型号	螺杆直径/mm	发泡倍率	网肋数/条	牵引速度/(m/min)	总功率/kW
SFW-55	55	20~30	16~20	20	72

型号	螺杆直径/mm	长径比	最大幅宽/mm	生产能力/(kg/h)
SPW-20000	65	28∶1	2000	80~100

(5)塑料丝网挤出成型工艺条件　用国产 HDPE5000S 型树脂时挤出机机筒各段工艺温度是:加料段 140~170℃,塑化段 180~200℃,均化段 200~210℃。

用国产 HDPE 与 LDPE 树脂混合料(各占 50%)时,机筒各段工艺温度是:加料段 120~160℃,塑化段 170~190℃,均化段 200~220℃。

成型模具温度 230~250℃。

冷却水槽中水温度为 40℃左右。要求拉伸筒直径控制在口模直径的 1~3 倍。

如果丝网需要拉伸,拉伸热水槽中水温为 100℃左右,丝网拉伸倍数控制在 4~6 倍范围内。

(6)工艺条件变化与丝网成型

①当模具旋转速度与牵引丝网速度相等时,内外模同时旋转,则丝网成菱形网;内模或外模单独旋转,则丝网成方形网。

②当牵引速度大于模具旋转速度时,内外模同时旋转,则丝网成斜菱形;若内模或外模单独旋转,则丝网成斜格网。

③螺杆转速在一定范围内提高,其他条件不变,则网丝变粗,网结增大。

④模具旋转速度变慢,其他条件不变,则网结增大、网丝变粗、网丝夹角变小。

⑤牵引丝网速度变快,则网丝变细,网格形状改变。

⑥模唇上凹槽截面形状改变,则网丝的截面形状也随着改变(丝的截面形状与凹槽截面形状相同),凹槽数量的多少决定网格的大小,凹槽多网格变小,反之网格变大。

⑦拉伸筒直径大于模口直径时,则网格的径向网结间距增大。

⑧不同的丝网拉伸倍数会影响网格的大小和网丝的粗细。

(7)塑料丝网质量　塑料丝网的质量应符合标准 QB/T 1434—92 规定。也可参照表 8-7 产品标准及性能。

表 8-7 丝网的标准及性能

丝网用途	原料	网丝直径	网孔	纵向拉力	横向拉力	伸长率
提包网	HDPE/LDPE	1.2mm	8×17	64N/2 格	37N/2 格	4.18%
养蚕网	PP	0.4mm	3×6	39N/5cm	19.6N/5cm	2.17%
包装网	HDPE	0.24mm	7×15			≥50%

8.6 聚乙烯发泡丝网挤出工艺特点及生产注意事项有哪些?

聚乙烯发泡网的挤出成型与聚乙烯丝网的挤出成型用设备、生产工艺顺序及工艺参数的选择几乎完全相同，它的生产开发是在挤出成型聚乙烯丝网的基础上发展起来的。与聚乙烯丝网挤出成型不同之处，只是原料中的辅助料应用有变化。如在主料低密度聚乙烯树脂中加入了 AC 类化学发泡剂偶氮二甲酰胺等或在树脂中加入碳酸氢钠等物理发泡剂。同时，为了使发泡孔均匀、细密，在组成原料的配方中还加入了交联剂聚丁二烯或聚丁二烯苯乙烯胶乳等辅助料。这些辅助料加入低密度聚乙烯主料中，经均匀混合后即可挤出成型发泡网。

聚乙烯发泡网是一种质轻而富有弹性的塑料制品。这种发泡网用于苹果、梨、桃和瓜类水果的包装，以及用于陶瓷、玻璃制品和精密仪器的包装，可以起到防震或减震的作用。所以，目前被广泛应用在这些易损易碎的物品包装中。

聚乙烯发泡网挤出成型生产操作工艺要点：

①成型发泡网用原料应选用熔体流动速率（MFR）在 0.3～1.0g/10min 范围内的低密度聚乙烯树脂为主要原料。发泡网挤出成型用原料组合参考配方如下：低密度聚乙烯 100 份，碳酸氢钠发泡剂 8 份，聚丁二烯交联剂 10 份。

②发泡网挤出成型用设备选用挤塑 PE 料通用型单螺杆挤出机，螺杆直径 ϕ45mm 或 ϕ65mm，长径比 $L/D \geqslant 20:1$；最好选用螺杆前端带有屏障型混炼头结构，这样可以提高原料在较低工艺温度条件的挤塑质量。

成型模具结构与挤出成型丝网用模具结构完全相同，采用旋转式模具。拉伸筒直径为 ϕ60～300mm。

牵引发泡网运行的牵引速度应与发泡网从成型模具口挤出的速度匹配，在生产工艺要求的运行速度范围内，牵引装置的工作速度应能无级变速，以适应生产的需要。

③发泡网成型挤塑工艺温度控制。挤出机机筒各段工艺温度：加料段 90～110℃，塑化段 120～140℃，均化段 140～160℃。成型模具温度 150～160℃。

原料塑化工艺温度的控制对制品成型质量影响较大：温度偏低时，原料塑化不充分，各种辅料混合不均匀，使制品发泡不均；温度过高时，塑化熔融料的黏弹性下降，易出现大气泡或气泡破裂，影响制品质量。

④挤塑熔融料的压力增大，则熔融料对气体的溶解度增加，成核数增多，所得发泡体的比例和平均孔径都较小。

⑤注意原料中发泡剂的用量。发泡剂用量的多少会改变制品相对密度的大小，不同种类发泡剂的应用量可参照下式计算选择。

$$发气量 = \frac{塑料密度 / 泡沫塑料容量 - 1}{塑料密度 \times 发泡剂质量分数} \times 100$$

⑥聚乙烯发泡网的物理性能指标见表 8-8。

表 8-8 聚乙烯发泡网力学性能

<table>
<tr><th>物理性能</th><th>指标</th><th>物理性能</th><th>指标</th></tr>
<tr><td>相对密度/(g/cm³)</td><td>0.128</td><td rowspan="2">回弹性(单结)/(mm/g)</td><td rowspan="2">0.15/50，0.35/100，
0.88/200，1.54/400</td></tr>
<tr><td rowspan="2">发泡孔径/mm</td><td rowspan="2">大孔 a=0.5，b=0.47
大孔 a=0.35，b=0.31</td></tr>
<tr><td>压缩性</td><td>0.015</td></tr>
<tr><td rowspan="2">泡孔分布/(个/10mm²)</td><td rowspan="2">49，大小及分布均匀，隔膜均为蜂窝状</td><td>拉力/N</td><td>单根 25，全 902</td></tr>
<tr><td>结点粘接力/N</td><td>25</td></tr>
</table>

8.7 聚乙烯电缆料成型特点及用途有哪些?

聚乙烯电缆料主要是用低密度聚乙烯或高密度聚乙烯树脂为主要原料,加入一定比例的辅助料(如炭黑、抗氧剂等),混合均匀后,经挤出机造粒或通过密炼机、开炼机压塑成片收卷,再经切粒机切成粒料而成。

聚乙烯电缆料的体积电阻系数高,耐电压性能好,介电常数和介电损耗小;化学稳定性好;而且受温度和频率的影响小;耐水、耐溶剂、耐湿性非常突出,工作中耐电压比聚氯乙烯高,耐大气老化性很好,使用寿命较长。

聚乙烯电缆料主要是用作电线、电缆的绝缘保护层,按用途的不同,电缆料可生产出多个品种,如交联聚乙烯、半导电聚乙烯、泡沫聚乙烯、耐高电压聚乙烯、阻燃性聚乙烯、耐光聚乙烯、耐热聚乙烯等类型电缆料。另外,还有专用于通信电缆的通信电缆料。

8.8 聚乙烯电缆料怎样生产成型?

(1)原料选择　聚乙烯电缆料主要是用密度为 $0.92g/cm^3$,熔体流动速率(MFR)为0.25g/10min的聚乙烯树脂,加入一些辅助料(如抗氧剂、炭黑等)以增强制品的抗老化性能。表 8-9 中列出聚乙烯电缆料生产成型用原料组合参考配方。配方 1 为护层用黑色聚乙烯电缆料配方;配方 2 为辐照交联聚乙烯电缆料配方;配方 3 为线芯屏蔽用半导电聚乙烯电缆料配方;配方 4 为泡沫聚乙烯电缆料配方。应用时可按导线的实际工作需要,酌情适当修改各种辅料的用料比例。

表 8-9　聚乙烯电缆料配方

质量份

原料名称	配方 1	配方 2	配方 3	配方 4
低密度聚乙烯(LDPE)	100	100	100	100
抗氧剂(1010)	0.4			滑石粉 1.0
二碱式亚磷酸铅(2PbO)		4.0		
三氧化二锑(Sb_2O_3)		1.5		
氯化石蜡(含氯 70%)		1.5		
防老剂(DNP)		1.0	0.5	
交联剂(AD)			1.5	
硬脂酸(HSt)			2.0	
聚异丁烯(PIB)			30	
炭黑	2.0	2.0	45	
发泡剂				1.5

目前,国内中国石化燕山石化分公司生产的 HDPE 7000F 和中国石油大庆石化分公司生产的 HDPE 5300E、7000F 树脂均可作电缆护套料。

(2)电缆料生产成型工艺顺序

①用挤出机混炼原料造粒时,LDPE 树脂及抗氧剂、炭黑等各种辅助料按配方计量→均匀混合→双螺杆挤出机混炼塑化原料呈熔融态→挤出条料切粒。

②用切粒机切料成粒状时，LDPE 树脂及抗氧剂、炭黑等各种辅料按配方要求计量→均匀混合→密炼机混炼原料→开炼机混炼原料成片收卷→在切粒机上切粒。

(3)设备选择

①用挤出机混炼原料造粒时，所用设备有高速混合机、双螺杆造粒挤出机。

②用切粒机切料成粒状时，所用设备有高速混合机、密炼机、开炼机和切粒机。

(4)电缆料成型生产注意事项

①电缆料切粒用原料，也可选用熔体流动速率(MFR)为 2g/10min 的低密度聚乙烯树脂，掺混聚异丁烯(PIB)或丁基橡胶，两者掺混比例为 LDPE/PIB=90/10。

②原料中的炭黑应选用天然气槽法炭黑。注意炭黑要与 PE 树脂混合均匀；最好是先用含 30%左右炭黑母料，然后再与其他料混合。混合均匀的原料应是棕色，在放大 200 倍显微镜下观察，应见不到较大的黑色颗粒。

③用切粒机切料呈粒状生产时，要注意原料的塑化质量，必要时可适当延长原料在密炼机内的混炼时间和适当缩小开炼机中两辊面的间距；两辊混炼原料温度应控制在 170~210℃范围内；混炼后的切片宽度和厚度应按切粒机的要求加工。

④用挤出机塑化原料后切粒时，注意塑化料熔体温度应不大于 210℃。

⑤成品电缆料颗粒大小在 2~5mm 之间，应颗粒均匀、大小一致，颗粒中不许有杂质，不允许有气泡，颜色应一致。

8.9 黑色聚乙烯电线电缆料质量有哪些规定?

黑色聚乙烯电线电缆料质量应符合 GB 15065—94 标准规定。

①颗粒电缆料为圆柱形，直径为 3~4mm，长度为 2~4mm，也可用切粒机切成与圆柱形电缆颗粒体积相当的方形颗粒。

②电缆料按用途分为护套料和绝缘料两大类。具体分类要求见表 8-10。

表 8-10 电缆料分类要求

类别	代号	产品名称	主要用途
护套料	DH	黑色低密度聚乙烯护套料	用于通信电缆、控制电缆、信号电缆和电力电缆的护层，最高工作温度 70℃
	NDH	黑色耐环境开裂低密度聚乙烯护套料	用于耐环境开裂要求较高的通信电缆、控制电缆、信号电缆和光缆的护层，最高工作温度 70℃
	LDH	黑色线型低密度聚乙烯护套料	
	GH	黑色高密度聚乙烯护套料	用于光缆、海底电缆的护层，最高工作温度 80℃
绝缘料	NDJ	黑色耐候性低密度聚乙烯绝缘料	用于 1kV 及以下架空电缆或其他类似场合，最高工作温度 70℃
	NLDJ	黑色耐候性线型低密度聚乙烯绝缘料	
	NGJ	黑色耐候性高密度聚乙烯绝缘料	用于 10kV 及以下架空电缆或其他类似场合，最高工作温度 80℃

③电缆料颗粒的外观质量要求是：颗粒均匀，表面光滑，无明显杂质，不允许有 3 颗以上的连粒。

④电缆料的力学性能及电性能应符合表 8-11 规定。

表 8-11　电缆料的力学性能及电性能

序号	项目		指标						
			DH	NDH	LDH	GH	NDJ	NLDJ	NGJ
1	熔体流动速率/(g/10min)		≤0.5	≤2.0	≤2.0	≤0.5	≤0.4	≤1.0	≤0.4
2	密度/(g/cm³)		0.920~0.940	0.920~0.949	0.920~0.945	0.950~0.978	0.920~0.945	0.920~0.945	0.945~0.978
3	拉伸强度/MPa		≥13.0	≥13.0	≥14.0	≥20.0	≥13.0	≥14.0	≥20.0
4	拉伸屈服强度/MPa		—	—	—	≥16.0	—	—	≥16.0
5	断裂伸长率/%		≥500	≥500	≥600	≥650	≥500	≥600	≥650
6	低温冲击脆化温度/℃		≤-76	≤-76	≤-76	≤-76	≤-76	≤-76	≤-76
7	耐环境应力开裂 F_0/h		≥48	≥96	≥500	≥500	≥96	≥500	≥500
8	氧化诱导期(200℃)/min		≥30	≥30	≥30	≥30	—	—	—
9	炭黑含量/%		2.60±0.25	2.60±0.25	2.60±0.25	2.60±0.25	—	—	—
10	炭黑分散性	分散度/分	≥6	≥6	≥6	≥6	≥6	≥6	≥6
		吸收系数	≥400	≥400	≥400	≥400	≥400	≥400	≥400
11	维卡软化点/℃		—	—	—	≥110	—	—	≥110
12	空气烘箱热老化	拉伸强度/MPa	—	—	—	—	≥12.0	≥13.0	≥20.0
		断裂伸长率/%	—	—	—	—	≥400	≥500	≥650
13	低温断裂伸长率/%		—	—	—	≥175	—	—	≥175
14	人工气候老化	老化时间:0~1008h	—	—	—	—	—	—	—
		拉伸强度变化率/%	—	—	—	—	±25	±25	±25
		断裂伸长变化率/%	—	—	—	—	±25	±25	±25
		老化时间:504~1008h	—	—	—	—	—	—	—
		拉伸强度变化率/%	—	—	—	—	±15	±15	±15
		断裂伸长变化率/%	—	—	—	—	±15	±15	±15
15	耐热应力开裂(F_0)/h		—	—	—	—	—	—	≥96
16	介电强度①/(MV/m)		≥25	≥25	≥25	≥25	≥25	≥25	≥35
17	体积电阻率①/(Ω·m)		≥1×10¹⁴	≥1×10¹⁴	≥1×10¹⁴	≥1×10¹⁴	≥1×10¹⁴	≥1×10¹⁴	≥1×10¹⁴
18	介电常数		≤2.80	≤2.80	≤2.80	≤2.75	—	—	≤2.45
19	介电损耗角正切		—	—	—	≤0.005	—	—	≤0.001

① DH、NDH、GH 用于电力电缆时，考核 16、17 项指标。

⑤辐照交联聚乙烯电线电缆料质量应符合 QB/T2462.1—1999 标准规定。

a.辐照交联聚乙烯电线电缆绝缘料分为 0~10kV 架空电缆用和 0~10kV 电缆用两类，架空电缆用为黑色辐照交联聚乙烯绝缘料。

b.绝缘料代号是:J—架空,F—辐照交联料,YJ—交联聚乙烯绝缘,X—适用的电压值(如10kV及以下则表示为10)。例:JFYJ-10表示用于10kV及以下架空电缆用黑色辐照交联聚乙烯绝缘料。

c.经辐照后的聚乙烯绝缘料力学性能和电性能见表8-12。

表8-12 聚乙烯绝缘料经辐照后的物理机械和电性能

序号	试验项目			指标值			
				架空电缆用黑色辐照交联聚乙烯 绝缘料		电缆用辐照交联聚乙烯绝缘料	
				JFYJ-10	JFYJ-1	FYJ-10	FYJ-1
1	拉伸强度/MPa		≥	14.5	14.0	14.5	14.0
2	断裂伸长率/%		≥	400	300	420	400
3	脆化温度(-76℃)			通过	—	通过	—
4	体积电阻率/(Ω·m)		≥	2×10^{14}	1×10^{13}	4×10^{14}	2×10^{13}
5	介电损耗角正切(50Hz,20℃)		≤	0.004	—	0.0008	—
6	介电常数(50Hz,20℃)		≤	—	—	2.3	—
7	介电强度(50Hz,20℃)/(MV/m)		≥	30	25	35	30
8	热延伸(200℃,0.2MPa,15min)	负荷下伸长率/%	≤	80	100	80	100
		冷却后永久变形/%	≤	5	5	5	5
9	空气箱热老化(135℃,168h)	拉伸强度变化率/%	max	±20	±20	±20	±20
		断裂伸长变化率/%	max	±20	±20	±20	±20
10	人工气候老化试验 老化42天后	拉伸强度变化率/%	max	±30	±30	—	—
		断裂伸长率变化率/%	max	±30	±30	—	—
	人工气候老化试验 42天与21天比较	拉伸强度变化率/%	max	±15	±30	—	—
		断裂伸长率变化率/%	max	±15	±30	—	—

8.10 交联聚乙烯电线电缆包覆线怎样挤出成型?

交联聚乙烯电线电缆是以交联聚乙烯电缆料和导电金属线材(有铜线或铝线)为原料,经挤出机把交联聚乙烯电缆料塑化熔融,两者同时通过成型模具后,把塑料包覆在导电金属线上,成为交联聚乙烯电线电缆。

用交联聚乙烯电缆料包覆的电线电缆,它的耐热性和硬度高于普通聚乙烯电缆料。交联聚乙烯电缆料包覆的电线电缆主要用在中、高压输电线路工程中。

(1)原料选择 参照表8-9中配方2,根据电线电缆工作环境需要,适当调整配方中辅助料的使用量。导线可用铝或铜线做金属芯。单根线芯直径规格分别有1.76mm、2.24mm、2.73mm等;线芯包覆PE料层后,所制成的带有塑料包覆线直径与金属线芯规格对应值是ϕ3mm、ϕ3.6mm、ϕ4.3mm。

(2)生产工艺顺序

电缆料→挤出机挤塑熔融→复合成型模具→复合电线冷却定型→热处理→冷却→成品卷绕

金属线芯——————————↑

(3)设备选择　　挤出机可用挤塑普通 PE 料的通用型挤出机,螺杆直径 φ45mm 或 φ65mm 均可,长径比 20∶1 左右。

成型复合塑料包覆层用模具结构如图 8-14 所示。

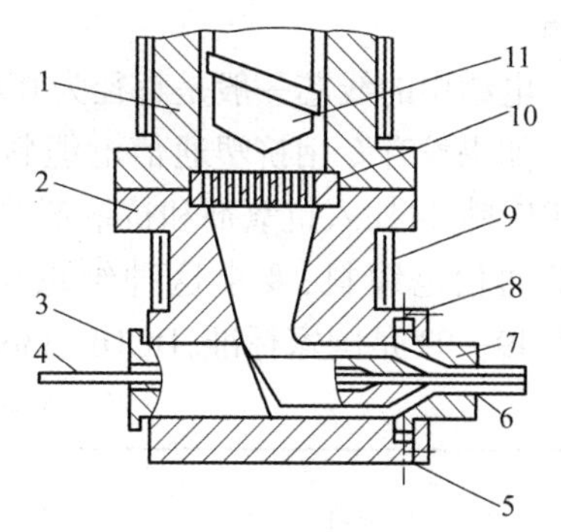

图 8-14　塑料包覆线缆用成型模具

1—机筒;2—模具体;3—芯棒;

4—金属芯;5—调节定位螺钉;

6—包覆成型线;7—口模;

8—压盖;9—电阻加热器;

10—多孔板;11—螺杆

线芯包覆塑料成型模具结构,可分为两种类型,一种为压力型结构模具,另一种是管状型模具结构,见图 8-15(a)、(b)。

经压力型模具成型的包覆线,是当线芯通过模具时,被聚乙烯熔料均匀包覆,塑料和金属线黏附成一体。这种包覆线主要是用于以绝缘为主的导线。管状型模具成型的包覆线是从模具挤出的塑料管状包覆层与金属线芯同心,但塑料包覆层与线芯并不接触,管与线芯间的间隙被抽真空,是塑料管状护层收缩在线芯上。这种方法成型的电线电缆,一般是线芯上已有包覆好的绝缘层,管状塑料层起到护套的作用。

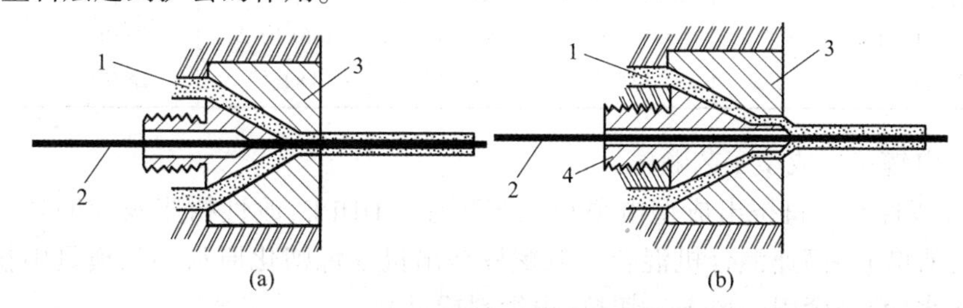

图 8-15　线芯包覆塑料成型模具结构

(a)压力型模具结构　　(b)管状型模具结构

1—熔料;2—线芯;3—口模;4—真空间隙

(4)交联聚乙烯电线电缆挤出成型注意事项

①生产前,如果电缆料含水分过高(发潮),应进行烘干处理,在 80℃左右热风循环烘箱中干燥处理。

②注意进入成型模具前的金属线芯应是被拉直和有一定预热温度线,以保证与熔融塑料有较好的黏附和变形小。金属线预热温度在 100℃左右。

③原料在挤出机中塑化工艺温度是:机筒加料段 130~150℃,塑化段 150~170℃,均化段 160~180℃。成型模具为 175~185℃。

在 40~50m 长的烘道热处理条件是:用 1.47MPa 的蒸汽排管加热,以促进聚乙烯交联。蒸汽加热烘道要有一个向下倾斜角度(约 35°角),以方便蒸汽冷凝水的排出。

8.11　通信用电缆怎样挤出成型?

由于民用电话的普及对通信电缆的需要量非常大,目前,国内有些塑料制品生产企业,对通信电缆的挤塑成型生产速度正在逐渐提高,有的甚至已经超过了 1500m/min。对于通信电缆的要求,主要是要重视电缆线的强度、硬度和韧性等性能指标的控制。

(1)原料选择　应选用能够适应高速挤塑成型电缆的高密度聚乙烯树脂 PE-JA-50D012(5300E),也可用美国联碳公司的 DGDJ-3364、日本三井油化公司的 5305E 高密度聚乙烯树脂。

电缆中的线芯一般是直径为 0.4mm 或 0.5mm 的铜线。

如果没有专用挤塑通信电缆料,也可采用高密度聚乙烯与改性树脂掺混成的共混改性 HDPE 料,再加入抗氧剂和抗铜剂等辅助料来挤塑成型通信电缆料。不管用哪种原料挤塑成型的通信电缆料,要求这种绝缘材料的物理性能指标应符合表 8-13 中规定。表中 GB/T13849—93 是国家标准,DGDI-3364 是美国标准。

表 8-13　电缆料物理性能指标规定

项目	REAPE-200	GB/T 13849—93	美国 UCC DGDJ-3364	日本三井 5305E	PE-JA-50D012 (5300E)
MFR/(g/10min)	0.9~1.1	0.2~1.0	0.75	0.8	0.5~1.0
密度/(g/cm^3)	0.941~0.951	0.921~0.951	0.948	0.952	0.948~.0.954
拉伸强度/MPa	≥19.3	≥19.2	22.1	24	≥29
断裂伸长率/%	≥400	≥400	500	>500	≥500
氧化诱导期/min	≥40	≥40	—	—	—
耐环境应力开裂 F_{50}/h	24h<2/10	24h<2/10	>96	>500	≥500
介电常数(1MHz)	2.300~2.400	2.300~2.400	2.32		2.4(10Hz)
介电损耗角正切(1MHz)	≤5×10^{-4}	≤5×10^{-4}	0.6×10^{-4}	2×10^{-4}	≤3×10^{-4}
体积电阻率/Ω · m	>1×10^{14}	>1×10^{14}	1×10^{15}	2×10^{16}	—

(2)通信电缆挤出成型工艺顺序

①HDPE 改性共混料挤出成型电缆料工艺顺序。HDPE、改性树脂及辅助料按配方计量(辅助料混配研磨)→高速混合机混合→双螺杆挤出机混炼塑化原料→从模具中挤出条状料→冷却定型(水冷)→牵引→风干→切粒(电缆料成品)。

②通信电缆挤出成型工艺顺序

改性共混 HDPE 电缆料⟶预热干燥处理⟶挤出机塑化⟶模具⟶牵引⟶火花检验⟶外径测试⟶收卷(电缆成品)。
铜线芯⟶拉直⟶软化⟶预热⟶(模具)

(3)设备选择

①改性共混 HDPE 电缆料生产用设备有高速混合机、研磨机、双螺杆挤出机、切粒机等。

②通信电缆挤出成型生产用设备有挤塑原料用单螺杆挤出机及模具和辅助设备等。如果采用高速生产通信电缆,目前应选用进口通信电缆专用生产线。

表 8-14 列出国内几个主要切粒机和挤出切粒机生产厂家的设备规格及技术参数。表 8-15 列出电缆包覆机组设备规格型号及主要参数。供用户应用时选择参考。

表 8-14　塑料切粒或挤出设备主要技术参数

型号①	螺杆直径/mm	长径比(L/D)	螺杆转速/(r/min)	生产能力/(kg/h)	外形尺寸/mm	总功率/kW
SHL-60(造粒)	60	22~26 : 1	30~300	80~180		53
SHL-60Ⅱ(色母料造粒)	60	22~36 : 1	30~300	80~250		65
SHL-100(均化造粒)	100	28~32 : 1	30~300	800	8000×1300×1200	286

型号②	切刀数/把	造粒尺寸/mm	生产能力/(kg/h)	转速/(r/min)	总功率/kW
SJBZ-ZL-65-F0.3A	3	3×3	50~140	2.96~695	49.55
SJZ-ZL-65B-JF0.3A	3	3×3	6.7~80	2.96~695	38.8
SJZ-ZL-45C-F0.3B	12	3×3	6~60	80~800	32.5

型号③	机头孔数	切粒刀转速/(r/min)	粒子箱冷却能力/(kg/h)	外形尺寸/mm	总功率/kW
SJS-FL110(双螺杆)	3	100×1000	1000	6190×6430×3940	13.1
SJ-FL120	—	114~1140	250	4750×3000×3030	7.4

型号③	模孔直径×数量	冷却水槽容积	最大生产能力/(kg/h)	切刀外径/mm	粒子规格(直径×长度)	总功率/kW
SJS-F92(双螺杆)	4×52	720	2000	200	(2.3~3)×3	—
SJF-F180(单、双螺杆、交联 PE)	2.1×469	—	550~600	—	—	68

型号④	螺杆直径/mm	切刀转速/(r/min)	切刀个数/把	造粒规格/mm×mm	生产能力/(kg/h)
SJSP-80×21	80	1000	3	3×3	250

型号④	螺杆直径(小端)/mm	螺杆转速/(r/min)	切刀个数/把	造粒规格/mm×mm	总功率/kW
SJL-55	55	3~30	3	3×3	42.6

① 东方塑料机械厂(河北沧州市)生产的双螺杆配混料用挤出机。

② 上海轻工机械股份有限公司上海挤出机厂生产的造粒机组。

③ 大连橡胶塑料机械厂生产的挤出造粒机组。

④ 山东塑料橡胶机械总厂生产的平行双螺杆和锥形双螺杆造粒机组。SJL-55 为粉料造粒机组。

表 8-15　电缆包覆机组的主要技术参数

型号	主要技术规格			电机功率/kW	质量/t	外形尺寸/(长/m×宽/m×高/m)	用途
	线芯直径/mm	绝缘后外径/mm	出线速度/(m/min)				
SJN-F5	0.5~2.73	1.3~5	0~150	4	1.5	20×5	与塑料挤出机配套使用，加工 PE、PVC 电线电缆
SJN-F5	0.5~2.73	1.1~5	6~120	4	3.1	14.4×1.3×1.8	
SJN-F6(DF-6)	0.4~2.75	6	600	2.2×6	3.67	25.5×2.4×2	
SJN-F6A(DF-6A)	0.4~2.76	6	550	2.2	2.75	16.2×1.7×1.35	

续表

型号	主要技术规格			电机功率/kW	质量/t	外形尺寸/(长/m×宽/m×高/m)	用途
	线芯直径/mm	绝缘后外径/mm	出线速度/(m/min)				
SJN-F10A (DF-10A)	0.5~2.73	10	6~40	2.2 或 4	1.7	10.63×1.65×1.2	与 φ45 挤出机配套使用加工电线电缆
SJN-F10B (DF-10B)	0.25~2.73	10	26~428	4	1.58	13.7×1.7×1.2	
SJN-F13	2.6~11	5~13	16~100	3			与塑料挤出机配套加工电线电缆
SJN-F25 (SJ-FD-25)	2.73~27	5~25	3~65	4		26.35×4.70×1.5	
SJN-F25A (DF-25A)	3.89~10.3	25	6~60	4	3	19×35×1.8	与 φ65 挤出机配套加工电线电缆
SJN-F30A (DF-30A)	7.5~25	30	5~70	4	13	36×65×1.9	与塑料挤出机配套加工电线电缆
SJN-F35 (SJ-FD-35)	7.5~25	10~35	2~40	4		34.75×5×1.8	
SJN-F65 (SJ-FD-65)	16~57	18~65	0.5~20	7.5		52.5×3.5×2.5	

(4)生产通信电缆工艺条件

①电缆料成型用双螺杆挤出机塑化原料工艺温度控制在 160~240℃范围;挤出成型的条料在 40~60℃水中冷却定型,然后切粒。

②通信电缆挤塑原料,采用单螺杆挤出机塑化原料呈熔融态时,工艺温度控制在 180~260℃范围;机筒前加多孔板,用四层过滤网,过滤网目数是 80/120/120/80 目。

铜线进入模具前要在 100℃左右温度下进行预热;如果直径为 0.5mm 时,则配模为 0.52mm/0.95mm,通信电缆成品外径为 0.89mm。

(5)通信电缆的技术质量要求参照标准 GB/T 13849—93。

8.12 聚丙烯打包带怎样挤出成型?

塑料打包带可用聚丙烯、高密度聚乙烯和聚氯乙烯树脂成型。由于聚丙烯打包带具有拉力大、耐腐蚀、耐高温、防潮湿、质量轻和容易成型加工等特点,所以,在多种塑料打包带中,聚丙烯打包带的应用量最大。目前,聚丙烯打包带已广泛用于轻工、医药、棉纺、建材、电器等各种工业产品的包装箱及包类的外打包中。取代了过去的铁板和纸制打包带,是各种物品包装用主要材料之一。

塑料打包带分手工用和机用两种,手工用打包是用人工打包,采用手工打包机,用金属卡扣锁紧;机用打包是在自动输送流水作业线上,采用机械自动打包、热压、带黏合。

聚丙烯打包带的挤出成型生产工艺比较简单。生产时只要把聚丙烯树脂和需要的辅助料，按配方要求分别计量，混合均匀后加入到挤出机中塑化熔融，然后从成型模具唇口挤出有一定厚度和宽度的带状熔体，在水中冷却定型，再经预热拉伸，表面压纹后即成聚丙烯打包带。其生产工艺流程如图 8-16 所示。

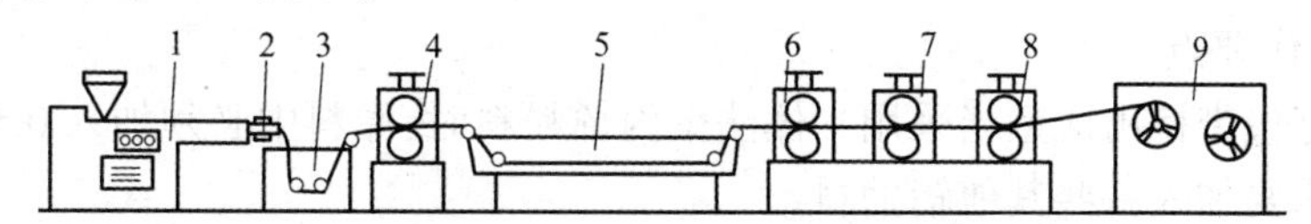

图 8-16　聚丙烯打包带挤出成型生产工艺流程示意

1—单螺杆挤出机；2—成型模具；3—冷却降温水箱；4—牵伸辊组；
5—热拉伸水箱；6—第二牵伸辊组；7—压花辊；8—第三牵伸辊组；9—卷取

(1)设备条件

①挤出机。挤出机为单螺杆挤塑聚丙烯树脂专用挤出机。要求螺杆的长径比 $L/D\geqslant20:1$，为了提高原料的塑化质量和产量，最好用机筒加料段有纵向沟槽型结构机筒，螺杆的均化段处带有屏障型混炼头。螺杆直径比较小，这主要是受后面拉伸、冷却定型等工艺条件的限制。

②成型模具。打包带的成型模具结构是一种与螺杆成 90°角安装的扁形狭缝，熔料流道为鱼尾形，有一个鱼尾式分流体，使熔料在模具体内中间部位阻力大些，向两端延展阻力逐渐小些，使挤出唇口的熔料流压力接近一致。模具内的熔料流道空腔内壁应光滑、无滞阻料现象，成型带体的模唇口间隙均匀，表面粗糙度 R_a。应不大于 0.3μm。

③冷却水箱。冷却水箱由钢板焊接成型，箱内有冷却循环水和导辊。其作用是把从模具口挤出的带形熔体冷却定型。箱内冷却水液面距模具唇口在 15～200mm 之间，生产时根据带体降温定型效果，这个距离可调。冷却水温控制在(35±5)℃范围内。水温偏低时，带体结晶定型快，但过快时制品易出现横纹；水温偏高时，带体结晶定型慢，会影响二次拉伸质量。

④牵伸辊组。牵伸辊组是由一根钢辊(在下面)和一根表面涂有橡胶层的钢辊组成。前后牵伸辊组的转速差使带体得到拉伸。拉伸是在热水槽中进行，水槽长为 2m，水温为 100℃，拉伸倍数为 6～9 倍，带经拉伸后提高了打包带的纵向强度，这样，打包带在应用时可减少其伸长率。

⑤压花纹装置。压花纹装置由上下两个表面有花纹的钢辊组成。拉伸后的打包带经过花纹辊压花纹后，打包带两平面上的花纹应用时增加了两带平面接触的摩擦力，使带的横向强度得到提高，外表面也更加美观。

另外，按生产的需要，还可配备高速混合机、真空上料机、电晕处理装置、印刷装置和打包带热水退火等设备。

(2)原料选择　PP 打包带挤出成型主要用料是聚丙烯树脂(要求树脂的熔体流动速率为 2～3.5g/10min，密度为 $0.91g/cm^3$)，另外，按应用条件的需要，可加入一定比例的抗氧剂、偶联剂和轻质碳酸钙等辅助料。

①参考配方例一(质量份)：聚丙烯 100 份，聚丙烯母料 30 份。

②参考配方例二(质量份)：聚丙烯 100 份，主抗氧剂(KY-7910)0.1 份，硫代二丙酸二月桂酯(DLTP)0.15 份，碳酸钙 5 份，色粉料适量。

PP 打包带挤出成型专用原料有：抚顺石油化工公司产 D50S、中国石油盘锦乙烯有限责任公司产 F301 和 F401 等树脂。

(3)工艺温度

①塑化原料机筒各段温度(从加料段至均化段)：120～150℃、160～180℃、190～220℃。

②成型模具温度:200~220℃。

③冷却定型水温度:30~40℃。

④带坯预热水温度:应大于100℃。

(4)工艺操作要点

①聚丙烯打包带挤出成型当采用本体法聚丙烯粉料时,原料中必须加入0.5%左右的抗氧剂和根据用途需要加入一些其他辅助料。

②辅助料中的聚丙烯母料是以无规聚丙烯为载体,加入一定比例的碳酸钙和其他一些辅助料制成。

③挤出机的料斗和机筒进料口部位的温度不应过高,要采用循环冷却水降温,以防止料斗内原料架桥,影响进料的连续性。

④为了使加料段原料顺利地推进,此处的机筒内圆表面应开有纵向沟槽。

⑤检查从成型模具口挤出的带状熔料塑化均匀,符合成型带要求后,此时可开辅机。把带坯引入冷却水槽和拉伸牵引辊,直至压花纹和卷取。这时再根据制品的质量情况对工艺温度、牵引速度及带的厚度和宽度进行调整。

⑥打包带成型模具的结构也可选用如图8-17所示形式。

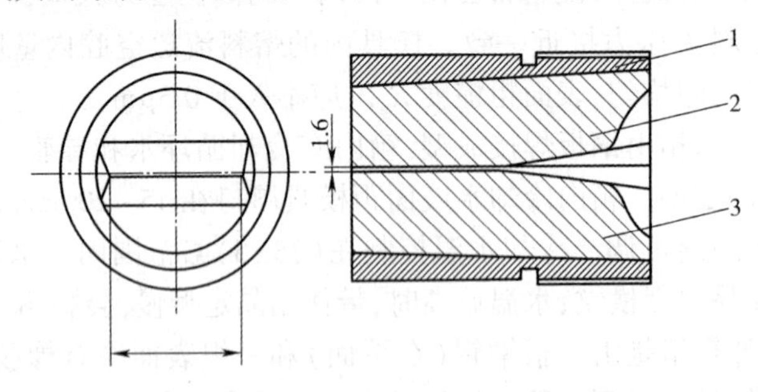

图8-17　打包带成型用模具结构

1—外套;2—上模唇;3—下模唇

⑦生产中要经常注意带坯冷却定型用水温,牵引速度的变化和模具唇口距冷却水液面的距离尺寸的调节,这三项工艺条件对带成型质量的影响较大。

⑧成型模具的模唇宽度和间隙尺寸的确定,是根据带坯的拉伸倍数和成品打包带的宽度和厚度尺寸决定。通常规律是模唇口宽是打包带成品宽度的4~4.5倍,模唇口间隙是打包带成品厚度的3倍左右。

⑨快速和慢速牵伸辊组的转速都可单独进行调节,两组牵伸辊组的转速差即是带坯的牵伸倍数。

⑩为了能提高印刷油墨的浸润性和附着牢度,拉伸后的打包带表面应进行电晕处理。

⑪为了消除打包带拉伸和压花工序中产生的内应力,生产中成型的打包带还需在张紧状态下用沸水进行退火热处理,以保证成型制品质量的稳定。

⑫聚丙烯打包带的质量应符合标准规定。具体要求如下。

a.外观质量应色泽均匀,花纹整齐清晰,无明显污染、杂质,不准有开裂纹、损伤和穿孔等缺陷。

b.打包带规格及外形尺寸偏差及质量指标要求见表8-16。

表 8-16　几种打包带的规格和质量指标

性能＼品种	PE	PP	PVC
宽度/mm	15.5±0.5	15.5±0.5	12.5±0.5
厚度/mm	0.4±0.1	0.4±0.1	0.7±0.1
每条拉力/N　>	1700	1700	1500
伸长率/%　<	25	25	25
每条长度/m	14×10^4	16×10^4	7×10^4

(5)质量问题分析

①拉伸前的带坯宽度尺寸误差大。

a.冷却水箱中的水温和液面高度波动。

b.螺杆工作运转速度不稳定,使挤出成型模具的熔料量不稳定。螺杆转速不平稳可能是受传动带工作打滑的影响。

c.过滤网处杂质过多,堵塞熔料挤出量不均匀。

②拉伸后打包带宽度尺寸误差大。

a.拉伸水箱内的水温波动大。

b.前后拉伸牵引辊筒的转速不稳定或有一组牵引辊的转速不稳定。

c.牵引拉伸辊对带的压力不足,造成带在辊面上出现打滑现象。

③成品打包带有裂纹。

a.过滤网破裂或过滤网目数偏小。

b.成型模具内有分解料焦粒。

c.传动辊筒工作面不清洁或不光滑平整。

④成品打包带弯曲度大。

a.生产线上各工作传动轴筒安装位置不正确,辊筒间中心线不平行或不水平。

b.牵引拉伸辊对带的压力不均衡(指一组牵引拉伸辊中的上辊对下辊的横向压力不均匀)。

c.带在辅机中运行不走直线,运行方向左右摆动。

⑤打包带成品花纹不清晰。

a.压花辊面有异物或粘有残料。

b.上下花纹辊对带的横向(幅宽)压力不均匀。

c.上下花纹辊压纹时其中心线不在一个垂直面上。

d.带体温度在压纹处不一致。

8.13　聚丙烯密封条怎样挤出成型?

聚丙烯密封条是塑料密封条中应用量最多的一种。聚丙烯密封条具有强度高,电性能和化学性能稳定,耐磨、耐振动和防湿性好,质量轻等性能特点。改性的聚丙烯密封条还具有耐寒、耐高温及外形尺寸稳定性好等特点。主要性能参数见表 8-17。

表 8-17 PP 密封条性能

性能	指标	性能	指标
密度/(g/cm^3)	0.90~0.91	拉伸强度/MPa	29~38
吸水性/%	0.03~0.04	弯曲强度/MPa	41~55
伸长率/%	>200	耐热温度/℃	121
洛氏硬度	95~105	脆化温度/℃	-35

聚丙烯密封条的用途,主要是用于两个零件间结合处的静止密封。如管道、机械零件和建筑构件等各种构件间的结合部位密封,可阻止内、外部的介质(如液体、气体或尘埃等)泄漏或浸入,防止机械振动或绝热、绝缘等,达到密封。

(1)原料选择　聚丙烯密封条成型用原料,主要是聚丙烯树脂,根据密封条的应用环境条件,还可在树脂中加入一定比例的抗氧剂、稳定剂及填料等辅助材料。聚丙烯密封条成型用原料参考配方如下。

①配方一(质量份):聚丙烯树脂(PP)100 份,滑石粉 40 份,氯化石蜡 5 份,二月桂酸二正丁基锡 1 份。

配方二(质量份):聚丙烯树脂(PP)100 份,聚异丁烯(PIB)5 份,氧化锌 15 份,防老剂 MB 1.5 份,抗氧剂(264)0.3 份,抗氧剂(1010)0.5 份,蜜胺 0.3 份,硬脂酸锌(ZnSt)0.5 份。

(2)PP 密封条挤出成型工艺过程及生产设备

①PP 密封条挤出成型工艺顺序。PP 密封条的生产工艺过程比较简单,把密封条成型用原料按配方要求分别计量后,掺混在一起混合均匀,由挤出机混炼造粒,再由挤出机塑化熔融后由成型模具挤出,经水冷却定型后收卷,即完成 PP 密封条的挤出成型生产。

②PP 密封条挤出成型用设备。

a.混合机。可用任何结构形式的混合搅拌机,把计量后的各种原料混合搅拌均匀。

b.造粒用挤出机。螺杆长径比为 20∶1,压缩比为 3∶1。

c.单螺杆挤出机。可选用 PP 树脂塑化专用塑料型材挤出机,螺杆直径为 ϕ45mm,长径比≥20∶1。

d.成型模具。结构与打包带成型模具结构相似(见图 8-17)。不同之处只是熔料出口的模唇口截面形状要与密封条的截面形状尺寸相符。

冷却水槽和牵引装置结构也与打包带中的辅助设备相同。

(3)PP 密封条挤出成型工艺温度　PP 密封条成型用原料挤出机塑化工艺温度:机筒加料段 150~170℃,塑化段 170~200℃,均化段 200~210℃。

成型模具温度 200~210℃。

冷却定型水槽中水的温度 20~40℃。

第 9 章　塑料中空制品挤出吹塑成型

9.1　塑料中空制品怎样生产成型？有什么特点？

塑料中空制品(也可叫塑料容器)是塑料制品中的一大类型，主要制品有瓶、桶、罐及箱类等。这些制品可用挤出吹塑、注塑或由板焊接成型，也可用旋转或热挤冷压法成型。

塑料中空制品和 PE、PP 塑料制品一样，具有无毒、无味、质量轻、耐腐蚀、可密封和美观卫生等特点，广泛用于食品、调料、化工产品、燃料等多种物品包装。

9.2　聚乙烯桶怎样挤出吹塑成型？

聚乙烯桶挤出吹塑成型生产工艺比较简单，把 PE 树脂经挤出机塑化熔融，从模具中挤出成管状型坯，然后将其置于吹塑模具内，用压缩空气将其吹胀，经冷却定型后得到与模具内腔形状完全相同的制品，见图 9-1。

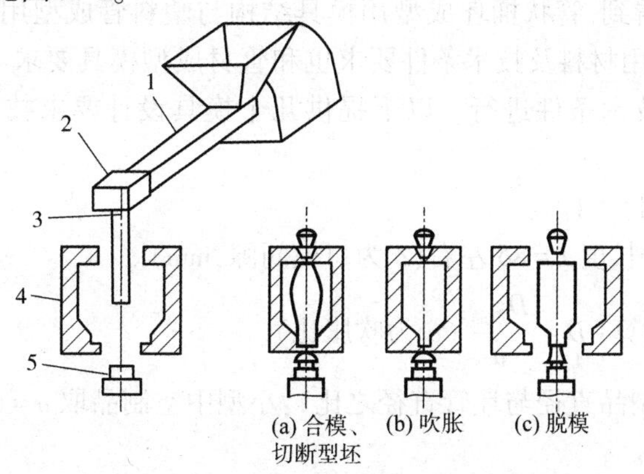

图 9-1　挤出吹胀中空制品过程示意

1—挤出机；2—管坯成型模具；3—管状熔粒坯；4—中空制品成型模具；5—吹气嘴

(1) 原料选择　挤出吹塑聚乙烯桶成型用原料，应按制品的容积大小来选择。一般规律是较小容积的塑料桶选用熔体流动速率(MFR)为 0.3~4g/10min 的低密度聚乙烯；较大容积(25L 以下)塑料桶应选用熔体流动速率(MFR)为 0.05~1.2g/10min 的高密度聚乙烯；大容积塑料桶(指大于 25L 中空制品)应选用高相对分子质量高密度聚乙烯(HMWHDPE)。如 PE-EA-57D003、PE-GA-57006 型粒料和中国石化燕山石化分公司产的 5200B 高密度聚乙烯树脂等均可挤出吹塑成型中空制品。

聚乙烯中空制品成型用辅助料主要是着色剂。

(2) 设备选择

①挤出机。挤出吹塑聚乙烯桶成型用挤出机结构没什么特殊要求，凡是挤塑 PE 料通用型单螺杆挤出机都可应用。螺杆的长径比为(20~25)∶1，压缩比为 2~4，螺杆直径应根据挤出吹塑桶一次成型用料量大小来决定。

②挤出管状桶坯用模具。挤出管状桶坯成型用模具结构如图 9-2 所示。

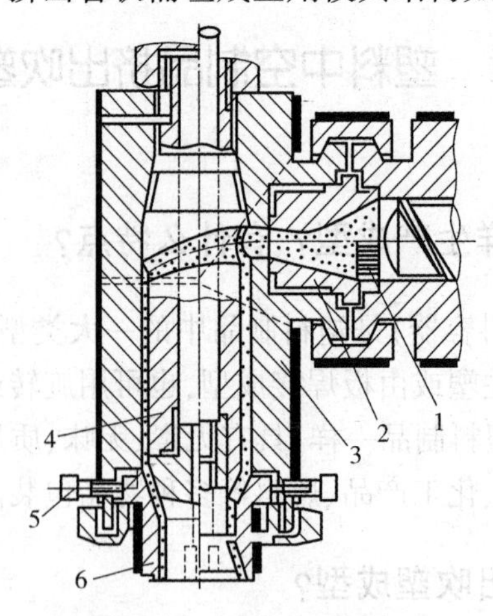

图 9-2　芯棒式模具结构

1—多孔板；2—连接颈；3—模具体；

4—芯棒；5—调节螺钉；6—口模

从图 9-2 中可以看到，管状桶坯成型用模具结构与塑料管成型用模具结构很相似；这种模具的零件组成、制造用材料及技术条件要求也和管材成型模具要求条件相同。设计时可参照管材成型用模具的技术条件进行。以下提供几个模具设计要求技术数据，供设计时参考选用。

a.压缩比为(2.5~4)：1。

b.定径段平直部分长度 $L=8\delta$ 左右(δ 为口模间隙，mm)。

c.口模内径粗略估算：$D=\frac{D_{制品}}{a}$ (a 为吹胀比)。

d.吹胀比 a(是指制品直径与坯管直径之比)：小型中空制品取 $a=(2\sim4):1$，大型中空制品取 $a=(1.2\sim2.5):1$。

③吹塑成型制品装置。吹塑成型装置结构示意如图 9-3 所示。它主要由吹塑成型制品形状的成型模具、模具移动用传动装置、固定这两部分装置的机架等部件组成。这种挤出吹塑成型瓶制品设备，是挤塑原料与吹塑成型制品装置，分别为两台独立的设备。还有一种挤出吹塑成型瓶制品设备，是挤出坯管时合模与吹胀两工位间交替运动，在一台设备上连续工作，完成挤出吹塑瓶制品工作。

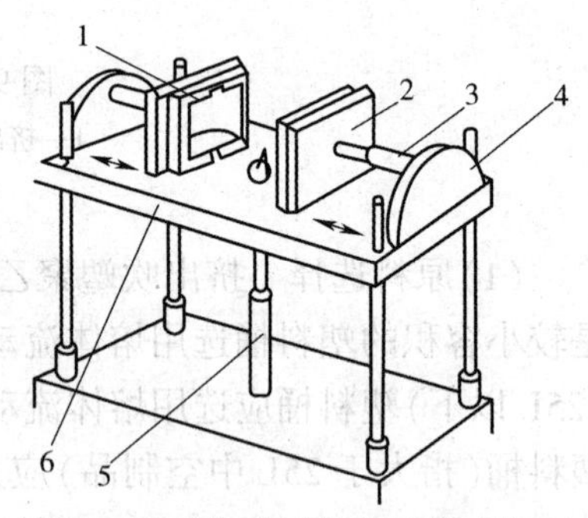

图 9-3　吹塑成型装置结构示意

1—固定或移动模板；2—移动模板；

3—传动轴；4—传动减速箱；

5—压缩空气输入管；6—机架

吹塑成型制品装置应具有下列功能：

模具型腔面交接处应是圆弧过渡，不应有直角过渡线。

在成型模具端部要设有夹持坯管口，由此处切除制品多余料和夹持吹胀前的坯管。这个夹持口的形状尺寸见图9-4。几个尺寸的确定要考虑到它对制品成型和强度的影响。经验数据一般取 $h=1\sim2.5$mm，$H=3\sim5$mm，$\beta=15°\sim45°$。

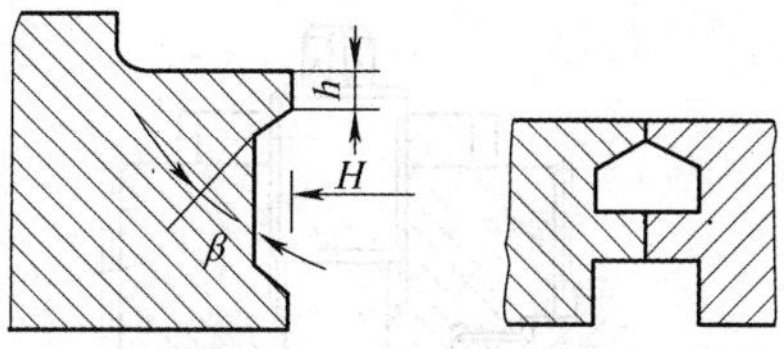

(a) 单层刀　(b) 双层刀

图9-4　模具夹持口形状尺寸

h—刀口宽；H—刀口深；β—斜率

为使吹胀后的型坯贴紧模具内腔壁，得到较好的制品表面，应在型坯和模具间留出排气孔，在适当位置钻0.2~0.5 mm排气孔或在型腔结合面留出0.1~0.2 mm的排气沟槽。

模具要用导热性能好、能够承受合模强度和吹胀压力的材料制造。常用材料有铝、铝合金、钢和不锈钢等。

为了加快吹胀后制品的降温，必要时制品成型模具要采用循环冷却水降温，聚乙烯吹胀制品用模具温度，工作时应不大于40℃。

模具内腔表面粗糙度要求不高，必要时内表面还需要喷砂（40目）处理，以方便吹胀制品时空气从模具与制品表面间逸出。

(3) 挤出吹塑成型工艺　挤出机机筒加热温度：LDPE料为140~180℃，HDPE料为150~210℃。

成型桶坯模具温度：LDPE料为170℃左右，HDPE料为195℃左右。

吹胀成型中空制品模具温度为20~40℃。

吹胀空气压力为0.3~0.5MPa。

吹胀比为1.5~3。吹胀比是指吹胀后制品横向最大直径与桶坯管直径之比（一般小型中空制品取大些吹胀比，而大型中空制品取较小吹胀比）。

9.3　聚丙烯瓶怎样挤出吹塑成型？

(1) 聚丙烯塑料瓶挤出吹塑成型用原料　聚丙烯塑料瓶挤出吹塑成型用主要原料是等规聚丙烯树脂，要求树脂的熔体流动速率（MFR）在0.4~1.5g/10min范围内；对于有颜色要求的塑料瓶还应加入些色母料。主要原料和辅助原料的配比是：PP树脂100份，色母料2份。

(2) 聚丙烯塑料瓶挤出吹塑成型用设备

①挤出机。选用挤塑PP料专用普通型单螺杆挤出机。螺杆直径选择应考虑成型瓶用料量的大小，一般多选用ϕ45mm或ϕ65mm，长径比>20∶1，压缩比为(3~4)∶1。

②成型瓶用坯管模具。挤出吹塑成型瓶用坯管成型模具结构，多采用如图9-5所示直角式侧向进料模具结构；如果一次成型中空容器用料量较大，可采用如图9-6所示带有储料缸式坯管成型模具结构。其结构尺寸设计参数与聚乙烯中空成型模具参数相同。

(3) 工艺参数

①原料塑化熔融时工艺温度应控制在170~230℃范围内。

②坯管吹塑成型瓶制品用吹胀比控制在(1.5~3)∶1范围内。

③吹胀坯管成型瓶制品用压缩空气压力为0.3~0.6MPa。

④成型瓶用模具温度为20~50℃，冷却时间约占制品成型生产周期总时间的50%~60%。

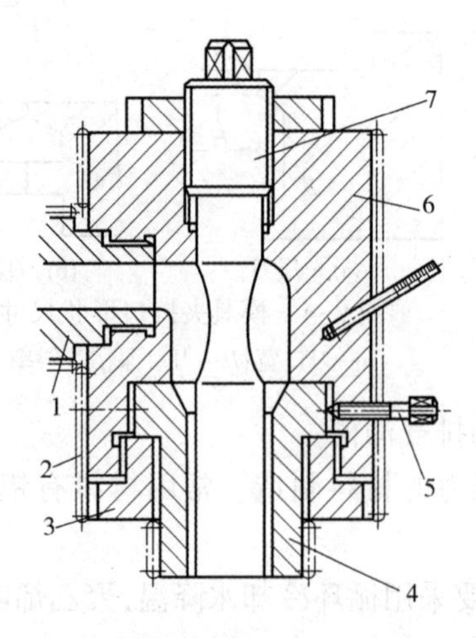

图 9-5　直角式侧向进料坯管成型模具

1—连接颈；2—电热装置；3—锁紧螺母；
4—口模；5—调节螺钉；6—模具体；7—芯棒

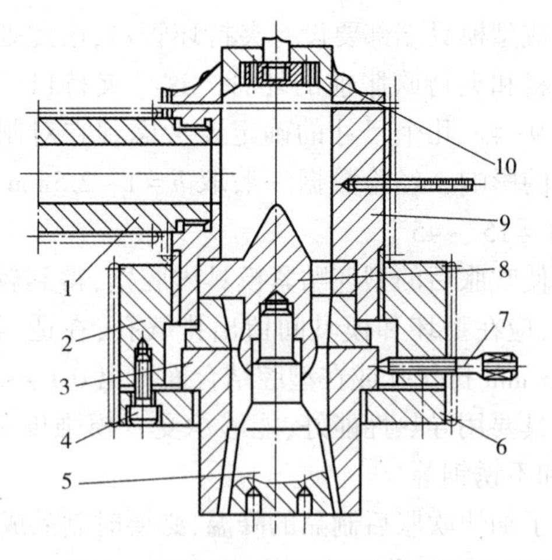

图 9-6　带有储料缸式坯管成型模具结构

1—连接颈；2—模具体；3—口模；4—螺钉；5—(芯)棒；
6—压板；7—调节螺钉；8—分流锥；9—储料缸体；10—推料活塞

9.4　聚丙烯瓶怎样挤出、拉伸、吹塑成型？

聚丙烯塑料瓶的挤出、拉伸、吹塑成型生产工艺顺序与聚丙烯塑料瓶的挤出吹塑成型生产工艺不同之处是：由挤出机前部模具挤出的坯管先进行底部熔合，然后将其加热至适合拉伸吹塑温度，移至成型制品的模具内，在内部（拉伸芯棒）或外部（拉伸夹具）机械力的作用下进行纵向拉伸，同时或拉伸后吹入压缩空气把坯管吹胀（即径向拉伸）而成型瓶制品。图 9-7 是挤出、拉伸、吹塑成型塑料瓶生产工艺示意图。

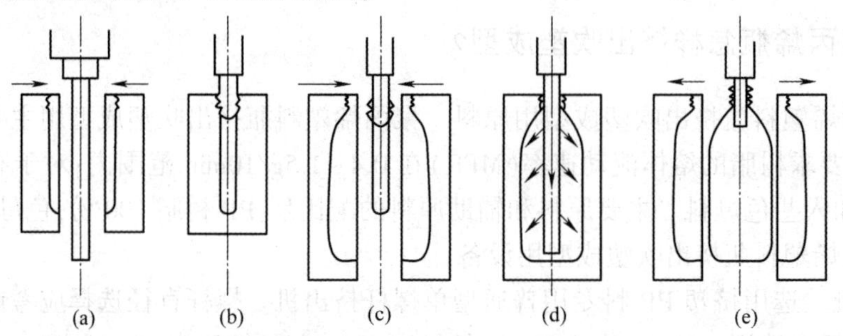

图 9-7　挤出、拉伸、吹塑成型塑料瓶生产工艺示意图

（a）模具挤出坯管，合模动作；（b）坯管封底，定型；（c）坯管移至成型瓶模具内；
（d）拉伸、吹胀坯管至成型瓶形；（e）冷却定型后脱模

塑料瓶的挤出、拉伸、吹塑法生产成型，分一步成型法和两步成型法。一步法成型制品是挤出、拉伸、吹塑等工序在一台设备上连续进行。二步法成型制品是挤出机塑化原料成型坯管后，再移至另一台设备上（或异地）进行坯管加热、拉伸和吹塑成型制品。

塑料瓶经挤出、拉伸、吹塑成型生产工艺过程，受双轴向拉伸后的分子重新排列定向后，制品的冲击韧性、低温强度、刚性、阻隔性都有了明显的提高，透明度和表面光泽度也得到改善，而且制品的壁厚也减小许多，既节省了原料，又降低了制品生产成本。

聚丙烯小型塑料瓶多为薄壁型，主要用于食品、饮料、化妆品和日化产品等的包装。

图 9-8 是聚丙烯瓶挤出、拉伸、吹塑成型生产工艺与设备示意图。

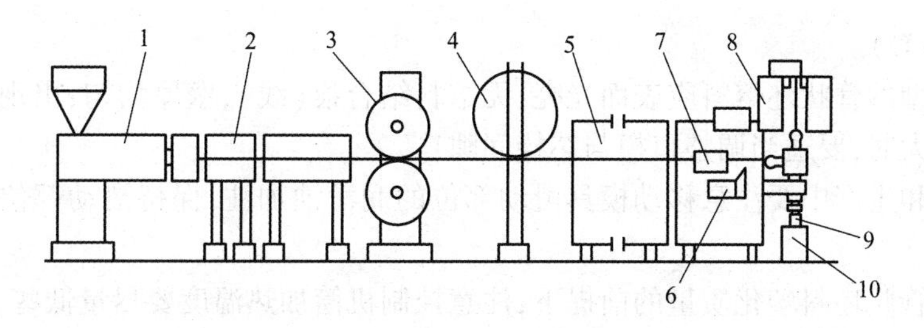

图 9-8　聚丙烯瓶挤出、拉伸、吹塑成型生产工艺与设备示意图

1—挤出机；2—坯管成型定型与冷却；3—牵引坯管；4—平衡环；

5—坯管加热烘道；6—切割；7—缓冲器；8—带瓶颈定位的合模装置；

9—夹具；10—自动拉伸吹塑成型机

聚丙烯塑料瓶成型采用挤出、拉伸、吹塑成型生产工艺时，所用原料、设备及工艺参数的选择应注意下列事项。

①所用原料与聚丙烯瓶采用挤出吹塑成型用料相同。

②聚丙烯瓶成型前用坯管的挤出成型用设备与聚丙烯瓶挤出吹塑成型用设备相同，但成型坯管后，要有坯管的制颈和封底工序。

③原料塑化熔融温度应控制在210～230℃范围内；成型坯管时要把熔料温度迅速冷却降至90～105℃结晶温度范围内，以抑制大体积球晶的形成。

④坯管加热、成型瓶颈、封底和切断，是瓶制品成型拉伸前的瓶坯加工工序，然后进行拉伸和吹塑成型制品。

⑤瓶坯拉伸前加热至原料的玻璃化温度和熔点温度之间，聚丙烯树脂为145～155℃；要达到瓶坯体各部位温度一致、受热均匀后方可进行拉伸工作。

⑥拉伸吹塑时，拉伸芯棒从瓶口端插入直至瓶底，即可进行拉伸和吹入压缩空气吹胀瓶坯，完成瓶坯的拉伸和吹塑工作。

⑦拉伸吹塑瓶坯的倍率，是决定制品性能的一个重要工艺条件，这个倍率是拉伸比与吹胀比两个比值的乘积。一般PP制品的拉伸倍数控制在6～10范围内。拉伸比是指制品长度与瓶坯长度之比，吹胀比是指制品的最大直径与瓶坯直径之比。PP制品的拉伸比为(1.5～2.5)：1，吹胀比为(3～5)：1。

⑧拉伸夹具用于坯管两端的夹持工作，是制品拉伸吹胀前必备的辅助工具。

9.5　聚乙烯瓶怎样挤出成型?

聚乙烯瓶是指容积只有几十毫升至几升的各种塑料中空制品。这种塑料瓶采用挤出吹塑成型时，使用的设备和生产工艺条件与聚乙烯桶的挤出吹塑生产成型用设备及工艺条件基本相似，不同之处只是吹胀成型制品的模具内腔形状不同。挤出吹塑成型瓶可用熔体流动速率(MFR)为0.5～2g/10min的线型低密度聚乙烯，也可用熔体流动速率(MFR)为0.35～1.2g/10min的高密度聚乙烯。如中国石化齐鲁石化分公司塑料厂生产的DND-3040、DND-7342、DX-ND-1223型LLDPE树脂，中国石化燕山石化分公司生产的6200B型HDPE树脂等均可用来挤出吹塑瓶。

9.6　塑料中空制品挤出吹塑成型应注意哪些事项?

①成型管状坯的模具口间隙应在生产前调整均匀，加热升温控制要使口模温度略高于熔

料温度(约高 5℃)。

②挤塑成型的管状坯熔料应表面光亮,无熔料结合痕(线),壁厚均匀;出现管状坯出料不均或壁厚误差大时,要适当调整口模与芯棒间隙。

③生产前和生产中要注意移动模具滑动部位的润滑油加注,保持滑动部位清洁及良好的润滑。

④在保证管状坯料塑化质量的前提下,注意控制机筒加热温度要尽量低些,而把螺杆的转速提高些。这是为了控制熔料温度不要过高,以防止管状坯因自重而下垂,影响管坯壁厚均匀要求。注意观察:如管状坯表面粗糙、不光亮,说明料温偏低,要适当提高机筒加热温度;当出现管状坯下垂移动速度大于熔料挤出速度时,应将机筒加热温度适当降低些。

⑤控制冷却成型模具的循环水温度在 10℃左右,以保证模具工作温度在 20~50℃范围内。如果出现制品的夹口处壁厚尺寸较大或制品表面有斑纹时,说明模具温度偏低,应适当把模具温度提高些(如把冷却循环水的流量减小些,即能提高模具温度)。

⑥管状坯吹塑成型制品,这两者间的直径变化为吹胀比。挤出吹塑制品的吹胀比一般取(2~3):1。对于大型制品,取吹胀比为(1.3~2):1;小型制品的最大吹胀比可取5:1。

⑦吹塑成型制品时,取压缩空气的压力在 0.2~0.7MPa 范围内。壁厚制品取较小压力值,薄壁大型制品取较大压力值。

9.7 塑料中空制品挤出吹塑成型中的质量问题怎样分析查找?

(1)管状坯挤出下垂严重

①选择用料的熔体流动速率偏高。

②机筒加热温度偏高。

③螺杆转速偏慢。

④成型制品模具合模速度偏慢。

(2)管状坯挤出模口后卷曲

①口模间隙不均匀,造成挤出管状坯壁厚不均。

②管状坯模具温度不均。

③管状坯模具内熔料流道腔设计不合理。

(3)管状坯表面粗糙,无光泽

①机筒加热温度偏低,原料塑化不均匀。

②螺杆转速过快。

③管状坯成型模具熔料压力不足。

④管状坯成型模具的芯棒、口模工作面粗糙。

(4)制品变形

①制品用熔料温度高,吹塑成型后降温定型时间短。

②制品的成型模具温度偏高。

③吹塑用压缩空气的压力不足,没有把熔料完全吹胀并紧贴在型腔壁上。

(5)制品开裂

①管状坯成型用模具温度控制不当,有熔料结合线。

②吹塑用压缩空气的压力偏高。

③吹塑成型模具的封口切断部位设计不当或此部位温度过高。

④管状坯质量不合格,受其成型模具影响,管状坯成型面有划伤。

(6)制品表面有黑点

①过滤网破裂,原料中杂质多。

②原料塑化、流动通道腔中有滞料区,出现原料分解现象。

(7)制品表面有气泡

①熔料温度过高,原料局部出现分解现象。

②制品用塑料中含水分偏高或料中有挥发物。

(8)制品表面花纹不清

①吹塑成型用熔料温度偏低。

②吹塑用压缩空气压力不足。

③吹塑成型用模具的温度过低。

(9)制品表面无光泽,有麻坑

①吹塑成型制品时,模具内空气排出不通畅。

②成型模具内腔面不光洁,有水珠或异物。

③成型模具温度控制偏高。

(10)制品表面有皱纹

①管状坯料温度偏低,熔料吹胀比例不协调。

②成型合模速度慢,挤出管状坯料的下移速度与合模速度不匹配,合模速度滞后。

(11)成型制品壁厚误差大

①管状坯壁厚尺寸误差大。

②制品结构形状设计不合理。

(12)制品收缩率大

①吹塑成型制品的降温时间不足,脱模时料温还比较高。

②吹塑成型制品用压缩空气的压力不足。

9.8 塑料中空制品挤出吹塑成型用辅机生产厂及设备性能参数有哪些?

由于塑料中空制品有各种不同的类型和规格,为了适应这些制品的生产成型工艺的需要,所以,挤出吹塑中空制品成型用设备也就有多种结构类型规格。国内部分主要挤出吹塑成型中空制品设备生产厂生产的设备及设备技术参数列在表 9-1,供应用时参考选择。

表 9-1 塑料中空制品挤出吹塑设备技术参数

非对称中空成型机[1]	螺杆直径/mm	口模直径/mm	模板尺寸/mm	合模力/kN	模板开距/mm	总功率/kW
CP-66/50	外 66 内 50	100	700×550	160	300~1000	100

全自动中空吹瓶机	螺杆直径/mm	口模直径/mm	模板尺寸/mm	模板开距/mm	塑化能力/(kg/h)	总功率/kW
CP-50	50	21	300×200	250	25	7.5

续表

塑料中空成型机①	螺杆直径/mm	模头直径/mm	成型板尺寸/mm	成型板行程/mm	塑化能力/(kg/h)	总功率/kW	制品容积/L
SB-65	65	150	680×450	250~640	60	89.07	10
DA-75	75	80~200	1250×700	400~1200		118	30
DA-90	90					(主电动机)55	60
DA-100	100	140~400	1500×1800	700~2300		216	150
DA-120	120	180~450	1500×1800	500~2000		232	220

吹塑中空成型机②	塑化能力/(kg/h)	锁模力/kN	最大开模行程/mm	最大移模行程/mm	制品容积/L	总功率/kW
KEB2-S50/20	HDPE:48 PVC:35	60	200	240	4	70.5
KEB2-S60/20	HDPE:80 PVC:50	60	200	240	4	102.5
KCCI-S60/20	HDPE:80 PVC:50	30	200	280	2.5	91
KCCI-S50/20	HDPE:48 PVC:35	30	200	280	2.5	72

挤出吹塑中空成型机③	最大制品容积/L	生产能力(PC)/(个/h)	塑化能力/(kg/h)	锁模力/kN	模板间距/mm	总功率/kW
HFB45	1.8	1050	35	24	80~330	23.63
HFB45J	1.8	1000	35	24	80~330	23.63
HFB55	3.5	900	50	38	410	31.7
HFB55Ⅲ	1	450×2	50	30	130~280	26.28
HB65	7.5	650	65	30	100~150	36.58
HFB65Ⅲ	3.5	350×2	65	40	200~420	31.08
HFB75	20	180	100	160	250~700	69.08
HFB75Y	20	400	100	170	200~800	41.38
HFB90	50	150	100	200	400~900	85.86
HFB100	120	120	180	360	320~1200	112.64

半自动两步法吹塑中空成型机	最大制品容积/L	日产数	模板行程/mm	模具厚度/mm	总功率/kW
HFBⅡ2H	2	1600	150	70~200	3.65
全自动两步法吹塑中空成型机	**最大制品容积/L**	**日产数**	**模板行程/mm**	**模具厚度/mm**	**总功率/kW**
HFBⅡ4A	2	40300	150	200	14.6

① 山东塑料橡胶机械总厂生产。

② 克虏伯震雄塑料科技有限公司(广东省顺德市)生产。

③ 张家港市华丰机械有限公司生产。

第3篇

注射成型

第10章 注塑机

10.1 注塑机可成型哪些塑料制品?

注塑机注射成型塑料制品主要用原料有聚乙烯、聚苯乙烯、聚丙烯和ABS树脂。这4种树脂注射成型的塑料制品约占注塑制品总产量的80%以上。另外,注塑制品用原料还有聚氯乙烯、丙烯腈-苯乙烯共聚物、聚酰胺、聚对苯二甲酸乙二醇酯、聚碳酸酯、醋酸纤维素、醋酸丁酸纤维素、乙烯-醋酸乙烯共聚物、聚甲基丙烯酸酯、聚氨酯等。

注射成型塑料制品有管件、阀类零件、轴套、齿轮、自行车和汽车用零件、凸轮、装饰用品和生活常用的盆、碗、盖、盘及各种运输包装箱类和各种容器等。

10.2 注射成型塑料制品生产有哪些特点?

①可以一次注射成型各种形状比较复杂的塑料制品。

②成型注塑制品的结构和相互位置尺寸能够保证,制品表面质量较好。

③制品结构形状尺寸精度较高,能有较好的装配互换性。

④可以注射成型带有金属嵌件的塑料制品。

⑤注塑制品件可以标准化、规格化、系列化。

⑥注塑机生产操作比较简单,成型制品用模具的调整、更新比较方便。

⑦注塑机能采用全自动化生产塑料制品,生产效率高。

⑧注射成型设备投资较大,成型模具制造费用较高,成型制品注塑工艺条件需要严格控制。

10.3 注塑机外形结构分几种类型?各有什么特点?

注塑机按外形结构的不同分类,可分为立式注塑机、卧式注塑机、角式注塑机、多模具型注塑机和组合式注塑机。

(1)立式注塑机 立式注塑机的外形结构特点是:设备的高度尺寸大于设备的长宽尺寸,它的注射部分和合模部分装置轴线,是上下垂直成一直线排列,见图10-1。这种机型占地面积小、模具装配方便;不足之处是加料比较困难,工作时稳定性比较差,这种外形结构注塑机多数是注射量小于60cm³的小型注塑机。

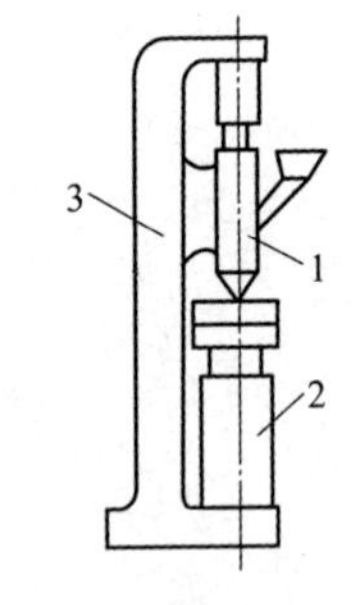

图10-1 立式注塑机的外形结构

1—注射部分;2—合模部分;3—机身

(2)卧式注塑机 卧式注塑机外形结构特点是:机身外形尺寸长度大于宽和高度尺寸,它的注射部分和合模部分装置轴线,在一条直线上呈水平线排列。图10-2是卧式注塑机的外形结构。这种外形结构注塑机的机身低,工作时平稳性好,工作操作和维修都比较方便,也容易实现自动化操作。目前,卧式注塑机在塑料注塑机中应用数量最多。

(3)角式注塑机　角式注塑机的注射部分和合模部分的轴心线在一个与机身垂直的平面上，两个部分的轴心线互相垂直。这种注塑机的优缺点介于立式和卧式注塑机之间，外形结构型式也比较常见。如果制品中心不许留有浇口痕迹，用这种角式注塑机非常适合。图 10-3 是角式注塑机的外形结构。

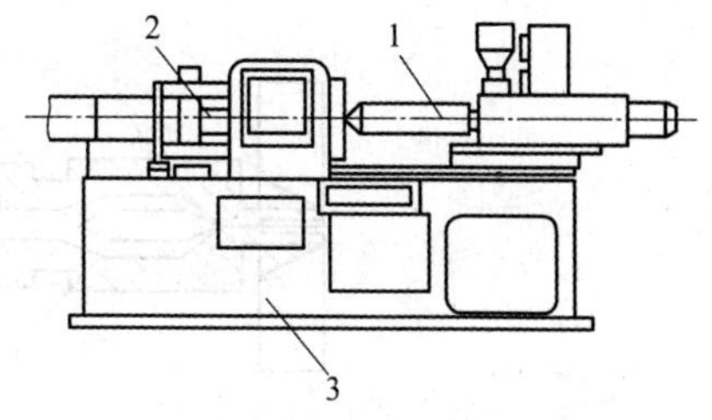

图 10-2　卧式注塑机的外形结构

1—注射部分；2—合模部分；3—机身

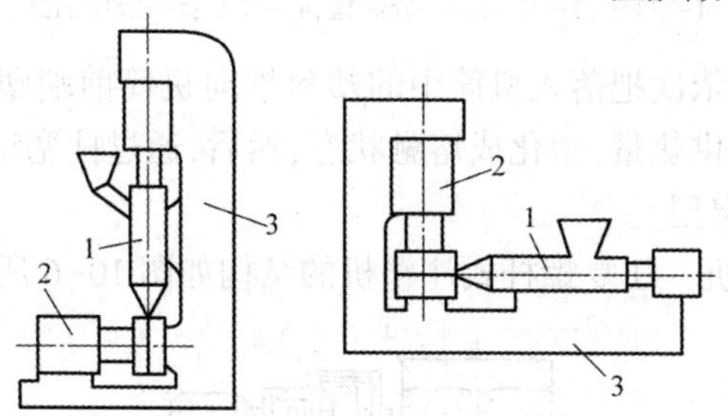

图 10-3　角式注塑机的外形结构

1—注射部分；2—合模部分；3—机身

(4)多模注塑机多模注塑机有多个成型模具，工作时转动模具位置依次顺序工作，冷却成型脱模不受生产辅助时间限制，这样缩短了制品的生产周期，可提高生产效率。图 10-4 是多模注塑机的结构。

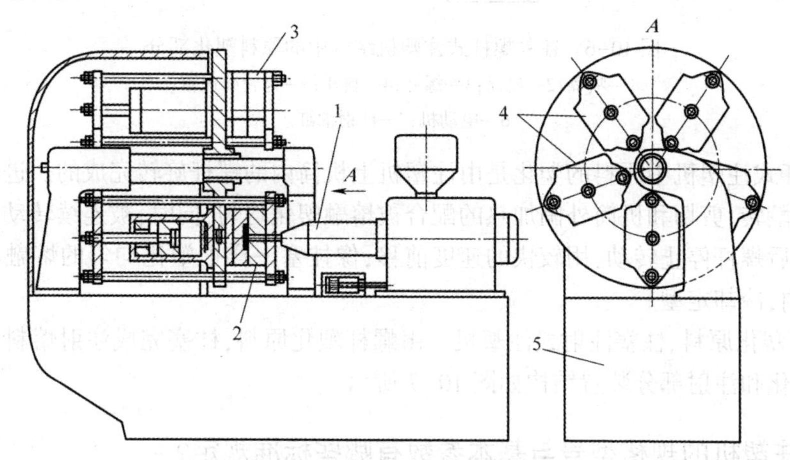

图 10-4　多模注塑机的结构

1—注射部分；2—合模部分；3—另一级合模部分；4—5 组合模部分位置分配；5—机身

(5)组合注塑机　组合式注塑机是指注塑机的注射部分与合模部分为适应不同注塑制品的成型生产工艺需要，可以组合成各种结构布置形式。

10.4　按对原料塑化和注射方式分，注塑机结构有几种？

按注塑机对原料的塑化和注射方式的不同分类，注塑机可分为柱塞式注塑机，往复螺杆式注塑机和由螺杆塑化原料、柱塞注射式注塑机。

(1)柱塞式注塑机　柱塞式注塑机的结构形式如图 10-5 所示。

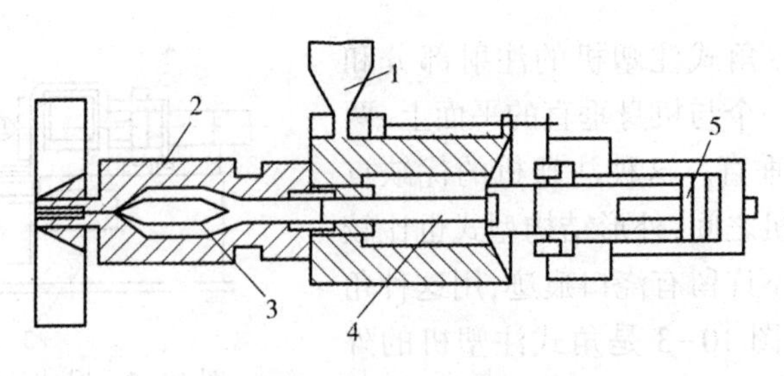

图 10-5　柱塞式注塑机结构

1—料斗；2—机筒；3—分流梳；4—柱塞；5—液压油缸

柱塞式注塑机用柱塞依次把落入机筒中的塑料推向机筒前端塑化空腔内，空腔内的原料依靠机筒外围的加热器提供热量，塑化成熔融状态，然后，通过柱塞快速前移，把熔料经由喷嘴注射到成型模具内，冷却定型。

(2)往复螺杆式注塑机　往复螺杆式注塑机的结构如图 10-6 所示。

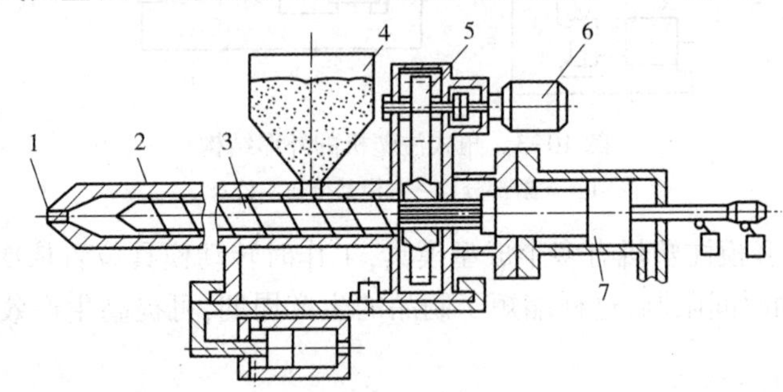

图 10-6　往复螺杆式注塑机结构中的原料塑化部分

1—喷嘴；2—机筒；3—螺杆；4—料斗；5—齿轮减速箱；

6—电动机；7—注射油缸

往复螺杆式注塑机中原料的塑化是由注塑机上机筒内的螺杆旋转完成的。进入机筒内的原料经挤压、翻转、剪切和机筒外围加热的配合被熔融塑化均匀，同时，被连续转动的螺杆推向机筒前端，然后螺杆停止转动，用较快的速度前移，像柱塞一样把塑化均匀的熔融料注射到成型模具空腔内，冷却定型。

(3)螺杆塑化原料、柱塞注射式注塑机　由螺杆塑化原料，柱塞完成注射熔料工作的注塑机，其原料塑化和注射部分装置结构如图 10-7 所示。

10.5　注塑机的规格型号与基本参数有哪些标准规定？

注塑机机型的标注有下列几种。

①国际常用注塑机机型标注方法。合模力-当量注射容积。

②国内机械行业注塑机机型标注方法（JB/T 7267—2004）。SZ 合模力-当量注射容积。

③国家标准（GB/T 12783—2000）注塑机机型标注方法。SZ 合模力（t）、当量注射容量（cm^3）。

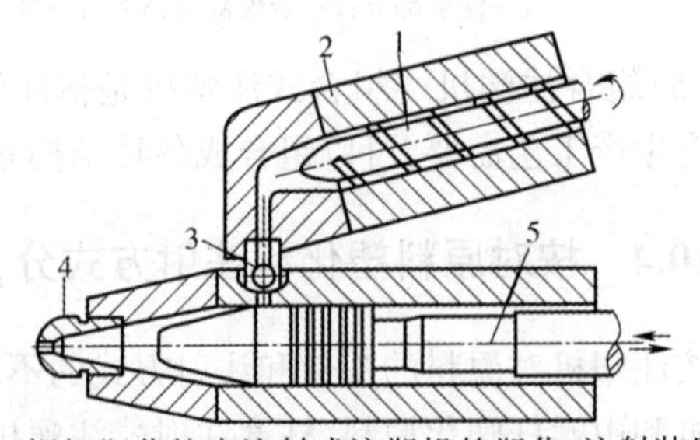

图 10-7　螺杆塑化柱塞注射式注塑机的塑化、注射装置结构

1—螺杆；2—机筒；3—单向阀；4—喷嘴；5—柱塞

④一些主要注塑机生产厂家标注方法。生产厂代号-合模力。

⑤欧洲塑料橡胶机械制造者委员会建议标准标注方法(1983)。合模力-当量注射容积。

我国国家标准(GB 12783—2000)规定的塑料注塑机型号编制标注方法见表 10-1。塑料注塑机基本参数(JB/T 7267—2004)介绍见表 10-2。JB/T 7267—2004 标准中规定的合模力值见表 10-3。合模装置中 JB/T 7267—2004 标准规定的一些设备尺寸数值见表 10-4。

表 10-1　我国国家标准(GB 12783—2000)规定的塑料注塑机型号和名称

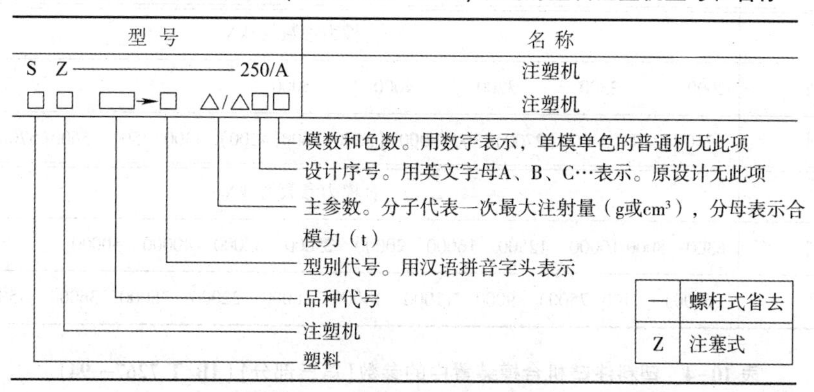

表 10-2　塑料注塑机基本参数(第一部分)(JB/T 7267—2004)

理论注射容积系列/cm^3	16	25	40	63	100	160	200	250	320	400	500	630	800	1000
实际注射质量(物料:聚苯乙烯)/g	14	22	36	56	89	143	179	223	286	357	446	562	714	890
塑化能力(物料:聚苯乙烯)/(g/s)	2.2	3.3	5.0	6.9	9.7	11.7	13.9	16.1	18.9	22.2	26.4	29.2	33.3	37.5
注射速率(物料:聚苯乙烯)/(g/s)	20	30	40	55	75	90	100	110	120	140	170	210	250	300
注射压力/MPa	≥150								≥140					
理论注射容积系列/cm^3	1250	1600	2000	2500	3200	4000	5000	6300	8000	10000	16000	25000	32000	40000
实际注射质量(物料:聚苯乙烯)/g	1115	1425	1785	2230	2855	3570	4460	5620	7140	8925	14280	22310	28559	35700
塑化能力(物料:聚苯乙烯)/(g/s)	42.5	50.0	58.3	66.7	76.3	88.9	100.0	116.7	133.3	144.4	175.0	222.0	261.1	305.6
注射速率(物料:聚苯乙烯)/(g/s)	350	400	450	500	600	700	800	900	1000	1100	1500	2200	2713	3300
注射压力/MPa	≥140						≥130							

表 10-3 塑料注塑机合模力参数(第二部分)(JB/T 7267—94)

系列	合模力参数值/kN
第 1 系列	160 200 250 320 400 500 630 800 1000 1250 1600
第 2 系列	180 220 280 360 450 560 (600) 710 900 1100 (1200) 1400 (1500) 1800

系列	合模力参数值/kN
第 1 系列	2000 2500 3200 4000 5000
第 2 系列	(2100)2200(2400)(2700)2800(3000)(3500)3600(4200)(4300)4500 5600(5700)

系列	合模力参数值/kN
第 1 系列	6300 8000 10000 12500 16000 20000 25000 32000 40000 50000
第 2 系列	(6500) 7100(7500) 9000 11000 14000 18000 22000 28000 36000 45000

表 10-4 塑料注塑机合模装置中的参数(第三部分)(JB/T 7267—94)

拉杆有效间距/mm	模具定位孔直径/mm		注射喷嘴球半径/mm
	基本尺寸	极限偏差(118)	
200~223	80	+0.054 0	10 15 20 25 30 35
224~279	100		
280~449	125	+0.063 0	
450~709	160		
710~899	200	+0.072 0	
900~1399	250		
1400~2239	315	+0.081 0	
≥2240			

10.6 国产注塑机型号及主要技术参数都怎样标注?

目前,国内生产注塑机的厂家有多个,表 10-5 仅列出部分注塑机生产厂的注塑机型号及主要技术参数。表 10-6 是大连华大机械有限公司生产注塑机型号及主要技术参数。表 10-7 是江苏无锡市格兰机械有限公司生产注塑机型号及主要技术参数。

表 10-5　国产注塑机型号及主要技术性能参数

型号	XS-Z-30	XS--Z60	SZA-YY60	XS-ZY125	XS-ZY125（A）	XS-ZY250	XS-ZY250（A）	XS-ZY350（G54-S200/400）
理论注射量(最大)/cm^3	30	60	62	125	192	250	450	200~400
螺杆(柱塞)直径/mm	（28）	（38）	35	42	42	50	50	55
注射压力/MPa	119.0	122.0	138.5	119.0	150.0	130.0	130.0	109.0
注射行程/mm	130	170	80	115	160	160	160	160
注射时间/s	0.7		0.85	1.6	1.8	2	1.7	
螺杆转速/(r/min)			25~160	29、43、56、69、83、101	10~140	25、31、39、58、32、89	13~304	16、28、48
注射方式	柱塞式	柱塞式	螺杆式	螺杆式	螺杆式	螺杆式	螺杆式	螺杆式
锁模力/kN	250	500	440	900	900	1800	1650	2540
最大成型面积/cm^2	90	130	160	320	360	500		645
模板行程/mm	160	180	270	300	300	500	350	260
模具高度/mm 最大	180	200	250	300	300	350	400	406
最小	60	70	150	200	200	200	200	165
模板尺寸/mm	250×280	330×440				598×520		532×634
拉杆间距/mm	235	190×300	330×300	260×290	360×360	295×373	370×370	290×368
合模方式	肘杆	肘杆	液压	肘杆	肘杆	液压	肘杆	肘杆
油泵流量/(L/min)	50	70、12	48	100、12		180、12	129、74、26、	170、12
压力/MPa	6.5	6.5	14.0	6.5		6.5	7.0、14.0	6.5
电动机功率/kW	5.5	11	15	11		18.5	30	18.5
螺杆驱动功率/kW			（40）	4		5.5	9	5.5
螺杆扭矩/N·m								
加热功率/kW		2.7		5	6	9.83		10
外形尺寸/m	2.34×0.80×1.46	3.61×0.85×1.55	3.30×0.83×1.6	3.34×0.75×1.55		4.70×1.00×1.82	5.00×1.30×1.90	4.70×1.40×1.80
电源电压/V	380	380	380	380	380	380	380	380
电源频率/Hz	50	50	50	50	50	50	50	50
机器质量/t	0.9	2	3	3.5		4.5	6	7
理论注射量(最大)/cm^3	500	538	1000	2000	2000	3000	4000	32000
螺杆(柱塞)直径/mm	65	65	85	100	110	120	130	250
注射压力/MPa	104.0	135.0	121.0	121.0	90.0	90.0、115.0	127.5	130.0
注射行程/mm	200	190	260		280	340	380	
注射时间/s	2.7	2.7	3		4	3.8	约 4	约 10
螺杆转速/(r/min)	20、25、32、38、42、50、63、80	19~152	21、27、35、40、45、50、65、83	21、27、35、40、45、50、65、83	0~47	20~100	0~60	0~45
注射方式	螺杆式	螺杆式	螺杆式	螺杆式	螺杆式	螺杆式	螺杆式	螺杆式
锁模力/kN	3500	2000	4500	5500	6000	6300	10000	35000
最大成型面积/cm^2	1000	1000	1800	2000	2600	2520	3800	14000
模板行程/mm	500	560	700	700	750	1120	1100	3000
模具高度/mm 最大	450		700	700	800	960、680	1000	2000

续表

型号	XS-Z-30	XS--Z60	SZA-YY60	XS-ZY125	XS-ZY125(A)	XS-ZY250	XS-ZY250(A)	XS-ZY350(G54-S200/400)
最小	300	240(440)	300	300	500	400	250	1000
模板尺寸/mm	700×850			1180×1180		1350×1250		2650×2460
拉杆间距/mm	540×440	540×440	650×550	650×550	760×700	900×800	1050×950	2260×2000
合模方式	肘杆	液压	特殊液压	特殊液压	肘杆	液压	特殊液压	特殊液压
油泵流量/(L/min)	200、25	148、26	200、18、1.8	200、25	17.5×2.14.2	194×2.0148.63		
压力/MPa	6.5	14.0	14.0	14.0、15.0	14.0	14.0、21.0		
电动机功率/kW	22	30	40、5.5、5.5	40、7.5	40、40	45、55	142	3×155、30、0.75
螺杆驱动功率/kW	7.5	11	13	15	23.5	37	40	170
螺杆扭矩/N·m								
加热功率/kW	14	17	16.5	18、25	21	40	45.2	
外形尺寸/m	6.50×1.30×2.00	6.0×1.5×2.0	7.67×1.74×2.38	7.4×1.7×2.4	10.908×1.9×3.43	11×2.9×3.2	14×2.4×2.85	20×3.24×3.85
电源电压/V	380	380	380	380	380	380	380	380
电源频率/Hz	50	50	50	50	50	50	50	50
机器质量/t	12	9	20	25	37	50	65	240

①表中注塑机规格型号，只是国内部分厂家生产，收集资料不全面。

②表中参数仅供参考。

表 10-6　大连华大机械有限公司产注塑机规格型号及主要技术性能参数

型号	HD-95G			HD-165G			HD-285G		
螺杆直径/mm	30	35	40	43	50	56	54	62	70
螺杆长径比(L/D)	23	20	18	23	20	18	23	20	18
理论注射容积/cm^3	120	163	214	341	461	579	648	854	1089
理论注射量①/g	126	171	224	358	484	608	680	897	1143
注射压力/MPa	217	159	122	206	152	121	207	157	123
注射速率/(cm^3/s)	67	91	119	103	140	175	151	199	254
塑化能力/(g/s)	7.3	10	13.2	14	22	36.9	16.8	28.2	37.5
螺杆最高转速/(r/min)	197			154	179		130	165	
螺杆行程/mm	170			235			283		
合模力/kN	950			1650			2850		
拉杆有效间距/mm	390×355			480×410			590×520		
移动模板行程/mm	320			400			520		
最大模厚/mm	350			465			640		
最小模厚/mm	100			155			200		
顶出力/kN	36			45			62		

续表

型号	HD-95G	HD-165G	HD-285G
顶出行程/mm	85	100	130
电机功率/kW	7.5	15	22
系统压力/bar②	150	160	160
加热功率/kW	6.2	12.95	18.25
加热段数目	3+1	4+1	4+1
机器质量/t	3	4.7	7.2
外形尺寸/mm	3860×920×1800	4830×1055×1915	5970×1370×2055

①理论注射量是指用 PS 料时的质量。

②1bar = 10^5Pa。

表 10-7　格兰机械有限公司生产注塑机型号及性能参数

产品型号	主要技术参数			
	注射量/g	螺杆直径/mm	注射压力/MPa	锁模力/kN
塑料注塑机(机铰式)				
WG-180	275	45	184	1800
	340	50	149	1800
WG-220	425	50	179	2200
	535	55	148	2200
WG-250	522	55	240	2500
	662	60	202	2500
WC-320	724	60	171	3200
	850	65	145	3200
WC-400	1292	75	223	4000
	1476	80	196	4000
WG-550	1856	80	196	5500
	2095	85	173	5500
WG-650	2729	85	203	6500
	3060	90	182	6500
WG-1000	3912	100	192	10000
	4734	110	158	10000
WC-1300	5778	110	200	13000
	6876	110	168	13000
WG-1600	8243	120	214	16000
	9675	130	182	16000
塑料注塑机(液压式)				
SZK-500	1658	75	186	5000
	2125	85	145	5000
SZK-630	2255	85	179	6300
	2720	95	144	6300
SZK-800	3512	100	161	8000
	4250	100	133	8000
SZK-1000	4500	110	158	10000
	5355	120	133	10000
SZK-1250	5795	120	156	12500
	6800	130	133	12500
SZK-1600	7329	130	159	16000
	8500	140	137	16000
SZK-2000	10462	140	177	20000
	13600	160	130	20000
SZK-2500	16825	160	164	25000
	21250	180	130	25000

10.7 怎样选择注塑机类型?

注塑机类型的选择要从准备生产塑料制品的品种类型和制品用原料这两个主要条件来考虑。当然,也要注意注塑机的使用操作方便,结构合理性,设备中的一些装置是否齐全,有哪些安全预防措施,设备的精度质量检查项目及检查方法等因素。同时,应对多家注塑机生产厂进行比较,找出适合制品要求条件而价格又比较合理的。表 10-8 中列出塑料注塑制品品种和不同原料应使用注塑机类型,可供选择注塑机参考。

表 10-8 按塑料制品种类和所用原料的不同选择注塑机类型

塑料制品名称或所用原料	注塑机类型
家用电器用塑料配件	选用卧式螺杆型注塑机
精密仪表类塑料件	选用注射压力、注射量和温度控制较精确的精密注塑机
塑料拉链	选用专用注塑机
生活日用品各种塑料件	用卧式注塑机或双色注塑机
原料为聚砜树脂注塑件	最好用排气式注塑机,采用普通注塑机时原料要干燥处理
原料为聚碳酸酯注塑件	选用排气式注塑机
酚醛塑料注塑件	采用热固性注塑机

10.8 常用注塑机的机型应用特点及主要技术参数有哪些?

目前,塑料制品厂生产注塑制品常用注塑机类型有:通用型卧式注塑机、排气型注塑机、鞋用注塑机、注塑中空制品成型注塑机、热固性塑料成型注塑机和专用型注塑机等。

(1)通用型卧式注塑机 通用型卧式注塑机是目前国内应用最多的一种机型,主要用来注射成型各种热塑性塑料成型制品,其注射成型塑料制品的品种、数量在各类型注塑机成型的制品数量中占比例最大。

卧式注塑机国内部分生产厂及设备型号、主要技术参数见表 10-5、表 10-6 和表 10-7。

(2)排气式注塑机 排气式塑料注塑机在挤塑过程中,原料产生的挥发性气体或原料中的水蒸气,能在熔料注射成型前从机筒内排出,这种注塑机被称为排气式注塑机。如果熔料中混有的气体不能排除,则会影响制品强度和外观质量。有些含水分较高的原料,使用排气式注塑机生产注塑制品,原料在生产前不用进行干燥处理,可缩短注塑制品的生产周期。用排气式注塑机生产注塑制品,产品合格率也能提高些。

排气式注塑机中原料塑化、注射装置结构见图 10-8。

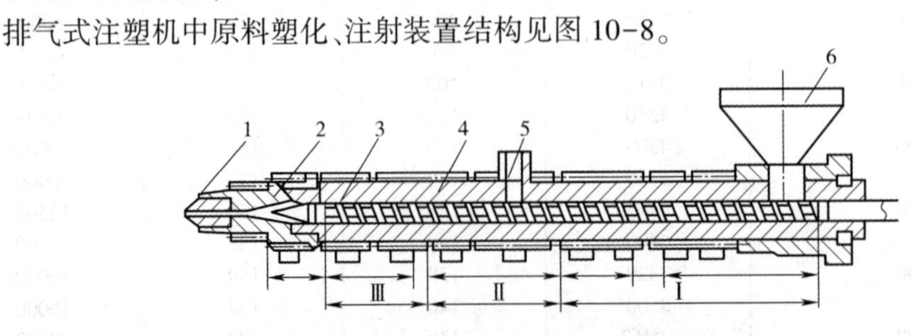

图 10-8 排气式注塑机筒和螺杆结构

1—喷嘴;2—前段机筒;3—螺杆;4—主机筒;5—排气孔;6—料斗;

Ⅰ—螺杆第一阶区;Ⅱ—螺杆排气区;Ⅲ—螺杆第二阶区

从图 10-8 中可以看到,排气式注塑机的机筒上设有排气孔,熔料中的气体可直接排入大气中,也可使排气孔与抽真空系统连接,使排气部位为负压,以加快气体的排出。

排气式注塑机的螺杆结构从排气部位分开,分为第一阶区和第二阶区。第一阶区螺杆为渐变型结构,和标准渐变型螺杆结构相同,分为加料段、塑化段和均化段;第二阶区螺杆只有塑化段和均化段。

排气式注塑机工作方式如下。进入机筒内的原料在机筒内被转动的螺杆挤压、加热,随螺杆的转动被推动前移,在螺杆第一阶区内基本达到塑化;当熔料进入到排气部位时,由于熔料受压解除,熔料中的气体从排气口排除;继续转动螺杆,把熔料推入第二阶区,熔料进一步得到塑化,经均化段进入储存注射腔,螺杆迅速前移,熔料被推动经喷嘴进入成型模具中,冷却定型。

(3)中空制品成型用注塑机　塑料注射中空制品用注塑机结构,其原料塑化和注射部分结构与通用型注塑机的塑化注射部分结构完全相同。合模成型中空制品部分的成型模具一般都是多个工位结构。常用模具换位方式有模具往复式换位和模具旋转式换位。往复式换位方式有 2 个模具工位;旋转式模具换位是模具有多个工位,其中以三工位结构形式较多,结构见图 10-9。

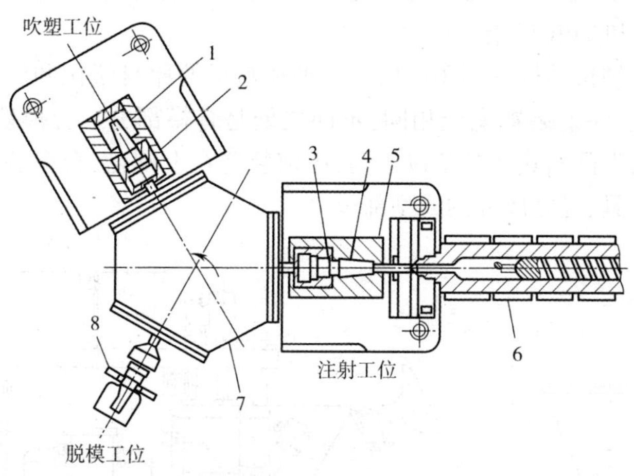

图 10-9　三工位旋转式注射中空成型机结构

1—中空制品;2—成型模具;3—芯棒;4—制品型坯;5—型坯模具;
6—原料塑化注射装置;7—模具转位固定架;8—脱模板

图 10-9 中模具成型中空制品的工作程序如下。制品用原料首先在注塑机的机筒内塑化成熔融态,然后迅速前移的螺杆把熔料经喷嘴注入成型中空制品型坯的模具内,成型为有封底的管状型坯。此动作即是图中的注射工位。然后开模,管状型坯在芯棒上随同转位固定架旋转 120°至吹塑工位。此时芯棒和管状型坯同时置入下半吹塑成型模具型腔内,合模,然后把压缩空气经芯棒内孔吹入型坯内,把型坯吹胀,则被吹胀的型坯紧贴在成型模具的内壁成型中空制品形状。制品经降温冷却定型后开模,模具转位固定架再旋转 120°,芯棒与制品转至脱模工位,把制品从芯棒上拔出,完成注射吹塑中空制品成型的三工位动作。当连续生产时,芯棒随转位架再次转至注射工位,重复第二件中空制品的成型生产过程。

国内塑料注射中空成型机型号及主要性能参数见表 10-9。

表 10-9　塑料注塑中空成型机性能参数

型号	螺杆直径/mm	注射容积/cm^3	塑化能力/(kg/h)	螺杆转速/(r/min)	制品最大容量/L	总功率/kW
SZL-200/250①	50	250	40	0~100	4	57
型号	理论注射量/m^3	注射压力/MPa	螺杆行程/mm	制品高度/mm	制品直径/mm	总功率/kW
SCZ0.8×3②	205	145	160	≤200	≤100	33.2

①上海轻工机械技术研究所生产。

②江苏维达机械集团公司生产。

(4)鞋用注塑机　鞋用注塑机是成型塑料鞋的专用设备。这种注塑机有多种类型,只用来注射成型鞋底的注塑机称为结帮鞋用注塑机。这种鞋的鞋帮面料,一般都是布、人造革或真皮。注射成型的鞋为全塑料原料的,称为全塑鞋注塑机。按鞋底的颜色和用料层的不同,又可分为单色注塑机、双色注塑机或多色注塑机。

结帮鞋有旅游鞋和运动鞋;全塑鞋有拖鞋、凉鞋和旅游鞋。这些鞋中塑料用料主要有PVC、改性PVC、SBS和TPR树脂等。

单色结帮鞋用注塑机结构见图10-10。这种注塑机的原料塑化和注射部分装置、结构与通用型注塑机的塑化、注射装置完全相同,不同之处是合模部分。合模装置中有上下两个圆盘,由转位机构驱动,做间断式转换工位运动,压楦装置在上圆盘,合模装置在下圆盘,两圆盘间各工位处都装有模具,是完成鞋的成型部位。

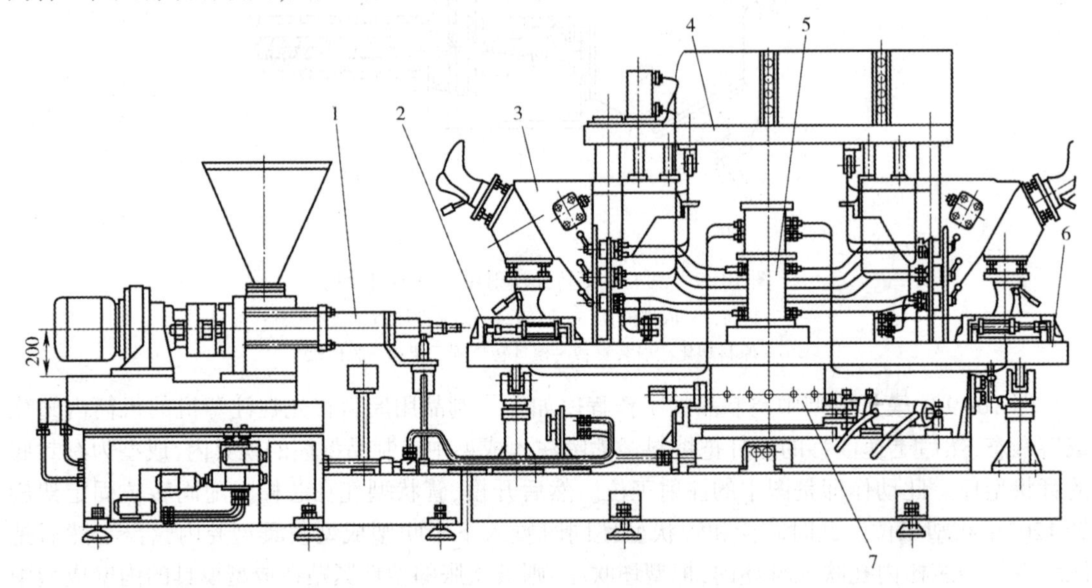

图10-10　单色结帮鞋用注塑机结构

1—塑料塑化注射部分;2—合模装置;3—自动翻楦装置;4—上圆盘;5—液压油控制阀;6—下圆盘;7—圆盘转动机构

结帮鞋用注塑机型号及主要技术性能参数见表10-10。

表 10-10 结帮鞋用注塑机型号及主要技术参数

型号	SZ-10CZ	SZ-12D	XSZ-12F	XSZ-12CF	2SZ-12D	2SZ-14AF
机筒数	1	1	1	1	2	2
工位数	10	12	12	12	12	14
螺杆直径/mm	60	60	60	60	60	60
螺杆长径比(*L/D*)	18	16	16	16	16	16
螺杆转速/(r/min)	0~110	130	130	130	130	130
注射量/g	450	500	500	500	500×2	500×2
注射速率/(g/s)	100	100	100	100	100	100
注射压力/MPa	45	45	45	45	45	45
塑化能力/(cm^3/s)	20	>20	>20	>20	>20	>20
加热功率/kW	6	6	6	6	6×2	6×2
总功率/kW	24	19	21	21	36	40
生产率/(双/h)	80~120	≥80	≥80	≥80	70~110	70~110
设备质量/t	6.5	7	9	9.5	11	15
设备外形尺寸/mm	4800×2100×2500	4600×2400×2120	4875×2400×2122	4875×2400×2330	5640×4530×2005	8000×6000×2100

单色全塑鞋用注塑机结构见图 10-11。单色全塑鞋的成型部位是一个开有 12 个矩形孔的支撑式圆盘,以支撑中心轴为轴心转动,圆盘上安装 6 双鞋模,开闭模由液压系统控制。螺杆的转动可用机械传动,也可用液压方式驱动;注射工作由螺杆的往复动作完成,每次注射熔料量的多少由计量装置控制。

每台注塑机都有一份该注塑机的使用操作说明书,操作工在上岗开车前要认真学习,牢记注塑机的生产操作程序和工作注意事项,按说明书中所示操作程序进行生产操作。

全塑鞋用注塑机型号及主要技术性能参数见表 10-11。

表 10-11 全塑鞋用注塑机型号就主要技术参数

型号	QSZ-12J	QSZ-12LY	2QSZ-20Y	2QSZ-16LY
机筒数	1	1	2	2
工位数	12	12	20	16
螺杆直径/mm	65	60	65	60
螺杆长径比(*L/D*)	15	13	15	13
螺杆转速/(r/min)	135	88	0~100	88
注射量/g	700	400	700×2	400×2
注射速率/(g/s)	200	120	200	120
注射压力/MPa	45	35	45	35
塑化能力/(cm^3/s)	≥26		≥26	
锁模力/kN	700	305	700	305
加热功率/kW	8	3.5	8×2	3.5×2
总功率/kW	32	16.5	53	33
生产率/(双/h)	≥80	≥80	≥80	≥80
设备质量/t	5.5	8	13	10
设备外形尺寸/mm	3760×2300×2300	3170×2050×3470	8635×3458×2440	5150×3460×3470

鄂城通用机器集团公司(湖北省鄂州市)生产的鞋用注塑机型号及性能参数见表 10-12。淮达机械集团公司(江苏省张家港市)生产的鞋用注塑机型号及性能参数见表 10-13。龙岩塑

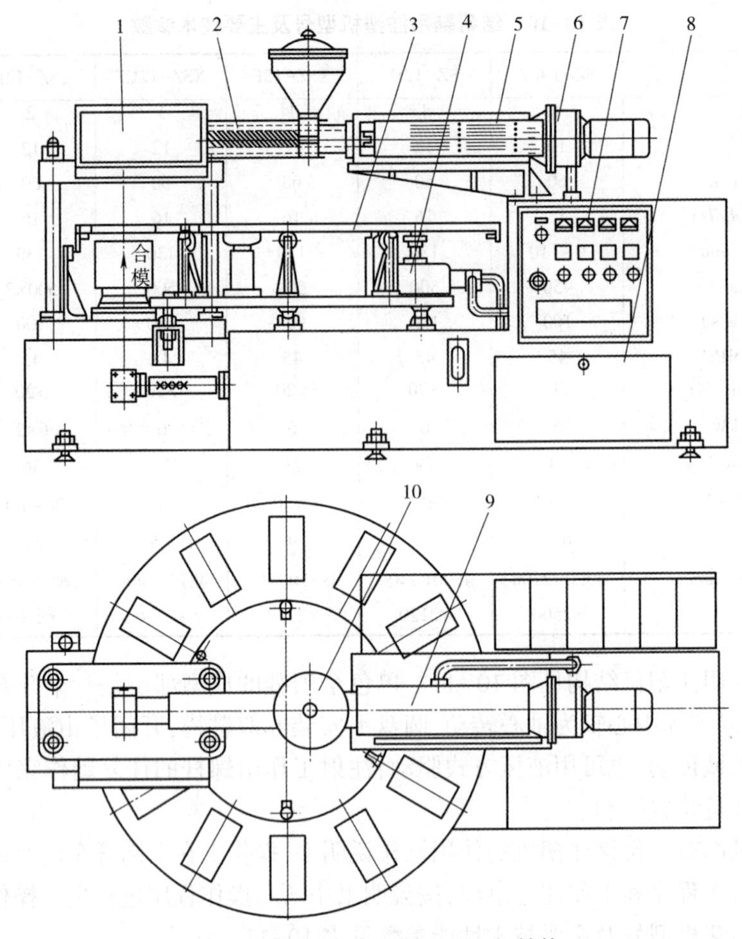

图 10-11 单色全塑鞋用注塑机结构

1—合模装置;2—塑化装置;3—圆盘;4—圆盘传动用减速箱;5—注射计量装置;6—螺杆转动减速箱;7—操作控制器;8—液压系统;9—注射装置;10—加料斗

料机械厂生产的注塑机型号及性能参数见表 10-14。

表 10-12 鄂城通用机器集团公司生产的鞋用注塑机型号及性能

鞋用塑料注塑机	工位数	螺杆直径/mm	注射量/g	注射压力/MPa	总功率/kW
SZ-12JCD	12	60	500	45	27
SZ-16JCD	16	60	500	45	28.6
转盘发泡注塑机	工位数	螺杆直径/mm	下圆盘上端面到注料嘴距离/mm		压楦行程/mm
SZJ1060F	10	60	30		60
双色塑胶注塑机	工位数	螺杆直径/mm	额定注射量/g	注射压力/MPa	总功率/kW
2G SZ-20JA$_2$	20	65	20×700	45	71
塑胶鞋底注塑机	工位数	螺杆直径/mm	注射压力/MPa	最大注射容积/cm^3	总功率/kW
DSZ-16YA	16	75	44	600	32
DSZ-20YA	20	75	44	600	32
塑胶注塑机	工位数	螺杆直径/mm	最大注射容积/cm^3	注射压力/MPa	总功率/kW
QSZ-12YA	12	75	660	45	33
QSZ-12JA	12	65	660	45	34
QSZ-12J	12	65	530	45	31.9

续表

塑胶雨鞋注塑机	工位数	螺杆直径/mm	最大注射容量/cm^3	总功率/kW
HS8-16YA	16	85	1200	40
双色塑胶雨鞋注塑机	工位数	螺杆直径/mm	最大注射容积/cm^3	总功率/kW
—	12	65,90	660,1580	83

表 10-13　淮达机械集团公司生产的注塑机型号及性能

塑料注塑机	螺杆直径/mm	注射量/g	注射压力/MPa	锁模力/kN
LY50	28	65	215.0	500
	32	85	165.0	500
LY80	30	85	213.8	800
	35	116	157.1	800
	40	152	120.3	800
LY100	40	183	203.0	1000
	45	227	160.0	1000
LY140	45	227	177.0	1400
	50	282	143.5	1400
LY180	50	342	176.1	1800
	55	413	145.6	1800
	60	491	122.3	1800
LY240	55	498	212.9	2400
	60	593	178.9	2400
	65	695	152.4	2400

表 10-14　龙岩塑料机械厂生产的注塑机型号及性能

圆盘式塑胶鞋类注塑机	螺杆直径/mm	注射压力/MPa	合模力/kN	工位数	总功率/kW
SZMS-565×18×3 三色鞋机	60	70	700	18	90.85
SZMS-660×18×2 双色鞋机	65	60	700	18	63.6
SZM-565×18 单色鞋机	60	70	700	18	31.8
SZMS-565×20×2 双色鞋机	60	70	700	20	62.1
SZM-565×20 单色鞋机	60	70	700	20	31.05
SZM-880×12 单色鞋机	75	45	700	12	34.05
SZM-1200×12 雨鞋机	85	56.9	960	12	48.75

(5)热固性塑料注塑机　用于注射成型热固性塑料(如酚醛、聚氨酯等)制品的注塑机称为热固性塑料注塑机。由于热固性原料成型制品工艺过程中的特殊条件要求,成型热固性塑料制品用注塑机结构也就略有不同。图 10-12 是热固性塑料成型用注塑机的塑化注射部位结构。

热固性塑料成型用注塑机结构特点如下。

①螺杆的长径比 $L/D=12\sim16$,压缩比为 1.05~1.15,螺纹深为渐变型,螺杆头部为锥形。

②机筒分两段,为组合式。机筒加热介质为油或水,两段机筒各自独立控温,这样使机筒的加热升温平稳缓慢,防止了原料过热而提早固化在机筒内。机筒分两段也方便拆装清理。

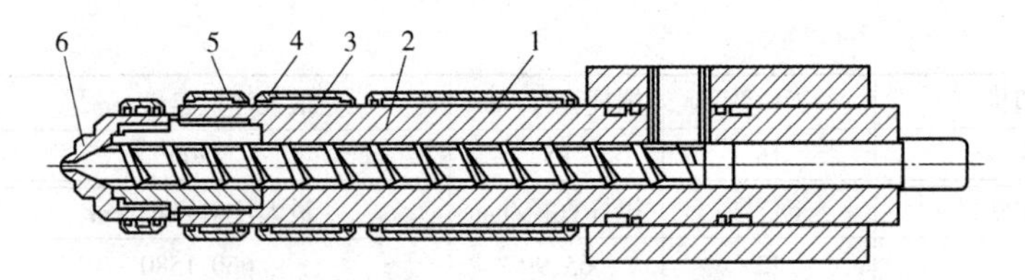

图 10-12 热固性塑料成型用注塑机的塑化注射部位结构

1—螺杆;2—主机筒;3,5—加热装置;4—前机筒;6—喷嘴

③热固性塑料黏度比较大,喷嘴孔直径应在 4~8mm 之间,为直通式喷嘴。

④机筒和螺杆的装配间隙应控制在 0.10~0.20mm 之间,以防止机筒内滞留残料固化。

⑤成型模具温度控制应平稳、恒定,不允许有较大温度波动,模具和固定模板间要加隔热板,以方便模具温度的稳定控制。

⑥成型模具要有排气通道,以方便热固性塑料固化反应中的气体逸出。

表 10-15 所列为热固性塑料成型用注塑机型号及主要技术参数,供选择时参考。

表 10-15 热固性塑料注塑机主要技术参数

名称	600H-200	900H-270	1300H-380	1800H-680	2300H-800	2800H-1325
合模力/kN	600	900	1300	1800	2300	2800
移模行程/mm	240	300	350	400	425	425
加热板厚度/mm	60	60	60	75	75	75
模具厚度(有加热板)/mm	20/280	20/280	20/280	0/250	100/500	100/500
移模调节行程/mm	260	260	260	260	400	400
模具厚度(无加热板)/mm	140/400	140/400	140/400	140/400	250/650	250/650
模板尺寸/mm	460×460	510×510	565×565	640×640	730×750	800×850
加热板尺寸/mm	460×460	510×510	565×565	640×640	730×750	800×850
固定模板厚度/mm	100	110	135	160	190	190
拉杆内间距/mm	300×300	310×310	360×360	400×400	460×460	515×515
拉杆直径/mm	50	65	65	80	90	100
顶出力/kN	46	70	70	70	70	70
顶出行程/mm	60	80	80	80	140	140
螺杆直径/mm	30,35,40	35,40,45	38,45,52	45,52,60	50,60,70	70,75,80
注射压力/MPa	200,148,112	180,138,109	207,148,110	194,145,109	203,141,104	176,153,135
理论注射容积/cm³	98,135,176	153,200,254,	180,255,340	349,490,670	395,565,770	750,857,980

(6)专用型注塑机 专用注塑机是指只用来生产某一特殊塑料制品用注塑机。如大连华大机械有限公司生产的 PET 瓶坯专用注塑机型号及主要参术性能参数见表 10-16。用 PVC 粉料注射成型各种管件和阀门用注塑机型号及主要技术性能参数见表 10-17。用于注射成型大规格塑料制品用注塑机型号及主要技术性能参数见表 10-18。注射成型、薄壁精密塑料制品用 TT1-F 系列注塑机型号及主要技术性能参数见表 10-19。

表 10-16 PET 系列瓶坯专用注塑机型号及主要技术参数

型号	90 PET			160 PET			260 PET			380 PET		
螺杆直径/mm	35	40	45	45	50	55	55	60	65	70	80	90
理论注射容积/cm³	177	231	293	366	452	546	656	780	916	1416	1850	2341

续表

型号	90 PET			160 PET			260 PET			380 PET		
注射量①/g	189	247	313	391	483	585	702	835	980	1515	1979	2505
注射压力/(kgf/cm^2)②	2220	1700	1343	2102	1702	1407	1999	1680	1431	2082	1594	1259
螺杆长径比(L/D)	25.1	22.0	19.6	24.4	22.0	20.0	24.0	22.0	20.3	25.1	22.0	19.6
注射速率/(cm^3/s)	64	84	106	106	131	158	192	229	269	259	339	429
螺杆最高转速/(r/min)	177			162			173			140		
螺杆行程/mm	184			230			276			368		
合模力/kN	900			1600			2600			3800		
合模行程/mm	320			446			525			710		
拉杆间距/mm	360×360			460×460			740×740			660×660		
最大模厚/mm	360			460			580			740		
最小模厚/mm	150			150			200			250		
模板最大间距/mm	680			906			1105			1450		
顶出力/kN	25			37			60			100		
顶出行程/mm	85			130			160			200		
顶出杆数量	1			5			9			13		
电机功率/kW	7.5			15			22			37		
油泵输出量/(L/min)	54			84			145			203		
电热功率/kW	10.6			15.3			18.3			25		
加热段数目	4+1			5+1			5+1			5+1		
机器质量/t	3			4.8			11			15.5		

①注射量是指用 PET 料时的质量。

②$1kgf/cm^2 = 98.0665kPa$。

表 10-17　PVC 粉料成型注塑机型号及主要技术参数

型号	90 PVC			190 PVC			380PVC			600PVC		
螺杆直径/mm	35	40	45	50	55	60	70	80	90	90	100	110
理论注射容积/cm^3	177	231	293	497	601	715	1416	1850	2341	2863	3534	4277
注射量/g①	212	277	351	596	721	858	1699	2220	2809	3435	4241	5132
注射压力/(kgf/cm^2)②	2220	1700	1343	2048	1693	1422	2082	1594	1259	1991	1613	1333
螺杆长径比(L/D)	26.3	23.0	20.4	25.3	23.0	21.1	26.3	23.0	20.4	25.6	23.0	20.9
注射速率/(cm^3/s)	64	84	106	132	160	190	259	339	429	397	490	593
螺杆最高转速/(r/min)	177			162			140			80		
螺杆行程/mm	184			253			368			450		
合模力/kN	900			1900			3800			6000		
移动模板行程/mm	320			490			710			910		
拉杆间距/mm	360×360			510×510			740×740			900×900		

续表

型号	90 PVC	190 PVC	380PVC	600PVC
最大模厚/mm	360	510	740	910
最小模厚/mm	150	175	250	350
模板最大间距/mm	680	1000	1450	1820
顶杆顶出力/kN	25	44	100	246
顶出行程/mm	85	140	200	280
顶杆数	1	5	13	17
电机功率/kW	7.5	18.5	37	55
油泵输出量/(L/min)	54	102	203	297
电热功率/kW	10.6	15.3	25	34
加热段数目	4+1	5+1	5+1	5+1
机器质量/t	3	6	15.5	26

①注射量是指用 PVC 料时的质量。

②$1kgf/cm^2 = 98.0665kPa$。

表 10-18 F_2系列注塑机型号及主要技术参数

型号	750 F_2			1250 F_2			2200 F_2		
螺杆直径/mm	90	100	110	110	125	140	140	160	180
理论注射容积/cm^3	2863	3534	4277	5293	6835	8574	10391	13572	17177
注射量/g	2577	3181	3849	4764	6152	7717	9352	12215	15459
注射压力 A/(kgf/cm^2)	1991	1613	1333	2190	1696	1352	2083	1595	1260
注射压力 B/(kgf/cm^2)	1513	1226	1013	1671	1294	1032	1554	1190	940
注射速率 A/(cm^3/s)	590	729	882	724	935	1173	1141	1491	1887
注射速率 B/(cm^3/s)	777	959	1161	949	1225	1536	1530	1998	2529
螺杆行程/mm	450			557			675		
螺杆长径比(L/D)	22	20	18	23	20	18	23	20	18
注射喷嘴行程/mm	600			800			1080		
螺杆转速/(r/min)	125			110			64		
合模力/kN	750			1250			2200		
最小模厚/mm	350			500			900		
最大模厚/mm	1025			1300			1800		
模板最大间距/mm	2050			2600			3700		
移动模板行程/mm	1025			1300			1900		
拉杆间距/mm	1000×1000			1250×1250			1800×1600		
顶杆顶出力/kN	246			246			385		
顶杆行程/mm	350			350			450		
顶杆数	17			21			21		

续表

型号	750 F_2	1250 F_2	2200 F_2
电机功率/kW	74	110	165
电热功率/kW	33.8	41	68
系统压力/(kgf/cm^2)	160	160	160
油泵排量/(L/min)	441	595	892
油箱容积/L	1350	1550	2150
加热段数目	5+1	5+1	5+1
机器质量/t	39	68	169

①A 为高压低速，B 为低压高速。

②$1kgf/cm^2=98.0665kPa$。

表 10-19　TTI-F_x系列注塑机型号及主要技术参数

型号	TTL-100F_x		TTL-180F_x		TTL-260F_x	
螺杆直径/mm	30	35	40	45	50	55
理论注射容积/cm^3	114	155	260	329	497	601
注射量/g	102	139	234	296	447	541
螺杆长径比(L/D)	23.3	20	22.5	20	22	20
注射压力/(kgf/cm^2)	2320	1740	2160	1707	2048	1693
注射速率/(cm^3/s)	96	131	160	203	245	296
螺杆转速/(r/min)	310		420		300	
塑化能力/(kg/h)	42	58	76	97	142	173
注射台行程/mm	255		320		400	
合模力/kN	100		180		260	
模板最大间距/mm	680		906		1105	
移动模板行程/mm	320		446		525	
拉杆间距/mm	360×360		460×460		580×580	
最小模厚/mm	150		150		200	
最大模厚/mm	360		460		580	
顶杆顶出力/kN	37		44		60	
顶杆行程/mm	85		130		160	
顶杆数	1		5		9	
电机功率/kW	15		22.37		30	
油箱容积/L	200		28		430	
系统压力/(kgf/cm^2)	160		160		160	
加热段数目	3+1		4+1		5+1	
加热功率/kW	6.2		10.6		15.3	
机器质量/t	3.2		5.5		8.5	

①注射量和塑化能力计算，系指用 PS 料。

②$1kgf/cm^2=98.0665kPa$。

10.9 怎样选择注塑机的规格型号?

选择注塑机的规格大小时,首先要查看注塑机生产厂家提供的产品说明书中的注塑机性能参数。这些参数值表示注塑机的主要功能特征,使用者可根据所要生产塑料制品的一些技术条件要求(如制品用原料、制品质量、外形尺寸和成型模具高度等)去查找设备说明书中与其相接近的参数,这些参数值所对应的注塑机型号就是要选购的注塑机型号。

规格型号中重点要对照的数据是制品的质量(或容积)、外形尺寸及锁模力(kN)与说明书中相应参数值比例关系,即塑料制品质量与注塑机理论注射量(或容积)之间比例要求,制品的高度尺寸与成型模具厚度尺寸和注塑机模板行程距离之间尺寸要求条件等。

计算方法如下。

①制品用熔料量。

$$Q=kX(\text{制品质量}+\text{浇道系统用料量})$$

式中 k——系数,为1.1~1.3。

②注塑机生产该制品应注射的熔料量。

$$Q_s = Q \times \frac{1.05}{\rho_r}$$

式中 ρ_r——制品密度。

③计算实例。一件PE制品质量为220g,浇道系统用料量为20g,计算生产此制品时需要的熔料量是多少?

a.制品成型需要熔料量:$Q=1.2\times(220+20)=280(g)$

b.成型制品需要注塑机注射熔料量:$Q_s = 280 \times \frac{1.05}{0.92} = 319.5(g)$。

则生产该制件的注塑机型号理论注射量应是比319.5g略大些的接近值。

④计算注塑制品用合模力。

合模力=计算用系数×制品在模板上垂直投影面积

即

$$F=kS$$

式中 F——合模力,t;

S——制品投影面积,cm^2;

k——注塑不同原料用系数,t/cm^2。

不同原料的 k 值见表10-20。

表10-20 不同塑料注射用合模力计算用 k 值

原料名称	PE	PP	PS	ABS	PA	其他工程塑料
$k/(t/cm^2)$	0.32	0.32	0.32	0.32~0.48	0.64~0.72	0.64~0.80

⑤按制品高度计算合模行程最小距离。模板行程距离尺寸大小由注塑制品的高度和模具(移动部分模具)的厚度尺寸来决定,即模板的行程距离尺寸应大于移动模具厚度的2倍多一些,以开模后能取出注塑制件为准。

10.10 注塑机的基本参数生产工作时怎样选择应用?

注射成型制品生产,每次更换塑料制品的不同品种时,生产前要参照新注塑件的成型条件

(用原料、质量、外形尺寸和模具高度等)对工作的注塑机各参数进行一次调整。因为对注塑机的基本参数选择应用的合理与否,将会直接影响这台注塑机的工作效率和它所生产的注塑制品的质量及生产成本。

(1)理论注射量　注塑机的理论注射量是指注塑机中的螺杆(柱塞)在一次最大行程中注射装置所能推出的最大熔料量(cm^3)。理论注射量是注塑机的主要性能参数,从这个参数值中可以知道注塑机对原料的塑化加工能力,从而可确定一次注射成型塑料制品的最大质量。

理论注射量计算公式

$$Q_L = \frac{\pi}{4}D^2S$$

式中　Q_L——理论注射量,cm^3;

D—螺杆(柱塞)直径,cm;

S—螺杆(柱塞)最大行程,cm。

由于螺杆(柱塞)的外径与机筒内径之间有一个相互运动装配间隙,当螺杆(柱塞)推动熔料前移时,受前面喷嘴口直径缩小和物料与机筒内壁摩擦等阻力影响,会有一小部分熔料从间隙中回流。所以,注塑机的实际注射量要小于理论注射量,计算时需要用系数 k 值修正。k 值的大小与螺杆(柱塞)结构参数、螺杆(柱塞)与机筒间隙大小、注射力大小、熔料流速、螺杆背压力大小、模具结构、原料性质及制品形状等因素有关。一般当螺杆头部有逆止阀时,取 k 值为0.9;如果只考虑熔料的回流时,取 k 值为0.97。注塑机的实际注射量 $Q_s = kQ_L = k\frac{\pi}{4}D^2S$;如果知道熔料的质量,则 $Q_s = kQ_L\rho_r$,式中,ρ_r 为塑料熔融状态下的密度,g/cm^3(表10-21)。

表10-21　塑料在不同温度条件下的密度

名称	室温下密度/(g/cm^3)	加工温度/℃	熔融状态下密度/(g/cm^3)
聚苯乙烯(PS)	1.05	180~280	0.93~0.98
低密度聚乙烯(LDPE)	0.92	160~260	0.73~0.78
高密度聚乙烯(HDPE)	0.954	260~300	0.71~0.73
聚甲醛(POM)	1.42	200~210	1.16~1.17
尼龙6、尼龙10(PA6、PA10)	1.08	260~290	1.008~1.01
聚丙烯(PP)	0.915	250~270	0.72~0.75

(2)注射压力　注塑机的注射压力是指螺杆(柱塞)前移时对塑化均匀熔料施加的推力。注射时施加这个压力是为了克服熔料进入成型模具过程中,经流喷嘴、浇道和模具腔内各部位的摩擦阻力,以保证熔料在此压力作用下充满型腔各部位。

注射压力计算公式

$$P_{注} = \frac{\frac{\pi}{4}D_0^2P_0}{\frac{\pi}{4}D^2} = (\frac{D_0}{D})^2P_0$$

式中　P_0——油压,MPa;

D_0——注射油缸内径,cm;

D——螺杆(柱塞)直径,cm。

注射压力大小的选择,要从熔料的黏度、制品的形状、塑化条件、模具温度及制品的外形尺寸精度要求等因素考虑。注射压力过大,制品成型后的内应力大,容易在成型时产生毛边,而且脱模时也较困难；注塑压力偏小，则熔料不易充满模腔，有时制品外形尺寸精度达不到要求。不同精度要求的塑料制品，当用料黏度要求不同时，注射压力的选择见表 10-22，可供生产时参考。通常，选择注塑制品用注射压力要大于制品成型用压力的 20%。

表 10-22　制品尺寸精度和用料黏度与注射压力关系

塑料制品成型条件	注射压力/MPa
制品尺寸精度一般，原料黏度较低	70～100
制品外形有一定的尺寸精度要求，原料黏度中等	100～140
制品外形尺寸精度要求较高，原料黏度较高	140～170
制品外形较复杂，尺寸精度要求高	230～250

(3)注射速度　注射速度是指注射熔料入模具时熔料流动的速度，也可理解为注射时螺杆(柱塞)移动速度。注射熔料流速快慢的选择，要注意原料的性能、制品的形状及模具的冷却温度等条件的影响。注射速度的快慢直接影响注射成型制品质量和生产效率。速度慢，注射成型制品用时间增加，熔料受降温影响充满模腔的时间加长，熔料流动阻力也要加大，这会使制品容易出现冷合料缝痕；注射速度过快，会使熔料产生的摩擦热过高，出现因熔料温度过高而降解或变色，同时，过快的熔料流速会因模腔内空气被急剧加压而升温，也会使熔料汇合处因降解而出现焦黄。

由注射熔料量的大小决定的成型制品需要的注射时间，可参照表 10-23 中的经验数据来初步确定，然后再在生产中结合成型制品的实际工作需要，适当进行调整。

表 10-23　注射熔料量与注射用时间

注射料量/g	125	250	500	1000	2000	4000	6000	10000
注射时间/s	1.0	1.25	1.5	1.75	2.25	3.0	3.75	5.0

注射速度计算

$$v = \frac{S}{t}$$

式中　S——螺杆(柱塞)行程，mm

t——注射时间，s。

按公式解释注射速度，即是指单位时间内螺杆(柱塞)移动的距离。

(4)合模力　注塑机的合模力(也可称锁模力)是指合模装置中，对由两片(或多片)模具结合成的注塑制品成型空腔的最大夹紧力。注射时，熔料以一定的注射压力和流速进入模具空腔，在合模力的作用下，成型模具不至于被熔料的注射压力作用而胀开。

塑料制品注射成型所需要的最小合模力(即成型模具不至于被熔料胀开的合模力)为

$$F \geq kPA$$

式中　F——合模力，t；

k——安全系数，一般取 $k=1\sim1.2$；

A——制品外形在模具分形面上的垂直投影面积，cm^2；

P——模腔的内压力，MPa。

成型模具腔内的压力值 P 的计算比较困难，因为它与熔料的注射压力、黏度、塑化条件及制品形状、模具结构和冷却定型温度有关。所以，这里只能取模具腔内的平均压力(这个平均压力是个实验数据,即模具腔内的总压力与制品投影面积的比值)来计算注塑机的合模力。

$$F \geqslant kP_{平均}A$$

不同注塑制品注射时成型模腔内的平均压力见表 10-24。

表 10-24 不同塑料注射时模腔内平均压力

塑料名称	平均压力/MPa	塑料名称	平均压力/MPa
LDPE	10~15	AS	30
MDPE	20	ABS	30
HDPE	35	有机玻璃(PMMA)	30
PP	15	醋酸纤维树脂类塑料(CA)	35
PS	15~20		

不同塑料制品的成型条件与模腔内平均压力见表 10-25。

表 10-25 制品成型条件与模腔内平均压力

成型条件	模腔平均压力/MPa	制品结构
易于成型制品	25	PE、PP、PS 成型壁厚均匀日用品、容器等
普通制品	30	薄壁容器类原料为 PE、PP、PS
物料黏度高 制品精度高	35	ABS、聚甲醛(POM)等精度高的工业用零件
物料黏度特高 制品精度高	40	高精度机械零件

(5)合模部位参数　合模部位的参数选择要根据注塑制品的外形尺寸来确定。如根据制品的高度来设计成型模具的厚度;根据成型模具的厚度和制品的高度数值之和来查看模板开距最大距离尺寸数值是否够用,制品是否能脱模取出;根据模具的外形尺寸来核对拉杆间距离尺寸并确定装配模具是否能通过;模板尺寸是否适合;模板的移动速度方式是否适合制品成型工艺要求等。

10.11 螺杆往复式注塑机由哪些主要零部件组成?

注塑机的结构组成形式比较多,但不管是哪种组成形式的注塑机,要想全部完成塑料制品成型的注射工作,它就必须具备原料的塑化、注射、成型模具合模、保压、降温冷却固化和脱模等功能动作。

在多种结构注塑机中,以卧式螺杆往复型注塑机应用最多,图 10-13 中所示注塑机是目前国内应用比较普遍、数量最多的一种普通卧式注塑机的立体外观。图 10-14 所示是这种注塑机主要零部件的安装位置。

注塑机主要由原料塑化注射装置、合模装置、液压传动装置及与其配合工作的电器控制系统和安全保护装置等主要部件组成。

10.12 螺杆往复式塑化注射装置结构及工作方法是什么?

螺杆往复式塑化注射装置结构如图 10-15 所示,主要由螺杆、机筒、齿轮减速箱、料斗、加

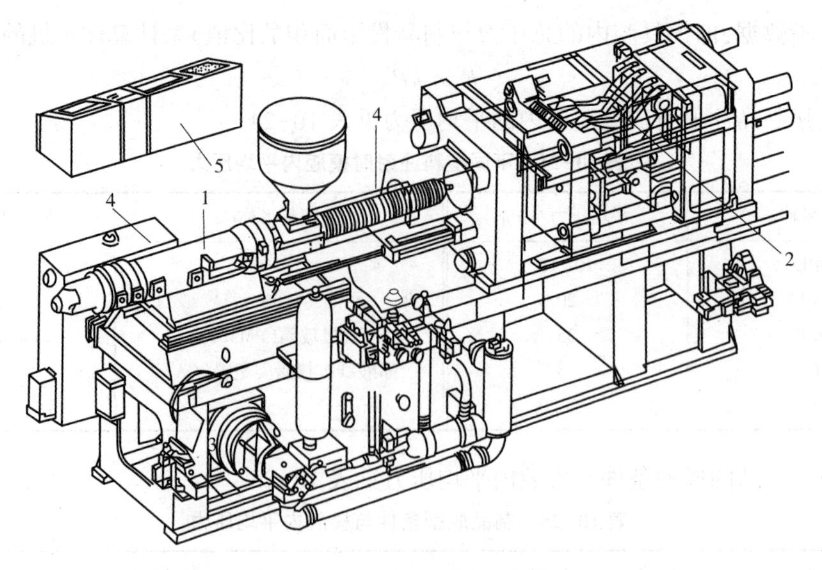

图 10-13　卧式注塑机立体外观

1—原料塑化注射部分；2—合模，制品成型部分；3—液压传动工作部分；
4—电加热控制部分；5—操作控制台

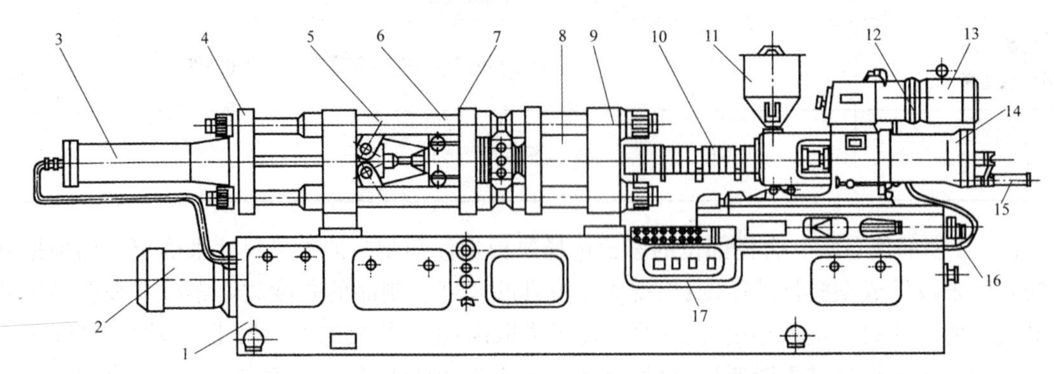

图 10-14　卧式注塑机主要零件安装位置

1—机身；2—液压系统用电动机；3—合模油缸；4、9—固定模板；
5—合模机构；6—拉杆；7—移动模板；8—成型模具；
10—机筒、螺杆和电加热装置；11—料斗；12—传动减速箱；13—驱动螺杆用电动机；
14—注射用油缸；15—计量装置；16—注射座移动油缸；17—操作台

热器、喷嘴和螺杆移动注射油缸及注射座移动用油缸等零部件组成。由于原料的塑化和注射工作是由螺杆在机筒内转动和往返移动来完成的，所以称这种塑化装置为螺杆往复式塑化注射装置。这种结构形式的注塑机是目前国内生产量最大，应用台数最多的一种注塑机。

螺杆往复式塑化注射装置工作方法如下。

注塑制品成型用原料从料斗下端开口进入塑化机筒内，随着螺杆的转动，粒料被螺纹推动前移。粒料前移过程中受机筒加热而升温，又因螺纹槽容积的逐渐缩小而受挤压，再加上原料被推动向前移动时与机筒内壁和螺纹表面间的摩擦及原料间的翻动、剪切动作的摩擦作用，使原料逐渐熔融成黏流态。前移熔料受机筒前喷嘴的阻力作用，随着前移料量的增多而阻力逐渐增大，熔料被向前推动的反阻力也相应地增大，当这个反阻力超过油缸活塞推动螺杆退回的阻力时，螺杆开始一点点后退，在螺杆头部形成一个能存放塑化均匀的熔融料腔。当这个熔料腔中的熔料量

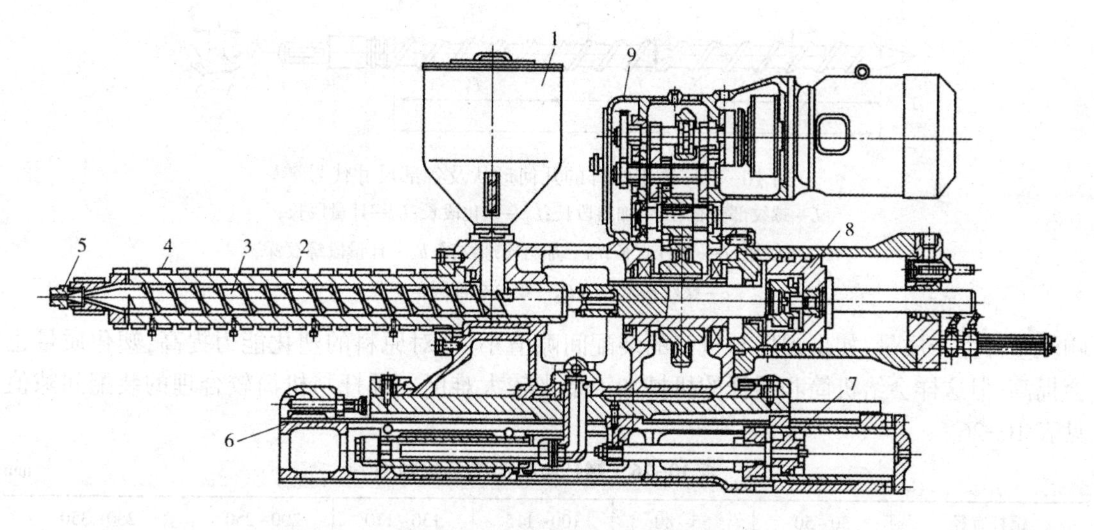

图 10-15　螺杆往复式塑化注射装置结构

1—料斗；2—机筒；.3—螺杆；4—加热器；5—喷嘴；6—注射装置移动导轨座；
7—注射座移动油缸；8—螺杆移动注射油缸；9—齿轮减速箱

达到注塑制品需要用料量时，计量装置动作，螺杆停止转动和后退；这时，合模机构动作，成型模具合模；注射座油缸动作，推动注射座前移，使喷嘴紧靠在成型模具入料口；注射油缸升压，油缸中活塞推动螺杆以一定的压力和工艺要求速度前移，把机筒前的熔料一次性注入成型模具内，再保压一段时间，用以补充因制件冷却收缩用料。至此，完成螺杆往复式塑化、注射和保压 3 个生产工艺动作程序。制品冷却定型后，开模取出制件。与此同时，螺杆又开始转动，料斗供料，原料随螺杆转动前移被塑化熔融，螺杆逐渐后退，开始注射成型制品的第 2 次动作循环。

10.13　螺杆结构尺寸有哪些要求?

螺杆是螺杆往复式塑化注射型注塑机中重要零件，螺杆的结构形式选择和螺杆制造精度质量对注塑机成型制品的质量有较大影响。注塑机塑化注射用螺杆结构见图 10-16。注塑机通用型螺杆的几何形状及各部尺寸代号见图 10-17。

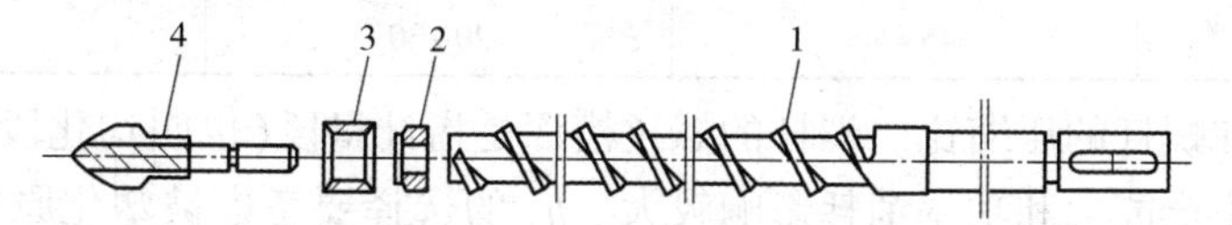

图 10-16　螺杆结构组成

1—螺杆体；2—止逆环；3—垫圈；4—螺杆头部

(1) 螺杆各部几何形状尺寸

①螺杆直径与注射行程。一般螺杆直径与其注射行程的比值为 3~5。如果取大值，说明螺杆注射行程大，这样螺杆的塑化螺纹就要短些，否则会影响原料的塑化质量；如果取小值，说明螺杆注射行程小，为了保证注射量就要加大螺杆直径，但这会增加注塑机的功率消耗。

②螺距 S、螺纹棱宽 e 和螺杆与机筒间隙。通常螺距与螺杆直径相等（即 $D=S$），螺纹棱宽 $e=0.1D$，螺杆与机筒的装配间隙在 $(0.002\sim0.005)D$ 之间（D 为螺杆直径）。如果螺杆与机筒的装配间隙值大，则螺杆的塑化能力和塑化原料质量下降，注射时熔料回流量增加，因此会影

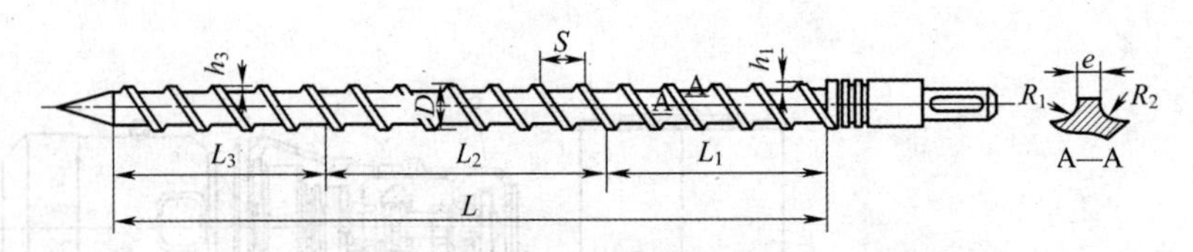

图 10-17　通用螺杆的几何形状及各部尺寸代号

L—螺纹部分长；L_1—加料段长；L_2—塑化段长；L_3—计量段长；

S—螺纹距；D—螺杆直径；h_1—加料段螺纹深；h_3—计量段螺纹深

e—螺纹棱宽；R_1，R_2—螺纹根部圆角半径

响注塑件生产质量；如果螺杆与机筒的装配间隙值小，则对原料的塑化能力提高，塑化质量也会提高，但这样会给机筒和螺杆的机械加工带来较大难度。螺杆与机筒较合理的装配间隙值见表 10-26。

表 10-26　螺杆与机筒的装配间隙　mm

螺杆直径	30~50	55~80	100~115	130~170	200~250	280~350
最大径向间隙	0.30	0.40	0.45	0.55	0.65	0.80
最小径向间隙	0.18	0.25	0.30	0.35	0.40	0.50

③长径比 L/D。螺杆的长径比是指螺杆的螺纹部分长与螺杆直径的比值。注塑机一般多用突变型螺杆结构，长径比一般多为 21~25。长径比大，对原料的塑化质量提高，工艺温度也较容易控制。为了提高生产量，螺杆转速也可提高些。但若长径比过大，螺杆长度加大，会增加螺杆的制造费用。

④螺杆上各段螺纹长度分配。为使原料在机筒内塑化质量均匀稳定，要求螺杆上的加料段、塑化段和计量段长度要有固定的比例分配关系。表 10-27 中列出了螺杆各段长度值范围，可供选择参考。

表 10-27　螺杆的各段长度　%

螺杆类型	加料段	塑化段	计量段
渐变型螺杆	30~50	50	20~35
突变型螺杆	65~70	(3~4)D	20~25
通用型螺杆	45~50	20~30	20~30

⑤螺纹槽深和螺杆的压缩比。螺杆的螺纹槽深是指计量段（也叫均化段）螺纹槽深 h_3，这个值对注塑机的生产能力和功率消耗影响较大。h_3 的选择要考虑被塑化原料的比热容、导热性、热稳定性、黏度及塑化时的压力等影响因素，通常取 $h_3=(0.04\sim0.07)D$（D 为螺杆直径，当直径小时取大值）。

压缩比是指螺杆上加料段螺纹槽深 h_1 与计量段螺纹槽深 h_3 的比值，即 h_1/h_3。这个值的大小对原料的塑化质量有较大影响。注塑机中原料的塑化质量还可通过调整螺杆的背压来得到改善。

部分国产注塑机中螺杆的各部位几何形状尺寸见表 10-28。可供选择应用时参考。

表 10-28　国产注塑机螺杆各部位几何形状尺寸

mm

螺杆直径 D	螺纹长 L	L/D	L_1	L_2	L_3	h_3	h_1	h_1/h_3	S	R_1	R_2	e	螺杆类型	注塑机型号
42	717	17	480	40	197	2.7	7.5	2.8	40	2	7	4	A	XS-ZY125
42	745	17.5	220	400	125	3	7.5	2.5	40	3	7	4	B	XS-ZY125
50	770	15.5	458	50	262	3	8	2.6	50	3	6	5	A	XS-ZY250
50	803	16	233	350	220	3.3	8	2.4	50	3	6	5	A	XS-ZY250
65	1056	16.5	746	70	240	3	9.5	3.2	65	3	11	7	A	XS-ZY500
65	1056	16.5	330	560	249	3.5	8	2.3	65	3	11	7	B	XS-ZY500
85	1280	15	850	100	330	4.5	14	3.1	80	6	12	8	A	XS-ZY1000
85	1310	15.5	450	600	260	5.5	13.5	2.5	80	6	12	8	B	XS-ZY1000
110	1875	17	1405	110	360	5	14	2.8	110	4	12	11	A	XZY2000
120	1875	15.5	1395	120	360	4	15	3.7	120	4	12	12	A	XZY2000
130	1925	15	1315	130	480	5.5	19	3.5	120	5.5	16.5	12	S	XS-ZY4000
130	2020	15.5	1550	1065	405	7	16.5	2.4	180	5.5	14.5	12	B	XS-ZY4000

①代号尺寸参照图 10-17。

②螺杆类型 A 为突变、B 为渐变。

(2)螺杆头部形状　螺杆的头部形状一般多采用尖锥形,主要是为了减少熔料的注射阻力,使螺杆前端熔料的滞留料少些,对那些熔料黏度高的热敏性塑料,锥形结构对熔料注射更有利些。螺杆头部锥形结构见图 10-18。尖锥形角度在 15°~30°之间。图中(a)所示结构,一般多用来塑化注射 PVC 熔料时应用;(b)型结构是锥形部位带有螺纹,对原料的清洗净化效果会更好些;(c)型结构是螺杆头部为山字形,适合于注射成型对透明度要求较高制件。

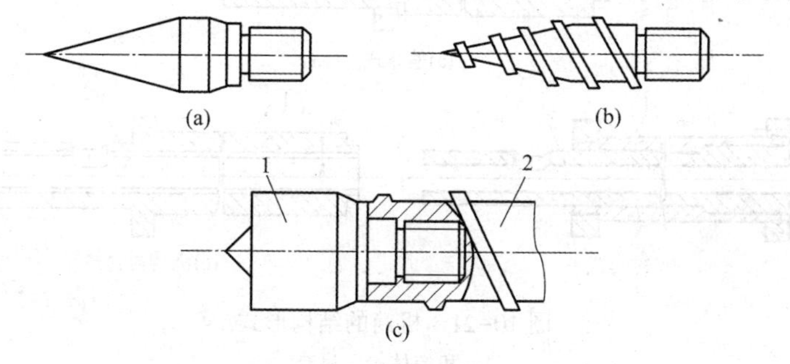

图 10-18　常用的几种螺杆头部结构形式

1—螺杆头部;2—螺杆

(3)止逆阀　注塑机用螺杆头部装有止逆阀,一般多在注射中、低等黏度熔料时应用。作用是为了减少或避免注射工作中熔料的回流,从而达到节省能源、提高注塑制品工作效率和避免残余熔料分解的目的。

图 10-19 是注塑机螺杆常用止逆阀结构。

10.14　机筒结构分几种形式?各有什么特点?

机筒在螺杆体的外围,螺杆在机筒内旋转。两零件配合工作,共同完成注塑机对注塑制品用原料的塑化、注射工作。两零件的配合安装位置见图 10-20,机筒的结构组成见图 10-21。

图 10-21 中机筒体的结构可分为整体式、衬套式和浇铸衬套式 3 种。应用较多的还是整

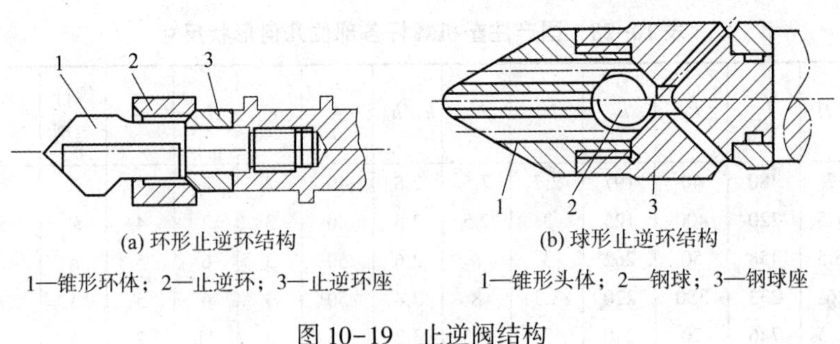

(a) 环形止逆环结构　　(b) 球形止逆环结构

1—锥形环体；2—止逆环；3—止逆环座　　1—锥形头体；2—钢球；3—钢球座

图 10-19　止逆阀结构

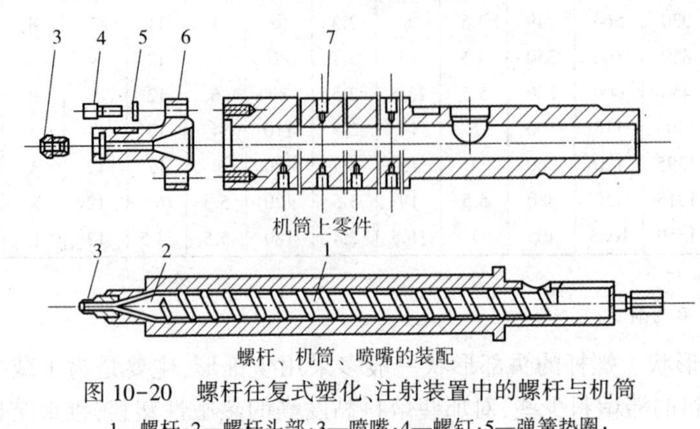

机筒上零件

螺杆、机筒、喷嘴的装配

图 10-20　螺杆往复式塑化、注射装置中的螺杆与机筒

1—螺杆；2—螺杆头部；3—喷嘴；4—螺钉；5—弹簧垫圈；
6—机筒法兰；7—机筒

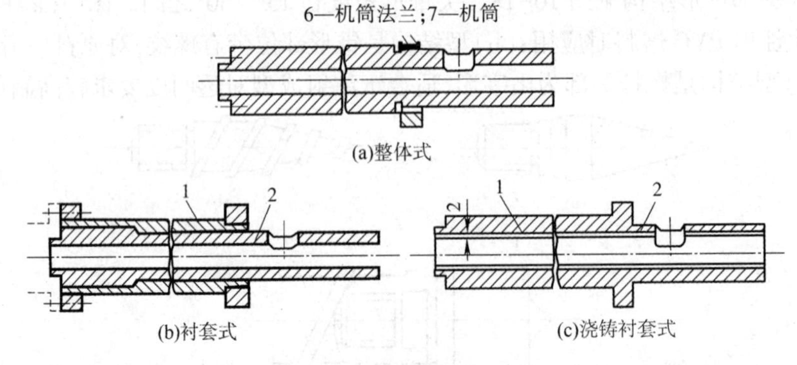

(a)整体式

(b)衬套式　　(c)浇铸衬套式

图 10-21　机筒的结构形式

1—机筒体；2—衬套

体式机筒结构。

整体式机筒多用 38CrMoAl 或 40Cr 合金钢制造，内孔工作面精加工后进行氮化处理，以提高工作硬度和耐磨性。这种机筒结构的机械加工精度较容易保证。装配精度高，机筒加热升温均匀，工艺温度也比较好控制，但磨损后修复要困难些。衬套式机筒结构和浇铸式衬套机筒结构多用在大型注塑机的机筒结构中，主要是为了节省较贵重的合金钢材，这样的机筒结构磨损维修费用也比较少。

10.15　机筒和螺杆制造质量有哪些技术要求？

(1) 机筒质量技术要求

①机筒要用抗腐蚀、耐磨损合金钢材制造。国内目前多用 38CrMoAl、40Cr 或 45# 钢制造。

②机筒毛坯应经锻造成型。

③机筒粗加工后应调质处理,硬度 HB=260~290。

④机筒机械加工后,壁厚应均匀,内孔加工精度应符合 GB 1184 标准中 7 级精度。

⑤内孔表面要氮化处理,氮化层深应在 0.40~0.70mm 范围内。表面硬度 HV≥950。

⑥内孔表面精加工后粗糙度 R_a 应不大于 1.6μm。

(2)螺杆质量技术要求

①螺杆毛坯用 38CrMoAl 或 40Cr 合金钢经锻造成型。

②螺杆粗加工后应进行调质处理,硬度 HB=260~290。

③螺杆精加工后的外圆精度应符合 GB1801-79 中 h8 级精度要求。

④螺杆螺纹部分粗糙度 R_a 值为螺纹两侧面不大于 1.6μm,螺纹底槽面和外圆不大于 0.8μm。

⑤螺纹表面氮化处理,氮化层深 0.3~0.6mm,硬度 HV=740~840。

⑥螺杆脆性不大于 2 级。

10.16 机筒前的喷嘴结构应用时怎样选择?

注塑机的机筒前喷嘴结构形式有多种,比较常用的喷嘴结构有直通式、关闭式和无熔料道专用式喷嘴。

(1)直通式喷嘴 直通式喷嘴是一种应用最多的结构形式,几种常用直通式喷嘴结构见图 10-22。

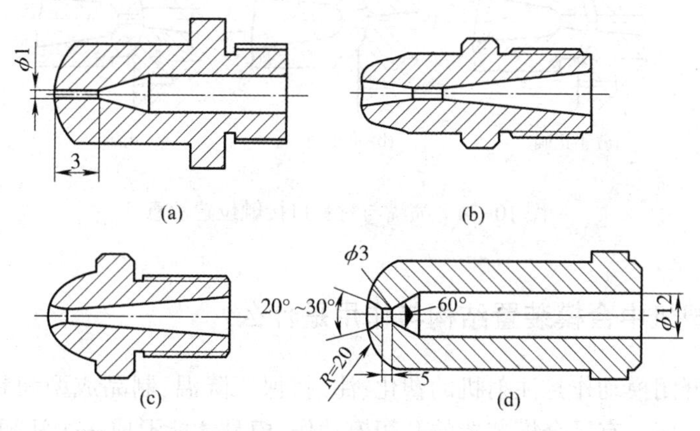

图 10-22 直通式喷嘴结构

图 10-22 中(a)喷嘴结构,熔料空腔比较大,喷嘴口直径为 1mm 左右,长约 3~4mm,适于原料黏度比较高、注射成型薄壁制品。此种喷嘴结构不易产生冷料,注射后也很少有熔料流延现象。

图 10-22 中(b)型喷嘴结构与(a)比较,锥形部位和孔径尺寸都略大些,喷嘴口直径约是其长度的 1/10。此种喷嘴结构适合注射熔料黏度较高的大型、壁厚制品。由于喷嘴口径尺寸较大,注射后容易出现熔料流延现象。

图 10-22 中(c)型喷嘴结构,喷嘴口径大而且短,适合于 PVC 熔料注射用。但注射后熔料流延现象较严重。

图 10-22 中(d)型喷嘴结构是一种应用较多、通用型喷嘴结构。

喷嘴一般多用 40Cr 钢制造,喷嘴前端圆弧表面要经高频热处理,硬度应是 R_c≥35。

(2)无熔料道专用型喷嘴　无熔料道专用型喷嘴结构如图 10-23 所示。这种喷嘴结构的熔料流道很短,适合用于热稳定性好、熔料温度范围较宽的聚烯烃类塑料注射成型。由于喷嘴口直径大,注射压力损失小;熔料流道短,制件的料道耗料小,从而节省了能源;特别对注射成型壁薄件更有利些。这种喷嘴结构简单、制造也较容易。

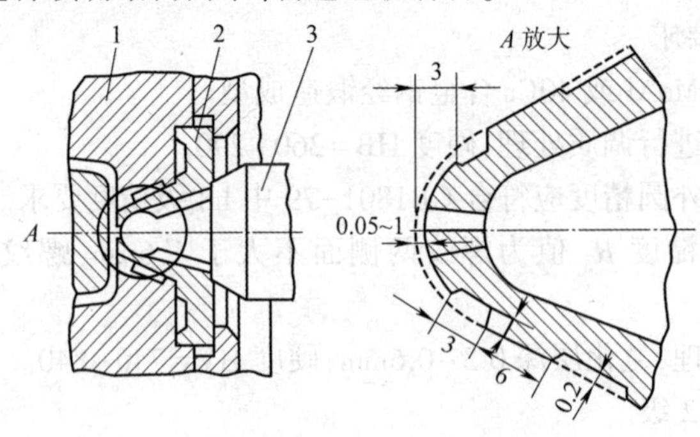

图 10-23 无熔料道专用型喷嘴结构

1—成型模具;2—衬套;3—喷嘴

对于喷嘴的使用,注意应先检查喷嘴前端圆弧面与模具进料衬套口的接触吻合状况,为防止注射时此处溢料,喷嘴与衬套口接触应达到图 10-24 所示要求。

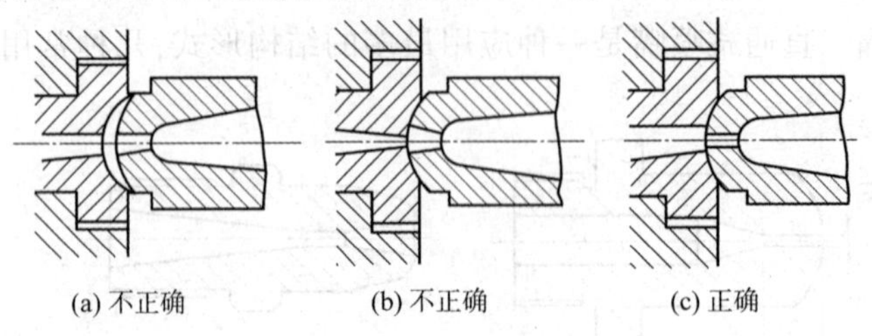

图 10-24　喷嘴与衬套口接触位置示意

10.17　注塑机中合模装置结构与作用是什么?

合模装置的开闭模动作是注射机的塑化、注射、保压降温、制品成型和制品脱模等工作程序中的一项重要工序。有了合模装置的开闭模动作,模具才能形成一个注塑制品的空腔,从而保证模具型腔不被注射熔料的压力胀开,也就保证了注射成型制品的质量。由此可见,成型模具结合的牢固可靠性,模具开启结合的动作灵活性和成品制件脱模取出的方便安全性,都是由合模装置中准确、可靠的动作来保证。

合模装置中的主要组成零部件结构及工作位置如图 10-25 所示。

图 10-25 所示合模装置结构是目前通用型注塑机中应用最普遍的一种合模机构,它主要由合模油缸、调模距机构、固定后模板、活塞杆、曲轴连杆机构、制件顶出油缸、移动模板、安全保护机构、拉杆、固定前模板和拉杆固定螺母等零部件组成。

10.18　合模装置工作中应注意哪些技术条件要求?

①模具的合模力(即合模装置的锁模力)要大于熔料注入模具腔内的胀力,以保证成型模具在承受熔料以一定压力和速度充满模具空腔时,不因受较大的冲击胀力而开缝。

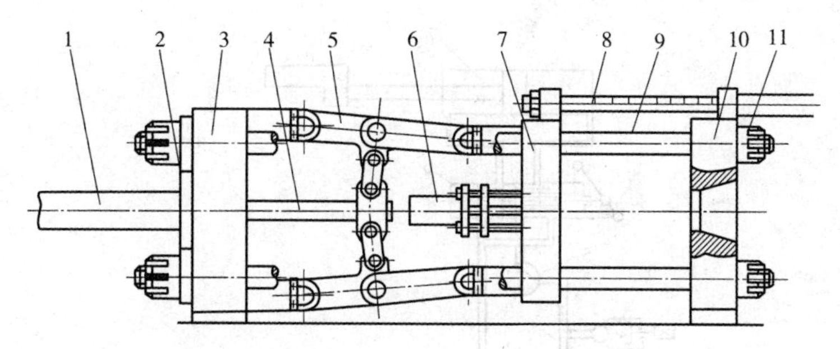

图 10-25　液压-机械合模装置主要零部件位置

1—合模油缸；2—调模距机构；3—固定后模板；4—活塞杆；5—曲肋连杆机构；
6—顶出油缸；7—移动模板；8—安全保护机构；9—拉杆；
10—固定前模板；11—固定拉杆螺母

②要根据注塑制品的外形尺寸大小，选取适合其生产需要的模板面积、模板行程和模板移动时的最小与最大距离，以保证成型模具厚度和制件能顺利脱模、取出。

③为了缩短一次注射生产成型制品循环时间，开闭模的速度应尽量加快。但为了防止模具接触或开模时的冲击碰撞，模板的移动速度变换调整应是闭模时先快速后慢速，开模时是先慢速后快速，然后再慢停。

④制品顶出力要均匀、平稳，特别是大型制件的顶出。多个顶出杆的顶出力一定要均匀、速度要一致，以避免损坏制件，保证制品顺利脱模。

⑤合模机构的开、闭模动作要有安全保护装置，相互运动零件工作面要有良好的润滑，以保证安全生产和延长各工作零件使用寿命。

10.19　注射机中的液压传动功能作用是什么？

注塑机中的液压传动可用来驱动螺杆旋转和前后移动，完成对塑料的塑化和注射工作；还可通过油缸驱动注射座前后移动、驱动合模机构中的模板前后移动，完成注塑机的注射和开、闭模具动作；有些注塑机的顶出机构也用液压油缸驱动，完成注射成型制品的顶出脱模工作。这种液压传动用矿物油作为传递运动能量的介质。工作时，按注塑机工作中动作程序的需要，对传递能量的液体油进行流动方向、流量和压力大小控制；然后，通过油缸中的活塞来完成所需要的运动或控制运动的力。这就是注塑机中液压传动的功能作用。

10.20　液压传动系统由哪些主要零部件组成？其作用是什么？

液压传动系统中最基本的组成机构装置如图 10-26 所示。这个液压传动系统主要由过滤网、输油管、油泵、溢流阀、节流阀、换向阀和液压油缸等零部件组成。

液压传动系统中最基本的工作运行方法如下：电动机驱动油泵从油箱中通过过滤网把液压油输送到输油管路中，经过节流阀控制液压油的流量（输油量大小由液压油缸推动活塞需用油量来决定），再经过换向阀改变液压油的流动方向。换向阀位置如图 10-26(a)所示，液压油经换向阀进入油缸中活塞左侧，推动活塞右移；活塞右侧液压油，经换向阀已经开通的回油管卸压流回油箱。如果操作手柄如图 10-26(b)所示，则高压油与油缸中活塞右侧接通，活塞被高压油推动向左移，左侧液压油卸压，经换向阀流回油箱。操作手柄控制换向阀中阀芯的左右滑动，改变高压液压油在油缸中活塞两侧的进入方向，推动活塞左右移动，通过活塞杆带

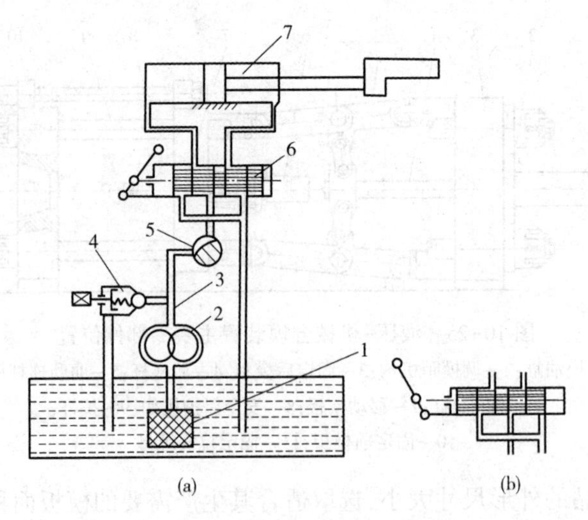

图 10-26　液压传动系统机构组成

1—过滤网;2—油泵;3—输油管;4—溢流阀;
5—节流阀;6—换向阀;7—液压油缸

动某一部件运动。油泵输出的液压油压力是恒定的,工作油缸需要的液压油压力由输送液压油管路中的溢流阀来调整,多余的油经溢流阀流回油箱,以保证输入油缸中的液压油压力在额定压力下安全流通、正常工作。

10.21　液压传动系统工作应注意哪些事项?

①液压传动系统的工作环境温度不应超过 30℃,工作场地不许有烟火、风沙和灰尘。

②储油箱要有防尘盖和通气孔。

③经常检查冷却水管,不能有泄漏现象,液压油中不许混有水分和任何杂质。

④定期对液压油进行检验,黏度变化值不应超过 20%,酸值不大于 2mgKOH/g。

⑤输油管路和系统中零部件应耐腐蚀。

⑥正常工作情况下,液压油应在 1~1.5 年时间内更换一次新油。

⑦新设备开车生产 1 个月后,要排除液压传动系统中的液压油,清洗管路,然后再加注新液压油。加注油时要用 100 目过滤网过滤。

⑧液压传动系统中的工作压力不允许随意调节,不要以为液压油的压力越高越好。使用过高的液压油压力,既浪费能源,又会对制品质量产生不利影响(制品易出飞边,内应力增大,容易变形)。

⑨发现液压系统管路有漏油现象时,要及时维修排除故障。设备周围地面不许有油污,防止发生火灾或人身事故(滑倒跌伤)。

⑩维修安装液压系统零部件时,拆卸、安装不允许用手锤击打液压工作零件,防止损坏零件工作面、影响控制件的工作质量。安装各控制件和液压油管路时,一定要先把各零件清洗干净,防止异物混入液压油中,不洁净的液压油控制件会影响其工作效果。

10.22　液压传动工作出现异常故障原因及排除方法是什么?

(1)液压冲击现象

①液压冲击现象产生原因。液压传动工作中,突然关闭阀门或换向会使液压传动中的液流立即停止或变换方向。但是,有一定压力的液流有其流动惯性,而且受其液压流推动的油缸活塞所带动的机械运动也有一定的惯性,两种惯性的作用造成液压系统中局部内压力突然急速变化,瞬间使内压力急剧增加,形成一股液流压力冲击。这种液流冲击作用在输油管壁上,会产生猛烈的冲击声,严重时有可能造成输油管破裂或损坏液压系统工作零件。这种突发现象,通常人们也称其为水锤现象。

②液压冲击现象的预防与排除。

a.注意减慢阀门的关闭或换向动作速度。

b.注意在满足液压系统工作要求的情况下控制液压油流速不能过快。

c.在液压油缸的液流进出口安装控制液压油压力升高的安全阀。

d.产生液压冲击现象时,应降低液压系统压力、油温,提高油缸中活塞的背压力,排除液压油管路中气体。如果是换向阀动作速度快,可清洗换向阀附近的节流阀和单向阀,有可能是这种控制阀工作出现异常,造成换向阀的阀芯滑动过快。

(2)液压系统工作噪声大、液流或压力不稳定原因与排除

①油泵工作零件磨损严重,产生较大工作噪声,应对油泵进行维修。

②油过滤网堵塞、油泵吸油困难,应清洗过滤网。

③油温过高或偏低都容易造成液压传动工作不正常,适当调整控制油温在15~50℃范围内。

④液压油黏度偏高,流动阻力大,适当调换黏度低些液压油。

⑤液压系统中各控制元件磨损严重或液压油中杂质过多,应检查维修或更换液压油。

⑥液压系统管路中有空气,应排除油中空气。

⑦油箱中液面过低,回油管口在液面上产生气泡沫,使油中混入空气。此时应补加液压油量,使回油口在液压油的液面以下。

(3)液压油温度高的原因与排除

①降低液压油温度用循环冷却水流量小。检查输水管路是否有堵塞现象,排除故障后加大冷却水流量。

②油泵磨损严重,工作效率低,使油泵体发热,则油温也随之升高。应对油泵维修。

③液压系统油压过高,应适当降低油压。

④回油没有完全卸压,产生回油压高现象。应完全卸除回油压力。

⑤液压系统中的管路和控制阀件口径选配不当,造成油流阻力大,使油温升高。检查调整输油管径或清除输送管路内异物。

10.23 注塑机的安全保护装置类型及作用是什么?

注塑机设备上的安全保护装置,按其功能作用分,可分为保护操作工操作安全、模具安全工作和液压传动系统安全工作的三种类型安全保护装置。

(1)操作工安全生产保护装置　操作工在注塑机注射成型塑料制品的生产过程中,经常用手在两半开合模具间取制件、清理模具内残料及异物,有时还要对模具进行调试工作。所以,在注射装置中的合模部位设有安全门。只有安全门关合严,模具才能有合模动作。安全门关合不严或处于打开位置时,合模动作停止。这里所以能有动作的相互制约,是由于有行程开关的作用,限制合模动作。关闭安全门,压合合模行程开关,此时合模油缸才能工作,推动注射

座前移,喷嘴与模具熔料进口紧密吻合,开始注射动作;打开安全门,合模行程开关复位断电,此时开模限位开关被压合,模具才有开模动作。如果两种开关被同时压合或同时都不被压合,此时,此处设置的安全防护装置工作,发出设备故障报警。

为了确保开合模动作的相互制约安全,在限位开关端还设有液压油油路行程开关。它的作用是:只有安全门关严,才能使换向阀动作,接通合模油缸的液压油通入油路,使油缸活塞动作前移,推动曲肘连杆合模。

注意,此处的各行程限位开关要安装在隐蔽处,以防止人为碰撞或误压,造成事故。

操作台附近还设有紧急停车红色按钮,发生意外事故需要紧急停车时使用。

(2)成型模具安全工作保护装置　注塑制品用成型模具是注塑机生产用主要成型部件,它的结构形状比较复杂,制造生产工艺条件要求高,工艺程序也较复杂,所以,一件注塑制品用模具的生产制造价格很高。生产中如果模具损坏或出现故障,不仅会影响注塑制品的质量,有时还会使注射生产工作无法进行,因此,模具的使用安全也是重点保护对象。为防止模具合模时出现冲击现象,合模动作至两半模具面快要接近时,模板行程速度要放慢;合模时,液压油低压推动活塞移动合模,待两半模具结合面接触碰到微行程开关后,合模油缸中液压油的油压升高,两半模具面紧密合模;当低压液压油推动活塞进行合模动作时,若两半模具间有异物,则两半模具不能接触,碰不到微行程开关,合模油缸液压油不能升压,无法高压锁紧模具。此种互相制约动作装置起到保护模具不被损坏的目的。

(3)液压传动系统安全工作保护装置

①润滑油供应不足报警装置。用以保证注塑机中各相互运动配合部位零件有良好的润滑条件,以减少零件配合面的磨损,延长设备工作寿命,保证长时间正常生产。

②液压油工作油量不足报警装置。及时提示操作工加注补充液压油用油量,防止因液压油不足影响液压传动工作。

③液压油的油温过高报警装置。液压油的油温过高,油的黏度降低,使液压传动工作受影响,也容易使系统中的各工作元件损坏。

④滤油器堵塞、吸油管中供油不足报警装置。为防止空气混入液压油中影响液压油正常工作。

10.24　电器控制系统由哪些元件组成?怎样工作?

电器控制系统组成由各种电气元件(如行程开关、温度控制开关、液压力控制开关、限位开关等)、加热、测量、控制回路等组成。这些元件工作时与液压传动系统工作配合,准确地按注塑机工作动作要求(或者是按注塑制品成型工艺程序条件要求)完成各种生产动作。注塑机生产工作中的全部操作都由电器系统控制,能够准确地完成注塑机的全自动、半自动和手动控制工作。

全自动是指注塑机生产制品的全部动作过程是按预先调整好的时间和顺序自动进行。半自动是指注塑机生产制件时,把安全门关闭后,生产各工艺动作过程按照固定的时间和顺序自动进行,直至打开安全门取出制件为止。手动操作是指注塑机工作,需要用手按动其相应的按钮,注塑机才完成相应的动作。这种操作主要是在模具安装试模时或生产初期试生产时应用。

第 11 章　注塑制品成型用模具

11.1　注塑制品成型用模具怎样分类？

注塑制品成型用模具的结构形式有多种，分类方法没有什么统一规定。按制品用原料分，有热塑性塑料成型用模具和热固性塑料成型用模具；按制品注射成型精度分，有普通制品成型用模具和精密制品成型用模具；按制品的质量大小分，有微型注塑模具（制品重小于 5kg）、小型注塑模具（制品重为 5～100kg）、中型注塑模具（制品重为 100～2000kg）和大型注塑模具（制品重 2～20t）；按模具的分型结构分，有两开模式模具（图 11-1）、三开模式模具（图 11-2）、四开模式模具和侧向抽芯型模具结构（图 11-3）。

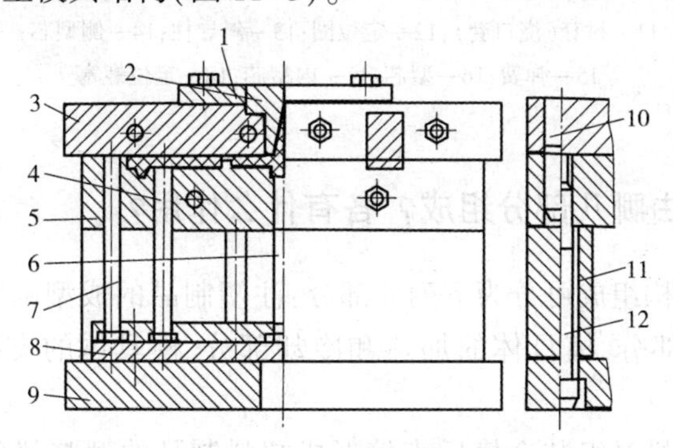

图 11-1　两开模式模具结构

1—定位圈；2—衬套（浇口套）；3—定模板；4—顶出杆；5—动模板；6—拉料杆；7—回程杆；8—推板；9—动模底板；10—螺钉；11—支撑板；12—导柱

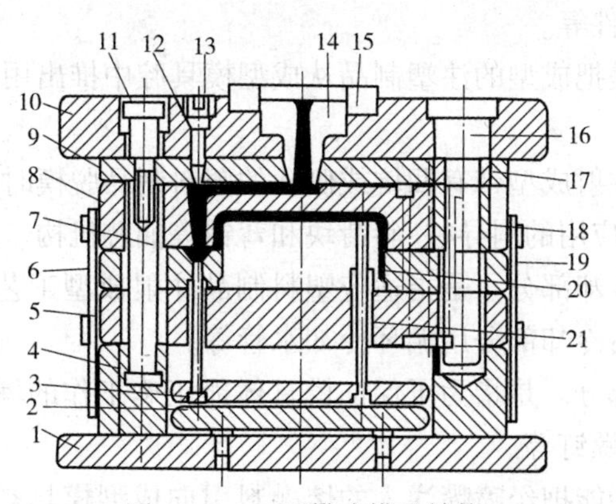

图 11-2　三开模式模具结构

1—动模底板；2—推板；3—顶出杆固定板；4—垫块；5—支撑板；6—动模板；7，16—导柱；8—定模板；9—垫板；10—定模底板；11—限位螺钉；12—拉料杆；13—螺钉塞；14—衬套；15—定位圈；17，18—导套；19—拉板；20—型芯（凸模）；21—顶出杆

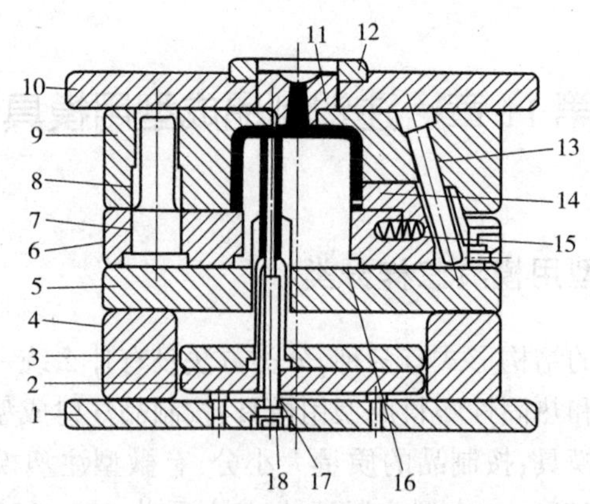

图 11-3　侧向抽芯型模具结构

1—动模底板；2—推板；3—顶出杆固定板；4—垫块；5—支撑板；
6—动模板；7—导柱；8—导套；9—定模板；10—定模板座；
11—衬套(浇口套)；12—定位圈；13—斜导柱；14—侧型芯；
15—弹簧；16—型芯；17—内型芯；18—定位螺塞

11.2　成型模具由哪几部分组成？各有什么作用？

注射成型模具的结构组成可分为下列几部分：注塑制品的成型部分，合模导向部分，制品的推出部分，型芯抽出部分，模具体的加热和冷却部分，模具体的支撑部分和浇注、排气通道等。

①成型部分。即是模具组装合模后直接形成塑料制品的型腔部分组成零件，有凸模、凹模、型芯、杆或镶块等。

②合模导向部分。是为了使动、定模具合模时能正确对准中心轴线而设置的零部件，有导柱、导向孔套或斜面锥形件等。

③制品推出部分。是把成型的注塑制品从成型模具腔中推出用的零部件，有顶出杆、固定板、推板和垫块等。

④型芯抽出部分。注射成型带有凹坑或侧孔的塑料制品脱模时，先抽出凹坑、侧孔成型用的型芯机构零件，如经常应用的斜导柱、斜滑块和弯销等抽芯机构。

⑤模具体的加热和冷却部分。是指适应塑料制品注射成型工艺温度的控制系统，如电阻加热板、棒及其电控元件；冷却部分用循环冷却水管等。

⑥成型模具体支撑部分。是指为了保证模具体能正确工作的辅助零件，如动、定模垫板、定位圈、吊环和各种紧固螺钉等。

⑦浇铸熔料道。是指能把经喷嘴注入的熔融料引向成型模具空腔的流道，通常可分为主流道、分流道、衬套口(浇口)和冷料槽等几部分。

⑧排气孔。是指能使模具腔内空气排出的部分。一般小型制品可不用专设排气孔，型腔内空气可从各配合件的间隙中排出；对于大型注塑制品用模具，则一定要有排气孔设置。

11.3　成型模具怎样安装？

(1)模具安装前的准备工作　在往注塑机模板上安装新制造的一套成型模具前，应对模具进行检查验证工作。

①验证模具成型制品用料容积是否与注塑机的一次注射量(容积)匹配。

模具成型制品一次需用熔料容积计算公式为

$$V = nV_iV_j$$

式中 V —— 制品成型一次需用熔料容积;

V_i—— 一个成型模腔容积;

V_j—— 浇注系统及飞边所需料容积;

n —— 型腔数量。

成型模具用熔料量(容积) 与注塑机一次注射熔料量(容积) 的关系为 $V \leqslant 0.8V_{max}$,式中,V_{max}为注塑机的理论一次注射容积。

②核实验证成型模具工艺要求合模力与注塑机最大合模力关系。注意,模具工艺要求合模力应小于注塑机最大合模力,即 $F_1 \leqslant 0.9F_{max}$。

$$F_1 \leqslant \alpha PA\times10^{-3}$$

式中 F_1——注射制品需要合模力,t;

α——安全系数,一般取 $\alpha=1\sim1.2$;

P——模腔平均压力,MPa;

A——模具分型面上投影面积,cm^2。

③检测成型模具的总厚度(高度)是否与模板行程长度范围相匹配。应保证

$$L \geqslant H_1 + H_2 + H_3$$

式中 H_1——移动模具高度的 2 倍;

H_2——长度值为 5~10mm;

H_3——固定模具高度,mm。

具体尺寸位置如图 11-4 所示。

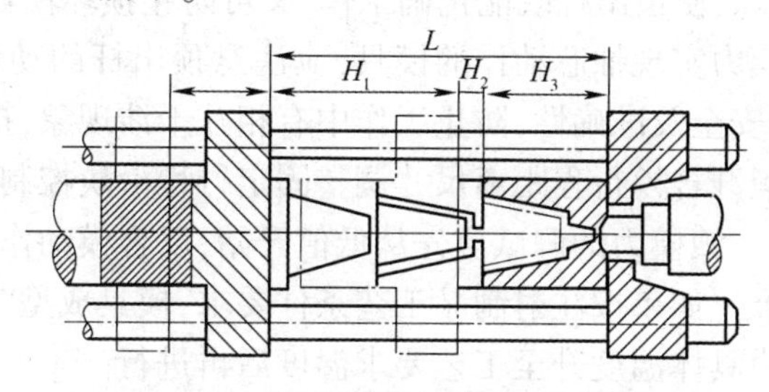

图 11-4 模板行程与模具厚度关系

④检查核对成型模具中的脱模装置与注塑机合模系统中的制品推出板位置,尺寸是否配套、能否协调工作。

⑤检测注塑机的拉杆间距尺寸是否大于成型模具体外形尺寸,模板上螺纹孔布置与成型模具体的安装紧固是否适合。

⑥检查喷嘴前端的圆弧半径与成型模具的熔料进口衬套孔径圆弧是否能严密吻合。

⑦检测模板上定位套与成型模具定位装置配合是否有间隙;两零件装配后是否能保证喷嘴孔与熔料进口衬套孔中心线重合。

(2)模具安装

①把模板和模具的装配固定平面清理干净。

②把注塑机的操作按钮调至调整位置。

③切断注塑机操作用电电源。

④检查成型模具合模状态用锁紧板是否紧固牢靠。

⑤检查、试验模具体的外围辅助件(阀门、开关、油嘴)是否齐全,能否正常工作。

⑥模具吊运安装。如吊运装置吨位不够用,也可把模具分开吊运安装。分开两部位安装固定时,应以导柱与导套的滑动配合为安装基准校正。

⑦模具的定位应视模板螺纹孔与模具间的相互位置而定,紧固模具体可用螺钉,也可用压板与螺钉结合使用。各紧固点分布要合理,各螺钉的紧固力要均匀。对于大型模具体的紧固,注意紧固模具,要与模具体的支撑装置的承力调节同时协调进行。

11.4 安装后的成型模具怎样进行调试?

成型模具在动、定模板上安装固定后,要进行空运转试车调试检查,以保证动、安模板上的两半成型模具的开、合模动作与合模机构的动作协调,以利于注塑的顺利进行及避免模具工作中出现故障或损坏。

模具调整试车顺序如下:

①检查模具上导柱与导向套的滑动配合工作在开、合模具动作时是否能正确导向,两零件的滑动配合应无卡紧干涉现象。

②低压、慢速合模。检查动、定两半模的合模动作过程工作是否准确,两半模结合面应能严密接触。

③如果两半模的合模动作一切正常,再重新紧固一次各部位装夹固定螺母。注意各螺母的拧紧力要均匀。

④慢速开模。调整顶出杆的工作位置,顶出杆的工作位置调整到使模具的顶出板与动模板间有不小于5mm 的间隙,使顶出杆既能正确工作,又可防止损坏模具。

⑤依靠顶出力或开模力实现抽芯动作的模具,应注意顶出杆的动作距离要和抽芯动作协调,以保证两机构工作的安全及准确性,防止工作中有相互干涉现象,把模具损坏或无法工作。

⑥按计算好的动模板开合模行程距离尺寸调整固定行程滑块控制开关。

⑦调整、试验锁模力。锁模力的调试应先从低值开始,以合模动作时曲肘连杆的伸展运动看上去比较灵活轻松为准。如果按注射制品工艺条件要求,模具成型时需有一定的温度,则锁模力的调试工作应在把模具体温度升至工艺要求温度后再进行。

⑧合模装置的各部位及模具合模调整试验一切正常后,各相互滑动配合部位应适当加注润滑油。

⑨安装成型模具工作用辅助配件,如电热元件,控制仪表,液压、气动及冷却循环水管路,然后进行调试,检查电阻加热和仪表控制的准确性;液压、气动用工作压力调试及试验其工作的可靠性;检查各管路连接是否有渗漏现象等。

⑩模具的调试、合模运动及销模力的调整工作全部完成后,开始投料试车检验。注射成型的塑料制品以不出现飞边的最小锁模力为合理。过大的锁模力既容易使模具变形,又会使合模系统中的各零件加快磨损;较适宜的合模力(锁模力)也可节省能源的消耗。

第12章　聚烯烃料注射成型

12.1　聚乙烯可注射成型哪些塑料制品?

聚乙烯树脂用注塑机成型塑料制品,主要有生活中常用的日用品、中空制品和工业用配件等。如盆、桶、盘、盖、篮、篓、玩具用塑料羽毛球、棋子、周转箱、瓶塞、衬套、手轮、汽车零件和工业配件等。

12.2　聚乙烯注射成型制品用原料条件是什么?

聚乙烯注射成型塑料制品主要用低密度聚乙烯和高密度聚乙烯。低密度聚乙烯密度为 0.912~0.924g/cm^3,熔体流动速率 MFR 为 2~20g/10min。高密度聚乙烯密度为 0.947~0.967 g/cm^3,熔体流动速率 MFR 为 0.5~8g/10min。

根据注塑制品应用条件要求,树脂中还应适当加入着色剂及一些辅助料。

12.3　聚乙烯树脂注射成型制品的工艺特点是什么?

聚乙烯树脂注射成型塑料制品的生产工艺和操作比较好掌握,因为这种树脂热稳定性好,原料熔融塑化用温度范围比较宽,生产时对塑化工艺温度的控制比较容易,即使是出现一些温度升降波动现象,也不会影响熔料的注射成型质量;由于结晶温度较低,要求熔体料注射时可有较高的注射压力和注射速度;原料存放过程中的吸水率较低,一般原料出厂包装完好,可不用在生产前进行干燥处理;树脂耐热氧化性能差,树脂中一般在出厂前加入一定比例的抗氧剂。注塑 PE 树脂生产过程中,注意原料塑化熔融温度不要超过 300℃,熔料温度超过 300℃开始分解。

12.4　注塑制品用原料怎样进行检验?

从不同厂家购进的同一批号 PE 树脂,生产前对注塑用原料应进行检验,工作内容包括下列几项。

①按注射成型塑料制品用原料的工艺要求、核实进厂原料名称、牌号及数量,查看是否与塑料制品生产要求条件相符。

②抽检原料的外观质量,如原料的色泽、颗粒大小的均匀性及料内是否纯洁、有无杂质等。

③检查原料包装是否完好。

④抽样检验原料的熔体流动速率、含水量等与工艺条件有关的原料性能参数。

⑤抽样验证原料的密度、熔点及制品成型后的收缩率,看是否与原料的性能相符。

12.5　注射成型不同颜色的制品怎样配色?

注射成型带有颜色的塑料制品时,原料的配色工作可采用浮染着色、色母料着色和液态色料着色三种着色法中的任一种方法对原料进行配色工作。

(1)浮染着色法　浮染着色法适用于用螺杆式注塑机注射成型塑料制品,此种方法着色比较简单。首先把主要原料 PE 树脂、颜料和分散剂按配方要求比例计量,然后把 PE 树脂和分散剂混合均匀,再把颜料和已经搅拌均匀的 PE 树脂加入到混合机中,搅拌混合均匀后即可投入到注塑机中生产制品。

此种浮染着色法操作应注意:

①主原料 PE 树脂中加入颜料量应不超过树脂质量的 2%~3%,分散剂(白油或松节油)的加入量约占 PE 树脂质量的 1%左右。

②如果主原料 PE 树脂是粉料,则必须把配好颜料的树脂搅拌混合均匀,然后投入到挤出机内预塑化混合造粒,再把粒料投入到注塑机中生产制品。

(2)色母料着色法　色母料是指此种颜色的浓色颜料。色母料着色法是把主原料与色母料按一定比例配比,经计量后混合,搅拌均匀后即可投入生产。这种既方便、清洁,又经济的染色操作,目前已得到广泛应用。

为了保证带色塑料制品的质量和得到较好的染色效果,采用色母料染色配料生产时,应注意下列几点。

①为了使颜料进入机筒内能尽快地熔化扩散、与原料较好地掺混,应使机筒的加料段温度比塑化不带颜色的此种树脂用温度略高些。

②为了改善原料塑化混炼质量,应适当提高螺杆混炼塑化原料时的背压力。

③对几种色母料的混合、配比和计量,要认真审核和计量。

④注意提高和保持注射成型制品用模具中型腔内表面光洁度,以达到成型制品表观色泽的最佳效果。

(3)液态色料着色法　液态法着色与浮染法着色比较,其主原料与颜料的配比虽然相同,但液态法着色的生产操作环境较好,既没有颜料的飞扬,又减少了对环境的污染,染色制品的质量又可得到较好的保证。

液态色料着色法的配色操作顺序为:把颜料和分散剂(PE 蜡)按配比要求计量→混合→加热搅拌均匀→在三辊研磨机上把混合均匀的色浆颗粒磨细→把研磨细化的色浆与树脂按配比计量,然后加入混合机中,混合搅拌均匀→投入注塑机中生产。

12.6　注塑制品成型用原料为什么要干燥处理?

有些塑料在存放期内极易吸收空气中的水分,使原料含湿量增加。用这种含湿量较高的原料注射成型制品,会使注塑制品出现气泡或斑纹等表观质量问题,较严重时会降低制品的性能指标。所以,用于注射成型制品的 ABS、聚碳酸酯、聚酰胺、聚甲基丙烯酸甲酯和醋酸纤维素等原料在注塑生产前必须进行去湿干燥处理。对于聚乙烯、聚丙烯和聚甲醛等树脂,如果包装袋完好,一般可不用干燥处理。

对于一些塑料注塑生产前的允许含水量见表 12-1。常用原料的干燥处理条件见表 12-2。

表 12-1　热塑性塑料的吸水率及允许含水量

塑料名称	吸水率/%	允许含水量/%	塑料名称	吸水率/%	允许含水量/%
ABS	0.2~0.45	0.1	PA66	1.5	0.2
PE	<0.01	0.5	PMMA	0.3~0.4	0.05
PP	<0.03	0.5	PC	0.24	0.02
PS	0.03~0.10	0.1	PSU	0.22	0.1
POM	0.02~0.35	0.1	PPO	0.07~0.2	0.05
PA6	1.3~1.9	0.2	PPS	0.02~0.08	0.1

表 12-2　注射成型常用材料干燥处理条件

原料名称	干燥温度/℃	干燥时间/h
聚乙烯、聚丙烯	70~80	1~2
聚苯乙烯、ABS	70~80	2~4
聚甲基丙烯酸甲酯	70~90	4~6
聚碳酸酯	120~130	6~8
聚酰胺	80~100	12~16
醋酸纤维素	70~80	2~4
硬聚氯乙烯	80~90	1~2

原料的干燥处理方法有多种，可用鼓热风干燥、微波烘箱等方式干燥方法为原料去除水分，降低含水率。对于一些在高温条件干燥处理易氧化变色的原料（如聚酰胺），应采用真空干燥法进行干燥。

干燥后的原料不宜长时间存放，最好是干燥后的原料立即投入注塑机中生产制品。

12.7　制品中镶有金属嵌件的作用及生产时应注意什么？

注射成型的制品中镶有金属嵌件是为了提高塑料制品的工作强度和增加制品的使用功能（如改善制品的导电性或方便制品与其他件的连接等）。由于金属嵌件与塑料的热性能和收缩率差别很大，所以，注射进入模具腔中的熔料在金属嵌件周围的温度降低得非常快，使嵌件周边的塑料产生应力集中现象，严重时还会出现裂纹，降低了塑料与嵌件连接牢固性。为了避免或减少上述现象的产生，金属嵌件在与熔料连接前对其必须进行加热升温处理，使金属嵌件与塑料熔体的温度趋于接近，则与金属接触部位的熔料降温不会过快，从而减小嵌件周边塑料成型时的应力集中现象，增强了两件的连接牢固度。

对于金属嵌件的加热升温应不大于 110℃ 为适宜，主要以不破坏金属嵌件的镀层为准。对于嵌件是铜或铝制品，可将其加热升温至 150℃。

12.8　注射成型塑料制品主要应用哪些工艺参数？

注射成型生产塑料制品时，当制品用原料、设备和模具结构形式确定之后，影响注塑制品成型质量的主要问题就是注塑制品生产工艺参数的选择确定。在注射成型制品的整个生产过程中，只有合理控制工艺参数，才能保证生产出较理想的合格制品。影响制品成型质量的工艺参数有注射参数、合模参数、温度参数和注射成型周期，其中温度、压力和动作程序时间的工艺参数条件对制品的质量影响较大。

12.9 注射成型塑料制品工艺温度怎样控制?

注射成型塑料制品时,需要对其进行温度调节控制的部位有注塑机的塑化原料用机筒、注射用喷嘴和熔料成型制品时用的成型模具。

(1)机筒的温度控制与应用　注塑机的机筒是用来塑化注射注塑制品用原料的地方,机筒的加热升温和进行温度调节控制,对塑料制品的用料塑化质量和制品成型质量都有较重大影响,所以,温度这个参数值是注射成型塑料制品生产中一个主要的参数条件。为了保证注塑制品的成型质量,使注塑生产能长时间顺利进行,要求这里的温度变化值一定要控制在原料的熔点(呈熔融态流动温度)至原料分解温度之间。在这个温度范围内的原料塑化温度选取,取决于原料的性能、设备的工作条件和成型制品的结构特点等因素,生产时应酌情调节控制。下列几点建议供生产操作中调温时参考。

①原料的熔点温度至分解温度之间的温度差值较小时,塑化这种原料应控制机筒温度在较低温度值,以避免原料塑化过程中易出现降解的危险;如果原料的熔点至分解温度之间的差值较大,则塑化原料时可取较高温度,对原料的塑化质量和缩短原料塑化熔融时间有利。

②当被塑化原料的熔体流动速率(MFR)较小、熔融料黏度较大时,机筒的塑化工艺温度应略高些;反之应把机筒温度略降低些。

③当注射成型制品用PC、PMMA、PA66等原料时,为改善原料熔融态的流动性,应适当酌情选用机筒温度在这些原料塑化用温度范围内的高值。

④对于那些加入增强填充料的塑料,为减少原料塑化时间、提高或改善熔融料的流动性,机筒温度应适当高些。

⑤注射成型制品的结构形状较复杂、壁厚尺寸又较小或体内有金属嵌件时,机筒的加热温度应较高些。

⑥当注塑制品的形状结构简单、壁厚尺寸较大时,机筒的加热温度应采用原料塑化温度范围内的较低温度值。

⑦同样一种原料,采用柱塞式注塑机塑化注射时,机筒温度应高于采用螺杆式注塑机塑化注射用机筒温度。螺杆式注塑机成型制品用塑化注射温度应比柱塞式注塑机成型制品用塑化注射温度低10~30℃。

塑化注射用机筒温度的加热控制还应注意下列几点。

①机筒的加热升温应分几段控温。从机筒的进料口至喷嘴处,机筒上全长温度应逐渐平稳提高,以使进入机筒的原料温度逐渐升高,达到原料塑化均匀的目的。

②螺杆式注塑机的喷嘴部位温度可略低于机筒中段(塑化段)温度,以防止熔料在被高速、高压注射经过喷嘴时,因喷嘴口径小、摩擦过大而使熔料温度升高而分解。

③对那些混有填充料或湿度较大的原料注塑塑化,为减少原料对螺杆的磨损和尽快逸出原料中的水分或挥发物,机筒加热升温时加料段和机筒进料口部位的温度可适当比正常料的塑化温度略高些。

(2)喷嘴部位温度控制与应用　一般情况下,喷嘴部位的温度要比塑化机筒的最高温度低10℃左右。如果喷嘴的温度过高,熔料高速注射时,由于与小的喷嘴口径产生摩擦而使温度升高,则会出现分解;喷嘴部位温度偏低,则熔料在此处容易形成冷凝块,影响熔料的流动和制件注射成型质量。

喷嘴温度的调节还应注意与注射压力大小的协调。注射压力较大,喷嘴温度可适当调低些;反之,则温度略高些。

喷嘴温度的高低验证可在检查熔料塑化质量时观察。当发现熔料中表面带有色条时,说明喷嘴或机筒的温度有些偏高,应适当降低。

(3)成型模具温度控制与应用　注射成型制品模具温度控制,要根据制品用原料的性能、注塑制品的结构形状及尺寸、注射工艺参数条件来确定。成型模具温度范围的控制对注射制品的成型质量同样有较大影响。一般的规律是,控制模具体的温度在原料热变形温度以下。

模具体的温度调节原则:当原料的熔体黏度较低、制品的结构形状比较简单时,模具体的温度可采用较低的温度值;当原料的熔体黏度较高、制品的结构形状比较复杂时,模具体的温度应控制在较高的温度值,这样,有利于熔料的顺利充模。通常把模具体温度控制在适宜熔料冷却定型要求温度范围的中等温度,这种温度对熔料的冷却降温速率和结晶速率都比较适宜。取较高温度值的模具体,仅适合于结晶速率较低的塑料成型。模具体的温度偏低,制品熔料冷却定型较快,制品易产生较大的内应力。

12.10　注射成型塑料制品工艺压力怎样控制?

注射成型塑料制品的工艺条件中,有工艺压力这个参数。在注射成型制品过程中,工艺压力分原料塑化压力、塑化熔料注射压力。注射压力中还包括保压压力。

(1)原料塑化压力　螺杆旋转工作时,把塑化熔融料推向螺杆头部,同时,螺杆头部的熔料对螺杆头部有一个反推力,当这个反推力值大于螺杆与机筒内壁间的摩擦力及与油缸活塞后退时的回油阻力之和时,螺杆开始后退移动,能够使螺杆后退的这个反推力就是螺杆旋转工作对原料的塑化压力,也叫螺杆背压。这个塑化压力的大小可通过调节油缸(推动螺杆工作用油缸)内的回油压力大小调节,使螺杆产生不同的对原料的塑化压力。

螺杆塑化原料压力的调节对注塑制品用料的塑化质量和生产效率影响较大。塑化原料时有较大的螺杆塑化压力,可改善原料的混炼、塑化质量,有利于原料中挥发物的排出,使注塑制品的质量得到保证;但是,较高的原料塑化压力,增加了原料的塑化工作时间、降低了原料的塑化速率,较长的原料塑化时间又增加了原料分解的可能性。所以,对原料塑化压力的选择,应以能达到塑料制品质量为准,在此基础上取塑化压力越小越好。

不同性能塑料的塑化压力大小也要适当控制。对于热敏性塑料(如PVC、POM),为防止在机筒内停留时间过长而分解,应取较小塑化压力;对于那些熔体黏度较低的塑料(如PET、PA),为了减少对其塑化和注射时的漏流,也应取较小的塑化压力;对于热稳定性较好的塑料(如PE、PP、PS),可取较高的塑化压力,这对提高生产率、改进原料的塑化、混炼质量有利。

(2)塑化熔料注射压力　塑化熔料注射压力是指螺杆头部对熔融料所施加的压力。当螺杆以一定的速度前移注射时,螺杆头部以一定的压力推动熔料,使熔料克服机筒内流向成型模具腔中的摩擦阻力,以一定的流速进入模具腔内,并且使熔料在模具腔内被压实。这个注射压力大小的选择由注塑机的类型、规格、制品形状、模具结构、原料的性能及有关的工艺参数来确定。

注射压力大小的选择条件如下。

①注射成型塑料制品时,如果出现制品的外形尺寸误差大、表面有凹陷等质量问题,则说明生产此制品注射压力不足,应适当增加注射压力。

②注射成型制品脱模时比较困难,而且制品出现溢料飞边现象,说明注射压力偏高,应适当降低注射压力。

③注射成型制品的外形结构比较复杂、壁厚尺寸较小时,应采用较高的注射压力。

④注塑制品用料黏度大、玻璃化温度较高时(如PC料),应采用较高的注射压力。

⑤用较高的注射压力成型制品产生的内应力也较大,成型后容易变形,这种制品成型后应进行退火处理。

⑥如果塑化熔料的温度较高,应适当降低对这种熔料的注射压力,反之则要适当提高注射压力。

按注塑制品用原料性能和制品形状复杂程度选择注射压力,可根据表12-3中经验数据参考选取。

表12-3　不同原料、不同制件形状注射压力

制件形状	适用原料	注射压力/MPa
熔体黏度低,形状精度一般	PE、PS	70~100
中等黏度、形状一般,有精度要求	PP、PC、ABS	100~140
黏度高,形状复杂,精度高	PPO、PMMA	140~180
优质,精密,微型		180~250

保压压力是指在注射压力完成熔料充模后的一段时间(熔料进入模具后的降温、冷凝时间)内熔体的压力。保压是为了在熔料冷凝收缩时提供足够的熔料补充,以保证注塑制品成型后的形体密度和外形尺寸精度。保压压力大小可与注射压力相同,也可略低于注射压力。保持与注射压力相同的保压压力,对制品成型用熔料有充分的补缩,这样的成型制品收缩率小,外形尺寸精度高。保压时间长短由熔料流道口直径大小、模具温度和熔料降温速度决定。

12.11　注射成型塑料制品生产周期怎样控制?

注射成型塑料制品的成型周期是指完成一次注射成型生产所需要的各动作程序的时间总和。成型周期中的各程序动作时间包括注射时间、冷却定型时间(这个时间内包括螺杆旋转、后退、预塑化、第二次注射用熔料时间)和其他一些辅助时间。辅助时间中包括开模时间、闭模时间、涂脱模剂时间和安置嵌件时间等。

注射成型塑料制品成型周期的时间长短,对注塑机生产率和设备利用率有直接影响。所以,生产中对制品成型周期中各动作程序时间的选择,应在保证注射成型塑料制品质量的前提下,时间越短越好。

(1)注射时间　注射时间中包括熔料被注射充模时间和保压时间。注射充模时间是指螺杆快速前移,推动塑化均匀的熔料进入成型模具空腔内,充满模具型腔用时间,一般为3~5s。熔体黏度高、冷却速度较快的制品用料应采用快速注射,以减少熔料充模时间。

保压时间是指螺杆前移注射停止后的停留时间,即是熔料进入模具腔内后的冷却降温时间和熔料冷凝补缩时间。这个保压时间在全部注塑时间中所占比例最大,一般为20~120s。注塑制品形状简单、外形尺寸小,则保压时间短;注塑制品形状复杂或较大型制件,其保压时间长。

(2)冷却定型时间　冷却定型时间是指熔料被注射充模后,已成型制品的降温、冷却固化时间。冷却时间的长短选择,与制品形体大小、原料性能和模具体温度有关。一般应以制品脱模时不变形为准,时间越短越好。制品的冷却时间一般在30~120s范围内。

12.12　模具型腔面为什么要用脱模剂？怎样选用脱模剂？

注塑制品成型后的脱模顺利与否，主要取决于成型模具结构的合理设计和注塑制品成型中工艺参数的合理选择。在注射成型塑料制品的生产过程中，由于工艺条件的变化波动，有时也会出现制品脱模困难现象。为确保制品注射成型生产的顺利进行，避免因为制品脱模困难而造成注射成型制品生产周期的延长，在注射成型制品生产中，型腔表面要喷涂或擦涂一层脱模剂。

脱模剂的选择由注塑制品成型用原料来决定。应用较多的一种脱模剂是硬脂酸锌，除了聚酰胺树脂，其他原料注射成型脱模均可应用；另一种是液体石蜡（俗称白油），多用于聚酰胺制品脱模；还有硅油类脱模剂，其脱模效果好，但价格较贵。目前应用较多、操作又很方便的是采用喷涂雾化脱模剂。市场上销售的脱模剂有 TG 系列甲基硅油和 TB 系列液体石蜡及 TBM 系列蓖麻油，其脱模效果均较好。不同塑料成型制品用脱模剂的选用可参照表 12-4。

表 12-4　不同塑料制品用脱模剂选用

原料名称	脱模剂名称	原料名称	脱模剂名称
聚苯乙烯、ABS	甲基硅油	常用塑料	TG 系列（甲基硅油）
硬质或增强塑料	硬脂酸丁酯	PC、POM	聚硅氧烷类脱模剂
除聚酰胺外的各种塑料	硬脂酸锌	热固塑料	聚硅氧烷类脱模剂
聚酰胺	液体石蜡	常用塑料	碳氟液体

无论是哪种脱模剂，在喷涂用量上要尽量控制少用，以能使制品顺利脱模为准。脱模剂用量过大会影响制品的外观质量，出现油斑或使制品表面发暗，特别是对透明度要求较高的制品影响较大，有时要禁止使用。对那些外观质量要求较高的塑料制品，则只能在制品脱模困难的部位应用脱模剂。

12.13　脱模后的注塑制品还应进行哪些处理工作？

注射成型的塑料制品脱模后要根据制品的外形结构和应用的需要进行一些后处理工作。比如，要去掉制品形体外多余部分的飞边、毛刺；一些部位要进行机械加工；有的制品表面要进行修饰或抛光；另外，还有些制品要进行退火处理或调湿处理。

12.14　注塑制品为什么要退火处理？怎样进行退火处理？

注塑制品生产成型过程中，由于原料塑化的不均匀或者是在注射成型时模具温度的不均衡，使制品成型时冷却降温速度不一致，造成制品产生不均匀结晶、取向和收缩，结果使制品产生内应力。由于制品中内应力的作用，在使用或储存时，制品的性能发生变化或者出现变形或裂纹等现象。为了消除或减少成型制品中的内应力、避免制品在储存或应用时产生较大的变形或开裂，对成型后的一些制品要进行退火处理。

注塑制品的退火方法如下：把成型脱模后的注塑制品放在有一定温度的加热介质（如油、液体石蜡或甘油）中或有热空气循环的烘箱中，加热温度要低于制件的热变形温度 20℃左右。不同塑料制品的热处理退火条件可参照表 12-5。热处理时间达到要求后，制件随介质一起缓慢降温至室温。注意，处理后的制品如果急剧降温或直接从热处理介质中取出降温，制品由于冷却速度的不同，又会产生新的内应力。

表 12-5 塑料制品的热处理退火条件

塑料名称	处理介质	制品厚度/mm	处理温度/℃	处理时间/min
ABS	水或空气	—	60~75	16~20
PS	水或空气	≤6	60~70	30~60
		>6	70~77	120~360
PMMA	空气	—	75	16~20
POM	空气	2.5	160	60
	油	2.5	160	30
PP	空气	≤3	150	30~60
		≤6		60
HDPE	水	≤6	100	15~30
		>6		60
PC	油或空气	1	120~130	30~40
		3	120~130	180~360
		>6	130~140	620~960
PET	充氮炉	3	130~150	30~60
PBT	充氮炉	3	130~150	30~60
PA6	水	>6	100	25
PA66	油	3~6	130	20~30
	水/乙酸钾(1/1.25)	3~6	100	120~360
PA1010	水	6	100	120~360
PPO	油或空气	3~6	120~140	60~240

12.15 注塑制品调湿处理的目的与方法是什么?

有些塑料注射成型制品后(如聚酰胺类制品,特别是 PA6),在储存或使用过程中会从空气中吸收水分而使形体膨胀变形,在高温环境中还极易氧化变色,特别是在注射成型后几周内外形结构尺寸很不稳定。所以,这类注塑制品成型后一定要进行调湿处理。

调湿处理方法如下:把注射成型脱模后的塑料制品放在热水或乙酸钾水溶液中(水/乙酸钾=1/1.25),加热温度在 100~120℃范围内。制品在热水中既能隔绝空气进行防止氧化的退火处理,又可使制品达到吸湿平衡。

对于聚酰胺注塑制品,经调湿处理后,既消除了制品成型过程中产生的内应力、提高了结晶度,又加快了制品结构形状尺寸稳定进程。聚酰胺类制品中适量的水分能对制品的性能(柔韧性、冲击强度和拉伸强度)起到改善和提高的作用。

同样,对注塑制品的调湿处理(包括退火热处理)在达到热处理需要的温度和时间后,应注意缓慢降温,直至冷却到室温。如果冷却降温速度过快或突然冷却,将对制品的性能产生极大影响,产生新的内应力。

12.16 聚乙烯注射成型制品工艺温度怎样控制?

聚乙烯树脂在塑化机筒内的塑化温度控制:低密度聚乙烯塑化时为160~220℃;高密度聚乙烯塑化时为180~250℃。对于这两种树脂塑化用温度控制,取较高温度时,注射成型制品的收缩率和伸长率都有增大的趋势,而拉伸强度则趋于下降。注塑这两种原料塑化用温度,机筒各段温度控制当原料是LDPE时一般为:进料段140~160℃,塑化段(机筒中间部位)170~210℃,均化段(机筒出料段)170~200℃,喷嘴温度160~190℃;当原料是HDPE时一般为:进料段140~160℃,塑化段180~220℃,均化段180~190℃,喷嘴温度160~200℃。

成型模具温度控制一般控制在30~70℃之间。如果选用较高的模具温度,制品结晶度高,强度和硬度也略有增大,但内应力会有些下降。模具如果选用温度较低些,则熔料降温速度要快些,这样容易使熔料固化收缩用补充料不足,形体的内应力也会增加,成型后制品的收缩率会较大,造成制品容易变形。低密度聚乙烯成型用模具温度控制,一般在30~60℃;高密度聚乙烯成型用模具温度控制,一般在50~70℃。

12.17 聚乙烯注射成型制品时熔料的注射压力如何调整?

塑化均匀的聚乙烯熔融料,注射时使用的注射压力一般控制在100MPa以下。对于结构形状比较复杂的塑料制品,它所需要成型用熔融料的注射压力最高可达120MPa;对于那些形状比较简单、壁厚的制品,成型熔融料的注射压力为60~80MPa。

一般情况下,保压压力可与注射压力相同,也可略低些。但应知道,取较高的注射压力会降低制品成型后的收缩率,也会增加制品的内应力。

12.18 聚乙烯注射成型制品生产周期怎样确定?

聚乙烯注射成型制品生产周期与制品的形体大小有关,形体大的制品比形体小的制品生产时的注射和冷却时间都要长些;保压时间与制品的壁厚尺寸大小有关,壁厚尺寸大的制品比壁厚尺寸小的制品保压时间长;另外,成型模具内的熔料流道形状和长短也是影响保压时间的一个因素。对于注塑制品生产周期的确定,一般都是在生产这个制品的初期通过生产实践,按一件制品注射成型的实际生产周期,以其中能生产出质量合格的制品生产周期为准。

注意:在保证注塑制品成型质量的条件下,要尽量压缩每个生产程序的工作时间,这对提高生产效率,降低制品生产费用有利。

12.19 聚乙烯制品注射成型后的收缩率怎样控制?

聚乙烯制品注射成型后,成品收缩率一般为1%~2.5%,规律是制品壁厚尺寸越大,收缩率也越大。制品的收缩量在6h内最大,约占总收缩率的90%左右,在24h内完成收缩,基本定型。为了减少制品的收缩变形,注塑生产时可适当提高对熔料的注射压力和保压时间及熔料温度和模具温度。对制品的尺寸精度及稳定性要求较高的注塑件,应对成型后的制品进行热处理。

12.20 聚烯烃食品周转箱质量有哪些规定?

聚烯烃塑料食品周转箱注射成型质量要求应符合GB/T 5737—1995标准规定,具体要求如下。

①箱体的外形规格。(长×宽)推荐尺寸(mm×mm)为:475×335、500×355、530×375、560×400、600×425、630×425、670×450;箱的高度尺寸(mm)可在125、140、160、200、236、265数值中任选其一。

②箱体外形尺寸偏差是:上偏差应不大于核定尺寸的+0.5%;下偏差是当尺寸小于200mm时为-1.5%,当尺寸在200~400mm范围内时为-1.25%,尺寸大于400mm时为-1.0%。

③箱体质量偏差应在核定质量的±3%范围内。

④外观质量要求是:表面无裂损,光滑平整,不许有明显白印,边沿及端手部位无毛刺,无明显色差,同批产品色泽基本一致;在500cm² 面积内,长度0.5~2.0mm的黑点杂质不大于5个,不允许有长度大于2.0mm的黑点杂质。

⑤箱体变形率要求每边不大于1.0%。

⑥同规格箱体堆垛应配合适宜,堆码时不允许滑垛。

⑦箱体的卫生性能应符合GB 9687标准规定。

⑧箱体的物理性能是:承重后箱底平面变形量不大于10mm;箱体内对角线变化率不大于1.0%;跌落后不允许产生裂纹;悬挂时不允许产生裂纹;堆码后箱体高度变化率不大于2.0%。

⑨箱体上的印刷字样图案清晰、完整,不允许油墨脱落。

12.21 瓶装酒、饮料用聚烯烃周转箱质量有哪些规定?

瓶装酒、饮料用聚烯烃周转箱的质量要求应符合GB/T 5738—1995规定。这个标准规定中瓶装酒、饮料用聚烯烃周转箱的质量要求与聚烯烃食品周转箱的质量要求规定内容基本相同,应用时可参照GB/T5737—1995标准规定。

两个标准中不同之处是:瓶装酒、饮料用聚烯烃周转箱盛装瓶的容量规定是0.25L、0.35L饮料瓶为24瓶,0.5L酒瓶为24瓶;标准瓶装啤酒12瓶和24瓶两种规格。另一点不同是这种周转箱无卫生指标要求,黑点杂质数量也无具体规定。

12.22 聚乙烯树脂注射成型应注意哪些事项?

①注意原料中是否加有抗氧剂,因为聚乙烯树脂的耐热抗氧化性差。

②制品壁厚尺寸应不小于0.8mm。

③成型模具的脱模斜度应在20′~45′范围内。

④一般原料包装袋完好可不用对原料进行干燥处理而直接投入注塑机中生产。如果原料含水量超过0.1%时应在70~80℃烘箱中干燥处理1~2h。

⑤一般无特殊要求的注塑制品应采用较低的注射压力成型制品;从提高制品的表观质量、减少制品收缩率方面考虑,可适当提高熔料的注射压力,但应注意此时制件的内应力也会相应地增加。

⑥制品上的边角料可直接回收,经粉碎后直接混入新料中使用。

12.23 注射成型塑料制品的质量问题怎样分析查找?

(1)注塑制品的外形结构尺寸不完整

①熔料的塑化温度偏低,应提高塑化机筒的加热温度。

②保压压力不足或保压时间短,应适当提高保压压力,观察效果。

③注射熔料量不够,这可能是螺杆前端逆止阀作用失效。

④喷嘴与模具衬套口接触不严密,造成注射时熔料溢料多。

⑤喷嘴温度低,此处有熔料堵塞。

⑥注射速度低,应适当提高注射熔料速度。

⑦螺杆塑化工作背压偏低,原料塑化质量不均匀。

⑧成型模具温度偏低或模具各部位温度差大,应检查模具温度控制系统是否出现故障。

⑨模具熔料流道问题,如熔料流道截面尺寸偏小、熔料流道温度低或流道表面粗糙使料流阻力增加。

⑩制品的结构尺寸设计安排不合理,不同部位的壁厚尺寸差过大。

(2)制品的外形尺寸不稳定,出现收缩现象

①熔料的注射压力偏低,应适当提高注射压力。

②保压压力偏低或是保压时间不足。

③塑化熔料温度偏高,应适当降低塑化机筒的加热温度。

④螺杆背压小,造成熔料塑化质量欠佳,应适当提高螺杆的背压。

⑤模具温度不合理,主要是模具温度偏高,增加了熔料的降温固化时间。

⑥喷嘴孔径偏小,应适当加大。

⑦熔料注射速度偏慢,应加快注射速度。

⑧注射熔料量不足。

⑨模具浇口位置布置的不合理。

⑩制品的结构形状设计不合理,造成局部应力不均衡。

(3)制品脱模困难

①熔料注射压力过高,应降低注射压力。

②熔料温度偏高,应降低机筒加热温度或降低螺杆工作转速。

③原料中含水分超标,应对原料进行干燥处理。

④模具温度偏低或者是模具各部位温度差大。

⑤模具成型面光洁度低或者脱模斜度小,应对模具进行修磨,提高光洁度或增大脱模斜度。

⑥保压、降温固化时间不足,应适当延长熔料的降温固化时间。

⑦脱模剂涂层用量不足或涂层不均匀。

(4)制品有飞边

①两半模面合模不严密或结合面粗糙,应进行研磨修整。

②熔料注射压力过高,应适当降低注射压力。

③锁模力不足,应提高合模锁模力。

④熔料温度偏高,应适当降低原料塑化温度。

⑤注射成型制品用熔料量过多,应适当调整降低熔料量或注射时间。

⑥成型模具温度偏高,应适当降低模具温度。

(5)制品脱模易损坏

①原料塑化不均匀,应适当提高螺杆工作背压。

②模具温度偏低,应适当提高模具温度。

③顶出杆的位置布置不合理或各顶出杆的顶出推力不均,应找出制品损坏部位,调整顶出杆的分布使顶出力均匀些。

④制品的脱模斜度不够,应加大制品脱模斜度。

⑤模具结构设计不合理,制品脱模时有的部位出现真空现象,应对模具结构进行修改。

⑥模具中的侧滑块与开模动作或顶出动作不协调,应对模具进行修改。

⑦成型模具的工作面粗糙,应进行研磨修光。

⑧脱模剂涂层不均匀或用量过少。

(6)制品表面有熔接痕

①原料塑化不均匀,应提高螺杆工作背压。

②成型模具温度偏低,应适当提高模具温度。

③熔料注射压力不足及注射速度慢,应提高注射压力和注射速度。

④喷嘴孔径偏小,应扩大孔直径,增加单位时间内的注射熔料量。

⑤熔料流道截面小,影响注射熔料流量,应扩大熔料流道截面或改进浇口位置(离结合处近些)。

⑥原料中水分含量超标,使用前应对原料进行干燥处理。

(7)制品表面有波纹

①原料塑化不均匀,应适当提高机筒加热温度或提高螺杆工作背压。

②注射压力选择的不合理,过高或过低的注射压力都能影响制品的表观质量。

③保压、降温固化时间不足,应适当延长。

④原料中含水量过高,应对原料进行干燥处理后再使用。

⑤熔料的注射速度选择的不合理,过高或过慢的注射速度都会影响制品的表观质量。

⑥模具的成型面光洁度不够,使制品表面粗糙,应研磨修光模具成型面。

(8)制品表面有气泡和银纹

①制品用原料含水分超标,应对原料进行干燥处理。

②原料中的添加剂不耐高温,应调整更换。

③原料塑化温度偏高或者是在机筒内停留时间过长,应降低机筒前段温度或改用较小规格注塑机。

④螺杆工作背压小,应适当提高螺杆背压。

⑤保压压力偏低或降温固化时间短,应提高保压压力或延长降温定型时间。

⑥成型模具温度偏低,应提高模具温度。

⑦注射压力或注射速度有些偏高,应适当降低注射压力和注射速度。

(9)制品表面无光泽

①原料塑化熔融质量不均匀,应适当提高机筒加热温度或提高螺杆工作背压。

②原料中含水分偏高,应对原料干燥处理,使原料中水分含量在允许指标内。

③模具内成型制品工作面粗糙或有水珠,应研磨抛光工作面,提高型腔表面光亮度。

④原料附加料配加不当,应调整更换。

⑤原料中混有杂质多,不清洁。

⑥成型模具温度偏低,应适当提高模具温度。

⑦脱模剂涂层过厚,用量过多。

(10)注塑制品成型后变形

①制品结构形状设计不合理、形状及厚薄安排不对称,应改进制品的结构设计。

②塑化熔融料的温度偏低,应提高塑化机筒的加热温度。

③模具体各部位温度不均匀、温差过大,应改进模具加热方法,使各部位温差小些。

④保压降温固化时间短,应延长降温时间。

⑤脱模顶出杆的顶出力不一致,应调整顶出杆的分布或顶出力不均衡现象。

⑥浇口位置布置欠合理,应适当调整。

⑦填料量过多,应适当减少填料量和降低注射压力和速度。

(11)制品有黑点或黑纹

①机筒内有滞留残料区、部分熔料分解,应清洗机筒和螺杆。

②原料不纯、混有较多杂质,应检查更换原料。

③喷嘴孔径小、熔料温度高或注射压力过高、注射速度过快等因素都容易使局部熔料温度升高,使料分解。

④机筒或喷嘴处有腐蚀坑,使存料分解,应进行查找修复。

12.24 聚丙烯可注塑成型哪些塑料制品?

聚丙烯树脂用注塑机成型塑料制品,主要有中空制品、工业配件、汽车配件及生活用品等。如周转箱、集装箱、大型容器、酒柜、商品货架、花盆、办公桌、汽车配件中的轴承、轴套、小齿轮、电风扇、车体、蓄电池外壳、阀门盖、管件及注吹塑料瓶等。

12.25 注塑用聚丙烯的原料条件是什么?

聚丙烯树脂注射成型塑料制品,选用树脂的熔体流动速率(MFR)可在1~15g/10min范围内。一般注塑制品选择熔体流动速率在1~5g/10min范围内的树脂,大型薄壁注塑件还可选用熔体流动速率大于18g/10min的树脂。按制品应用条件需要,树脂中还应加入适当的着色剂及一些辅助料。

12.26 聚丙烯注射成型的工艺特点是什么?

聚丙烯树脂注射成型塑料制品的生产工艺和操作比较好掌握。因为这种树脂的热稳定性好,原料塑化熔融工艺温度范围比较宽,熔体黏度比HDPE树脂的熔体黏度低,有很好的流动性,所以成型加工性好。生产时对塑化工艺温度控制比较容易,即使是出现一些工艺温度升降波动现象,也不会影响熔料的注射成型制品质量。原料塑化过程中提高塑化温度则可增加熔体的流动性,由于PP树脂的熔点高于PE树脂,所以,塑化PP料加工温度一般控制在180~280℃之间(高于PE料塑化温度),常用塑化温度为200~230℃。原料存放过程中的吸水性很低,一般原料出厂包装完好,原料在生产前可不必进行干燥处理。注意原料塑化工艺温度不应超过300℃,熔料温度超过315℃时开始分解。喷嘴温度控制在170~200℃之间。

塑料熔体的注射压力一般控制在70~140MPa之间。通常对聚丙烯熔料的注射压力多采用较高的注射压力。高的注射压力对降低熔料黏度、提高熔体流动性和制品伸长率及降低制品收缩率有利。

成型模具温度一般控制在30~100℃之间。采用较高模具温度时,制品的结晶度高,刚性和硬度增加,表面也比较光亮;如果模具温度偏低,则制品的韧性增加,成品的收缩率降低,但制品的表面光亮度会下降。

聚丙烯熔料入模后的降温定型速度较快,所以,聚丙烯注射成型制品的生产周期较短。PP 料注射成型制品的收缩率为 1%~2.5%。

12.27 聚丙烯周转箱注射成型应注意哪些事项?

①原料选择。聚丙烯周转箱注射成型用原料,主要是共聚聚丙烯树脂,要求树脂的熔体流动速率(MFR)在 1.5~5g/10min 范围内,缺口冲击强度大于 10J/m,拉伸强度>23MPa,洛氏硬度(R)大于 75。为了降低制品的生产成本,可在主原料中加 10%左右的无规聚丙烯填充母料。如果制品需要有颜色,在树脂中还需加入一定比例的着色剂。

②由于周转箱外形尺寸较大,成型用料较多,注射成型固定式周转箱应选用注射能力大于 $1000cm^3$ 注塑机。

③注射成型周转箱的生产工艺程序比较简单,只要按成型周转箱用料配方要求,把各种主辅原料计量、掺混在一起搅拌均匀,即可投入到注塑机中塑化熔融后注射成型,脱模后的制品经过表面去毛刺修整、印刷后即是成品。

④聚丙烯周转箱注射成型工艺条件(仅供参考)如下。

塑化原料机筒分段温度:前部 190~220℃,中部 220~240℃,后部 180~200℃。喷嘴温度 170~200℃。

注射压力:70~100MPa。注射成型制品周期为 60~180s,其中注射时间为 5~10s,保压时间 5~15s,冷却定型时间为 20~60s。

⑤由于周转箱结构大而又较复杂,成型模具应设计成多向开模结构。

12.28 聚丙烯周转箱采用热挤冷压法成型有什么特点?

聚丙烯周转箱采用热挤冷压法成型与注塑法一次成型周转箱不同之处有下列几点。

①按周转箱成型用料配方计量后的各种原料掺混在一起,搅拌均匀后投入到单螺杆挤出机中把原料塑化熔融,然后挤出成型板状型坯,再用压力机把放入模具中的型坯压塑成型箱体。这种采用热挤冷压方法成型周转箱生产工艺,设备投资比较少,箱体成型用模具也较简单,比较适合形状简单的大型箱体成型。

②热挤冷压法成型周转箱用原料与注塑法一次成型周转箱用原料相同;挤出设备用挤塑聚丙烯料专用普通型单螺杆挤出机;压力机可是液压式,也可是机械传动式结构。

③原料在挤出机内塑化用工艺温度是:机筒前部 160~170℃,中部 180~200℃,后部 180~190℃。

成型模具用压力为 20~30MPa。冷却定型时间为 10~60s。

12.29 增强聚丙烯制品用途及应用特点是什么?

增强聚丙烯这里指的是把直径为 8~15μm 的玻璃短纤维,按一定比例与聚丙烯树脂混合后,经挤出混炼、造粒而制得的产品。用这种增强聚丙烯可注射成型汽车、电器和化工等行业中设备零部件。如小轿车的前护板、风扇罩、加热器罩、电池箱等;各种仪表中的壳体、座、架、泵叶轮、电冰箱部件等;化工用管道、管件、泵体、阀门等;农业机械中柴油箱、喷雾器室、水箱漏斗等。另外,在无线电专用设备、动力机械、水暖器材等方面也有广泛应用。

用增强聚丙烯注射成型的各种工业零部件，除了具有聚丙烯原有的优良性能外，这种制品的力学强度、刚性和硬度均有较大程度的提高，制品的结构外形尺寸稳定，低温抗冲击性和耐电弧性能良好，成品收缩率小和制造成本低。在塑料制品中可代替尼龙、聚碳酸酯等工程塑料使用。

12.30 增强聚丙烯注射成型工业零部件应注意哪些事项?

①原料配制或选择。把直径为 8~15mm 的无碱或中性的玻璃纤维，切成 3~12mm 长度，按 25%左右的比例均匀掺混在聚丙烯树脂中，再加入 0.5%~1%的马来酰亚胺偶联剂，在混合机中加温混合均匀，然后用挤出机混炼造粒，即为增强聚丙烯料。也可外购，目前国内有多家生产厂(如山东道恩化学有限公司、中国石化燕山石化分公司)可提供此种原料。

②如果购进原料较潮湿(含水分较高)，应先把原料在 80℃的热风循环烘箱中干燥处理 4h 后再投入生产。

③注塑增强聚丙烯用注塑机，要求螺杆要经氮化处理或表面镀硬铬层，以提高螺杆的耐磨性和抗腐蚀性；螺杆前端的止逆阀外圆与机筒内圆间的间隙控制在 20~80μm 范围内，以方便熔料中玻璃纤维的通过。机筒采用组装式结构，以方便机筒内衬套磨损后的维修更换。

④注塑机塑化混炼原料时，机筒温度控制在 210~280℃范围内，注射熔料温度约为(230±10)℃。注射压力为 100~130MPa。成型模具温度控制在 30~50℃之间。

注射压力过高，制品易出现飞边，脱模后的制品易变形。保压时间要适当延长些，以保证熔料冷却降温收缩时得到充分熔料补充，保证制品的外形结构尺寸。模具温度不宜过高，避免制品收缩率和变形增加。

⑤由于增强聚丙烯熔料的流动性差，要求熔料注射时要有较高的注射压力和较快的注射速度。这是增强 PP 熔料注射成型不同于普通 PP 熔料注射成型之处。

⑥成型模具中的浇口和熔料流道，要短而粗，截面为圆形；两半模的合模缝处应设有排气孔或溢料穴，以方便熔料中分解气体的排出；注意主流道锥度要大于 5°，制品脱模斜度要大于 1°，以方便制品的脱模。

12.31 聚丙烯蓄电池槽体怎样注射成型?

蓄电池槽体是蓄电池中的主要部件，用聚丙烯塑料代替硬质橡胶材料做蓄电池槽体，具有很好的电绝缘性、耐酸和抗冲击性能，而且塑料蓄电池槽体的制造成本又低于硬质橡胶蓄电池槽体的制造成本，所以，近几年来很受广大用户的欢迎。

1.原料的选择与配制

(1)原料选择　塑料蓄电池槽体注射成型，应选用熔体流动速率(MFR)为 1.5~2.5g/10min注塑级聚丙烯树脂，如中国石化燕山石化分公司产 1330、1332 型耐低温树脂。对特殊环境中应用，要求在低温条件下有较好冲击强度时，可选用多元共混改性聚丙烯料注射成型。

多元共混改性聚丙烯配方(仅供参考)：

均聚聚丙烯粉料(熔体流动速率 1.5~2.5g/10min)100 份，共聚聚丙烯(熔体流动速率 1.5~2g/10min)12 份，高密度聚乙烯(熔体流动速率 2.2~4.8g/10min)8 份，苯乙烯-丁二烯-苯乙烯共聚弹性体(SBS)4 份，抗氧剂及紫外线吸收剂和其他一些辅助料约占 3 份。

(2)多元共混改性聚丙烯料的配制造粒　把多元共混改性聚丙烯用料配方中各种材料，按配方要求分别计量(材料中的SBS应先预处理)，加入混合机中(在90℃左右的温度条件下)掺混、搅拌均匀，然后投入到挤出机(单螺杆或双螺杆挤出机均可)中混炼塑化，挤出切粒。混炼塑化原料挤出机机筒工艺温度，加料段100~120℃，塑化段160~180℃，均化段210~230℃。切粒多孔板处温度为220~230℃。

2.注塑蓄电池槽体(以蓄电池槽体质量1350g、单腔槽为例)成型

①选用SZY-2000型注塑机(锁模力为6000kN)。

②注塑机注射制品用熔料温度为190~220℃，注射压力为95~100MPa。

③槽体成型用三块式、一模单腔、四个浇口典型结构成型模具。

④成型槽体模具中的模芯温度为(20±5)℃，模腔温度为(55±5)℃。

3.槽体注塑成型质量

聚丙烯注塑成型蓄电池槽体的质量应达到表12-6中技术指标。

表12-6　聚丙烯蓄电池槽技术指标

检验项目		指　标
耐酸性		表面膨胀不产生变色，质量增减小于0.60g/dm²，渗出铁含量小于0.006g/dm²，渗出有机物消耗0.1mol/L浓度的高锰酸钾溶液小于50mL/dm²
耐电压	干法	8000~12000V交流电压作用3~5s不击穿
	湿法	5000~10000V交流电压作用1~5μm不击穿
落球冲击强度		500g钢球1m高度自由落体冲击试样不产生裂痕或细小裂纹
热变形	整体槽	不能有2mm以上的变化
	单体槽	不能有1%以上的变化和槽体变形

12.32　聚丙烯树脂怎样注射成型汽车风扇？

汽车上用的风扇和风扇罩是汽车运行工作中不可缺少的一个主要部件。由于汽车长时间在各种不同气候条件下工作，为了保证这个部件的工作强度和使用寿命，所以要求用聚丙烯制作的风扇不仅要有较高的强度和刚性，还应具有在低温环境中韧性好的性能，以适应其在温差较大(-40~80℃)条件下的应用。为了满足上述性能要求，目前，用聚丙烯制作风扇，多采用以聚丙烯为主要原料，加入增韧剂乙烯-丙烯-二烯烃三元共聚物(EPDM)、滑石粉(增加刚性和耐热性)和1%的偶联剂(强化树脂与填料的界面粘接作用)，通过共混、复合并用技术来制成一种新的材料。三种主要材料的混合比例是：聚丙烯(均聚或共聚PP均可)55份，EPDM30份，滑石粉15份。

配方中几种原料的配混与挤出造粒方法是：先把滑石粉在(90±10)℃烘箱中进行干燥处理约3h，然后加入偶联剂(常用偶联剂为钛酸酯类)，制成活化填料。把各种原料(配方中材料)计量，加入高速混合机中掺混搅拌均匀，然后加入挤出机(单螺杆或双螺杆挤出机均可)中混炼塑化，挤出条状料入冷却水槽中冷却定型，再由切粒机切粒(要求采用排气型挤出机，混炼塑化熔料温度在190~230℃范围内)。

用经过改性的聚丙烯粒料即可在通用型螺杆型注塑机中注塑成型汽车风扇和风扇罩制品。

第13章　塑料中空制品注射吹塑成型

13.1　中空制品怎样注射吹塑成型?

塑料中空制品的生产成型过程是:按制品用料配方要求,把主要原料和辅助材料分别计量后掺混在一起,用混合机搅拌混合均匀,经混炼塑化挤出造粒(也可用粉料直接投入到粉料专用注塑机内)后投入到注塑机内,把原料塑化熔融,通过型坯模具把熔料注射成型制品用型坯,再把型坯置于中空制品成型模具腔内(也可把型坯冷却定型后移至另一台设备或异地经加热后吹胀),吹入压缩空气,把型坯吹胀紧贴在模具型腔壁上,成型制品形状,冷却定型后开模,即完成中空制品的生产成型工作。

塑料中空制品的生产工艺顺序如下:

主、辅原料按配方要求计量→掺混在一起搅拌均匀→挤出混炼造粒(或直接用粉料)→注塑机塑化原料→塑化熔料成型型坯→

→冷却定型→预热型坯→吹胀成型→修边→制品

→吹胀成型→修边→制品

13.2　塑料中空制品挤出吹塑和注射吹塑成型各有什么特点?

1.中空制品挤出吹塑成型特点

①原料塑化质量好。

②模具结构比较简单,制造费用低。

③可成型各种规格中空制品。

④可成型带有嵌件容器和带把手容器及各种不规则形状容器。

⑤能成型不同原料多层复合制品。

⑥较容易调换不同颜色的制品,颜色在原料中分散较均匀。

2.中空制品注射吹塑成型特点

①制品没有飞边,外形尺寸准确,稳定性好,生产中没有回料和废料。

②制品厚度可预先在成型型坯时调控。

③可适应多种塑料成型,但更适合于硬质塑料的注射成型,吹塑成型中树脂定向好。

④制品没有拼合缝,容器的颈部和螺纹尺寸精度高,适合成型广口容器和形状简单的小型容器,但不适合生产大型容器和形状复杂容器。

13.3　塑料中空制品注射吹塑成型机由几部分组成?怎样工作?

中空制品注射吹塑成型机结构如图13-1所示,它主要由原料塑化注射部分、合模部分(其中包括注射合模和吹塑合模两部分)、回转工作台、脱模装置、模具、辅助装置和控制系统等几部分组成。

中空制品注射吹塑成型机工作方法如下。按制品成型用料配方要求,把配混均匀的原料投入到成型机的加料斗内,进入塑化注射部分的机筒后,把原料塑化熔融;螺杆前移,注射熔料

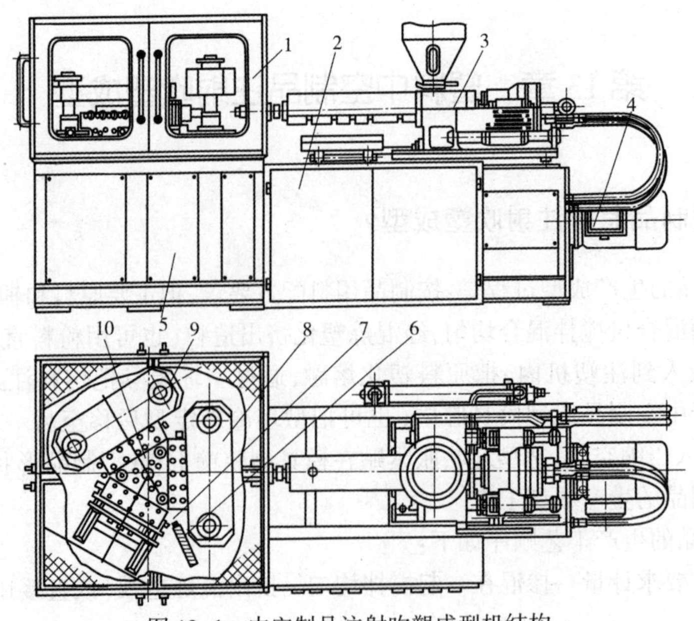

图 13-1　中空制品注射吹塑成型机结构

1—罩门；2—电气控制箱；3—原料塑化注射部分；4—液压气动系统；5—机身；
6—安全保护装置；7—制品取出装置；8—合模注射装置；9—合模吹塑装置；10—回转工作台

进入带有芯棒的型坯成型模腔内，成型有封底并带有螺纹口颈的型坯，同时型坯略有降温；然后开模，型坯由芯棒带着转 120°至吹塑工位的下半模腔内，合模，被模具夹紧，同时经芯棒中心孔吹入压缩空气，把型坯吹胀紧贴在型腔壁上，成为制品形状，经冷却定型后开模；芯棒带着制品再旋转 120°至脱模工位，则制品从芯棒上被推出，完成制品生产的原料塑化、注射成型、吹胀成型及降温、脱模工序。此时，芯棒又转至注射成型型坯工位，重复下一个制品成型生产工作。

另外，注射吹塑成型机还有二工位和四工位生产方式。四工位旋转式注射吹塑成型机比三工位旋转式成型机中多出的一道工序，可设在注射与吹塑工序之间，作型坯的温度调节工位；也可设在脱模与注射工序之间，作芯棒温度调节或检查制品是否脱模工位；还可把这道工序设在吹塑与脱模工序之间，作成型制品热处理或贴商标工位。

中空制品注射吹塑成型工艺顺序示意如图 13-2 所示。

13.4　国产中空制品注射吹塑成型机有哪些技术参数？

中空制品注射吹塑成型机，目前国内已有多家生产。表 13-1～表 13-6 列出国内部分厂家生产的注射吹塑成型机、注射拉伸吹塑成型机和二步法生产中空制品用拉伸吹塑成型机型号及主要技术参数，可供应用时选择参考。

表 13-1　大连华大机械有限公司产瓶坯专用注塑机主要技术参数

项　目	90PET			130PET			160PET			190PET		
螺杆直径/mm	30	40	45	30	40	45	45	50	55	50	55	60
注射量/cm^3	177	231	293	260	329	406	366	452	546	497	601	715
注射量(PET)/g	189	247	313	278	352	435	391	483	585	532	643	765
注射压力/(kg/cm^2)	2220	1700	1343	2160	1707	1382	2102	1702	1407	2048	1693	1422

续表

项　目	90PET			130PET			160PET			190PET		
螺杆长径比(L/D)	25.1 : 1	22 : 1	19.6 : 1	24.8 : 1	22 : 1	19.8 : 1	24.4 : 1	22 : 1	20 : 1	24.2 : 1	22 : 1	20.2 : 1
注射速率/(cm^3/s)	64	84	106	79	101	124	106	131	158	132	160	190
螺杆最高转速/(r/min)	177			213			162			162		
注射行程/mm	184			207			230			253		
锁模力/kN	900			1300			1600			1900		
锁模行程/mm	320			410			446			490		
拉杆间距/mm	360×360			410×410			460×460			510×510		
模具最大尺寸/mm	360			410			460			510		
模具最小尺寸/mm	150			150			150			175		
模板最大间距/mm	680			820			906			1000		
顶出杆力/kN	25			37			37			44		
顶出杆行程/mm	85			100			130			140		
顶出杆数/个	1			1			5			5		
主电动机功率/kW	7.5			11			15			18.5		
液压泵输出量/(L/min)	54			65			84			102		
电热功率/kW	10.6			13			15.3			15.3		
加热段数/段	4+1			4+1			5+1			5+1		
净重/t	3			3.5			4.8			6		

项　目	260PET			320PET			380PET		
螺杆直径/mm	55	60	65	60	70	80	70	80	90
注射量/cm^3	656	780	916	910	1239	1619	1416	1850	2341
注射量(PET)/g	702	835	980	974	1326	1732	1515	1979	2505
注射压力/(kg/cm^2)	1999	1680	1431	2311	1698	1300	2082	1594	1259
螺杆长径比(L/D)	24 : 1	22 : 1	20.3 : 1	25.7 : 1	22 : 1	19.3 : 1	25.1 : 1	22 : 1	19.6 : 1
注射速率/(cm^3/s)	192	229	269	200	272	356	259	339	429
螺杆最高转速/(r/min)	173			147			140		
注射行程/mm	276			322			368		
锁模力/kN	2600			3200			3800		
锁模行程/mm	525			590			710		
拉杆间距/mm	740×740			580×580			660×660		
模具最大尺寸/mm	740			580			660		
模具最小尺寸/mm	200			250			250		
模板最大间距/mm	1105			1250			1450		
顶出杆力/kN	60			60			100		
顶出杆行程/mm	160			180			200		
顶出杆数/个	9			13			13		
主电动机功率/kW	22			30			37		
液压泵输出量/(L/min)	145			174			203		
电热功率/kW	18.3			23.6			25		
加热段数/段	5+1			5+1			5+1		
净重/t	11			13.5			15.5		

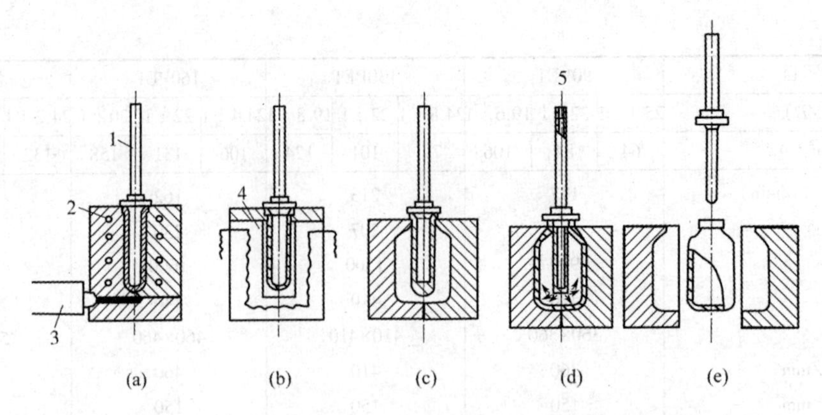

图 13-2　中空制品注射吹塑成型生产工艺顺序示意图

(a)注射成型型坯；(b)型坯预热处理；(c)型坯入吹模腔；(d)型坯被吹胀；(e)制品脱模

1—芯棒；2—冷却水孔；3—注塑装置；4—加热槽；5—压缩空气通孔

表 13-2　江苏维达机械有限公司产注射吹塑中空成型机主要技术参数

项目	MSZ25	MSZ40	MSZ50	MSZ60	MSZ40L	MSZ60L
螺杆直径/mm	35	45	50	50	35	50
注射量/cm^3	123	227	324	324	长径比 $L/D=30:1$	长径比 $L/D=30:1$
机筒电热功率/kW	6.5	10	11	11.85	11.4	11.4
机筒加热段数/段	3	3	3	3	5	5
注射模锁模力/kN	280	400	490	600	375	580
注射模启模力/kN	—	70	—	68	塑化能力 60kg/h	塑化能力 80kg/h
注射模行程/mm	120	120	120	140	120	140
吹塑模锁模力/kN	30	78	90	89	65	80
吹塑模启模力/kN	—	52	—	55	—	—
吹塑模开启行程/mm	120	120	—	140	—	—
空循环时间/s	4	8	8	8	3.5	4
脱模行程/mm	—	200	220	200	240	240
回转台提升高度/mm	—	60	60	70	60	70
脱模架高度/mm	—	1200	—	1100	—	—
最大模具平面尺寸(长×宽)/mm	300×200	480×390	740×390	740×390	480×390	740×390
最小模厚/mm	180	240	220	280	240	280
主电动机功率/kW	15	22	30	30	—	—
液压系统压力/MPa	14	14	15	14	18.5	18.5
压缩空气最大工作压力/MPa	1	1	1	1	1	1

续表

项目	MSZ25	MSZ40	MSZ50	MSZ60	MSZ40L	MSZ60L
压缩空气排量/(m^3/min)	≥0.3	≥0.5	≥0.8	≥0.8	>0.3	>0.3
冷却水用量/(m^3/h)	3	3	5	5	3	3
可成型制品范围/L	0.015~0.8	0.015~0.8	0.005~0.8	0.015~0.8	5~300(mL)	10~500(mL)
可成型制品高度/mm	≤165	≤200	≤200	≤200	≤200	≤200
可成型制品直径/mm	≤100	≤100	≤120	≤120	≤120	≤120
芯棒中心距工作台面/mm	—	120	114.3	140	120	140
总功率/kW	25	—	41	45	—	—
外形尺寸(长×宽×高)/mm	3100×1100×2200	4000×1670×2350	3900×1350×2700	4500×1670×2350	—	—
机器质量/t	2.5	约6	8	约6	5	7

表 13-3　宁波千普机械制造有限公司产 ZLC280 型注射拉伸吹塑成型机技术参数

项　目	数　值	项　目	数　值
螺杆直径/mm	45	电动机功率/kW	15+4
理论注射量/cm^3	200	机筒及模具加热功率/kW	8.8+7.8
机器中心高/mm	1270		
塑化能力(PET)/(g/s)	40	操作空气工作压力/MPa	1
注射模锁模力/kN	280	吹模空气工作压力/MPa	2
吹塑模锁模力/kN	100	机器质量/t	9
转盘升降行程/mm	145	控制系统	变频微机自动控制
注射模尺寸/mm	700×200×475		
吹塑模尺寸/mm	640×240×100	机器外形尺寸(长×宽×高)/mm	3790×1930×2800
制品最大直径及长度/mm	ϕ70×110		

表 13-4　上海第一塑料机械厂一步法三工位注射拉伸吹塑成型机技术参数

项目名称	数 值	项目名称		数 值
螺杆直径/mm	45,55,65	吹气压力(最大)/MPa		14
注射量/cm^3	190,280,390	机器净重/t		7.5
注射模锁模力/kN	500	机器外形尺寸(长×宽×高)/mm		4600×1720×3500
吹塑模锁模力/kN	140			
机筒加热功率/kW	12	模腔数/腔		2,4,6,8
热流道加热功率/kW	6	颈外直径/mm		80,60,35,24
液压泵电动机功率/kW	37	制品尺寸	瓶体直径/mm	105,90,60,42
操作气源量(最大)/(mL/min)	850		高度/mm	335,335,250,210
吹塑气源量(最大)/(mL/min)	680		近似容积/mL	2500,1600,600,250

表 13-5　黄岩特简易一步法吹瓶机(JK-8 型)技术参数

项目	技术参数	项目	技术参数
适用原料	PVC/PS/PE/PP	挤出电动机功率/kW	7.5
螺杆直径/mm	ϕ55	加热功率/kW	8
长径比	20 : 1	风机功率/kW	0.3
生产能力/(个/h)	2100	频率/Hz	50,60
模头数/只	2	气源压力/MPa	0.8
最大成型容积/mL	500	形尺寸(长×宽×高)/mm	2600×950×2030
模具数/副	4		
锁模力/kN	50	质量/kg	1200

表 13-6　浙江科达塑料模具机械有限公司产 KD8 型二步法拉伸吹塑成型机技术参数

项目名称	KD810	KD812	KD814	KD816	KD818	KD820
瓶模腔数/腔	10	12	14	16	18	20
工作压力/MPa	0.7~0.8	0.7~0.8	0.7~0.8	0.7~0.8	0.7~0.8	0.7~0.8
吹气压力/MPa	4	4	4	4	4	4
出瓶高度/mm	1.5×1000	1.5×1000	1.5×1000	1.5×1000	1.5×1000	1.5×1000
加热单元/组	17	17	17	20	20	20
加温灯层数/层	8	8	8	10	10	10
加温最大功率/kW	136	136	136	200	200	200
电压/V	380	380	380	380	380	380
频率/Hz	50/60	50/60	50/60	50/60	50/60	50/60
瓶坯长度/mm	≤160	≤160	≤160	≤160	≤160	≤160
瓶坯内径(可调)/mm	ϕ20~ϕ28	ϕ20~ϕ28	ϕ20~ϕ28	ϕ20~ϕ28	ϕ20~ϕ28	ϕ20~ϕ28
圆瓶直径范围/mm	ϕ50~ϕ90	ϕ50~ϕ90	ϕ50~ϕ90	ϕ50~ϕ90	ϕ50~ϕ90	ϕ50~ϕ90
方瓶对角线尺寸范围/mm	50~90	50~90	50~90	50~90	50~90	50~90
瓶坯原料	PET	PET	PET	PET	PET	PET
容量范围/L	0.2~1.25	0.2~1.25	0.2~1.25	0.2~1.25	0.2~1.25	0.2~1.25
矿泉水饮料瓶产量/(个/h)	9500	11400	13300	15200	17100	19000
热灌装瓶产量/(个/h)	7500	9000	10500	12000	13500	15000
质量/kg	15000~17000	15000~17000	15000~17000	16000~18000	16000~18000	16000~18000
主机外形尺寸(长×宽×高)/mm	3400×2600×3300	3400×2600×3300	3400×2600×3300	4000×3200×3400	4000×3200×3400	4000×3200×3400
加温机外形尺寸(长×宽×高)/mm	5600×1005×2600	5600×1005×2600	5600×1005×2600	6000×2000×2800	6000×2000×2800	6000×2000×2800

续表

项目名称	KD810	KD812	KD814	KD816	KD818	KD820
理坯机外形尺寸（长×宽×高）/mm	4000×5400×3500	4000×5400×3500	4000×5400×3500	4500×5600×3800	4500×5600×3800	4500×5600×3800

注射吹塑成型机设备技术参数，注塑机部分技术参数第10章已经介绍，这里只介绍合模部分的合模力、模板间距、模板行程和移模速度。

①合模力。合模力是指吹塑型坯在模具内被拉伸吹塑成型制品时模具所具备的夹紧力（也称锁模力）。

合模力计算公式为

$$F_{min} = 1.2nAp$$

式中 F_{min}——最小合模力，N；

n——吹塑模具中的型腔数量；

A——制品在分模具上的投影面积，mm^2；

p——吹胀型坯用气压，MPa（一般为0.2~1MPa）。

②模板间距与模具厚度。模板间距L_{max}的确定（参照图11-4），主要根据移动模板的行程S和固定模具的最大厚度来决定，即$L_{max}=S+\delta_{max}$。

式中模板的行程为移动模具厚度加型坯高度。由此可见，模板间的距离尺寸主要是根据制品型坯的外形尺寸来确定：先按型坯的最大高度尺寸来确定模具的厚度，再根据模具的厚度和型坯的最大高度来确定模板的行程。这样确定的模板间距才能保证注射成型的型坯顺利脱模。

③移模速度。国产中空制品注射吹塑成型机的移模速度，标准规定为不小于24m/min。移模速度的选择，将直接影响设备生产制品成型周期的长短，所以，生产中在工艺条件允许的情况下，应尽量提高移模速度。但也应注意：在合模时的速度是从快到慢（即快速移模，至终点时再慢速合模）；开模时速度是由慢到快，再到慢（即慢速开模，快速移模，慢速停止）。

④吹塑合模行程、模具厚度及模板尺寸等直接影响注射吹塑中空制品成型机加工制品的尺寸范围。为使吹塑成型的制品顺利脱模，使带有芯棒的成型制品能方便地传送至下一工位、退出芯棒，所以要求吹塑合模行程距离尺寸要足够大。对模板的尺寸要求，应以能满足该设备注射吹塑最大制品所需用的成型模具的安装需要为准。

13.5 吹塑成型装置由哪些零部件组成？

中空制品注射吹塑成型机中的吹塑成型部分结构主要组成零部件有：型坯成型模具、型坯吹塑成型制品模具、合模装置、吹气管路系统、脱模装置、回转工作台、传动系统、芯棒和模具控温系统及熔料流道组合装置等。

13.6 瓶用型坯模具部位由哪些零部件组成？作用是什么？

瓶用型坯模具部位主要组成零部件有：熔料流道组合装置、型坯颈部、型腔和冷却装置及模板、芯棒等。瓶用型坯成型模具结构如图13-3所示。

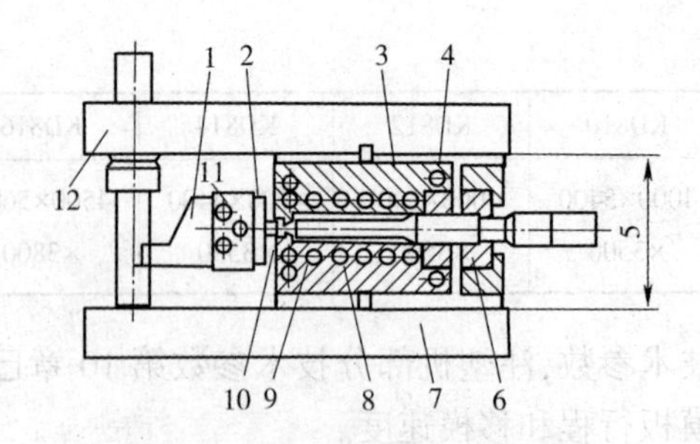

图 13-3　瓶用型坯成型模具结构

1—熔料流道组合；2—喷嘴加热圈；3—型坯模腔；4—螺钉孔；
5—模具厚；6—型坯颈部；7—定模板；8—芯棒；9—模具温度控制冷却水孔；
10—喷嘴；11—加热器；12—动模板

1.熔料流道组合装置

熔料流道组合装置安装在型坯模具的定模板上，塑化熔料经过此装置进入型坯模具腔内。熔料流道组合装置（图 13-4）主要由流道体、底座、夹具、充模喷嘴、喷嘴压板及加热器等零部件组成。

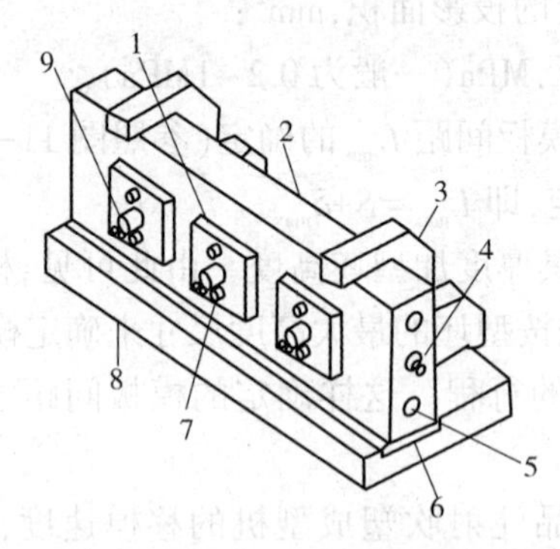

图 13-4　熔料流道装置结构

1—喷嘴压板；2—流道体；3—夹具；4—流道塞堵；
5—加热器孔；6—绝热垫；7—螺钉；8—底座；9—喷嘴

熔料流道组合装置结构比较简单，流道孔径一般多采用 ϕ15mm 等径直管式歧管；喷嘴孔径在 ϕ1~5mm 范围内。因为一次由几个喷嘴同时分别向几个模腔内供料，为使一套型坯模具中各型腔的熔料流量和压力接近均匀，不同位置的喷嘴孔径可略有差别（远离中心孔的孔径逐次略大些）。熔料流道装置中设有电阻加热器，以保证熔料流道有适宜的工艺温度。

2.芯棒

芯棒是中空容器注射吹塑成型生产过程中不可缺少的配件。型坯的注射成型、吹塑成型及脱模生产工位，都是以芯棒为载体换位和输入压缩空气、配合工作的结果。芯棒是一种由多个零件组合成的形体，结构如图 13-5 所示。它主要由芯棒体、弹簧及连接紧固螺母等零件组成。

芯棒体由合金工具钢制成，与型坯接触的工作表面要进行抛光精加工，而且还要镀硬铬层。芯棒工作时应与型坯模具及吹塑模具的颈圈紧密配合，以控制芯棒工作中的正确位置，使芯棒与模腔工作时保证其同轴度。

芯棒的直径与长度尺寸，由型坯尺寸来决定：直径要比容器的颈部内径略小些，以方便成型制品的脱模；长度应小于制品长度，长径比通常不超过 10 : 1。

芯棒的端部设有通入型坯内的压缩空气通孔。空气通孔位置,热坯法吹塑成型制品时,若容器的颈部直径小,芯棒的长径比大于 8∶1,则空气通孔应设在芯棒端部[图 13-5(a)];若容器颈部直径较大,芯棒的长径比较小,则空气通孔应设在芯棒尾端[图 13-5(b)]。

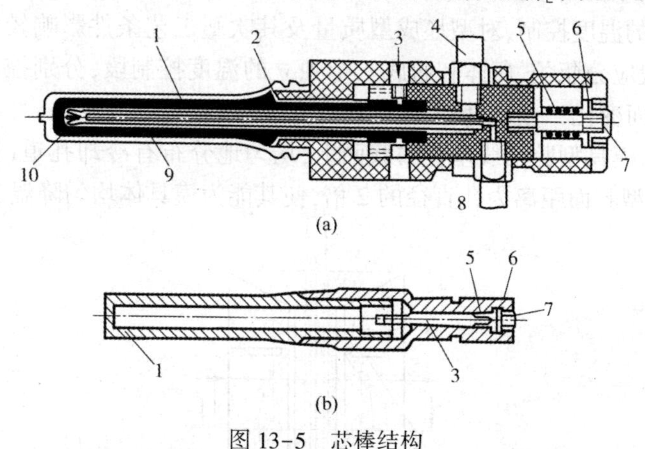

图 13-5　芯棒结构

1—芯棒体;2,10—压缩空气出口;3—压缩空气进口;4—控温介质出口;5—弹簧;6—星形螺母;7—凸轮螺母;8—控温介质入口;9—型坯

3.型坯成型用模具

型坯成型用模具由两半模体组成,结构如图 13-6 所示。它主要由充模喷嘴、型坯模颈、加热与冷却装置和型坯模体等主要零件组成。

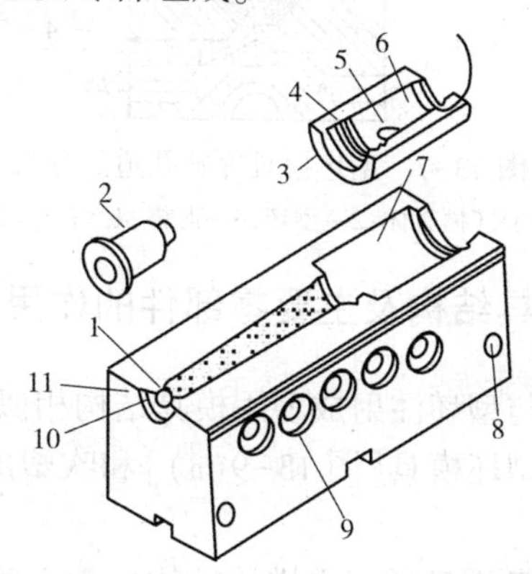

图 13-6　型坯成型模具的下模体结构

1—喷嘴座;2—喷嘴;3—型坯模颈;4—颈部螺纹;5—固定螺钉孔;6—芯棒配合面;7—型坯模颈配合面;8—拉杆孔;9—冷却介质孔;10—型坯模腔;11—型坯模体

(1)型坯模体　型坯模体的上下模结合,成型型坯腔。两端与喷嘴和模颈配合把芯棒夹牢,形成一个完整的型坯成型模具。模体结构尺寸由型坯和芯棒尺寸决定,它将直接影响型坯的吹塑性能和制品壁厚尺寸的均匀性。通常型坯的径向壁厚应大于 2mm,否则无法保证吹塑制品的质量;但壁厚尺寸也不可过大(大于 4.5mm),过厚的壁厚吹塑也会产生制品壁厚尺寸不均匀现象。

型坯模体一般多用碳素工具钢或 45 钢制作。成型硬质塑料型坯时,型坯模体最好用合金工具钢制作。型腔部位精加工后要进行表面抛光,必要时表面也应镀硬铬层。

(2)型坯模颈　模颈是型坯模具中一个主要零件,其功能是由此部位成型容器的颈部和颈部螺纹。型坯模具合模后,型坯模颈与芯棒配合,保证了芯棒在模腔中的正确位置,使型坯的注射成型质量有了保证。

(3)加热与冷却装置　加热与冷却装置的配合工作,把型坯模具的温度控制在工艺要求范围内。型坯模具的温度控制,对型坯成型质量及其吹塑工艺条件影响较大。对于瓶类型坯模具温度控制,一般应分瓶颈、瓶体和瓶底三个独立的温度控制段,分别控制。温度范围应视型坯用原料的不同而变化,一般型坯温度控制在65~135℃之间。

在模具体内,与模具型腔轴线垂直的截面上,均匀地分布有冷却孔道(图13-7)。孔的直径应大于10mm,距型腔面距离为孔直径的2倍,使其能为模具体均匀降温。

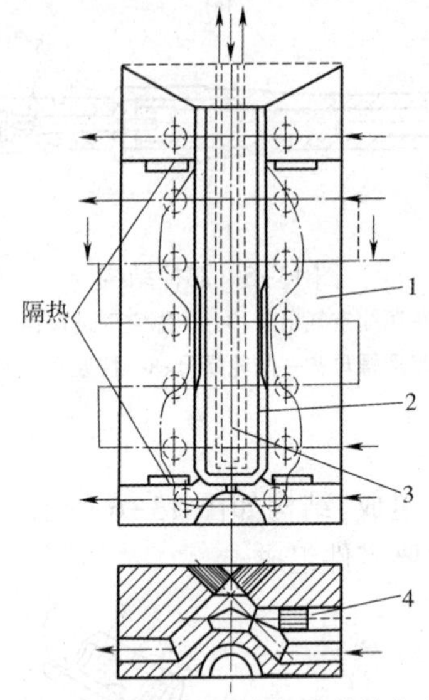

图13-7　型坯模具冷却孔道的分布

1—型坯模具体;2—型坯;3—芯棒;4—孔道堵塞

13.7　吹塑成型制品模具结构及主要零部件的作用有哪些?

吹塑成型制品用模具结构与型坯注射成型用模具结构相似,如图13-8所示。图13-9是一个带有实心把手容器成型用型坯模具[图13-9(a)]和吹塑成型制品用模具[图13-9(b)]结构。

图13-10是吹塑成型瓶制品模具的下半模体结构。它主要由型模腔体,吹塑模颈环和底模块等主要零件组成。

①吹塑成型制品模腔体是型坯吹胀成型容器体外部,型腔的结构形状尺寸由制品的形状尺寸决定。由于型坯吹胀用压缩空气压力不大,模腔体可用铝合金或锌合金制作。型腔表面要进行喷砂处理,以改善其排气效果;如果吹塑制品为硬质塑料,则型坯模腔体需用合金工具钢制作,精加工后表面抛光和镀硬铬层;对于聚氯乙烯原料的吹塑成型模腔体,一般多用合金不锈钢制作。

②模颈环用螺钉与模腔体连接固定,当两半模腔体合模时,两半模颈形成环状,用以夹牢固定芯棒,保证了芯棒与模腔的同心;在两半模颈合模时,模颈上的螺纹又与型坯的螺纹配合,也起到了保护型坯螺纹的效果。

模颈环制作材料与模腔体制作材料相同。

③底模块是用来成型容器底部的外形,多采用上下两半模结构(也有用整体式结构);底

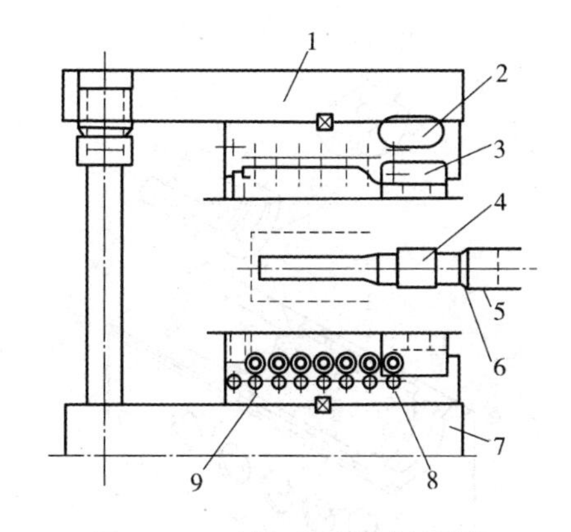

图 13-8　吹胀成型用模具结构

1—移动模板;2—成型制品模具上半部;3—模具颈部;4—芯棒;
5—芯棒支架;6—芯棒座;7—固定模板;8—冷却水孔;9—下模体

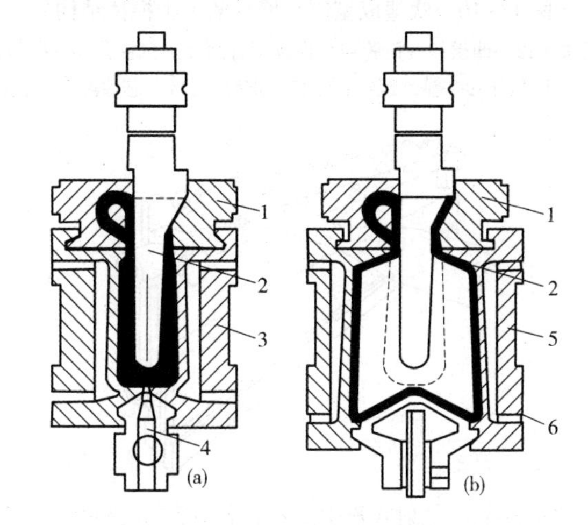

图 13-9　实心把手容器成型用模具结构

1—模颈环;2—芯棒;3—型坯模腔体;4—喷嘴
5—吹塑模腔体;6—冷却水入出孔

模块用螺钉与模腔体连接固定。底模块的制作材料与模腔体制作材料相同。

④模具的冷却与排气方式与型坯模具很相似,也是采用型腔周围均匀分布冷却孔道,用循环冷却水降温;模颈、模腔和底模块分别独立冷却降温。

模腔内的空气排出,一般多在分型面上开出 0.03mm 左右深槽,而模颈环和底模块与模腔体结合面的缝隙也可排出一部分气体。

13.8　脱模装置结构及作用有哪些?

脱模装置的结构比较简单(图 13-11)。它在吹塑成型装置中的作用,就是把已经冷却定型的制品瓶颈部位放在脱模装置的弧形槽内(弧形槽直径略大于瓶颈口直径),然后由液动或气动装置推动脱模板移动,使制品从芯棒上脱出。脱出制品的芯棒,在这里采用吹冷风方式使其降温,以防止芯棒在移至注射工序时,由于其温度较高,而使熔料粘在芯棒表面上。

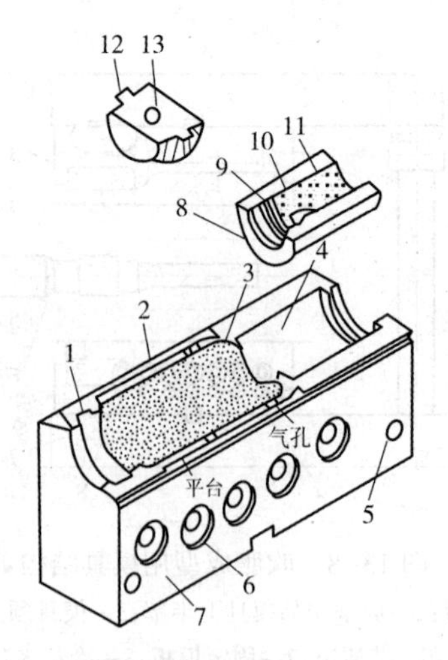

图 13-10　吹塑成型制品模具的下半模体结构

1—底模块槽;2—凹模;3—模腔;4—模颈配合面;5—拉杆孔;6—冷却孔道;
7—模腔体;8—模颈环;9—模颈螺纹;10,13—螺钉孔;11—芯棒配合面;12—底模块

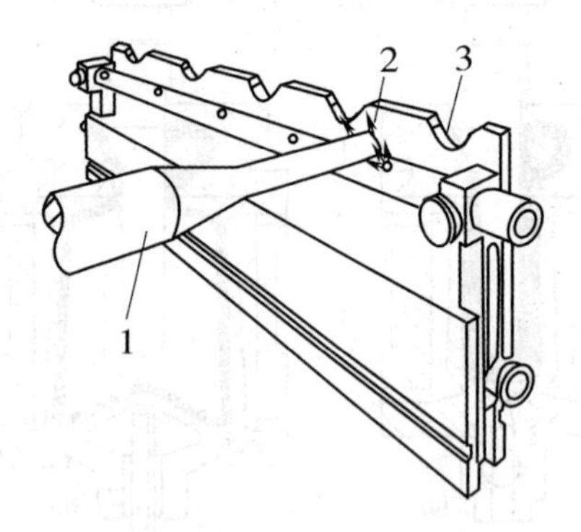

图 13-11　注射吹塑中空容器成型后的脱模装置

1—芯棒;2—降温冷风;3—弧形槽

13.9　模具架的结构与作用是什么?

模具架由移动模板和固定模板及支撑轴组成。两半模具分别用键连接固定在定模板和移动模板上。工作时,移动模板由液压缸驱动,使其在支撑轴上上下滑动,带动模具的上半模完成模具工作中的开闭模动作。

13.10　回转工作台的作用与工作方式有哪些?

回转工作台是塑料中空制品注射吹塑成型机中重要工作机构,结构形式如图 10-9 和图 13-12 所示。

注射吹塑成型中空容器应用的模具和芯棒,分别等距离固定在回转工作台的三个工位上,配合注塑机的注射成型型坯动作,回转工作台的上升、回转和下降,协同模具的开闭模动作,共同完成熔料的注射成型型坯、型坯吹塑及制品脱模工序。

回转工作台的回转定位机构,一般可用机械传动或液压油缸驱动来实现快速粗定位,然后再用定位锁实现精确定位。

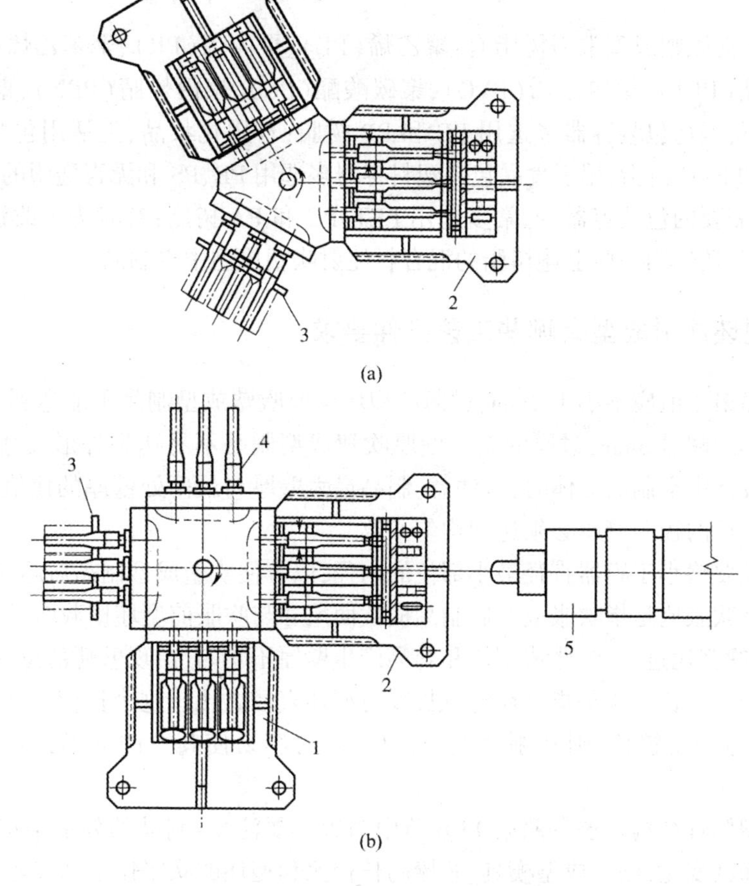

图 13-12 回转工作台结构示意图

(a)三工位水平回转;(b)四工位水平回转

1—吹塑工位;2—型坯注射成型工位;3—脱模工位;4—检测调节工位;5—注塑机

回转工作台的回转机构可采用齿轮齿条传动或曲柄滑块传动机构。齿轮齿条传动机构(图 13-13)比较简单,零件加工也很容易。但这种机械传动在开始和结束的位置所受冲击大,齿轮与齿条传动精度不高,其啮合间隙影响定位的精确性。

曲柄滑动传动机构如图 13-14 所示,这种传动机构比较简单,整机强度、刚度好,加工制造也不难。比较适合中速运行,采用液压缸驱动,增力比大,回转工作台尺寸也可大些,比较适合一模多腔成型。

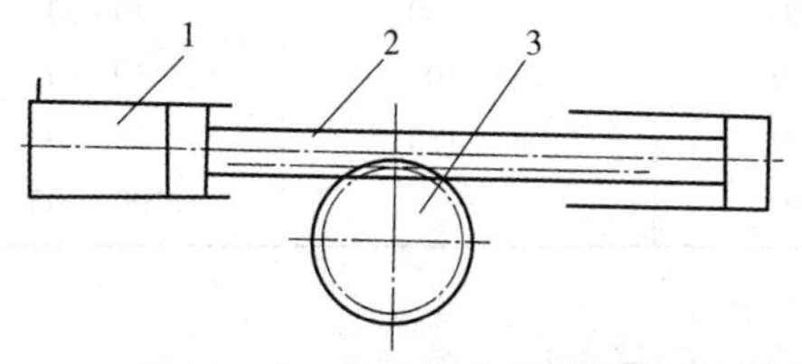

图 13-13 齿轮齿条传动机构

1—液压油缸;2—齿条;3—齿轮回转轴

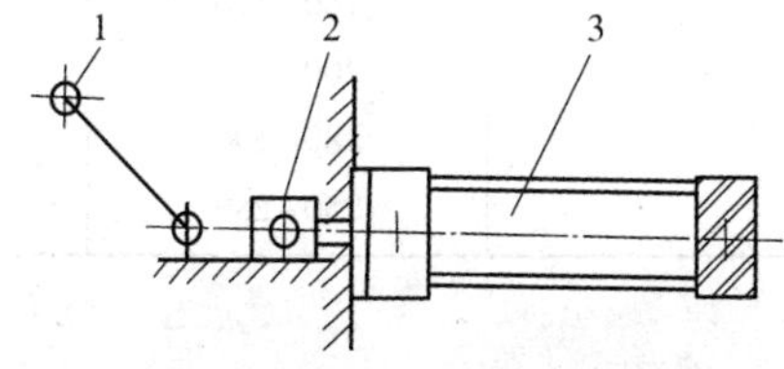

图 13-14 曲柄滑块传动机构

1—回转轴;2—滑块;3—液压缸

13.11 中空容器注射吹塑成型常用哪些树脂？

中空容器注射吹塑成型常用树脂有：聚乙烯（PE）、聚丙烯（PP）、聚苯乙烯（PS）、聚对苯二甲酸乙二醇酯（PET）、聚氯乙烯（PVC）、聚碳酸酯（PC）、聚丙烯腈（PPN）、聚甲醛（POM）等。一般情况下，医药包装容器多选用 PE 和 PP 树脂；日用化妆品、生活用包装容器多选用 PE、PS 和透明的 PVC 树脂；用于食品包装塑料容器多选用 PE、PS 和无毒透明的 PVC 树脂；强度比较好、特殊需要的包装容器，通常多选用 PET、PC 和 PA 树脂；有时为了改进树脂的性能和易于加工成型，还选用一些上述树脂的混合料注射吹塑成型中空制品。

13.12 型坯注射成型有哪些工艺条件要求？

①型坯壁厚最小值应不小于 2mm，过薄的型坯壁厚吹塑成型制品不能达到质量要求。型坯壁厚最大值不应超过 5mm，过厚的型坯壁厚吹塑成型制品不易达到外形尺寸要求，成品壁厚也不均匀。设计中空制品形体时，应注意：制品最大壁厚与最薄处壁厚的比值不宜大于 2 : 1；型坯注射成型后的径向壁厚必须达到均匀一致。

②芯棒直径要略小于容器直径最小部位的内径，以方便吹塑成型制品后芯棒退出。

③吹胀比。吹胀比是指吹胀成型后制品横截面尺寸与吹胀前型坯横截面尺寸之比。这个值应小于 3.5。吹胀比过大，吹胀成型制品容易产生壁厚不均匀，出现壁薄部位。

④型坯长径比。长径比是指型坯的总长度与型坯直径之比。这个比值应小于 10 : 1。如果这个值过大，芯棒比较长，则其刚度差，熔料注射时容易使其弯曲变形，造成型坯壁厚不均匀。

⑤型坯成型模具结构要求参照第 13.6 节中内容。要注意：制品的外形结构变化，型坯的外形结构也应随其变化，则其成型模具、芯棒的长径比和型坯的吹胀比也都应随之改变。

制品横截面为椭圆形容器，若椭圆度小于 1.5 : 1 时，型坯可还是圆形；若椭圆度小于 2 : 1 时型坯也应是椭圆形；若椭圆度大于 2 : 1 时，则要求芯棒和型坯都应是椭圆形。

设计型坯结构和吹塑模具型腔时，还应注意制品成型后收缩率的影响。PE、PP 制品收缩率在 1.6%~2.0%之间，硬质塑料（PC、PS、PAN 等）制品的收缩率为 0.5%。

⑥型坯注射成型工艺参数。常用塑料注射成型型坯的工艺参数见表 13-7。

表 13-7 常用塑料注射成型型坯的工艺参数

塑料名称	热流道温度/℃	熔料注射温度/℃	注射压力/MPa	模具温度/℃
聚苯乙烯	185~195	140~240	60~110	40~70
聚乙烯	160~170	150~180	60~100	40~80
聚丙烯	200~280	240~280	55~100	40~80
聚氯乙烯	180~190	170~190	80~130	35~70
热塑性聚酯	250~280	250~280	—	100~105

13.13 型坯吹塑成型中空制品工艺参数怎样选择？

①型坯吹胀温度。对于热坯，吹胀温度一是靠其自身的热，二是靠模具供热提供。当型坯内外及各部位的加热温度趋于一致时即可吹胀成型制品。对于冷坯，应先将型坯加热至适合

吹胀要求的温度后，再进行吹胀。要注意型坯各部位加热温度的均匀，温差不易过大。这一点比较难控制。

②型坯吹胀用空气压力。型坯吹胀须用压缩空气，这个压缩空气的压力大小取决于制品用原料的性能和型坯温度。一般压缩空气的压力控制在0.2~0.7MPa之间。原料的黏度低，取低的空气压力；原料黏度高，取较高的空气压力。制品壁厚时取低的空气压力，制品壁薄时取高些空气压力。也可从制品的外观质量来判断，如果能使制品的外观表面图案及文字清晰，这个吹胀型坯的空气压力就比较适宜生产。

吹胀制品的充气速率(空气容积流率)应视成型制品的质量而定，要尽量取大些，这对缩短吹胀制品的生产周期有利。

③成型中空制品模具温度。成型中空制品的模具温度控制也是由制品用原料性能决定的，一般控制在20~50℃之间。模具温度偏低，吹胀型坯比较困难，制品的外观质量也不会太理想，这时，要通过加大充气速率和吹胀空气压力来改善；模具温度偏高，制品吹胀后的冷却时间延长，制品脱模要困难些，也会增加生产周期。为了加快吹胀制品的冷却速度，模具温度控制多采用循环冷却水来调节，水温控制在5~15℃之间。要求模具用导热性能好的铝合金材料制造。

13.14 低密度聚乙烯怎样注射吹塑成型中空制品?

1.原料选择

低密度聚乙烯树脂成型中空制品，主要成型中小型低密度聚乙烯容器，如用于药品、化妆品、牛奶、化学品的包装容器及罐和玩具等。用低密度聚乙烯成型的中空制品，其韧性好，但强度较低；要求树脂的熔体流动速率在3~5g/10min范围内；有时，为了改进低密度聚乙烯制品的性能，也可采用LDPE与CPE按一定比例掺混使用，以提高制品的抗冲击性和耐环境应力开裂性。

低密度聚乙烯中空制品成型用原料选择示例(仅供参考)见表13-8。

表13-8 中国石化广州石化分公司产LDPE中空制品原料

牌 号	MFR/(g/10min)	相对密度	特点和用途
DMDA 7144	20	0.924	注塑级、家庭用品、运输桶等
DMDA 8320	20	0.924	注塑级、家庭用品、大型容器、盆、桶等
DNDA 1077	100	0.931	注塑级、食品容器、家庭器皿、平底杯、盖等
DNDA 1081	125	0.931	注塑级、食品容器、家庭器皿、日用品等薄壁制品
DNDA 7147	50	0.926	注塑级、食品容器、家庭器皿、盆、盖等
DNDA 7342	2	0.918	注塑级、吹塑中空透明容器、罐等
DNDB 1077	100	0.931	注塑级、食品容器、家庭器皿、平底杯、盖等

2.设备条件

普通型螺杆注塑机，采用通用型螺杆结构。螺杆长径比可略小些，压缩比也应略小于普通注射螺杆。

3.工艺参数

①注塑机塑化原料温度。从进料段至均化段机筒加热温度分别是：140~160℃，170~

210℃,170~200℃。喷嘴温度为150~170℃。

②型坯成型模具温度为40~80℃。

③注射压力为60~100MPa。

④吹塑成型制品工艺条件参照第13.13节内容。

13.15 高密度聚乙烯怎样注射吹塑成型中空制品?

1.原料选择

高密度聚乙烯树脂,一般多用于成型容量小于25L的各种形状中空制品。如用来作洗涤剂、漂白粉、牛奶、糖浆药品、化妆品和润滑油等物品的包装。高密度聚乙烯密度大,加工性能好,所以,也非常适合于薄壁型中空制品的成型;由于HDPE制品的强度较高,刚性好,用高密度聚乙烯成型中空制品,在聚乙烯树脂中应用量最大。原料选择参考见表13-9。

表13-9 HDPE中空制品成型用料选择参考

生产单位	牌号	熔体流动速率/(g/10min)	密度/(g/cm³)	应用范围
中国石化上海石化分公司	CH2002	20.0	0.957	中空吹塑级适合中空吹塑成型制品
	CH252	2.5	0.955	
	CH1402	14.0	0.957	
	CH2202	20.0	0.959	
	CH702	7.0	0.953	吹塑10~30L中等容器
	CH202	2~3	0.953	吹塑30~220L容器用于油罐及化学品
中国石油大庆石化分公司	2100J	6.5	0.985	适合大型容器(注塑)
	2200J	5.8	0.968	用于成型瓶、箱和筐(注塑)
	2208J	5.8	0.968	用于成型瓶、箱和筐(注塑)
	4P0.2AC	0.21	0.954	成型化妆品瓶、医药容器等(挤塑)
中国石化燕山石化分公司	5200B	0.35	0.960	吹塑容器和大型玩具
	2200J	5.5	0.964	注塑瓶、箱
	6200B	0.45	0.955	吹塑瓶、一般容器
	3000B	0.63	0.959	吹塑小型瓶及玩具
	5300B	0.40	0.951	吹塑化妆品、洗涤剂瓶
	6500B	0.36	0.959	吹塑化妆品、洗涤剂瓶
	8200B	0.030	0.954	吹塑大型容器
	8300B	0.021	0.950	吹塑燃料大型容器
	9200B	0.013	0.959	吹塑200L大型工业容器
中国石化天津石化分公司	DMDA-8007	9.0	0.961	用于饮料容器及盘等,强度好,硬度高
	DMDA-8920	20.0	0.954	饮料容器、盘等适合注射成型
	DMDA-6400	0.9	0.961	吹塑成型饮料瓶及玩具

续表

生产单位	牌号	熔体流动速率/(g/10min)	密度/(g/cm^3)	应用范围
中国石化扬子石化分公司	2200J	5.8	0.968	注射成型瓶、箱等
	2208J	5.8	0.968	注射成型瓶、箱等
	5200B	0.35	0.964	适用于强度高、耐冲击容器
中国石化齐鲁石化分公司	DMDY1158	1.4~2.8	0.949~0.956	成型10~100L容器
	DMD6145	12~21	0.949~0.955	成型10~100L容器
	DMD6147	7~14	0.945~0.952	吹塑成型20~200L容器

2.设备条件

按LDPE树脂注射吹塑成型中空型坯设备条件。

3.工艺参数

①注塑机塑化原料温度。从进料段至均化段机筒加热温度分别是:150~170℃,180~230℃,180~210℃。喷嘴温度为160~200℃。

②型坯成型模具温度为50~80℃。

③注射压力为60~100MPa。

④吹塑成型制品工艺条件见第13.13节内容。

13.16 聚乙烯中空制品成型生产方式选择及注意事项是什么?

①一般聚乙烯树脂成型中空制品,多采用注射吹塑成型生产方式。

②低密度聚乙烯成型中空制品,只能采用挤出吹塑成型生产方式。注意:当聚乙烯树脂密度提高时,制品的阻渗性、耐化学品性和刚性也随着密度值的增加而提高,但制品的耐环境应力开裂性、冲击韧性和抗拉强度却随着密度值增加而逐渐下降。

③高密度聚乙烯成型中空制品,可采用挤出吹塑和挤出拉伸吹塑生产方式成型制品。当高密度聚乙烯树脂的密度提高时,制品的刚性、硬度、抗拉强度和阻渗性也随之提高,但制品的耐环境应力开裂性和冲击韧性却随着高密度聚乙烯树脂的密度值提高而逐渐下降。

由于高密度聚乙烯中空制品用于有机溶剂(汽油、香料、芳香烃、卤代烃等)包装时有渗透性和受其影响还出现溶胀变形现象,所以,在HDPE树脂成型中空制品前,要加入一定比例的聚酰胺(PA)和相容剂等,以提高HDPE容器的阻隔渗透性。

13.17 聚丙烯怎样注射吹塑成型中空制品?

1.原料选择

聚丙烯中空制品,主要用在药品、食品、化妆品、果汁、牛奶、洗涤剂、化学试剂等方面的容器包装。

聚丙烯有均聚物和乙烯基共聚物两种。成型的制品具有质量轻、刚性好和表面硬度高、耐高温(可在100℃以下温度中长期使用)、耐化学品性好、透明度高及耐弯曲性能优异等特点。常用聚丙烯中空制品性能见表13-10。

表 13-10　常用聚丙烯中空制品性能

性　能	ASTM 测试方法	均聚物	共聚物	透明级共聚物
密度/(g/cm^3)	D792	0.905	0.900	0.900
熔体流动速率(230℃,2.16kg)/(g/10min)	D1238	1.6	2.3	2.0
屈服拉伸强度/MPa	D638	35	30	28
弯曲弹性模量/MPa	D790	1445	895	895
熔点/℃		165	147	143
热变形温度(0.46MPa)/℃	D648	107	92	82

聚丙烯中空制品成型用料,可参照表 13-11 中条件选择。表 13-11 中无规共聚物和嵌段共聚物是聚丙烯改性中丙烯与乙烯的共聚物中的两类。无规共聚物具有结晶度降低、玻璃化转变温度降低和透明、柔软及有光泽等特点;嵌段共聚物的刚性和冲击强度要好于无规共聚物,但透明性和光泽性比无规共聚物略有下降。

表 13-11　PP 中空制品成型用料选择参考

生产单位	牌号	熔体流动速率/(g/10min)	聚合物类型	应用范围
中国石化上海石化分公司	M450E	4.5	无规共聚物	注吹或注拉吹饮料瓶
	M800E	8.0	无规共聚物	注吹或注拉吹饮料瓶
	M1600E	16.0	无规共聚物	注吹形状复杂薄壁容器
	M2000E	20.0	无规共聚物	注吹或注拉吹形状复杂薄壁容器
	M3000E	30.0	无规共聚物	注吹大型容器
	GM800E	8.0	无规共聚物	医用,注拉吹输液瓶、注射器
	GM1200E	12.0	无规共聚物	医用,注拉吹或注吹输液瓶
中国石化燕山石化分公司	B4901	1.1	密度 0.90g/cm^3	医用输液瓶(挤出吹塑)
	B4902	2.0	密度 0.90g/cm^3	医用输液瓶(挤出吹塑)
	B4808	9.0	密度 0.90g/cm^3	注拉吹瓶
	4220	0.3	密度 0.90g/cm^3	挤出吹塑饮料瓶
	B205	1.0	密度 0.91g/cm^3	医用输液瓶(挤出吹塑)
	B200	0.55	密度 0.91g/cm^3	挤出吹塑中空容器
中国石油抚顺石化分公司	EP2S12B	1.5~2.0	无规共聚物	吹塑中空容器
	EP-C30R	7.0	嵌段共聚物	注射吹塑小型容器
	EP-Q30M	0.6~0.9	嵌段共聚物	吹塑瓶制品、抗冲击性好
	EP-Q30R	0.6~0.9	嵌段共聚物	吹塑瓶制品、抗冲击性好
	Q30P	0.41~1.0	均聚物	挤出吹塑一般容器
	S30Q	1.1~2.4	均聚物	挤出吹塑瓶制品

续表

生产单位	牌号	熔体流动速率/(g/10min)	聚合物类型	应用范围
中国石油新疆独山子石化分公司	PPB-Q-006	0.5~1.1	嵌段共聚物	挤出吹塑耐冲击性好中空制品
中国石化广州石化分公司	B200	0.5	均聚物	挤出吹塑中空容器
	B230	0.5	无规共聚物	挤出吹塑中空容器
	B240	0.5	嵌段共聚物	挤出吹塑大型中空制品
	CF401G	1.7~3.1	均聚物	挤出吹塑瓶类制品
	CJS700G	8.0~15	均聚物	注射吹塑瓶
	J340	1.8	共聚聚丙烯	注射吹塑中空制品及大型容器
	J440	5.0	共聚聚丙烯	注射吹塑大型容器
中国石油兰州石化分公司	B200	0.55	均聚物	吹塑瓶类制品

聚丙烯中空制品成型,可采用挤出吹塑、挤出拉伸吹塑、注射吹塑、注射拉伸吹塑等生产方式。采用冷坯法成型时,可采用挤出吹塑、挤出拉伸吹塑和注射吹塑等生产方式。

2.设备条件

与聚乙烯树脂注射吹塑成型中空制品用设备条件相同,也是采用通用型螺杆结构塑化原料。

3.工艺参数

①注塑机塑化原料温度。从进料段至均化段机筒加热温度分别是:190~220℃,220~240℃,180~200℃。喷嘴温度为170~200℃。

②型坯成型模具温度为40~80℃。

③注射压力为70~100MPa。

④吹塑成型制品工艺条件见第13.13节内容。

13.18 塑料中空制品注射吹塑成型中的质量问题怎样查找排除?

塑料中空制品注射吹塑成型质量问题异常现象,产生原因及处理方法见表13-12。

表13-12 塑料中空制品注射吹塑成型常见质量问题及处理方法

制品质量异常现象	产生原因	处理方法
型坯结构尺寸不完整	① 熔料注射量不够 ② 注射压力偏低 ③ 原料塑化温度偏低 ④ 芯棒位置不正确,与模腔不同心 ⑤ 芯棒成模具温度偏低,或模具温度不均匀 ⑥ 注射喷嘴堵塞,注射熔料流不通畅 ⑦ 原料塑化不均匀 ⑧ 保压时间偏少,补充料不足	① 增加熔料注射量 ② 提高注射压力 ③ 提高机筒工艺温度 ④ 校正芯棒工作位置,如变形应适当改进芯棒结构,增加其刚度 ⑤ 检查加热元件安装是否合理,必要时适当提高模具和芯棒温度 ⑥ 清洗喷嘴,排除残料 ⑦ 适当提高螺杆背压 ⑧ 增加注射后的保压时间

续表

制品质量异常现象	产生原因	处理方法
型坯有溢料边	① 熔料注射量过大 ② 注射压力偏高 ③ 合模后锁模力不足 ④熔料塑化温度偏高 ⑤ 合模位置不正确	① 减少熔料注射量 ② 适当降低注射压力 ③ 提高锁模油压 ④ 降低机筒和熔料流道温度 ⑤ 检查模板结合面是否变形,清除上下模板结合面间污物
型坯厚度不均匀	① 芯棒工作位置安装不正确 ② 芯棒结构设计不合理 ③ 注射压力过高,熔料冲击芯棒变形 ④ 熔料塑化温度偏低,流动性差	① 检查芯棒是否变形,调整检修芯棒安装位置与型腔同心 ② 重新设计,增加芯棒刚性 ③ 适当降低注射压力 ④ 提高机筒和料道温度
型坯有条纹	① 原料中有杂物 ② 原料塑化不均匀 ③ 注射压力偏低,注射速度慢 ④ 熔料流道设计不合理	① 检查原料质量,必要时更换,注意工作环境卫生 ② 提高机筒加热温度,提高螺杆背压 ③ 调整提高注射压力和注射速度 ④ 对模具进行修整
型坯脱模困难	① 熔料注射压力偏高 ② 熔料塑化温度高 ③ 芯棒温度高 ④ 模具温度高 ⑤模具型腔不光滑	① 降低注射压力 ② 适当降低机筒加热温度和螺杆转速 ③ 提高为芯棒降温风量 ④ 检查冷却水孔是否堵塞,加大循环水流量 ⑤ 修磨型腔工作面,降低表面粗糙度
型坯表面有斑纹或气泡	① 原料含水分或挥发分 ② 塑化熔料温度过高 ③ 原料配混不均匀 ④ 原料颗粒大小不均匀 ⑤ 注射压力偏低 ⑥ 模具温度低	① 原料干燥处理,含水量不允许超过规定值,适当提高螺杆背压 ② 降低机筒加热温度或降低螺杆转速、背压 ③ 增加原料混合时间 ④ 更换原料 ⑤ 提高注射压力 ⑥ 适当调整提高模具温度
型坯表面有黑褐纹	① 原料中有杂物 ② 注射压力高,注射速度过快 ③ 熔料温度过高,出现局部熔料分解现象 ④ 喷嘴成流道孔径偏小	① 检查原料,清除杂物 ② 降低注射压力或注射速度 ③ 降低机筒加热温度或降低螺杆转速、背压,必要时清理机筒内残料 ④ 适当加大熔料流道孔径
塑化熔料出现分解现象	① 机筒加热温度太高 ② 控温仪表失灵 ③ 热电偶工作位置不当,反映温度不真实 ④ 螺杆转速过高 ⑤ 螺杆与机筒配合间隙过大,熔料注射时回流量大,熔料在机筒内停留时间太长	① 降低机筒加热温度 ② 检修控温系统,更换损坏仪表 ③检查调整热电偶工作位置 ④ 降低螺杆转速 ⑤ 塑化系统检修,必要时更换新螺杆

续表

制品质量异常现象	产生原因	处理方法
型坯成型后收缩率偏高	① 保压时间短 ② 注射压力偏低 ③ 熔料温度偏高 ④ 模具温度不均匀 ⑤ 降温固化时间短 ⑥ 型坯结构及壁厚安排不合理	① 延长保压时间 ② 提高注射压力 ③ 适当降低熔料温度 ④ 调整冷却水流量,调节各部位温度,缩小各部位温差 ⑤ 延长降温时间 ⑥ 改进型坯结构不合理处
制品颈部变形	① 吹胀型坯成型后冷却时间短 ② 吹胀空气压力不足 ③ 芯棒温度高 ④ 脱模困难	① 延长冷却定型时间 ② 提高吹胀空气压力 ③ 强制为芯棒降温,加大冷风吹量 ④ 适当改进模具结构
制品壁厚不均匀,吹胀有破裂现象	① 芯棒注射成型型坯时偏移,使型坯壁厚不均匀 ② 吹胀型坯的温度过高 ③ 吹胀型坯空气压力过高 ④ 原料中杂质影响 ⑤ 吹胀进气口位置不当	① 增加芯棒刚性或降低注射压力 ② 型坯吹胀时温度适当降低 ③ 降低吹胀空气压力 ④ 注意原料清洁,必要时换料 ⑤ 调整改变进气口位置
制品表面有云纹	① 型坯成型熔料塑化不均匀 ② 注射熔料温度偏低 ③ 原料中水分含量高 ④ 注射速率过高 ⑤ 吹塑成型模具温度低	① 提高螺杆背压 ② 提高机筒加热温度 ③ 延长原料干燥时间 ④ 降低注射速率 ⑤ 适当提高模具温度
制品变形	① 吹胀成型制品时间短 ② 模具温度偏高 ③ 模具各部位温差大 ④ 吹胀时型腔排气差 ⑤ 吹胀空气压力偏低 ⑥ 注射成型时的注射压力高	① 延长吹胀成型时间 ② 适当降低成型模具温度 ③ 调整检查控温冷却管路,使模具各部位温度满足工艺条件 ④ 修改模具排气孔,排气通畅 ⑤ 适当提高吹胀空气压力 ⑥ 降低注射压力
制品有熔料接线痕	① 熔料注射入模通道不通畅 ② 吹胀成型模具温度偏低 ③ 原料塑化不均匀 ④ 吹胀空气压力偏低 ⑤ 型坯注射成型压力及速率不当	① 调整熔料流道温度 ② 提高模具温度,降低冷却水流量 ③ 提高螺杆背压 ④ 适当提高吹胀空气压力 ⑤ 适当调整找出最佳条件
制品透明度差	① 吹塑模具温度偏高 ② 吹胀空气不洁净,含水、油或杂质 ③ 制品壁厚大 ④ 原料性能影响 ⑤ 熔料流道阻力大 ⑥ 注射喷嘴温度偏低	① 降低模具温度,提高冷却水流量 ② 空气先经过滤油、水、气等装置过滤后再进入吹胀型坯内吹胀制品 ③ 型坯壁厚应小于 4mm ④ 选择树脂粘度应高些 ⑤ 提高熔料流道温度或加大截面积 ⑥ 提高喷嘴温度

附录A　GB/T11115—2009 低密度聚乙烯树脂

产品型号等级			清洁度/(个/kg) ≤	熔体流动速率		密度(23℃)		薄膜外观		开口性	雾度/% ≤	拉伸强度/MPa ≥	断裂伸长率/% ≥	溶胀比		维卡软化点/℃ ≥
				标准值/(g/10min)	偏差/(g/10min)	标准值/(g/cm³)	偏差/(g/cm³)	鱼眼(0.3~2mm)/(个/1200cm²) ≤	条纹(≥1cm)/(cm/20cm²) ≤					标准值	偏差	
轻膜料	PE-FSB-23D012	优级品	10	1.5	±0.2	0.9222	±0.0015	14	20	易于揭开	9.0	11.0	550	—	—	—
		一级品	15	1.5	±0.2	0.9222	±0.0015	20	20		10.0	11.0	550	—	—	—
		合格品	20	1.5	±0.2	0.9222	±0.0015	30	20		11.0	11.0	550	—	—	—
	PE-FSB-23D022	优级品	10	2.0	±0.4	0.9222	±0.0015	14	20	易于揭开	9.0	11.0	550	—	—	—
		一级品	15	2.0	±0.4	0.9222	±0.0015	20	20		10.0	11.0	550	—	—	—
		合格品	20	2.0	±0.4	0.9222	±0.0015	30	20		11.0	11.0	550	—	—	—
农膜料	PE-FAS-18D012	优级品	15	1.5	±0.4	0.9182	±0.0015	15	20	—	—	12.5	550	—	—	—
		一级品	15	1.5	±0.4	0.9182	±0.0015	20	20	—	—	12.5	550	—	—	—
		合格品	20	1.5	±0.4	0.9182	±0.0015	30	20	—	—	12.5	550	—	—	—
	PE-FAS-18D075	优级品	15	7.0	±1.5	0.9195	±0.0015	15	20	易于揭开	—	11.0	450	—	—	—
		一级品	15	7.0	±1.5	0.9195	±0.0015	20	20		—	11.0	450	—	—	—
		合格品	20	7.0	±1.5	0.9195	±0.0015	30	20		—	11.0	450	—	—	—
重膜料	PE-FA-18D006	优级品	20	0.45	±0.15	0.9182	±0.0015	—	—	—	—	16.0	650	—	—	—
		一级品	30	0.45	±0.15	0.9182	±0.0015	—	—	—	—	15.5	550	—	—	—
		合格品	40	0.45	±0.15	0.9185	±0.0015	—	—	—	—	15.0	500	—	—	—
	PE-FA-18D002	优级品	20	0.30	±0.06	0.9200	±0.0015	—	—	—	—	18.0	650	—	—	—
		一级品	30	0.30	±0.06	0.9200	±0.0015	—	—	—	—	16.0	550	—	—	—
		合格品	40	0.30	±0.06	0.920	±0.0015	—	—	—	—	15.0	500	—	—	—
	PE-FA-23D003	优级品	20	0.40	±0.06	0.9212	±0.0015	—	—	—	—	18.0	650	—	—	—
		一级品	30	0.40	±0.06	0.9212	±0.0015	—	—	—	—	17.0	550	—	—	—
		合格品	40	0.40	±0.06	0.9212	±0.0015	—	—	—	—	16.0	500	—	—	—
	PE-FA-23D002	优级品	20	0.30	±0.04	0.9212	±0.0015	—	—	—	—	18.0	650	—	—	—
		一级品	30	0.30	±0.04	0.9212	±0.0015	—	—	—	—	17.5	550	—	—	—
		合格品	40	0.30	±0.04	0.9212	±0.0015	—	—	—	—	17.0	500	—	—	—

附录 B　GB/T　11115—2009 高密度聚乙烯树脂

产品型号等级			清洁度		熔体流动速率/(g/10min)	密度/(g/cm³)	粉末灰分/%	拉伸屈服强度/MPa ≥	断裂伸长率(%) ≥	简支梁冲击强度/(kJ/m²) ≥	悬臂梁冲击强度/(J/m) ≥	鱼眼		耐环境应力开裂/h ≥	冲击脆化温度/℃ ≤
			色粒/(个/kg树脂)	杂质/(个/kg树脂)								0.8mm/(个/1520cm²)	0.4mm/(个/1520cm²)		
挤塑类	PE-EA-57D003	优级品	0~5	0~20	0.24~0.36	0.952~0.956	0.02	24.0	120	—	—	—	—	—	—
		一级品	6~10	21~40	0.24~0.36	0.952~0.956	0.03	23.0	120	—	—	—	—	—	—
		合格品	11~20	41~60	0.20~0.40	0.951~0.957	0.05	22.0	120	—	—	—	—	—	—
	PE-EA-57D012	优级品	0~5	0~20	0.70~1.10	0.957~0.961	0.02	24.0	150	—	—	—	—	—	—
		一级品	6~10	21~40	0.70~1.20	0.957~0.961	0.03	23.0	150	—	—	—	—	—	—
		合格品	11~20	41~60	0.70~1.50	0.956~0.962	0.05	22.0	150	—	—	—	—	—	—
	PE-FA-50D012	优级品	0~5	0~20	0.88~1.3	0.948~0.952	0.02	23.0	500	—	—	0~1.5	0~15	—	—
		一级品	6~10	21~40	0.88~1.3	0.948~0.952	0.03	22.0	500	—	—	1.6~3.0	16~25	—	—
		合格品	11~20	41~60	0.70~1.5	0.947~0.953	0.05	21.0	500	—	—	3.1~8.0	26~40	—	—
	PE-GA-50D006	优级品	0~5	0~20	0.36~0.54	0.949~0.953	0.02	24.0	500	—	—	—	—	—	—
		一级品	6~10	21~40	0.36~0.54	0.948~0.953	0.03	23.0	500	—	—	—	—	—	—
		合格品	11~20	41~60	0.30~0.60	0.948~0.954	0.05	22.0	500	—	—	—	—	—	—
挤塑类	PE-FA-50G200	优级品	0~5	0~20	13~19	0.947~0.951	0.02	23.0	150	—	—	0~15	0~15	—	—
		一级品	6~10	21~40	13~19	0.947~0.951	0.03	22.0	150	—	—	16~25	16~25	—	—
		合格品	11~20	41~60	11~21	0.946~0.952	0.05	21.0	150	—	—	26~40	26~40	—	—
	PE-GA-57D006	优级品	0~5	0~20	0.48~0.72	0.952~0.958	0.02	24.0	120	—	—	—	—	—	—
		一级品	6~10	21~40	0.48~0.72	0.952~0.958	0.03	23.0	120	—	—	—	—	—	—
		合格品	11~20	41~60	0.40~0.84	0.951~0.967	0.05	22.0	120	—	—	—	—	—	—
	PE-GA-57D012	优级品	0~5	0~20	0.80~1.2	0.954~0.958	0.02	24.0	120	—	—	—	—	—	—
		一级品	6~10	21~40	0.80~1.2	0.954~0.958	0.03	23.0	120	—	—	—	—	—	—
		合格品	11~20	41~60	0.80~1.4	0.953~0.959	0.05	22.0	120	—	—	—	—	—	—
挤塑类	PE-LA-50D012	优级品	0~5	0~20	0.80~1.1	0.949~0.953	0.01	24.0	500	—	—	—	—	—	—
		一级品	6~10	21~40	0.80~1.2	0.949~0.953	0.02	23.0	500	—	—	—	—	—	—
		合格品	11~20	41~60	0.62~1.3	0.948~0.954	0.04	22.0	500	—	—	—	—	—	—
	PE-LA-57D006	优级品	0~5	0~20	0.52~0.78	0.952~0.956	0.01	24.0	500	—	—	—	—	—	—
		一级品	6~10	21~40	0.52~0.78	0.951~0.956	0.02	23.0	500	—	—	—	—	—	—
		合格品	11~20	41~60	0.42~0.88	0.951~0.957	0.04	22.0	500	—	—	—	—	—	—
注塑类	PE-MA-50D045	优级品	0~5	0~20	3.2~4.8	0.950~0.954	0.03	26.0	80	—	45	—	—	—	—
		一级品	6~10	21~40	3.2~4.8	0.949~0.955	0.04	25.0	80	—	40	—	—	—	—
		合格品	11~20	41~60	2.6~5.4	0.949~0.955	0.05	23.0	80	—	35	—	—	—	—

参考文献

[1] 耿孝正.塑料机械的使用与维护[M].北京:中国轻工业出版社,1998.

[2] 刘廷华.塑料成型机械使用维修手册[M].北京:机械工业出版社,2000.

[3] 马金骏.塑料模具设计[M].北京:中国轻工业出版社,1984.

[4] 北京化工学院,天津轻工学院.塑料成型机械[M].北京:中国轻工业出版社,1983.

[5] 北京化工学院,华南工学院.塑料机械液压传动[M].北京:中国轻工业出版社,1984.

[6] 钱知勉.塑料性能应用手册[M].上海:上海科学技术文献出版社,1984.

[7] 北京市塑料工业公司.塑料成型工艺[M].北京:中国轻工业出版社,1989.

[8] 成大先,等.机械设计手册[M].北京:化学工业出版社,2002.

[9] 周殿明.挤出机及挤出生产故障与排除[M].北京:中国轻工业出版社,2002.

[10] 吴培熙,王祖玉,张玉霞,等.塑料制品生产工艺手册[M].北京:化学工业出版社,2004.

[11] 全国塑料制品标准化技术委员会秘书处.实用塑料制品标准手册[M].北京:中国标准出版社,2003.

[12] 黄锐.塑料工程手册[M].北京:机械工业出版社,2000.

[13] 杨卫民,高世权.注塑机使用与维修手册[M].北京:机械工业出版社,2007.

[14] 傅旭.树脂与塑料[M].北京:化学工业出版社,2005.

[15] 张知先.合成树脂与塑料牌号手册[M].北京:化学工业出版社,2006.

[16] 周殿明.注射成型中的故障与排除[M].北京:化学工业出版社,2007.